Practische Astronomie

oder

Beschreibung und Gebrauch

der vorzüglichsten astronomischen Instrumente und Tafeln

so wie

Anweisung

zur Bestimmung der wichtigsten astronomischen Elemente durch Beobachtungen und Rechnungen.

Von

Gustav Adolph Jahn,

Dr. Philos. und Lehrer der Mathematik zu Leipzig.

Zweiter Theil.

Berlin, 1835.

Im Verlag von G. Reimer.

Vorwort.

Da im Vorwort zum ersten Theil dieses Werks der jetzt vollendete und an's Licht tretende zweite schon im Allgemeinen erwähnt worden ist; so habe ich nur noch nöthig, einige Bemerkungen über denselben hinsichtlich seiner Einrichtung nachzutragen.

Die rechnende Astronomie enthält unter andern theils größere und kleinere Tafeln, theils viele im größern Detail, als es gewöhnlich bei ähnlichen Werken der Fall ist, ausgeführte numerische Beispiele. Was die erstern betrifft, so sind einige derselben so genannte Hilfstafeln, deren vollständige Mittheilung in einer rechnenden Astronomie am gehörigen Ort erklärlicher Weise von mir nicht wohl unterlassen werden konnte. Durch die übrigen Tafeln hatte ich die Erreichung der gewiß nicht unlöblichen Absicht im Auge, anschaulich zu machen, wie beobachtende Astronomen ihre gemachten Observationen aufzuschreiben oder in einer bestimmten Ordnung so zu registriren pflegen, daß die rechnenden Astronomen diese Originalbeobachtungen alsdann bequem zu übersehen und in scharfe Rechnung zu nehmen im Stande sind. Eben so sollten die verschiedenen ausführlich aufgestellten numerischen Beispiele ohne weitere Erklärung hinreichend andeuten, auf welche Art und Weise diese oder jene Berechnungen am bequemsten und sichersten geführt werden können. Endlich sind auch im ganzen Werk, seiner Bestimmung gemäß, die theoretischen Lehren, Ableitungen und

Beweise der in ihm aufgestellten zum numerischen Calcul allein erforderlichen Vorschriften, Gleichungen, Formeln u. s. w. nicht mit aufgenommen worden. Da jedoch schon nach Erscheinung des ersten Theils von mehrern Sachverständigen die richtige und nicht unerhebliche Bemerkung mir gemacht wurde, daß, wenn auch die Ableitungen und Beweise der in beiden Theilen des Werks enthaltenen analytischen Ausdrücke, — um den für den Practiker nöthigen und bequemen Uebersicht gewährenden Zusammenhang des Textes nicht zu sehr zu unterbrechen —, weggelassen worden, doch wenigstens die Quellen, in denen man jene Ableitungen und Beweise antreffen könnte, namhaft gemacht sein müßten; so halte ich es darum allerdings für nöthig, dieser Forderung überall, wo dieß bereits noch nicht geschehen ist, nachzukommen. Ich lasse daher am Schlusse dieses Werks die nöthigen Hinweisungen auf die Quellen mit kurzen Worten und zwar um so lieber folgen, als man dadurch zugleich auch desto besser im Stande sein wird, das von mir selbst Gegebene von dem aus den Quellen Geschöpften zu unterscheiden.

Leipzig, am Jacobitag, 1835.

Der Verfasser.

Inhalt des zweiten Theils.

Zweiter Theil.

Anweisung zur Bestimmung der wichtigsten astronomischen Elemente durch Beobachtungen und Rechnungen.

Erstes Capitel.

Von den Beobachtungen überhaupt.

§. 1. In der Astronomie bilden die durch die Beobachtungen erlangten Erfahrungen zwar die Grundlage, worauf die Gesetze aller himmlischen Erscheinungen begründet werden; doch müssen gedachte Erfahrungen überhaupt so wenig als möglich auf beobachtendem, hingegen so viel als möglich auf berechnendem Weg erlangt werden.

Astronomische Beobachtungen nun werden durchgängig mit dem, mit Fernrohr und Loupe bewaffneten, Auge angestellt; nur die Zeitsekunden der Uhr muß der Beobachter, in Ermangelung eines Gehilfens, mittelst des freien Gehörs wahrnehmen. Daß folglich eine Person um so viel geschickter zum Beobachten sei, je schärfer deren Gesicht und Gehör ist, versteht sich von selbst; und diese Person wird es noch im weit höhern Grad, je unbefangener, je freier sie von Vorurtheilen und von vorgefaßten, vorzüglich mit Leidenschaft gehegten, Meinungen ist. Endlich muß auch der Beobachter behutsam, geduldig und beharrlich sein, auch die Haupt- und Nebenumstände gar wohl beachten.

Es ist nützlich und nothwendig, die mögliche Schärfe der durch die Werkzeuge erhaltenen Beobachtungen zu erfahren, wozu eine genaue Bekanntschaft mit der Güte und den Fehlern der gebrauchten Instrumente erforderlich ist, weshalb man denn auch jetzt mit Recht bei wichtigen Beobachtungen die genaue Beschreibung der angewandten Werkzeuge verlangt. Damit ferner die Resultate der angestellten Beobachtungen Anspruch auf Zutrauen machen dürfen, so müssen, zumal wenn der Beobachter noch nicht eine gewisse Autorität sich erworben hat, die Beobachtungen selbst im Allgemeinen und im Detail genau beschrieben, so wie die dabei befolgte Methode gewissenhaft angegeben werden.

§. 2. Wird nun auch alles, was im vorigen § anempfohlen worden, wirklich und sorgfältigst berücksichtigt, so sind demungeachtet die erhaltenen Resultate fast niemals für bereits vollkommen genau zu halten; denn es ist klar, daß aus der begrenzten Schärfe des Gesichts und Gehörs, so wie der Instrumente, nothwendig mehrere Fehler hervor gehen. Es ist daher von großer Wichtigkeit, die Grenze der möglichen Fehler einer Beobachtung zu bestimmen, über welche hinaus sie nicht mehr für absolut genau angesehen werden kann, ohne jedoch deshalb zu behaupten, daß sie nur bis zu dieser Grenze wirklich genau sei. Man erhält diese Grenze, wenn man berechnet, bis wie weit in allen einzelnen, zu einer Beobachtung gehörenden, Theilen Genauigkeit zu erreichen ist, nachher die so gefundenen Größen addirt, und sie zuletzt mit dem gefundenen ganzen Resultat dividirt.

Durch Wiederholung der Beobachtungen vermag man zwar gedachte Grenze immer schärfer zu bestimmen, jedoch nur unter der Bedingung, daß alle Beobachtungen nahe oder ganz von gleich großer Genauigkeit sind, indem offenbar fehlerhafte die Unrichtigkeit nur vermehren würden, welche man daher auch von den übrigen bessern auszuschließen pflegt. Hat man auf diese Weise das nahe richtige Resultat gefunden, so ist es nachher auch ein Leichtes, die zu sehr von diesem Resultat abweichenden Ergebnisse auszusondern.

§. 3. Fast alle astronomischen Beobachtungen müssen, um Resultate aus ihnen zu erhalten, erst berechnet werden. Wie dieses in jedem einzelnen Fall geschieht, werden die einzelnen Capitel dieses Theils ausführlich zeigen, indem es keine allgemeine Methode zur Berechnung aller Arten von Beobachtungen giebt, vielmehr jede besondere Gattung derselben auf eine besondere Weise zu behandeln ist. Indessen werden bei wichtigen Gegenständen der rechnenden Astronomie öfters mehrere eigenthümliche Rechnungen erfordert, deren Gang zu zeigen und den Zweck derselben nachzuweisen, der Gegenstand der nächsten zwei Capitel sein wird.

Zweites Capitel.

Von der Methode der kleinsten Quadrate.

§. 4. Wenn die Resultate von mehreren einzelnen Beobachtungen für sich durch Berechnung derselben gefunden werden, so müssen diese, den im vorigen Capitel angeführten Gründen zufolge, mit größern oder geringern Fehlern behaftet sein, und werden also nicht genau mit einander übereinstimmen. Man nimmt deshalb, um das richtigste Resultat aus allen zu erhalten, das arithmetische Mittel aus ihnen, nachdem man zuvor die auffallend abweichenden ausgeschlossen hat. Sind nämlich für eine gewisse Größe x die n verschiedenen Werthe x_1, x_2, $x_3 \ldots . x_n$ (aus n verschiedenen Beobachtungen) gefunden worden, so ist dann

$$x = \frac{x}{n}\left(x_1 + x_2 + x_3 + \ldots . + x_n\right) \qquad 1)$$

der sogenannte arithmetische Mittelwerth von x, oder das der Wahrheit näher kommende x, als jede der Größen x_1, x_2, $x_3 \ldots . x_n$.

§. 5. So lange indeß noch alle astronomische Beobachtungen von Sternkundigen mit nicht absolut vollkommnen Augen, Gehör und Instrumenten gemacht werden, so lange kann auch das nach 1) bestimmte Resultat noch nicht anders, als der Wahrheit sehr nahe liegend, betrachtet werden. Denn bei der Anwendung des Ausdrucks 1) wird der zwar wahrscheinliche Fall vorausgesetzt, daß außer den ganz genauen Beobachtungen eben so oft zu viel als zu wenig gemessen worden sei, nach welcher Voraussetzung diese entgegengesetzten Größen sich folglich bei ihrer Summirung wechselseitig aufheben müssen. Aber eben diese Voraussetzung gründet sich wieder auf bloße Wahrscheinlichkeit, und es folgt, da es doch eben so gut möglich ist, daß zwei- oder dreimal mehr auf der Seite des Z u v i e l als des Z u w e n i g gefehlt worden, nothwendig, daß das nach 1) bestimmte Resultat keineswegs schon für absolut gewiß gelten kann, wie dieses denn auch die Erfahrung bereits gelehrt hat. Man wird folglich der Wahrheit noch weit näher kommen, je kleiner die Summe dieser theils positiven, theils negativen Fehler ist. Es würde daher schon hinlänglich sein, alle diese Fehler als positiv zu betrachten, und deren Summe durch eine Differentialgleichung zur kleinsten zu machen, wenn nicht hierbei eine zu willkührliche Umänderung statt fände. Dieser nun zu entgehen, hat man es vorgezogen, die Fehler, damit alles positiv werde, auf das Quadrat oder auf die zweite Potenz zu erheben, und die Summe der Quadrate der Fehler auf ein Minimum zu bringen. Dieses geschieht, wenn man die Gleichung der Quadrate der Fehler nach den beständigen Größen differentiirt, und den Werth der Differentialgleichung $=0$ setzt, was jedoch nur dann möglich ist, sobald die Summe aller Glieder, die jedes einzelne Differential der beständigen Größen multipliciren, gleich Null gesetzt wird; auf diese Weise erhält man so viele Gleichungen als beständige Größrn, aus denen man diese letztern nachher numerisch entwickelt. Das ganze Verfahren nun ist dasjenige, welches man unter dem Namen „Methode der kleinsten Quadrate" kennt, dessen vollständige Darstellung aber nicht hierher gehört, indem es einem practischen Astronomen nur um die Mittheilung einer verständlichen und leicht übersichtlichen Zusammenstellung aller bei numerischen Rechnungen erforderlichen Ausdrücke zu thun ist.

§. 6. Es sei, wie in der Astronomie auch gewöhnlich der Fall ist, die Anzahl der unbekannten Größen x, y, z, v, ... geringer als die Zahl der gegebenen Gleichungen

$$\left.\begin{array}{l} X = \alpha - bx - cy - dz - ev - \ldots\ldots \\ X_1 = \alpha_1 - b_1x - c_1y - d_1z - e_1v - \ldots\ldots \\ X_2 = \alpha_2 - b_2x - c_2y - d_2z - e_2v - \ldots\ldots \\ X_3 = \alpha_3 - b_3x - c_3y - d_3z - e_3v - \ldots\ldots \\ X_4 = \alpha_4 - b_4x - c_4y - d_4z - e_4v - \ldots\ldots \\ \quad\text{u. s. w.} \end{array}\right\} \quad 2),$$

aus denen sie bestimmt werden sollen. Setzt man nun für die möglichen Fehler die Werthe Δ, Δ_1, Δ_2, Δ_3, Δ_4 ...., so hat man, der Kürze wegen

$$\left.\begin{array}{l} \mathbf{A} - \alpha = a \\ \mathbf{A}_1 - \alpha_1 = a_1 \\ \mathbf{A}_2 - \alpha_2 = a_2 \\ \mathbf{A}_3 - \alpha_3 = a_3 \\ \mathbf{A}_4 - \alpha_4 = a_4 \\ \text{u. s. w.} \end{array}\right\} \quad 3)$$

gesetzt, wo $\mathbf{A}$, $\mathbf{A}_1$, $\mathbf{A}_2$, $\mathbf{A}_3$, $\mathbf{A}_4$, ... die durch unmittelbare Beobachtungen respective gefundenen Werthe der Functionen $\mathbf{X}$, $\mathbf{X}_1$, $\mathbf{X}_2$, $\mathbf{X}_3$, $\mathbf{X}_4$ ..... bedeuten mögen, alsdann

$$\begin{array}{l} \Delta = a + bx + cy + dz + ev + \ldots. \\ \Delta_1 = a_1 + b_1x + c_1y + d_1z + e_1v + \ldots. \\ \Delta_2 = a_2 + b_2x + c_2y + d_2z + e_2v + \ldots. \\ \Delta_3 = a_3 + b_3x + c_3y + d_3z + e_3v + \ldots. \\ \Delta_4 = a_4 + b_4x + c_4y + d_4z + e_4v + \ldots. \\ \text{u. s. w.} \end{array}$$

Man berechne jetzt

$$\left.\begin{array}{l} (ab) = ab + a_1b_1 + a_2b_2 + a_3b_3 + a_4b_4 + \ldots. \\ (ac) = ac + a_1c_1 + a_2c_2 + a_3c_3 + a_4c_4 + \ldots. \\ (ad) = ad + a_1d_1 + a_2d_2 + a_3d_3 + a_4d_4 + \ldots. \\ (ae) = ae + a_1e_1 + a_2e_2 + a_3e_3 + a_4e_4 + \ldots. \\ \quad\text{u. s. w.} \\ (bb) = bb + b_1b_1 + b_2b_2 + b_3b_3 + b_4b_4 + \ldots. \\ (bc) = bc + b_1c_1 + b_2c_2 + b_3c_3 + b_4c_4 + \ldots. \\ (bd) = bd + b_1d_1 + b_2d_2 + b_3d_3 + b_4d_4 + \ldots. \\ (be) = be + b_1e_1 + b_2e_2 + b_3e_3 + b_4e_4 + \ldots. \\ \quad\text{u. s. w.} \\ (cc) = cc + c_1c_1 + c_2c_2 + c_3c_3 + c_4c_4 + \ldots. \\ (cd) = cd + c_1d_1 + c_2d_2 + c_3d_3 + c_4d_4 + \ldots. \\ (ce) = ce + c_1e_1 + c_2e_2 + c_3e_3 + c_4e_4 + \ldots. \\ \quad\text{u. s. w.} \\ (dd) = dd + d_1d_1 + d_2d_2 + d_3d_3 + d_4d_4 + \ldots. \\ (de) = de + d_1e_1 + d_2e_2 + d_3e_3 + d_4e_3 + \ldots. \\ \quad\text{u. s. w.} \\ (ee) = ee + e_1e_1 + e_2e_2 + e_3e_3 + e_4e_4 + \ldots. \\ \quad\text{u. s. w.} \end{array}\right\} \quad 4)$$

so sind

$$\left.\begin{aligned}(ab)+(bb)x+(bc)y+(bd)z+(be)v+\ldots &= 0\\(ac)+(bc)x+(cc)y+(cd)z+(ce)v+\ldots &= 0\\(ad)+(bd)x+(cd)y+(dd)z+(de)v+\ldots &= 0\\(ae)+(be)x+(ce)y+(de)z+(ee)v+\ldots &= 0\end{aligned}\right\}\quad 5)$$

u. s. w.

die zur Bestimmung von x, y, z, v, ... dienenden Gleichungen.

§. 7. Beispiel. Man habe die Gleichungen

$$\begin{aligned}X &= x - y + 2z\\X_1 &= 3x + 2y - 5z\\X_2 &= 4x + y + 4z\\X_3 &= -x + 3y + 3z,\end{aligned}$$

und durch Beobachtungen gefunden

$$A = 3,\ A_1 = 5,\ A_2 = 21,\ A_3 = 14;$$

so ist

$$\begin{aligned}\Delta &= 3 - x + y - 2z\\\Delta_1 &= 5 - 3x - 2y + 5z\\\Delta_2 &= 21 - 4x - y - 4z\\\Delta_3 &= 14 + x - 3y - 3z,\end{aligned}$$ d. h.

$$\begin{aligned}a &= 3,\ b = -1,\ c = 1,\ d = -2\\a_1 &= 5,\ b_1 = -3,\ c_1 = -2,\ d_1 = 5\\a_2 &= 21,\ b_2 = -4,\ c_2 = -1,\ d_2 = -4\\a_3 &= 14,\ b_3 = 1,\ c_3 = -3,\ d_3 = -3,\end{aligned}$$ folglich nach 4)

$$\begin{aligned}&(ab) = -88,\ (bb) = 27,\ (cc) = 15,\ (dd) = 54,\\&(ac) = -70,\ (bc) = 6,\ (cd) = 1,\\&(ad) = -107,\ (bd) = 0,\end{aligned}$$

daher nach 5)

$$\begin{aligned}-88 + 27x + 6y &= 0\\-70 + 6x + 15y + z &= 0\\-107 + y + 54z &= 0,\end{aligned}$$

aus welchen 3 Gleichungen die wahrscheinlichsten Werthe

$$\begin{aligned}x &= 2.470\\y &= 3.551\\z &= 1.916\end{aligned}$$

folgen.

§. 8. Ein sehr elegantes Verfahren von Gauß, die wahrscheinlichsten Werthe von x, y, z, v, ... und deren Gewichte W, W_1, W_2, W_3, ... (das Gewicht der Beobachtungen = 1 gesetzt) zu bestimmen, bestehet im Folgenden. Man setze:

$$\left.\begin{aligned}(ab) + (bb)x + (bc)y + (bd)z + (be)v + \ldots &= P\\ (ac) + (bc)x + (cc)y + (cd)z + (ce)v + \ldots &= Q\\ (ad) + (bd)x + (cd)y + (dd)z + (de)v + \ldots &= R\\ (ae) + (be)x + (ce)y + (de)z + (ee)v + \ldots &= S\\ \text{u. s. w.}\end{aligned}\right\} \quad 6)$$

und eliminire dann aus diesen Gleichungen x, y, z, v, ... nach bekannten algebraischen Methoden, so wird man die Werthe dieser Unbekannten offenbar stets durch Ausdrücke folgender Form

$$\left.\begin{aligned}x &= L + A_0^0 P + B_0^0 Q + C_0^0 R + D_0^0 S + \ldots\\ y &= L_1 + A_1^1 P + B_1^1 Q + C_1^1 R + D_1^1 S + \ldots\\ z &= L_2 + A_2^2 P + B_2^2 Q + C_2^2 R + D_2^2 S + \ldots\\ v &= L_3 + A_3^3 P + B_3^3 Q + C_3^3 R + D_3^3 S + \ldots\\ &\text{u. s. w.}\end{aligned}\right\} \quad 7)$$

darstellen können, und hat man daher dieselben wirklich entwickelt, so sind nun die wahrscheinlichsten Werthe von x, y, z, v, ...

$$\left.\begin{aligned}x &= L\\ y &= L_1\\ z &= L_2\\ v &= L_3\\ &\text{u. s. w.}\end{aligned}\right\} \quad 8)$$

und die Gewichte dieser Bestimmungen

$$\left.\begin{aligned}W &= \sqrt{\frac{1}{A_0^0}}\\ W_1 &= \sqrt{\frac{1}{B_1^1}}\\ W_2 &= \sqrt{\frac{1}{C_2^2}}\\ W_3 &= \sqrt{\frac{1}{D_3^3}}\\ &\text{u. s. w.}\end{aligned}\right\} \quad 9)$$

Nennt man ferner $\Phi, \Phi_1, \Phi_2, \Phi_3, \ldots$ die mittlern zu befürchtenden Fehler, die man bei der Bestimmung der wahrscheinlichen Werthe von x, y, z, v, ... nach 8) begangen haben mag; so hat man

$$\left.\begin{array}{l} \Phi = \frac{0.282095}{\sqrt{W}} \\ \Phi_1 = \frac{0.282095}{\sqrt{W_1}} \\ \Phi_2 = \frac{0.282095}{\sqrt{W_2}} \\ \Phi_3 = \frac{0.282095}{\sqrt{W_3}} \\ \text{u. s. w.} \end{array}\right\} \quad 10) \qquad (\log. 0.282095 = 9.4503954)$$

Endlich sind die wahrscheinlichen Fehler $F, F_1, F_2, F_3 \ldots$, welche man bei der Bestimmung der wahrscheinlichsten Werthe von x, y, z, v, ... begangen haben kann, d. h. diejenigen Fehler, von denen es gleich wahrscheinlich ist, daß man sie begangen oder daß man sie auch nicht begangen habe, folgende:

$$\left.\begin{array}{l} F = \frac{0.476936}{\sqrt{W}} \\ F_1 = \frac{0.476936}{\sqrt{W_1}} \\ F_2 = \frac{0.476936}{\sqrt{W_2}} \\ F_3 = \frac{0.476936}{\sqrt{W_3}} \\ \text{u. s. w.} \end{array}\right\} \quad 11) \qquad (\log. 0.476936 = 9.6784601)$$

Die Grenzen $\Delta F, \Delta F_1, \Delta F_2, \Delta F_3, \ldots$, zwischen welche die wahren wirklich statt habenden Werthe von $F, F_1, F_2, F_3, \ldots$ fallen werden, sind

$$\left.\begin{aligned}\Delta F &= F\left(1 \pm \frac{0.476936}{\sqrt{n}}\right)\\ \Delta F_1 &= F_1\left(1 \pm \frac{0.476936}{\sqrt{n}}\right)\\ \Delta F_2 &= F_2\left(1 \pm \frac{0.476936}{\sqrt{n}}\right)\\ \Delta F_3 &= F_3\left(1 \pm \frac{0.476936}{\sqrt{n}}\right)\\ &\text{u. s. w.}\end{aligned}\right\}\quad 12)$$

in welchen Ausdrücken n die Anzahl der Beobachtungen oder die Anzahl der gegebenen Gleichungen in 2) bezeichnet.

§. 9. Um eine Anwendung zu zeigen, werde das im §. 7. gewählte Beispiel abermals vorgenommen.

Es ist nämlich nach 6)

$$\begin{aligned}-88 + 27x + 6y \qquad &= P\\ -70 + 6x + 15y + z &= Q\\ -107 + y + 54z &= R,\end{aligned}$$

also nach 7)

$$\begin{aligned}x &= \frac{49154}{19899} + \frac{809}{19899}P - \frac{324}{19899}Q + \frac{6}{19899}R\\ y &= \frac{2617}{737} - \frac{12}{737}P + \frac{54}{737}Q - \frac{1}{737}R\\ z &= \frac{12707}{6633} + \frac{2}{6633}P - \frac{9}{6633}Q + \frac{123}{6633}R,\end{aligned}$$

daher nach 8)

$$\begin{aligned}x &= \frac{49154}{19899} = 2.4702\\ y &= \frac{2617}{737} = 3.5509\\ z &= \frac{12707}{6633} = 1.9157\end{aligned}$$

und nach 9)

$$W = \sqrt{\frac{19899}{809}} = 4.9595$$

$$W_1 = \sqrt{\frac{737}{54}} = 3.6943$$

$$W_2 = \sqrt{\frac{6633}{123}} = 7.3435,$$

woraus folgt, daß z von allen am schärfsten und y am wenigsten genau bestimmt ist, so daß y nur halb so sicher als z ist.

Ferner erhält man nach 10)

$$\Phi = 0.1267, \; \Phi_1 = 0.1468, \; \Phi_2 = 0.1041$$

als die mittlern zu befürchtenden, und nach 11)

$$F = 0.2142, \; F_1 = 0.2481, \; F_2 = 0.1760$$

als die wahrscheinlichen Fehler.

Endlich war in §. 7. die Anzahl der gegebenen Gleichungen vier, folglich n = 4 und $\sqrt{n} = 2$; daher nach 12)

$$\Delta F = \binom{1.238468}{0.761532} F = 0.2653 \text{ und } 0.1630$$

$$\Delta F_1 = \binom{1.238468}{0.761532} F_1 = 0.3071 \text{ und } 0.1890$$

$$\Delta F_2 = \binom{1.238468}{0.761532} F_2 = 0.2180 \text{ und } 0.1341.$$

§. 10. Gauß hatte, außer dem im vorigen §. mitgetheilten Verfahren, schon früher eine Methode, die Gleichungen vom ersten Grad, wenn deren Anzahl die Zahl der darin enthaltenen Unbekannten übersteigt, nach der Methode der kleinsten Quadrate aufzulösen, mitgetheilt. Er formte nämlich diese Gleichungen in eben so viele andere um, von denen dann jede folgende eine unbekannnte Größe weniger als die vorhergehende enthielt. Dieses Verfahren läßt sich zwar auf jede Anzahl von Unbekannten anwenden, aber die Rechnung wird auch immer beschwerlicher, so daß man das Verzeichniß von Formeln, die in jedem besondern Fall in Zahlen zu übersetzen sind, stets vor sich haben muß, um nicht irre zu werden. Es sind daher, weil die Planeten- und Kometenbahnen hinsichtlich ihrer gewöhnlich sechs Elemente oft zu verbessern sind, hier die für diesen Fall nöthigen Formeln vollständig entwickelt und angegeben.

Es mögen $z, z_1, z_2, \ldots z_5$ die gesuchten Correctionen, und in den Bedingnngsgleichungen

$$\left.\begin{array}{l}
az + bz_1 + cz_2 + dz_3 + ez_4 + fz_5 + n = 0 \\
a_1z + b_1z_1 + c_1z_2 + d_1z_3 + e_1z_3 + f_1z_5 + n_1 = 0 \\
a_2z + b_2z_1 + c_2z_2 + d_2z_3 + e_2z_4 + f_2z_5 + n_2 = 0 \\
a_3z + b_3z_1 + c_3z_2 + d_3z_3 + e_3z_4 + f_3z_5 + n_3 = 0 \\
\text{u. s. w.}
\end{array}\right\} \quad 13)$$

enthalten sein. Man berechne nun zuerst

$$\left.\begin{array}{l}
(nn) = nn + n_1n_1 + n_2n_2 + \ldots. \\
(an) = an + a_1n_1 + a_2n_2 + \ldots. \\
(bn) = bn + b_1n_1 + b_2n_2 + \ldots. \\
(an) = an + a_1n_1 + a_2n_2 + \ldots. \\
(dn) = dn + d_1n_1 + d_2n_2 + \ldots. \\
(en) = en + e_1n_1 + e_2n_2 + \ldots. \\
(fn) = fn + f_1n_1 + f_2n_2 + \ldots. \\
(aa) = aa + a_1a_1 + a_2a_2 + \ldots. \\
(ab) = ab + a_1b_1 + a_2b_2 + \ldots. \\
(ac) = ac + a_1c_1 + a_2c_2 + \ldots. \\
(ad) = ad + a_1d_1 + a_2d_2 + \ldots. \\
(ae) = ae + a_1e_1 + a_2e_2 + \ldots. \\
(af) = af + a_1f_1 + a_2f_2 + \ldots. \\
(bb) = bb + b_1b_1 + b_2b_2 + \ldots. \\
(bc) = bc + b_1c_1 + b_2c_2 + \ldots. \\
(bd) = bd + b_1d_1 + b_2d_2 + \ldots. \\
(be) = be + b_1e_1 + b_2e_2 + \ldots. \\
(bf) = bf + b_1f_1 + b_2f_2 + \ldots. \\
(cc) = cc + c_1c_1 + c_2c_2 + \ldots. \\
(cd) = cd + c_1d_1 + c_2d_2 + \ldots. \\
(ce) = ce + c_1e_1 + c_2e_2 + \ldots. \\
(cf) = cf + c_1f_1 + c_2f_2 + \ldots. \\
(dd) = dd + d_1d_1 + d_2d_2 + \ldots. \\
(de) = de + d_1e_1 + d_2e_2 + \ldots. \\
(df) = df + d_1f_1 + d_2f_2 + \ldots. \\
(ee) = ee + e_1e_1 + e_2e_2 + \ldots. \\
(ef) = ef + e_1f_1 + e_2f_2 + \ldots. \\
(ff) = ff + f_1f_1 + f_2f_2 + \ldots.
\end{array}\right\} \quad 14)$$

ferner

$$\left.\begin{aligned}
(an.1) &= (an) - (af)(fn) : (ff)\\
(aa.1) &= (aa) - (af)(af) : (ff)\\
(ab.1) &= (ab) - (af)(bf) : (ff)\\
(ac.1) &= (ac) - (af)(cf) : (ff)\\
(ad.1) &= (ad) - (af)(df) : (ff)\\
(ae.1) &= (ae) - (af)(ef) : (ff)\\
(bn.1) &= (bn) - (bf)(fn) : (ff)\\
(bb.1) &= (bb) - (bf)(bf) : (ff)\\
(bc.1) &= (bc) - (bf)(cf) : (ff)\\
(bd.1) &= (bd) - (bf)(df) : (ff)\\
(be.1) &= (be) - (bf)(ef) : (ff)\\
(cn.1) &= (cn) - (cf)(fn) : (ff)\\
(cc.1) &= (cc) - (cf)(cf) : (ff)\\
(cd.1) &= (cd) - (cf)(df) : (ff)\\
(ce.1) &= (ce) - (cf)(ef) : (ff)\\
(dn.1) &= (dn) - (df)(fn) : (ff)\\
(dd.1) &= (dd) - (df)(df) : (ff)\\
(de.1) &= (de) - (df)(ef) : (ff)\\
(en.1) &= (en) - (ef)(fn) : (ff)\\
(ee.1) &= (ee) - (ef)(ef) : (ff)\\
(nn.1) &= (nn) - (nf)(nf) : (ff)
\end{aligned}\right\} \quad 15)$$

ferner

$$\left.\begin{aligned}
(an.2) &= (an.1) - (ae.1)(en.1) : (ee.1)\\
(aa.2) &= (aa.1) - (ae.1)(ae.1) : (ee.1)\\
(ab.2) &= (ab.1) - (ae.1)(be.1) : (ee.1)\\
(ac.2) &= (ac.1) - (ae.1)(ce.1) : (ee.1)\\
(ad.2) &= (ad.1) - (ae.1)(de.1) : (ee.1)\\
(bn.2) &= (bn.1) - (be.1)(en.1) : (ee.1)\\
(bb.2) &= (bb.1) - (be.1)(be.1) : (ee.1)\\
(bc.2) &= (bc.1) - (be.1)(ce.1) : (ee.1)\\
(bd.2) &= (bd.1) - (be.1)(de.1) : (ee.1)\\
(cn.2) &= (cn.1) - (ce.1)(en.1) : (ee.1)\\
(cc.2) &= (cc.1) - (ce.1)(ce.1) : (ee.1)\\
(cd.2) &= (cd.1) - (ce.1)(cd.1) : (ee.1)\\
(dn.2) &= (dn.1) - (de.1)(en.1) : (ee.1)\\
(dd.2) &= (dd.1) - (de.1)(de.1) : (ee.1)\\
(nn.2) &= (nn.1) - (ne.1)(ne.1) : (ee.1)
\end{aligned}\right\} \quad 16)$$

ferner

$$\left.\begin{array}{l}
(an.3) = (an.2) - (ad.2)(dn.2) : (dd.2) \\
(aa.3) = (aa.2) - (ad.2)(ad.2) : (dd.2) \\
(ab.3) = (ab.2) - (ad.2)(bd.2) : (dd.2) \\
(ac.3) = (ac.2) - (ad.2)(cd.2) : (dd.2) \\
(bn.3) = (bn.2) - (bd.2)(bn.2) : (dd.2) \\
(bb.3) = (bb.2) - (bd.2)(bd.2) : (dd.2) \\
(bc.3) = (bc.2) - (bd.2)(cd.2) : (dd.2) \\
(cn.3) = (cn.2) - (cd.2)(dn.2) : (dd.2) \\
(cc.3) = (cc.2) - (cd.2)(cd.2) : (dd.2) \\
(nn.3) = (nn.2) - (dn.2)(dn.2) : (dd.2)
\end{array}\right\} \quad 17)$$

ferner

$$\left.\begin{array}{l}
(an.4) = (an.3) - (ac.3)(cn.3) : (cc.3) \\
(aa.4) = (aa.3) - (ac.3)(ac.3) : (cc.3) \\
(ab.4) = (ab.3) - (ac.3)(bc.3) : (cc.3) \\
(bn.4) = (bn.3) - (bc.3)(cn.3) : (cc.3) \\
(bb.4) = (bb.3) - (bc.3)(bc.3) : (cc.3) \\
(nn.4) = (nn.3) - (cn.3)(cn.3) : (cc.3)
\end{array}\right\} \quad 18)$$

und

$$\left.\begin{array}{l}
(an.5) = (an.4) - (ab.4)(bn.4) : (bb.4) \\
(aa.5) = (aa.4) - (ab.4)(ab.4) : (bb.4) \\
(nn.5) = (nn.4) - (nb.4)(nb.4) : (bb.4)
\end{array}\right\} \quad 19);$$

so hat man nun zur Bestimmung von $z, z_1, z_2, \ldots.$ die hinsichtlich des Eliminationsprocesses sehr bequemen Gleichungen.

$$\left.\begin{array}{ll}
(aa.5)z & = -(an.5) \\
(ab.4)z + (bb.4)z_1 & = -(bn\ 4) \\
(ac.3)z + (bc.3)z_1 + (cc.3)z_2 & = -(cn.3) \\
(ad.2)z + (bd.2)z_1 + (cd.2)z_2 + (dd.2)z_3 & = -(dn.2) \\
(ae.1)z + (be.1)z_1 + (ce.1)z_2 + (de.1)z_3 + (ee.1)z_4 & = -(en.1) \\
(af)z + (bf)z_1 + (cf)z_2 + (df)z_3 + (ef)z_4 + (ff)z_5 & = -(fn)
\end{array}\right\} 20)$$

und wenn S die Summe der Quadrate der Fehler bedeutet

$$S = (nn.5) - (an.5)(an.5) : (aa.5) \qquad 21)$$

§. 11. Als Beispiel ist das im VI. Band S. 258 u. ff. der Zeitschrift für Astronomie von Lindenau und Bohnenberger befindliche Schema gewählt, wo folgende aus Bessel's Abhandlung über den Olbers'schen Komet gezogene Zahlen, das System 14) bildend, der Rechnung zum Grunde liegen:

	Logarithm.
(nn) = + 9535.7	3.979353
(an) = + 8494.1	3.929120
(bn) = + 5634.6	3.750862
(cn) = + 246.1	2.391129
(dn) = + 5476.5	3.738500
(en) = — 480.5	2.681684n
(fn) = + 2412.6	3.382486n
(aa) = + 16682.1	4.222252
(ab) = + 7232.8	3.859306
(ac) = + 239.3	2.378961
(ad) = + 9332.0	3.669973
(ae) = + 533.7	2.727297
(af) = + 3292.8	3.517563
(bb) = + 4920.9	3.692048
(bc) = — 893.2	2.950949n
(bd) = + 4473.9	3.650684
(be) = + 2471.0	3.392873
(bf) = + 1703.2	3.231721
(cc) = + 4584.0	3.661241
(cd) = — 6.7	0.824776n
(ce) = — 5109.4	3.708373n
(cf) = + 298.6	2.475046
(dd) = + 5423.2	3.734258
(de) = + 735.5	2.866594
(df) = + 1893.6	3.277284
(ee) = + 13959.4	4.144865
(ef) = — 1362.0	3.134167n
(ff) = + 1034.6	3.014756.

Hieraus erhält man nun folgende Resultate.

Mittelst 15):

	Logarithm.
(an.1) = + 815.3	2.911344
(aa.1) = + 6201.9	3.792528
(ab.1) = + 1811.8	3.258115
(ac.1) = — 711.0	2.851851n
(ad.1) = + 3305.1	3.519183
(ae.1) = + 4868.5	3.687399
(bn.1) = + 1663.6	3.221046
(bb.1) = + 2116.9	3.325694
(bc.1) = — 1384.7	3.141371n
(bd.1) = + 1356.4	3.132401
(be.1) = + 4713.3	3.673322
(cn.1) = — 450.2	2.653367
(cc.1) = + 4497.8	3.653000
(cd.1) = — 553.2	2.742851n
(ce.1) = — 4716.4	3.673609n
(dn.1) = + 1060.6	3.025564
(dd.1) = + 1957.5	3.291695
(de.1) = + 3228.4	3.508985
(en.1) = + 2695.6	3.430657
(ee.1) = + 12166.4	4.085161
(nn.1) = + 3909.5	3.592123.

Mittelst 16):

	Logarithm.
(an.2) = — 263.3	2.420533n
(aa.2) = + 4253.7	3.628770
(ab.2) = — 74.3	1.870755n
(ac.2) = + 1176.4	3.070540
(ad.2) = + 2013.2	3.303885
(bn.2) = + 619.3	2.791908
(bb.2) = + 290.9	2.463774
(bc.2) = + 442.4	2.645795
(bd.2) = + 105.7	2.024239
(cn.2) = + 594.5	2.774181
(cc.2) = + 2669.5	3.426423

	Logarithm.
(cd.2) = + 698.3	2.844067
(dn.2) = + 345.4	2.538373
(dd.2) = + 1100.8	3.041712
(nn.2) = + 3312.3	3.520126.

Mittelst 17):

	Logarithm.
(an.3) = — 895.1	2.951872n
(aa.3) = + 571.9	2.757358
(ab.3) = — 276.6	2.427535n
(ac.3) = — 100.8	2.003417n
(bn.3) = + 586.1	2.767994
(bb.3) = + 280.8	2.448335
(bc.3) = + 375.3	2.574379
(cn.3) = + 375.4	2.574494
(cc.3) = + 2226.4	3,347611
(nn.3) = + 3203.9	3.505675.

Mittelst 18):

	Logarithm.
(an.4) = — 878.1	2.943549n
(aa.4) = + 567.4	2.753882
(ab.4) = — 250.6	2.399050n
(bn.4) = + 522.8	2.718377
(bb.4) = + 217.5	2.337459
(nn.4) = + 3140.6	3.497010

und mittelst 19):

	Logarithm.
(an.5) = — 275.6	2.440279
(aa.5) = + 278.6	2.474919
(nn.5) = + 1883.7	3.275010

also mittelst 20) die zur Bestimmung von z, z_1, z_2, ... z_5 erforderlichen Gleichungen:

$$
\begin{aligned}
&+278.6z &&= +275.6\\
&-250.6z + 217.5z_1 &&= -522.8\\
&-100.8z + 375.3z_1 + 2226.4z_2 &&= -375.4\\
&+2013.2z + 105.7z_1 + 698.3z_2 + 1100.9z_3 &&= -345.4\\
&+4868.5z - 1384.7z_1 - 4716.4z_2 + 3228.4z_3 + 12166.4z_4 &&= -2695.6\\
&+3292.8z + 1703.2z_1 + 298.6z_2 + 1893.6z_3 - 1362.0z_4 + 1034.6z_5 &&= -2412.6
\end{aligned}
$$

Hieraus folgt dann:

$$
\begin{aligned}
z &= +0.9894\\
z_1 &= -1.2638\\
z_2 &= +0.0892\\
z_3 &= -2.0583\\
z_4 &= +0.4525\\
z_5 &= +0.8575
\end{aligned}
$$

und mittelst der Formel 21):

$$
\begin{aligned}
S &= +1883.7 - (-275.6)(-275.6) : (+278.6)\\
&= +1611.
\end{aligned}
$$

Anmerkung. Hansen hat ein neues Verfahren mitgetheilt, bei Anwendung der Methode der kleinsten Quadrate die Gewichte der unbekannten Größen zu berechnen, sobald diese unbekannten Größen selbst nach der so eben mitgetheilten Methode bestimmt worden sind; und er ist der Meinung, daß, wenn die Anzahl der Unbekannten nicht sehr groß ist, sein Verfahren in der Anwendung ungefähr dieselbe Arbeit verursacht, als die Gaußische hier nicht mit angegebene Methode, die Gewichte der Unbekannten zu bestimmen, und zugleich alle Coefficienten der unbestimmten Elimination zu finden lehrt.

Drittes Capitel.

Vom Interpoliren oder Einschalten.

§. 12. Interpoliren *) ist in der rechnenden Astronomie das Verfahren, nach welchem aus gegebenen numerischen Werthen einer beliebigen Function eines Arguments der Werth dieser Function für einen andern gegebenen Werth des Arguments bestimmt wird,

*) Hierbei ist der Aufsatz von Encke im Berliner Jahrbuch für 1830 zum Grund gelegt worden.

ohne daß die Form der Function selbst bekannt zu sein braucht, vorausgesetzt nur, daß dieser gesuchte numerische Werth der Function von den gegebenen eingeschlossen ist.

§. 13. Es mögen p, q, r und s die vier Werthe des Arguments, P, Q, R und S die zugehörigen der Function bezeichnen; so entwerfe man sich, wenn für das Argument x der numerische Werth der Function X bestimmt werden soll, das Schema

$$\begin{array}{c|ccccccc} p & P & & & & & & \\ & & (p.q) & & & & & \\ q & Q & & (p.q.r) & & & & \\ & & (q.r) & & (p.q.r.s.) & & & \\ r & R & & (q.r.s) & & & & \\ & & (r.s) & & & & & \\ s & S & & & & & & \end{array}$$

wo jede folgende Verticalreihe entsteht, wenn man ein Glied der vorhergehenden von dem darunter stehenden abzieht, und diese Differenz durch die Differenz der Argumente, auf welche die beiden durch die nächst höhere und nächst tiefere Differenzgröße gezogene Diagonalen hinweisen, dividirt. Man hat dann, wenn X_n den aus n Größen hergeleiteten Werth von X bezeichnet,

$$X_4 = P + (x-p)(p.q) + (x-p)(x-q)(p.q.r.) + (x-p)(x-q)(x-r)(p.q.r.s) \; \ldots\ldots \qquad 1)$$

als allgemeine Interpolationsformel, wo also

$$(p.q) = \frac{Q-P}{q-p}$$

$$(p.q.r) = \frac{(q.r)-(p.q)}{r-p}$$

$$(p.q.r.s) = \frac{(q.r.s)-(p.q.r)}{s-p} \quad \text{u. s. w.}$$

ist. Bei Anwendung dieser Formel wird man stets von oben herunter interpoliren und auf die verschiedenen Zeichen Rücksicht nehmen müssen. Es ist aber vortheilhafter und leichter, wenn aus der Mitte, oder aus der Gegend wo x sich befindet, heraus interpolirt wird, weshalb auch eine andere Größe als P zur ersten gemacht werden kann. Wählt man z. B. die Anordnung RQSP, so ist

$$X_4 = R + (x-r)(r.q) + (x-r)(x-q)(r.q.s) + (x-r)(x-q)(x-s)(r.q.s.p)$$

oder, was erlaubt ist, mit Vertauschung der Buchstaben

$$X_4 = R + (x-r)(q.r) + (x-r)(x-q)(q.r.s) + (x-r)(x-q)(x-t)(p.q.r.s) \qquad 2)$$

wo die Differenzgrößen (q.r), (q.r.s), (p.q.r.s) offenbar alle wechselsweise über und unter einer Linie liegen, welche man zwischen R und (q.r) hindurchziehen kann. Ferner hat man für die Anordnung **RSQTP** (wenn nämlich noch eine fünfte Größe gegeben),

$$X_4 = R + (x-r)(r.s) + (x-r)(x-s)(q.r.s) + (x-r)(x-s)(x-q)(q.r.s.t) \qquad 3)$$

wo die horizontale Linie zwischen R und (r.s) durchgezogen werden muß. Die Formel 2) gilt, wenn x zwischen q und r, Formel 3), wenn x zwischen r und s liegt.

§. 14. Da aber bei astronomischen Interpolationen meistens nur der Fall vorkommt, wo p, q, r, s eine arithmetische Reihe bilden, d. h. die Intervalle q—p, r—q, u. s. w. gleich sind und als Einheiten angesehen werden, so hat man,

$$(p.q) = \frac{\Delta P}{1}$$

$$(p.q.r) = \frac{\Delta^2 P}{1.2}$$

$$(p.q.r.s) = \frac{\Delta^3 P}{1.2.3} \text{ u. s. w.}$$

gesetzt, dann, wenn t statt x—p geschrieben wird,

$$X = P + t\frac{\Delta P}{1} + \frac{t(t-1)}{1.2}\Delta^2 P + \frac{t(t-1)(t-2)}{1.2.3}\Delta^3 P + \ldots \qquad 4)$$

welcher Ausdruck die gewöhnliche Interpolationsformel ist. — Versteht man aber unter Δ, Δ^2, Δ^3, ... diejenigen Differenzen, die wechselsweise unter und über dem horizontalen Strich liegen, welcher von der Gegend des x aus gezogen wird, so hat man bei aufsteigendem Argument, wenn r—x=t, d. h. x zwischen q und r liegt,

$$X = R - t\frac{\Delta Q}{1} + \frac{t(t-1)}{1.2}\Delta^2 R - t\frac{(t-r)(t+1)}{1.2.3}\Delta^3 Q + \ldots \qquad 5)$$

und, wenn $x - r = t$, d. h. x zwischen r und s liegt,

$$X = R + t\frac{\Delta R}{1} + \frac{t(t-1)}{1.2}\Delta^2 R + \frac{t(t-1)(t+1)}{1.2.3}\Delta^3 R + \ldots \qquad 6)$$

in welchen beiden Formeln, wäre das Argument niedersteigend, die Zeichen der Glieder nur zu vertauschen sein würden, sobald t immer als positiv angesehen werden soll. — Will man in 5) und 6) eine successive Verbesserung der Differenzen beobachten, so hat man in diesem Fall

$$X = R - t\left\{\Delta Q - \left(\frac{t-1}{1}\right)\left\{\Delta^2 R - \left(\frac{t+1}{3}\right)\left\{\Delta^3 Q - \left(\frac{t-2}{4}\right)\left\{\Delta^4 R - \ldots\right\}\right\}\right\}\right\}$$

und

$$X = R + t\left\{\Delta R + \left(\frac{t-1}{2}\right)\left\{\Delta^2 R + \left(\frac{t+1}{3}\right)\left\{\Delta^3 R + \left(\frac{t-2}{4}\right)\left\{\Delta^4 R - \ldots\right\}\right\}\right\}\right\}$$

§. 15. In dem besondern Fall, daß x genau in der Mitte zwischen q und r liegt, also $t = \frac{1}{2}$ ist, kann man, ohne der Genauigkeit zu schaden, entweder von q aus vorwärts oder von r aus rückwärts interpoliren. Die beiden Formeln 6) und 5) gehen dann resp. über in

$$X = Q + \frac{\frac{1}{2}}{1}\Delta Q + \frac{\frac{1}{2}(-\frac{1}{2})}{1.2}\Delta^2 Q + \frac{\frac{1}{2}(-\frac{1}{2})(-\frac{3}{2})}{1.2.3}\Delta^3 Q + \ldots$$

und

$$X = R - \frac{\frac{1}{2}}{1}\Delta R + \frac{\frac{1}{2}(-\frac{1}{2})}{1.2}\Delta^2 R - \frac{\frac{1}{2}(-\frac{1}{2})(-\frac{3}{2})}{1.2.3}\Delta^3 R + \ldots;$$

werden nun diese addirt, so verschwinden alle ungeraden Differenzen, und man erhält, wenn die jedesmaligen Summen der auf derselben horizontalen Linie mit Q und R stehenden geraden Differenzen durch k′, k″, k‴, ... bezeichnet werden, d. h.

$$\begin{aligned} Q + R &= k \\ \Delta^2 Q + \Delta^2 R &= k' \\ \Delta^4 Q + \Delta^4 R &= k'' \end{aligned}$$

u. s. w.

dann die Formel

$$X = \tfrac{1}{2}k - \frac{1.1}{2.4}\cdot\frac{k'}{2} + \frac{1.1.3.3}{2.4.6.8}\cdot\frac{k''}{2} - \frac{1.1.3.3.5.5}{2.4.6.8.10.12}\cdot\frac{k'''}{2} + \ldots$$

$$= \tfrac{1}{2}\Big\{ k - \tfrac{1}{8}\Big\{ k' - \tfrac{3}{16}\Big\{ k'' - \tfrac{5}{24}\Big\{ k''' - \ldots \Big\}\Big\}\Big\}\Big\} \qquad 7)$$

Auch hier läßt sich wieder das Berücksichtigen der Vorzeichen umgehen. Werden nämlich die beiden irgend ein beliebiges k bildenden Differenzen durch β und β', die nächst vorhergehende und folgende durch $'\beta$ und β'' bezeichnet, und das Schema

$$\begin{array}{lll} '\beta & & \\ & \beta - '\beta & \\ \beta & & \beta' - 2\beta + '\beta \\ & \beta' - \beta & \\ \beta' & & \beta'' - 2\beta' + \beta \\ & \beta'' - \beta' & \\ \beta'' & & \end{array}$$

gebildet, so wird, wenn $k^n = \beta + '\beta$,

$$k^{n+1} = \beta'' - \beta' - \beta + '\beta$$
$$= \beta'' + '\beta - k^n$$

d. h. es ist stets $k^n + k^{n+1} = \beta'' + '\beta$

und die Correction immer von der Form

$$k^n - \alpha k^{n+1},$$

wo α positiv und kleiner als 1 ist. Es wird daher die an k^n oder $\beta + \beta'$ angebrachte Verbesserung immer so wirken, daß sie die Summe $\beta + \beta'$ von der Summe der nächstfolgenden und nächstvorhergehenden Differenz entfernt, ausgenommen, wenn k^{n+1} durch eine frühere Verbesserung sein Zeichen verändert haben sollte.

§. 16. Das Vorhergehende möge nun durch ein Beispiel erläutert werden. Aus dem Berliner astronomischen Jahrbuch für 1830 hat man

	Länge des Monds.	Δ	Δ^2	Δ^3	Δ^4
Apr. 4. 0h	152°15′ 56″.6				
		+5°59′48″.9			
12	158 15 45.5		−1′48″.2		
		+5 58 0.7		+23″.1	
5. 0	164 13 46.2		−1 25.1		−1″.2
		+5 56 35.6		+21.9	
12	170 10 21.8		−1 3.2		−2.5
		+5 55 32.4		+19.4	
6. 0	176 5 54.4		−0 43.8		
		+5 54 48.6			
12	182 0 42.8				

Um nun z. B. die Länge des Monds für den 5. April 7^h zu bestimmen, muß man, um die Formel 4) gebrauchen zu können, vom Apr. 5. 0^h ausgehen. Hier ist

$$t = \tfrac{7}{12}$$
$$P = 164^0\ 13'\ 46''.2$$
$$\varDelta P = +\ 5^0\ 56'\ 35''.6 = 21395''.6$$
$$\varDelta^2 P = -\ 1'\ 3''.2 = -\ 63''.2$$
$$\varDelta^3 P = +\ 19''.4 = +\ 19''.4$$

folglich

$$X = 164^0\,13'46''.2 + 21395''.6 \times \tfrac{7}{12} - \frac{\tfrac{7}{12}(-\tfrac{5}{12})}{1\,.\,2}\,63''.2 + \frac{\tfrac{7}{12}\,(-\tfrac{5}{12})(-\tfrac{17}{12})}{1\,.\,2\,.\,3}\,19''.4$$

d. h.

$$\begin{aligned} &= 164^0\ 13'\ 46''.20 \\ &+\ \ 3\ \ 28\ \ \ 0.79 \\ &+\ \ \ \ \ \ \ \ \ \ \ \ \ 7.68 \\ &+\ \ \ \ \ \ \ \ \ \ \ \ \ 1.11 \\ X &= 167^0\ 41'\ 55''.78 \end{aligned}$$

Auf ähnliche Weise wird verfahren, wenn man sich der Formel 5) oder 6) bedienen will. Aber nach der Formel 7) geschieht die Interpolation in die Mitte hinein mit großer Leichtigkeit; denn man suche zuerst die Mondslängen für den 5 Apr. 6 und 18 Uhr, und da die vierten Differenzen unsicher sind, so braucht man sie gar nicht mit anzuwenden, weil ihr Einfluß nur dann merklich sein würde, wenn sie beträchtlicher wären als hier, da die Summe k'' mit $\tfrac{1}{2}\cdot\tfrac{1}{8}\cdot\tfrac{3}{16} = \tfrac{3}{256}$ multiplizirt wird. Man hat daher für

$$6^h \ldots\ldots k' = -\ 2'\ 28''.3 \qquad -\tfrac{1}{8}k' = +\ 18''.54$$
$$18^h \ldots\ldots k' = -\ 1\ \ 47.0 \qquad -\tfrac{1}{8}k' = +\ 13.38$$

und dann:

	Mondslänge.		
Apr. 5. 0^h	164° 13′ 46″.2	+ 2° 58′ 27″.1	
6	167 12 13.3	+ 2 58 8.5	— 18″.6
12	170 10 21.8	+ 2 57 52.9	— 15.6
18	173 8 14.7	+ 2 57 39.5	— 13.4
Apr. 6. 0	176 5 54.2		

Interpolirt man wieder in die Mitte hinein, so erhält man für

$$9^h \ldots k' = -34''.2 \qquad -\tfrac{1}{8}k' = +4''.3,$$

woraus nach der gewöhnlichen Interpolationsformel 4) für 7^h dann $t = \frac{1}{3}$ und

$$\begin{array}{rl} X = & 167^0\ 12'\ 13''.\ 3 \\ + & 29\ 42.13 \\ + & 0.48 \\ \hline & 167^0\ 41'\ 55''.91, \end{array}$$

fast wie oben folgt.

Anmerkung. Soll nicht für ganze Stunden allein, sondern für eine Zeit, welche einzelne Sekunden enthält, interpolirt werden, so ist es erlaubt, bei den Correctionsfactoren der höhern Differenzen einen genäherten ächten Bruch statt des wahren t zu setzen. Will man z. B. die Mondslänge für den 5. April $7^h\ 24'\ 16''$ bestimmen, so ist, wenn man von Apr. 5. 12 Uhr ausgeht,

$$t = \frac{4^h\ 35'\ 44''}{12^h},$$

wofür man mit Hilfe der Kettenbrüche den genäherten Werth $\frac{5}{13}$ erhält.

§. 17. Eine, auf die vorhergehenden und folgenden berechneten Zahlenwerthe einer Function beruhende, Interpolationsformel von Bessel dient vorzüglich (bei der Berechnung von Meridiandifferenzen aus Mondsculminationen) zur scharfen Bestimmung der stündlichen Bewegung des Monds.

Es mögen nämlich zu den Argumenten

$$\ldots. -2,\ -1,\ 0,\ +1,\ +2, \ldots.$$

die Zahlenwerthe

$$\ldots.\ a_{,,},\ a_{,},\ a',\ a'',\ \ldots\ldots$$

einer Function gehören, deren Differenzen nach dem Schema

	I.	II.	III.	IV.	V.
⋮					
$a_{,,,}$					
	$b_{,,}$				
$a_{,,}$		$c_{,,}$			
	$b_{,}$		$d_{,}$		
$a_{,}$		$c_{,}$		$e_{,}$	
	b		d		f
a'		c'		e'	
	b'		d'		
a''		c''			
	b''				
a'''					
⋮					

entworfen worden sind. Setzt man nun

$$c_{,} + c' = 2c,\ e_{,} + e' = 2e, \text{ u. s. w.}$$

so ist der zum Argument t gehörige Zahlenwerth Z_t der Function

$$Z_t = a_{,} + t.b + \frac{t(t-1)}{1.2}c + \frac{t(t-1)(t-\frac{1}{2})}{1.2.3}d$$

$$+ \frac{(t+1)t(t-1)(t-2)}{1.2.3.4}e + \frac{(t+1)t(t-1)(t-2)(t-\frac{1}{2})}{1.2.3.4.5}f + \ldots,$$

ferner der erste Differentialquotient Q_t der zum Argument t gehörenden Function

$$Q_t = b + \frac{2t-1}{1.2}c + \frac{3t^2-3t+\frac{1}{2}}{1.2.3}d + \frac{4t^3-6t^2-2t+2}{1.2.3.4}e$$

$$+ \frac{5t^4-10t^3+5t-1}{1.2.3.4.5}f + \ldots.$$

oder, der Kürze wegen

$$Q_t = b + Tc + T^{I}d + T^{II}e + T^{III}f + \ldots.. \qquad 8)$$

welche Formel nun die Interpolationsformel ist, welche Bessel auf die scharfe Berechnung der zwölfstündigen als gleichförmig angenommenen Bewegung des Monds anzuwenden empfiehlt, zu welchem Zweck er die Coefficienten für $t = 0, \frac{1}{12}, \frac{2}{12}, \ldots \frac{11}{12}$ berechnet in folgender Tafel giebt.

$t.12^h$	$12.T$	$288.T$	$10368.T^{II}$	$2488320.T^{III}$
0	— 6	+ 24	+ 864	— 20736
1	— 5	+ 13	+ 775	— 12211
2	— 4	+ 4	+ 656	— 4336
3	— 3	— 3	+ 513	+ 2349
4	— 2	— 8	+ 352	+ 7424
5	— 1	— 11	+ 179	+ 10589
6	0	— 12	0	+ 11664
7	+ 1	— 11	— 179	+ 10589
8	+ 2	— 8	— 352	+ 7424
9	+ 3	— 3	— 513	+ 2349
10	+ 4	+ 4	— 656	— 4336
11	+ 5	+ 13	— 775	— 12211
12	+ 6	+ 24	— 864	— 20736

§. 18. Beispiel. Es sollen die stündlichen Bewegungen des Monds in Rectascension für 7^h, 8^h und 9^h des 3. März 1822 mit Hilfe vorstehender Tafel bestimmt werden. Die gegebenen Zeiten sind wahre Pariser. Es finden sich aber aus der Conn. des Tems die Rectascensionen des Monds vom 2. März 0^h bis 4. März 12^h, so wie ihre Differenzen:

März 2 0^h	96°43′58″					
		+7°36′23″				
12	104 20 21		−11′44″			
		+7 24 39		−112″		
3. 0	111 45 0		13 36		+54″	
		+7 11 3		−58		−3″
12	118 56 3		−14 34		+51	
		+6 56 29		−7		
4. 0	125 52 32		−14 41			
		+6 41 48				
12	132 34 20					

woraus also folgt:

		7^h	8^h	9^h
b = 7° 11′ 3″	b	= 7° 11′ 3″.00	7° 11′ 3″.00	7° 11′ 3″.00
c = −14 5	cT	= − 1 10.42	− 2 20.84	− 3 31.25
d = − 58	dT^{I}	= + 2.22	+ 1.61	+ 0.60
e = + 52.5	eT^{II}	= − 0.91	− 1.78	− 2.60
f = − 3	fT^{III}	= − 0.01	− 0.01	− 0.00
	Summe	= 7° 9′ 53″.88	7° 8′ 41″.98	7° 7′ 29″.75

daher, diese drei Summen durch 12 dividirt,

35′ 49″.49, 35′ 43″.50, 35′ 37″.48,

die stündlichen Bewegungen für die drei gegebenen wahren Pariser Zeiten resp. geben.

Viertes Capitel.

Von der Bestimmung der Zeit.

§. 19. Schon im VI. Capitel des I. Theils §. 72. wurde gesagt, daß das erste und vorzüglichste Element, welches der Astronom genau kennen und stets haben muß, die Zeit ist, und daß das Mittel, dieselbe sicher und gleichförmig einzutheilen, in einer

Pendel- oder Taschenuhr bestehet, wenn diese nach der täglichen Bewegung des Himmels regulirt wird, da die Zeit, in welcher die äußerst regelmäßige Umdrehung der Erde um ihre Axe einmal vollendet wird, allen Beobachtungen und Rechnungen zufolge, das einzige wahre Maaß der Zeit (d. h. der Sterntag) ist, auf welches sich alle andern Zeitmaaße und Zeitrechnungen stützen müssen.

§. 20. Außer der Sternzeit nun giebt es bekanntlich noch zwei andere Zeiten, die wahre Sonnenzeit und die mittlere Sonnenzeit. Aber Uhren können natürlich entweder nur nach Sternzeit oder nach mittlerer Zeit gleichförmig gehen, da die wahre Sonnenzeit, als durch die ungleichförmige Bewegung der Sonne gegeben, kein sich stets gleich bleibendes Maaß für die regelmäßige Bewegung einer Uhr abgeben kann.

§. 21. Bei einer astronomischen Uhr aber, sie mag nach Sternzeit oder nach mittlerer Sonnenzeit gehen, ist zweierlei zu berücksichtigen, der Gang und der Stand der durch sie angebenden Zeit. Der Gang ist der Unterschied einer durch die Uhr gegebenen gewissen Zeitdauer und der nämlichen durch die wirkliche mittlere Sonnen- oder Sternzeit gegebenen Zeitdauer; so spricht man z. B. vom 24- oder 12stündigen Gang einer Uhr. Der Stand aber ist der Unterschied einer durch die Uhr angegebenen Zeitepoche und der nämlichen durch die wirkliche mittlere Sonnen- oder Sternzeit angegebenen Zeitepoche; so sagt man z. B. der Stand einer Uhr war an einem gewissen Tag im mittlern Mittag + 3′ 46″, d. h. die Uhr ging um 3′ 46″ gegen mittlere Sonnenzeit zu früh. Es ist daher auch Stand und Fehler der Uhr einerlei.

§. 22. Es ist leicht einzusehen, daß man sich auf die völlig genaue Bestimmung des Stands einer Uhr nicht eher einlassen kann, als bis man deren Gang einigermaaßen erforscht, und, war er noch zu schnell oder zu langsam, die Uhr so lange regulirt hat, bis ihr 24stündiger Gang mit dem Gang derjenigen Zeit, welche sie anzeigen soll, sehr nahe übereinstimmt.

A. Bestimmung des Ganges einer Uhr durch Sternverschwindungen.

§. 23. Die einfachste Methode nun, den Gang einer Uhr zu bestimmen, rührt von Olbers her und besteht in dem Beobachten sogenannter Sternverschwindungen. Hat man nämlich in der Nähe seines Beobachtungsorts eine verticale Thurmmauer, einen Blitzableiter, u. s. w., so lege man das zu diesen Beobachtungen bestimmte Fernrohr (etwa einen Kometensucher von $1\frac{1}{2}$ Zoll Oeffnung und 10facher Vergrößerung), stets an derselben bezeichneten Stelle fest an die eine Seitenmauer des Fensters an, und beobachte nun durch das Fernrohr mehrere Sterne um die Zeiten, um welche sie hinter der Kante der Thurmmauer oder des Blitzableiters verschwinden. Diese Beobachtungen lassen sich sehr genau anstellen, wenn gleich die Verschwindung eines Sterns nicht plötzlich geschieht. Die Kante der Thurmmauer nämlich fängt schon an, die Strahlen des Sterns aufzufangen, die nach der rechten Seite des Objectivglases gehen, und der Stern bleibt noch sichtbar und so lange, bis nur noch so wenige Strahlen auf's Objectivglas fallen, daß sie dem Auge nicht mehr empfindlich sind. Der Stern nimmt folglich während dieser Zeit nach und nach an Licht ab, bis er zuletzt ganz unsichtbar wird; allein die ganze Dauer dieser Lichtabnahme ist sehr kurz, und das letzte Moment stets sicher zu bemerken. — Es sei die Distanz des Punkts der Thurmmauer, hinter welchen der Stern tritt, vom Objectiv $= \mathbf{D}$, der Diameter des Objectivs $= \mathrm{m}$, die Declination des Sterns $= \delta$; so wird der Stern während seiner Lichtabnahme einen Stundenbogen η beschreiben, und es ist

$$\operatorname{tg}\tfrac{1}{2}\eta = \frac{\mathrm{m}}{2\,\mathrm{D}\cos\delta}.$$

Sei z. B. $\mathbf{D} = 600$ Fuß, $\mathrm{m} = 1\frac{1}{2}$ Zoll, $\delta = 26^0$, so hat man

$$\begin{aligned}
\log \mathrm{m} &= 0.17609\\
\text{dec.}\log 2 &= 9.69897\\
\text{dec.}\log \mathbf{D} &= 6.14267\\
\text{dec.}\log\cos\delta &= 0.04634\\
\hline
\log\operatorname{tg}\tfrac{1}{2}\eta &= 6.06407,\quad \tfrac{1}{2}\eta = 24''
\end{aligned}$$

folglich $\eta = 48''$ oder in Zeit $3''.2$,

d. h. während etwa 3″ nimmt das Licht des Sterns nach und nach ab. Da man aber blos die Zeit angiebt, wann das Licht völlig verschwindet, so kann man dieses immer genau genug angeben. Doch folgt hieraus, daß die Sterne bei heiterm Himmel etwas später, bei trübem etwas eher unsichtbar werden, welcher Unterschied indessen auch bei kleinern Sternen selten eine ganze Sekunde beträgt.

Aus solchen Beobachtungen des Verschwindens der Fixsterne, an einigen Abenden mit einander verglichen, ergiebt sich bereits der Gang der Uhr gegen Sternzeit während eines oder mehrerer Sterntage. So beobachtete z. B. Olbers den 5. und 6. Sept. 1800 wie folgt:

Namen der Sterne.	Verschwinden 1800 Sept. 5.	Verschwinden 1800 Sept. 6.	Unterschied.
ω Bootis	10ʰ 33′ 46″	10ʰ 29′ 36″	4′ 10″
η Coronae	10 45 33	10 41 23	4 10
β Coronae	10 51 5	10 46 54	4 9
ϑ Coronae	10 54 16	10 50 6	4 10
α Coronae	11 2 3	10 57 54	4 9
γ Coronae	11 10 22	11 6 14	4 8
* Coronae	11 15 18	11 11 8	4 10
δ Coronae	11 18 31	11 14 20	4 11
		Mittel:	4′ 9″.6

Also verschwanden obige Sterne nach der Uhr am 6. Sept. um 4′ 9″.6 früher als am 5. September, d. h. der 24stündige Gang der Uhr gegen Sternzeit ist — 4′ 9″.6, um so viel nämlich geht die Uhr in 24 Stunden Sternzeit zu langsam. Sollte aber die Uhr nach mittlerer Sonnenzeit gehen, so hätten jene Sterne nur 3′ 55″.9 früher verschwinden sollen; daher ging die Uhr während des Sterntags

$$4' \, 9''.6 - 3' \, 55''.9 = 13''.7$$

gegen mittlere Zeit zu langsam. — Daß man übrigens mehrere Sterne verschwinden läßt, geschieht nicht nur, um weniger von der so veränderlichen Gunst der Witterung abzuhängen, sondern auch um durch das Mittel aus mehrern Beobachtungszeiten ein schärferes Resultat zu erhalten.

Weiß man nun auf diese Art den Gang der Uhr, so läßt sich dann sehr bequem auch der Stand oder Fehler derselben gegen Sternzeit bestimmen. Da nämlich die Sterne, so lange sie ihren Ort am Himmel nicht verändern, stets zu derselben Sternzeit verschwinden werden, so braucht man nur an einem einzigen Tag die Correction der Uhr, z. B. durch correspondirende Höhen, bestimmt zu haben, um die constanten Sternzeiten dieser Verschwindungen für alle folgende Tage zu erhalten. So fand, um dieses an einem Beispiel zu zeigen, Olbers das Verschwinden von δ Coronae nach der Uhr am 6. Sept. um $11^h\,14'\,20''.7$, die Correction der Uhr gegen mittlere Zeit $+\,8'\,57''.6$, folglich:

$$\begin{array}{r} 11^h\ 14'\ 20''.7 \\ +\ \ 8\ \ 57.6 \\ \hline 11^h\ 23'\ 18''.3 \end{array}$$

als die mittlere Zeit der Verschwindung von δ Cor. am 6. Sept. 1800. Um diese mittlere Zeit in die ihr entsprechende Sternzeit zu verwandeln, hat man nach Taf. VI. a. bis VI. f. (s. Theil I. S. 210 ff.)

$$\begin{array}{lr} & M = 11^h 23' 18''.30 \\ \left.\begin{array}{l}\text{Aus Taf. VI. d} \\ \text{Aus Taf. VI. c}\end{array}\right\} \text{mit Sept. 6.} = & \begin{array}{r} 11\ \ 1\ 42.33 \\ -\ \ 0.33 \end{array} \\ \hline & \text{folglich}\ N = 22^h 25'\ 0''.30 \end{array}$$

$$\begin{array}{lrr} \text{Nun ist aus Taf. VI. a für} & 1809\,k = & -\ 2^h 25' 32''.7 \\ \text{und aus Taf. VI. b für Bremen} & d = & -\ 0\ 25\ 54.0 \\ & M = & 11\ 23\ 18.3 \\ \hline & \text{folglich}\ P = & 8^h 31' 51''.6 \end{array}$$

$$\begin{array}{rr} \text{Endlich ist aus Taf. VI. e mit P,}\ Z = & +\ \ 1' 24''.08 \\ N = & 22^h\ 25'\ \ 0''.30 \\ \hline N + Z = S = & 22^h\ 26'\ 24''.38 \end{array}$$

als die gesuchte Sternzeit, zu der δ Coronae jeden folgenden Tag ebenfalls verschwinden wird. Man braucht also dann mehrere Tage hindurch die Correction der Uhr, sobald nur diese nach Sternzeit gehend eingerichtet ist, nicht wieder durch Beobachtungen direct zu bestimmen; denn man hat nun blos nöthig, das Verschwinden von δ Coronae zu beobachten, um gleich zu erfahren, wie viel die Uhr von der Sternzeit abweicht. Bediente man sich aber, was freilich nicht so bequem ist, mittlerer Zeit, so würde jener Stern jeden folgenden Tag um 3′ 55″.91 früher, daher z. B. den 7. Sept. um 11^h 19′ 22″.39 mittl. Z. verschwinden. Ist folglich den 7. Sept. die beobachtete Zeit der Verschwindung an der nach mittlerer Zeit gehenden Uhr 11^h 10′ 28″.16, so ist dann die Correction der Uhr gegen mittlere Zeit + 8′ 54″.23, u. s. w.

§. 24. Nach Verlauf mehrerer Monate muß man aber, wenn der Ort des angewandten Sterns sich vermöge der Präcession u. s. w. merklich geändert hat, entweder den Fehler der Uhr von neuem durch Beobachtungen direct bestimmen, oder die gefundene und gebrauchte Epoche der Verschwindung eines Sterns, wie z. B. oben δ Coronae, auf folgende Weise durch Rechnung verbessern. — Es sei nämlich t die Sternzeit der Verschwindung, α die scheinbare Rectascension und δ die scheinbare Declination des Sterns für die Epoche der ersten Beobachtung; t', α' und δ' dieselben Größen für eine zweite Epoche, die mehrere Monate oder gar ein Jahr von der ersten entfernt liegt, so ist, wenn s den Stundenwinkel des Sterns zur Zeit seiner Verschwindung und φ die Polhöhe des Beobachtungsorts bezeichnet,

$$t' = t + \alpha' - \alpha + \frac{\frac{1}{15}(\delta' - \delta)\sin s}{\cos\delta\,(\mathrm{tg}\,\varphi\cos\delta - \sin\delta\cos s)}\ .$$

Beispiel. Um welche Sternzeit verschwand δ Coronae am 6. Sept. 1801, wenn er, wie oben erwähnt, den 6. Sept. 1800 um 22^h 26′ 24″.38 St. Z. verschwunden war? Hier ist

$\varphi = 53^0\ 4'\ 48''$, $t = 22^h\ 26'\ 24''.38 = 336^0\ 36'\ 5''.70$

$\left.\begin{array}{l}\alpha' = 235^0\ 19'\ 5''.7\\ \alpha = 235\ \ 18\ 23.7\end{array}\right\}$ $\alpha' - \alpha = 0'\ 42''.0$, in Zeit $= 2''.8$

$s = t - \alpha = 101^0\ 17'\ 42''.0$

$\left.\begin{array}{l}\delta' = +26^0\ 41'\ 17''.8\\ \delta = +26\ \ 41\ 31.0\end{array}\right\}$ $\delta' - \delta = -13''.2$, $\frac{1}{15}(\delta' - \delta) = -0''.88$,

$$
\begin{aligned}
\text{also}\ \log \tfrac{1}{15}(\delta' - \delta) &= 9.94448n \\
\log \sin s &= 9.99150 \\
\text{dec.} \log \cos \delta &= 0.04884 \\
&\overline{9.98492n} \\
\text{dec.} \log 1.277 &= 9.89381 \\
\log(-0''.756) &= 9.87873n \\
\\
\log tg\,\varphi &= 0.12414 \\
\log \cos \delta &= 9.95106 \\
\log(1.189) &= 0.07520 \\
\\
\log \sin \delta &= 9.65243 \\
\log \cos s &= 9.29194n \\
\log(-0.088) &= 8.94437n
\end{aligned}
$$

$$
\begin{aligned}
\text{daher}\quad t &= 22^h\ 26'\ 24''.38 \\
\alpha' - \alpha &= 2.80 \\
& -0.76 \\
\text{also}\quad t' &= 22^h\ 26'\ 26''.32,
\end{aligned}
$$

woraus sich dann wieder mittlere Zeit finden läßt.

B. Bestimmung der Zeit durch correspondirende Sonnenhöhen.

§. 25. Da bekanntlich zu gleichen Höhen eines Sterns, dessen Declination in der Zwischenzeit unveränderlich bleibt, auf beiden Seiten des Meridians auch gleiche Stundenwinkel gehören, so läßt sich die Zeit auf folgende Weise bestimmen. — Man beobachte mit einem Höhenmesser eine beliebige doch dieselbe Höhe h eines bekannten Gestirns zu beiden Seiten des Meridians und notire die beiden Uhrzeiten t und t'. Geht die Uhr nahe nach Sternzeit, so ist $\frac{1}{2}(t + t')$ die Sternzeit der Uhr in dem Augenblick, da der beobachtete Stern durch den Meridian ging. Dann ist der Unterschied zwischen $\frac{1}{2}(t + t')$ und der in Zeit ausgedrückten Rectascension des gewählten Sterns der Fehler der Uhr gegen Sternzeit.

§. 26. Bequemer wird diese Bestimmungsmethode, wenn man correspondirende Höhen der Sonne mit einem Spiegelsextant beobachtet und eine mittlere Zeit weisende Uhr gebraucht; nur muß hierbei wegen der stetigen Aenderung der Declination der Sonne eine kleine Correction an die gefundene Uhrzeit im wahren Mittag angebracht werden. Damit aber gedachte Correction nicht jedesmal nach der Formel selbst umständlich berechnet zu werden braucht, ist die Tafel XII (S. 255 im ersten Theil) gegeben worden, mittelst der die genommenen correspondirenden Sonnenhöhen stets leicht berechnet werden können, wie sogleich an einem Beispiel gezeigt werden soll.

In Göttingen wurden 1794 den 27. März mit einem Spiegelsextant folgende Höhen des obern Sonnenrandes observirt:

Beob. Höhen.	Zeit der Uhr Vormittag.	Zeit der Uhr Nachmittag.	Unverb. Mittag.
22° 55′ 5″	20ʰ 46′ 9″	4ʰ 16′ 4″	0ʰ 31′ 6″.5
23 20 5	20 49 9	4 13 3	0 31 6.0
23 25 5	20 49 45	4 12 28	0 31 6.5
23 30 5	20 50 20	4 11 51	0 31 5.5
			Mittel = 0ʰ 31′ 6″.125

Ferner ist am 26. März $\delta = + 2^\circ 23' 50''$

28. März $\delta = + 3\ 10\ 18$

also $\mu = + 0\ 46\ 28 = + 2788''$

ferner $\varphi = 51^\circ\ 32'$;

und mittlere halbe Zwischenzeit $= 3^h\ 42'\ 28''$;

daher folgende Rechnung:

$$\begin{array}{ll} \log \mu = 3.4453 & \log \mu = 3.4453 \\ \log A = 7.7952n & \log B = 7.5470 \\ \log tg\,\varphi = 0.0999 & \log tg\,\delta = 8.6868 \\ \hline \log(-21{,}90) = 0.3404n & \log(0'.478) = 9.6791 \end{array}$$

folglich $- 21''.90 + 0''.478 = - 21''.422$ als gesuchte Correction, daher mittlerer unverbesserter Mittag $= 0^h\ 31'\ 6''.125$

Correction $= - \quad 21.422$

Wahrer oder verbesserter Mittag $= 0^h\ 30'\ 44''.703$

d. h. Fehler der Uhr $= + 30'\ 44''.70$

Anmerkung 1. Will man sich der Tafel XII (I. Theil S. 255) nicht bedienen, sondern nach der Formel selbst rechnen, so hat man folgende Vorschrift. Sei t die Uhrzeit der ersten, t′ die der letzten Beobachtung auf der andern Seite des Meridians, $\frac{1}{2}(t' + t)$ die Uhrzeit des unverbesserten Mittags, p die Poldistanz der Sonne bei der ersten, und p' bei der letzten Beobachtung, φ die Polhöhe, T die Uhrzeit des verbesserten Mittags; so ist

$$T = \frac{1}{2}(t + t') + \frac{1}{30}(p' - p)\left\{\frac{tg\,\varphi}{\sin s} - \frac{\cot\frac{1}{2}(p' + p)}{tg\,s}\right\} \qquad 1)$$

wo s den Stundenwinkel der Sonne für das Mittel der letzten Beobachtungen bezeichnet, und wo überdieß die Zeichen sich von selbst bestimmen. Dieser Ausdruck gilt auch dann noch, wenn man die im folgenden §. stehende Tafel für die Mitternachtsverbesserung nicht anwenden will. Nur ist dann für diesen Fall T die Uhrzeit der verbesserten oder wahren Mitternacht, der Stundenwinkel s der zweiten Beobachtung größer als 180°, und $\frac{1}{2}(p' + p)$ die Poldistanz der Sonne zur Zeit der wahren Mitternacht.

Anmerkung 2. Daß bei diesen Beobachtungen, deren man, um nicht zu sehr von der veränderlichen Gunst der Witterung abzuhängen, auch um größerer Genauigkeit willen, mehrere anstellen muß, die Refraction nicht berücksichtigt zu werden braucht, geschieht aus dem Grund, daß bei gleichen Höhen in nicht gar zu großen Zwischenzeiten auch gleiche Strahlenbrechnung statt findet.

§. 27. Oft ist bei der Zeitbestimmung durch correspondirende Höhen sehr anzurathen, auf die genaue Bestimmung der Mitternacht mit Rücksicht zu nehmen. Man versichert sich hierdurch am schnellsten von dem wahren Gang der Uhr, indem man diesen von 12 zu 12 Stunden erhält, und hier folglich den Vortheil hat, sehr genau den Gang der Uhr von Mittag bis Mitternacht zu kennen. Zu diesem Zweck hat Knorre die folgende Tafel construirt, deren Gebrauch durch die Formel

$$M = + A\mu\, tg\,\varphi - B\mu\, tg\,\delta$$

angedeutet wird, und in welcher M die gesuchte Mitternachtsverbesserung, μ die in Sekunden ausgedrückte Aenderung der Sonnendeclination δ binnen 48 Stunden, und φ die Polhöhe des Beobachtungsorts bezeichnet.

Tafel für die Mitternachtsverbesserung.

	Log. A.	Log. B.		Log. A.	Log. B.
6h 0′	7.9208	B = 0	8h 30′	8.1726	7.9571
5	7.9269	6.2657	35	8.1843	7.9808
10	7.9331	6.5728	40	8.1963	8.0043
15	7.9395	6.7551	45	8.2085	8.0277
20	7.9460	6.8862	50	8.2212	8.0508
25	7.9526	6.9895	55	8.2341	8.0739
30	7.9593	7.0750	9 0	8.2474	8.0969
35	7.9662	7.1484	5	8.2611	8.1199
40	7.9732	7.2129	10	8.2752	8.1428
45	7.9804	7.2706	15	8.2897	8.1658
50	7.9877	7.3231	20	8.3046	8.1889
55	7.9952	7.3712	25	8.3200	8.2121
7 0	8.0028	7.4158	30	8.3359	8.2354
5	8.0106	7.4575	35	8.3524	8.2589
10	8.0186	7.4967	40	8.3693	8.2827
15	8.0267	7.5338	45	8.3869	8.3068
20	8.0350	7.5690	50	8.4051	8.3312
25	8.0435	7.6027	55	8.4241	8.3560
30	8.0521	7.6349	10 0	8.4437	8.3812
35	8.0610	7.6660	5	8.4641	8.4070
40	8.0700	7.6959	10	8.4854	8.4334
45	8.0792	7.7249	15	8.5077	8.4604
50	8.0887	7.7531	20	8.5310	8.4882
55	8.0983	7.7805	25	8.5554	8.5169
8 0	8.1082	7.8072	30	8.5810	8.5466
5	8.1183	7.8333	35	8.6081	8.5775
10	8.1287	7.8589	40	8.6366	8.6096
15	8.1393	7.8840	45	8.6670	8.6433
20	8.1501	7.9087	50	8.6993	8.6787
25	8.1612	7.9330	55	8.7339	8.7162
30	8.1726	7.9571	11 0	8.7711	8.7560

Beispiel. Zu Mannheim wurde 1822 den 6. April um $1^h\,0'\,0''$ und $22^h\,54'\,36''$ Uhrzeit eine und dieselbe Sonnenhöhe beobachtet.

Man hat $\mu = 2714''.4$,

$\log \mathrm{tg}\, \varphi = 0.0683$

halbe Zwischenzeit $= 10^h\,57'\,18''$

$\delta = +\,6^0\,31'\,30''$,

also $\log \mathbf{A} = 8.7510$, $\log \mathbf{B} = 8.7345$;

folglich

$\log \mathbf{A}$	$= 8.7510$	$\log \mathbf{B}$	$= 8.7345n$
$\log \mu$	$= 3.4337$	$\log \mu$	$= 3.4337$
$\log \mathrm{tg}\, \varphi$	$= 0.0683$	$\log \mathrm{tg}\, \delta$	$= 9.0583$
$\log(179.06)$	$= 2.2530$	$\log(-16.85)$	$= 1.2265n$

und $+\,179.06 - 16.85 = +\,162''.21$ als gesuchte Corr.;

nun ist unverbesserte Mitternacht $= 11^h\,57'\,18''.00$

Corr. $= +\quad 2\;42.21$

Daher Stand der Uhr $= 12^h\;0'\;0''.21$ im Augenblick der wahren Mitternacht.

Anmerkung. Daß man, um auf eine sehr bequeme Art den Gang und Stand der Uhr zu ermitteln, die correspondirenden Höhen mit den Sternverschwindungen zugleich verbinden könne, ist schon im §. 23 erwähnt worden.

C. Bestimmung der Zeit durch eine beobachtete Höhe der Sonne oder eines Sterns.

§. 28. In den vorhergehenden §§. 25 bis 27 wurde gezeigt, wie der Stand der Uhr im wahren Mittag aus genommenen correspondirenden Sonnenhöhen gefunden werden könne. Da aber diese Methode von der oft sehr veränderlichen Gunst der Witterung abhängt, und überdies erst eine Reihe angestellter Beobachtungen erfordert, ehe man das Resultat erfahren kann; so wird man statt derselben die folgende Methode in allen den Fällen anwenden, wo man auf keinen heitern Himmel von langer Dauer hoffen darf, oder wo man zu jeder beliebigen Stunde durch eine oder nur etliche Beobachtungen den Fehler der Uhr sogleich bestimmen soll.

§. 29. Diese Methode nun besteht darin, daß man mit einem

guten Spiegelsextant oder Multiplicationskreise die Höhe der Sonne oder eines bekannten Sterns, wenn jene oder dieser nicht zu nahe am Meridian stehet, beobachtet. Denn da die Höhen in der Nähe desselben sich nur sehr langsam ändern, so würde ein kleiner Fehler in der beobachteten Höhe einen großen Fehler in der Zeitbestimmung erzeugen, weßhalb man das Gestirn so nahe als möglich dem ersten Verticalkreise zu wählen, und überdieß südliche Declinationen zu vermeiden hat.

§. 30. Will man die Sonne anwenden, so beobachte man die Zenithdistanz Z des obern oder untern Randes, bringe an Z den Collimationsfehler c des Instruments mit seinem Zeichen an, addire dann die Refraction r, ziehe die Sonnenparallaxe π ab, und addire zuletzt den Sonnenhalbmesser R, wenn man wie gewöhnlich den obern Rand beobachtet hat, der nämlich im Fernrohr der scheinbar untere ist; so hat man endlich die corrigirte Zenithdistanz z des Mittelpunkts der Sonne. Bezeichnet ferner t die Uhrzeit der Beobachtung, δ die Declination der Sonne zur Zeit t, φ die Polhöhe des Beobachtungsorts; so findet man den Stundenwinkel s der Sonne aus der Gleichung

$$\left.\begin{aligned} \sin\tfrac{1}{2}s &= \sqrt{\frac{\sin\frac{1}{2}(z-\varphi+\delta)\sin\frac{1}{2}(z+\varphi-\delta)}{\cos\varphi\cos\delta}} \\ &\text{oder} \\ \cos\tfrac{1}{2}s &= \sqrt{\frac{\cos\frac{1}{2}(\varphi+\delta+z)\cos\frac{1}{2}(\varphi+\delta-z)}{\cos\varphi\cos\delta}} \end{aligned}\right\} \quad 2)$$

wo man die zweite Gleichung brauchen muß, sobald $\frac{1}{2}$s nahe $= 90^0$ oder nahe $= 270^0$ ist, und wo in beiden Gleichungen δ für südliche Declinationen negativ anzunehmen ist.

Beispiel. Am 17. Juni 1810 wurde zu Kasan mit einem Spiegelsextant die doppelte Zenithdistanz $119^0\ 25'\ 42''$ des obern Sonnenrandes um $4^h\ 41'\ 44''$ beobachtet; den Collimationsfehler des Sextants fand man $+\ 3'\ 40''$, d. h. um so viel gab er alle beobachteten Winkel zu klein. Man hat also

$$\begin{array}{rr} & 119^0\ 25'\ 42'' \\ c = & +\quad 3\ \ 40 \\ \hline & 119^0\ 29'\ 22'' \end{array}$$

$$\begin{aligned} Z &= 59^0\ 44'\ 41'' \\ r &= +\quad 1\ 37 \\ \pi &= -\quad 0\ \ 7 \\ R &= +\quad 15\ 47 \\ \hline z &= 60^0\ \ 1'\ 58'' \end{aligned}$$

Ferner ist $\varphi = +\ 55^0\ 47'\ 39''$
$t = \quad 4^h\ 41'\ 44''$
$\delta = +\ 23^0\ 23'\ 24''$

Da nun t nahe 6 Stunden, d. h. nahe $= 90^0$ ist, so muß man die zweite der Gleichungen 2) wählen. Es steht daher die Rechnung, wie folgt:

$$\begin{aligned} \varphi &= 55^0\ 47'\ 39'' & \varphi+\delta &= 79^0\ 11'\ \ 3'' \\ \delta &= 23\ \ 23\ \ 24 & z &= 60\quad 1\ 58 \\ z &= 60\quad 1\ 58 & \varphi+\delta-z &= 19^0\ \ 9'\ \ 5'' \\ \varphi+\delta+z &= 139^0\ 13'\ \ 1'' \end{aligned}$$

$$\tfrac{1}{2}(\varphi+\delta+z) = 69^0\ 36'\ 30''.5,\quad \tfrac{1}{2}(\varphi+\delta-z) = 9^0\ 34'\ 32''.5$$

$$\begin{aligned} \log\cos\tfrac{1}{2}(\varphi+\delta+z) &= 9.5421200 \\ \log\cos\tfrac{1}{2}(\varphi+\delta-z) &= 9.9939063 \\ \text{dec.}\log\cos\varphi &= 0.2501342 \\ \text{dec.}\log\cos\delta &= 0.0372406 \\ \hline &\ \ 9.8234011 \\ \hline \log\cos\tfrac{1}{2}s &= 9.9117005 \\ \tfrac{1}{2}s &= 35^0\ 18'\ 42''.2 \\ s &= 70\ \ 37\ \ 24.4 \\ &= 4^h\ 42'\ 29''.63 \end{aligned}$$

§. 31. Dieser Stundenwinkel s der Sonne ist also die gesuchte **wahre Zeit** der Beobachtung, welche mit der Uhrzeit t verglichen, die Correction Δt der Uhr gegen wahre Zeit geben wird. — In dem vorhergehenden Beispiel wurde gefunden

$$\begin{aligned} s &= 4^h\ 42'\ 29''.63 \\ t &= 4\ \ 41\ \ 44.00 \\ \text{also } s-t = \Delta t &= +\quad 0\ \ 45.63, \end{aligned}$$

d. h. die Uhr ging gegen wahre Sonnenzeit um $45''.63$ zu spät. Da aber die Uhr gewöhnlich Sternzeit oder mittlere Sonnenzeit zeigt, so hat man noch hierauf nach bekannter Weise (mittelst der Zeitgleichung) Rücksicht zu nehmen.

§. 32. Ist aber statt der Sonne ein Fixstern beobachtet worden, so fallen die Correctionen der gemessenen Höhe oder Zenithdistanz wegen Parallaxe und Halbmesser, da diese bei den Fixsternen $= 0$ sind, weg, und man braucht nur die scheinbare Rectascension α und scheinbare Declination δ des Sterns zu kennen. Die Rechnung bleibt die nämliche, wie bei der Sonne. Hat man aber den Werth von s gefunden, d. h. den Stundenwinkel des Sterns, so ist die durch Θ bezeichnete wirkliche Sternzeit der Beobachtung

$$\Theta = \alpha + s, \qquad 3)$$

wo α und s in Zeittheilen ausgedrückt vorausgesetzt werden, und endlich $\Theta - t$ die Correction Δt der Uhr gegen Sternzeit.

Beispiel. An einem Ort, dessen Polhöhe 45° 24′ 2.″5 ist, wurde im Jahr 1819 den 11. Mai an einer Sternzeit weisenden Uhr eine Zenithdistanz von α **Orionis** um $10^h\,39'\,55''.5$ beobachtet, und diese, von den Fehlern des Instruments und von der Refraction befreiete, Zenithdistanz wurde dann $= 73^0\,4'\,46''.7$, die scheinbare Rectascension des Sterns $= 86^0\,20'\,30''.0$, seine scheinbare Declination $= 7^0\,21'\,56''.2$ befunden.

Man hat also
$$\begin{aligned} t &= 10^h\,39'\,55''.5 \\ \alpha &= 86^0\,20'\,30''.0 \\ \delta &= 7\;\;21\;\;56.2 \\ \varphi &= 45\;\;24\;\;\;\;2.5 \\ z &= 73\;\;\;\;4\;\;46.7 \end{aligned}$$

und damit, da die zweite der Gleichungen 2) angewandt werden muß,

$$\begin{aligned} \varphi + \delta &= 52^0\,45'\,58''.7 \\ z &= 73\;\;\;4\;\;46.7 \\ \varphi + \delta + z &= 125\;\;50\;\;45.4 \\ \varphi + \delta - z &= -\;20\;\;18\;\;48.0 \end{aligned}$$

und mithin
$$\begin{aligned} \tfrac{1}{2}(\varphi + \delta + z) &= 62\;\;55\;\;22.7 \\ \tfrac{1}{2}(\varphi + \delta - z) &= -\;10\;\;\;9\;\;24.0; \end{aligned}$$
folglich

$$\begin{aligned}
\log\cos\tfrac{1}{2}(\varphi+\delta+z) &= 9.6581908\\
\log\cos\tfrac{1}{2}(\varphi+\delta-z) &= 9.9931404\\
\text{dec.}\log\cos\varphi &= 0.1535735\\
\text{dec.}\log\cos\delta &= 0.0035986\\
&\overline{\,9.8085033}\\
\log\cos\tfrac{1}{2}s &= 9.9042516\\
\tfrac{1}{2}s &= 36^0\ 39'\ 53''.3\\
s &= 73\ \ 19\ \ 46.6.
\end{aligned}$$

Nun ist $\alpha = \ \ 86^0\ 20'\ 30''.\ 0$

$s = \ \ 73\ \ 19\ \ 46\ .\ 6$

also $\alpha + s = 159\ \ 40\ \ 16\ .\ 6$

$= \ \ 10^h\ 38'\ 41''.11 = \Theta.$

Endlich hat man

$$\begin{aligned}
\Theta &= 10^h\ 38'\ 41''.11\\
t &= 10\ \ 39\ \ 55.50,
\end{aligned}$$

folglich

$$\Theta - t = \Delta t = -\ 0^h\ 1'\ 14''.39,$$

d. h. die Uhr ging gegen Sternzeit im Augenblick der Beobachtung um $1'\ 14''.39$ zu früh.

§. 33. Hierher kann auch ein, von Hansteen vorgeschlagenes, Verfahren gerechnet werden, die Zeit aus mehrern mit dem Spiegelsextant genommenen absoluten Sternhöhen zu bestimmen, wozu jedoch kein nächtlicher künstlicher Horizont, sondern recht gut ein Quecksilberhorizont sich gebrauchen läßt. — Man gebe, damit beide Bilder des Sterns in voller Ruhe sein können, dem Sextant ein Stativ, stelle hierauf eine Leuchte so auf, daß sie den Quecksilberhorizont schwach erleuchtet, wodurch dann auch die im Fernrohr ausgespannten parallelen Fäden zn erkennen sind, drehe ferner den Ocularapparat so lange, bis gedachte Fäden der Sextantenebene möglichst parallel liegen, und stelle endlich den Vernier auf eine gewisse Anzahl Grade und warte, bis beide Bilder einander vorbei zu gehen scheinen; sobald sie sich aber nähern, dann lege man die rechte Hand auf die Gegengewichte des Stativs, und bewirke nun durch einen leisen Druck, daß die Bilder nicht über einander, sondern in einer geringen Distanz **neben einander** weggleiten. Der eigentliche Gegenstand des Beobachtens ist folglich der Positionswinkel, welchen eine, beide Bilder verbindende, Linie mit der den Fäden im Fernrohr parallelen Verticallinie bildet. Es muß also, wenn derselbe $= 90^0$ ist, das zugehörige Zeitmoment notirt werden, der Chronometer aber nahe genug liegen, um seine Schläge zu hören. Hierbei werden vom erwähnten Zeitmoment an die Zahl der Schläge gezählt, bis der Sekundenzeiger auf 5, 10, 15 Sekunden u. s. w. kommt, und jene auf Sekunden reducirten Schläge abgezogen. — Folgende drei Bemerkungen sind aber noch zu machen. Wenn der Stern nahe am ersten Verticalkreise und nicht allzunahe am Pol steht, so scheint gedachter Positionswinkel sich in einer Zeitsekunde schon um etliche Grade zu ändern, daher es denn auch beim Polarstern rathsamer sein möchte, sobald er dem Meridian nicht zu nahe ist, erst eine gewisse Höhe abzuwarten. Was die Bestimmung des Collimationsfehlers des Sextants anbelangt, so muß sie gleich vor und nach den Beobachtungen erfolgen, wozu man füglich den Mond, oder noch besser einen Planeten, z. B. den Jupiter, anwenden kann. Endlich ist es, sobald die Ablesung der Sternhöhe erfolgen soll, am besten, den Sextant in eine horizontale Lage zu bringen, indem man die Gegengewichte des Stativs, ohne den Sextant selbst zu berühren oder das Stativ zu verrücken, sanft niederdrückt. Denn, wenn man alsdann den Vernier auf einen neuen Grad eingestellt, und den Sextant wieder auf die nämliche Weise in die senkrechte Lage zurück gebracht hat, so kommen die beiden Bilder des gewählten Sterns von selbst in das Fernrohr.

Beispiel. Hansteen stellte in Christiania am 20. Sept. 1821 Beobachtungen mit dem Sextant an, um aus Sternhöhen die Zeit zu bestimmen. Zur Erforschung des Collimationsfehlers maaß er den Durchmesser des Jupiters, wie folgt:

auf des Nullpunkts linker Seite,	auf des Nullpunkts rechter Seite,
0′ 0″	1′ 30″
0 0	1 20
0 0	1 30
Mittel 0′ 0″	Mittel 1′ 26″.7

1′ 26″.7
0 0.0
Summe: 1′ 26″.7
halbe Summe + 0′ 43″.3 als Collimationsfehler.

Hierauf nahm Hansteen zur Bestimmung des Gangs der Uhr vor und nach der Beobachtung des Polarsterns folgende doppelte Höhen von α Lyrae:

I. Zeit nach dem Chronometer.	II. Dopp. Höhe von α Lyrae.
11h 17′ 16″.4	96° 10′ 0″
11 19 16.0	95 40 0
11 21 14.6	95 10 0
11 22 35.2	94 50 10
11 23 56.0	94 30 0
12 6 30.4	83 50 10
12 7 51.6	83 30 0
12 9 11.6	83 10 0
12 10 32.8	82 50 0

Nimmt man für diesen Stern die scheinbare Rectascension = 18h 30′ 54″.77, die scheinbare Declination = + 38° 37′ 35″.26 und die Polhöhe von Christiania = + 59° 54′ 55″ an, so findet man durch Rechnung:

III. Stundenwinkel von α Lyrae.	IV. Der Chronom. vor mittlerer Zeit.
58° 37′ 43″.7	+ 49′ 38″.08
59 7 42.5	49 38.09
59 37 40.8	49 37.14
59 57 29.5	49 38.70
60 17 37.7	49 39.18
70 57 34.3	49 40.80
71 17 51.7	49 41.06
71 37 59.8	49 40.74
71 58 8.8	49 41.56

Berechnet man jetzt aus den 5 ersten und 4 letzten Zahlenreihen in **I.** und **IV.** die Mittelgrößen, so findet sich,

als der Chronom. zeigte	$\left\{\begin{matrix} 11^h\,20'\,51''.64 \\ 12\quad 8\quad 31.60 \end{matrix}\right\}$,	sein Stand vor M. Z.	$\left\{\begin{matrix} +49'\,38''.24 \\ +49\quad 41.04 \end{matrix}\right\}$,
also in	$47'\,39''.96$	Accel. d. Chronom. v. M. Z.	$+\ 0'\ \ 2''.80.$

Berechnet man aber aus den 5 ersten und 4 letzten Zahlenreihen in **I.** und **III.** die Mittelgrößen, so findet sich

Uhrzeit	$\left\{\begin{matrix} 11^h\,20'\,51''.64 \\ 12\quad 8\quad 31.60 \end{matrix}\right\}$	corresp. Stundenwinkel	$\left\{\begin{matrix} 59^0\,31'\,38''.8 \\ 71\quad 27\quad 53.6 \end{matrix}\right\}$
Unterschied	$47'\,39''.96$,	Unterschied	$11^0\,56'\,14''.8$
		in Sternzeit	$47'\,44''.986$
		die Uhr giebt an	$47'\,39''.960$,
folglich in $47'\,39''.96$		Retard. gegen Sternzeit:	$-\ 0'\ \ 5''.026.$

D. Bestimmung der Zeit durch das Passageninstrument.

§. 34. Die genaueste und sicherste Art der Zeitbestimmung ist und bleibt immer die mittelst des Passageninstruments. Sie wird zugleich am bequemsten, wenn das Instrument, seiner ursprünglichen Bestimmung nach, im Meridian selbst steht; denn dann kann man zu jeder Zeit die Culminationen der Fixsterne an einer Sternzeit weisenden Uhr beobachten, um den Stand und Gang der letztern zu ermitteln. — Es läßt sich aber auch die Zeit mittelst eines tragbaren, in einer andern Richtung außerhalb des Meridians aufgestellten, Passageninstruments sehr gut und beinahe eben so bequem bestimmen, und es ist daher nöthig, beide Methoden hier anzuführen.

α) Aus zwei außer dem Meridian beobachteten Sternen.

§. 35. Hansen, aus dessen trefflichen theoretischen Untersuchungen über den allgemeinen Gebrauch des Passageninstruments verschiedene neue Anwendungen des Mittagsfernrohrs im **I.** Theil §. 109 u. ff. mitgetheilt worden sind, hat in einem, in den Astronom. Nachr. v. Schumacher befindlichen, Aufsatz es versucht, aus seinen theoretischen Untersuchungen das, was sich für die Praxis am besten und sichersten ergiebt, auszuziehen und zugleich mit den strengen Formeln diejenigen Abkürzungen vorzunehmen, die bei der Anwendung des Passageninstruments stets zulässig sind. Dem erwähnten Aufsatz Hansen's nun soll hier um so eher allein gefolgt werden, als die im §. 109 u. ff. des **I.** Theils befindlichen Methoden nicht nur Zeit-, sondern auch Polhöhenbestimmung, oder auch beides zugleich betreffen. Ueberdies läßt Hansen's Methode, durch Sterndurchgänge außer dem Meridian die Zeit zu bestimmen, alle frühern Methoden an Brauchbarkeit und Genauigkeit weit hinter sich, weil sie wenigstens, sobald einer der beiden Polarsterne angewandt worden, stets, ohne der wünschenswerthen Genauigkeit Abbruch zu thun, mit fünfstelligen Logarithmen behandelt werden kann.

§. 36. Man richte ein tragbares mit mehreren Verticalfäden versehenes Passageninstrument, wenn ein nicht allzuweit vom Aequator entfernter Fundamentalstern seiner Culmination nahe ist, auf einen der beiden Polarsterne, und beobachte diesen so wie auch den Fundamentalstern, oder nach Befinden mehrere derselben. Nur wird man, — wenn die Aufstellung nicht so fest ist, daß sie längere Zeit hindurch als unveränderlich angesehen werden kann, oder wenn das Instrument baldigst für andere Absichten in eine andere Lage gebracht werden soll, — suchen müssen, die Beobachtungen in der möglichst kurzen Zwischenzeit zu machen, folglich auch, weil die Zeit, welche der Polarstern gebraucht von einem Faden zum andern zu gelangen, nicht kurz ist, diesen nur an einem Faden, der nicht immer der Mittelfaden sein wird, beobachten, dagegen den Aequatorialstern an allen Fäden, weil für diesen Stern die Zwischenzeiten nur kurz sind, und außerdem hierdurch ein genaueres Resultat erhalten wird.

Unter dem Ausdruck „optische Axe" den Winkel, den die Absehenslinie, die durch den Mittelfaden geht, mit der auf der Drehungsaxe senkrechten macht, verstehend, bezeichne man nun diese optische Axe mit c, positiv betrachtet, wenn die Absehenslinie des Mittelfadens mit dem Ende der Drehungsaxe, das bei den Beobachtungen in dem nördlichen Theil der durch den Aequator in zwei Theile getheilten Himmelssphäre lag, an der Objectivseite einen spitzigen Winkel bildet. Man wird also vorher schon, wenn c überhaupt bekannt, wissen müssen, mit welchem Ende der Drehungsaxe an sich die Absehenslinie des Mittelfadens einen spitzigen Winkel bildet, d. h. auf welcher Seite des Mittelfadens (in Beziehung auf die Theile des Instruments) die senkrechte auf der Drehungsaxe die Fadennetz-Ebene trifft. Liegt nun dieser Punkt zwischen dem Mittelfaden und dem in der nördlichen Halbkugel liegenden Ende der Drehungsaxe, so ist c positiv, sonst aber negativ. Bezeichnet ferner $f^{(n)}$ die Sternzeit, welche ein im Aequator stehender Stern braucht, von dem nten Faden bis zum Mittelfaden zu gelangen, sobald nämlich das Instrument im Meridian aufgestellt ist, so ist $f^{(n)}$ (für welche Größe dieselbe Einheit wie bei c zum Grunde liegen muß) positiv, wenn die senkrechte Absehenslinie die Fadennetz-Ebene zwischen dem nten Faden und dem nördlichen Ende der Drehungsaxe trifft.

§. 37. Es ist nun, wenn der angewandte Polarstern am nten Faden beobachtet worden, der Winkel f der Absehenslinie, in der die Beobachtung geschehen, mit der senkrechten,

$$f = 15\,(c + f^{(n)}) \qquad 4)$$

welcher Bogen f stets klein sein und bei der gewöhnlichen Einrichtung des Passageninstruments selten oder nie 12′ übersteigen wird. Man verbinde hierauf mit dieser Beobachtung des Polarsterns die des Aequatorialsterns an demselben nten Faden angestellte, und bezeichne die Beobachtungszeiten mit T und T′, die geraden Aufsteigungen der Sterne mit α und α', ihre Declinationen mit δ und δ'. Welches Ende der Drehungsaxe in der nördlichen Hemisphäre liege, findet man am einfachsten durch das im §. 114 (I. Theil) gegebene Unterscheidungszeichen, und wo dieses die Sache zweifelhaft ließe, steht ja das Instrument so nahe im Meridian, daß man, der Reduction der Beobachtungen wegen, die bekannten Näherungsformeln anwenden kann. Für diese Aufgabe, wo die Drehungsaxe nahe horizontal vorausgesetzt wird, ist folgendes Unterscheidungszeichen zu merken. Angenommen, daß man T′ und α' dem nördlichen Stern beigelegt, so liegt das östliche Ende der Drehungsaxe in der nördlichen Halbkugel, sobald

$$(T' - \alpha') - (T - \alpha) < 12^h,$$

hingegen das westliche Ende, sobald

$$(T' - \alpha') - (T - \alpha) > 12^h$$

ist.

Anmerkung. Sollte es sich zutragen, daß $T' < \alpha'$ wäre, so müßte man erst 24 Stunden zu T' addiren, und eben so, wenn T gegen α in diesem Fall wäre.

Das zuletzt gegebene Unterscheidungszeichen ist, wenn $f = o$, immer richtig; wäre aber f nicht $= o$, so könnte es sich zutragen, daß dann gedachtes Unterscheidungszeichen das Entgegengesetzte anzeigte.

§. 38. Angenommen, es seien die mit einem Strich bezeichneten Größen dem nördlichen Stern beigelegt, so berechne man nun

$$\left.\begin{aligned} g &= \tfrac{15}{2}\left\{(T'-\alpha')-(T-\alpha)\right\} \\ L\sin\lambda &= \frac{\sin(\delta'-\delta)}{\sin g} \\ L\cos\lambda &= \frac{\sin(\delta'+\delta)}{\cos g} \\ \operatorname{tg} p' &= \frac{L}{2\cos\delta\cos\delta'} \end{aligned}\right\} \quad 5)$$

wo λ so zu bestimmen ist, daß L stets positiv wird; es muß also p' immer kleiner als 90^0 angenommen werden. Ferner berechne man

$$\left.\begin{aligned} \operatorname{tg} w &= \sin(g+\lambda)\sin p'\cot\delta \\ \operatorname{tg} v &= \sin(g-\lambda)\sin p'\cot\delta' \end{aligned}\right\} \quad 6)$$

in welchen Gleichungen man oftmals $\sin p' = 1$ setzen kann, wenn nicht beim Gebrauch der Polarsterne Fälle vorkommen können, wo diese Annahme der Genauigkeit einigen Abbruch thun würde. Uebrigens wird der Halbkreis für w und v so bestimmt, daß w und $g + \lambda$, v und $g - \lambda$ in demselben Halbkreise liegen.

§. 39. Es kann eine möglichst vortheilhafte Bestimmung von p' und demnach eine sichere Zeitbestimmung nur dann statt finden, sobald der eine Stern einer der beiden Polarsterne ist, wenn der andere Stern in der Nähe des Aequators liegt; oder allgemein, es müssen die beiden Sterne so liegen, daß man zwischen den beiden Beobachtungen das Fernrohr ungefähr 90° um seine Axe drehen muß. Doch wird die Sicherheit nicht sehr gefährdet, wenn auch diese Drehung um die Hälfte kleiner wäre, aber von da an nimmt die Genauigkeit sehr ab. — Man hat ferner

$$\pi = \frac{\cos\frac{1}{2}(w - v)}{\cos\frac{1}{2}(w + v)} f \qquad 7)$$

$$p = p' - \pi \qquad 8)$$

und, wenn φ die Polhöhe, n die Neigung der Drehungsaxe gegen den Horizont bedeutet,

$$\cos q' = tg\, \varphi \cot p \qquad 9)$$

$$n' = n \sec \varphi$$

$$q = q' + n \sec \varphi \qquad 10)$$

$$\cos \gamma = tg\, \delta \cot p \qquad 11)$$

$$\tau = \frac{1}{15}(\gamma + q) - T^0 + \alpha \qquad 12)$$

wo man n stets als positiv ansehen kann, sobald das östliche Ende der Drehungsaxe das erhöhte ist. Es ist dann in der Gleichung 12) τ die Correction der Uhr und T^0 die Uhrzeit, um die der Stern, dessen Rectascension und Declination α und δ sind, durch die auf der Drehungsaxe senkrechte Absehenslinie ging. In vorliegender Aufgabe, wo man den Fundamentalstern nie in der Nähe seiner untern Culmination beobachten wird, ist γ immer im zweiten Halbkreise anzunehmen, sobald q im ersten angenommen werden mußte, und umgekehrt.

Anmerkung. Hat man den Polarstern ebenfalls an mehrern Fäden beobachtet, so muß die Rechnung bis Gleichung 8) für jeden Faden, an welchem man den Polarstern beobachtet hat, durchgeführt und aus allen diesen Werthen von p das Mittel genommen werden.

Da γ und q, wenn einer der beiden Polarsterne angewandt worden, immer nahe $= \pm 90^0$ sind, so können sie, so wie auch p' und p, mit vollkommener Sicherheit durch fünfstellige Logarithmen berechnet werden; und wenn man mehrere Fundamentalsterne beobachtet hat, können die Formeln 11) und 12) sogleich auf jeden derselben angewandt werden, nachdem aus dem Polarstern und Einem der Fundamentalsterne für immer p und q berechnet worden sind. Man würde, verbände man die Beobachtung des Polarsterns nach und nach mit jedem beobachteten Aequatorialstern, für p und q mehrere Werthe finden, die wegen der unvermeidlichen Beobachtungsfehler ein wenig von einander verschieden sein würden. Allein die wahrscheinlichen Beobachtungsfehler sind für die Aequatorialsterne so klein, daß ihr Einfluß auf p und q in Bezug auf den Beobachtungsfehler für den Polarstern als verschwindend angenommen werden kann, so daß man sich daher bei der Rechnung von p und q stets mit einem Aequatorialstern begnügen kann.

Die Formeln 9), 10), 11) und 12) geben sogleich die Näherungsformel, deren sich Hansen auf der Insel Helgoland bediente; nämlich

$$\tau = \alpha - T^0 + a^0 \cdot \frac{\sin(\varphi - \delta)}{\cos \delta} + \frac{n}{15} \cdot \sec \varphi$$

wo man für untere Culminationen $-\sin(\varphi + \delta)$ statt $\sin(\varphi - \delta)$ setzen wird.

§. 40. Für die vollständige Auflösung der Aufgabe ist noch übrig, aus den beobachteten Fädenantritten die mit T^0 bezeichnete Zeit berechnen zu können. Wenn man nämlich die Zeit, welche irgend ein Stern braucht, von der auf der Drehungsaxe senkrechten Absehenslinie bis zum nten Faden zu gelangen, Θ nennt, so ist

$$\sin 15\Theta = \frac{\sin 15\,(c + f^{(n)})}{\pm\sqrt{\sin(p+\delta)\sin(p-\delta)}} - \frac{2 \sin\delta \cos p \sin^2 \frac{15}{2}\Theta}{\pm\sqrt{\sin(p+\delta)\sin(p-\delta)}} \qquad 13)$$

welche Gleichung weder den Stundenwinkel, noch das Azimuth, noch die Neigung als bekannt voraussetzt, sondern nur den Bogen p erfordert, welchen man aus dem Vorhergehenden ohnehin kennt. Die indirecte Auflösung ist nun zwar immer leicht zu bewerkstelligen, aber es ist doch noch einfacher und stets hinlänglich genau, in das zweite Glied für $\sin^2 \frac{15}{2}\Theta$ den Werth zu substituiren, welchen man aus den beobachteten Fädenantritten kennt.

Für Zeitbestimmungen, wo einer der beiden Polarsterne angewandt wurde, kann das zweite Glied immer vernachläßigt werden, denn $c + f^{(n)}$ wird bei der gewöhnlichen Einrichtung des Passageninstruments fast niemals 50″ erreichen, und folglich p nie kleiner als 86° 20′ sein können. Nimmt man diese Werthe an, und setzt überdieß $\delta = 45^\circ$ als eine Grenze für den zweiten Stern, welche man bei Zeitbestimmungen nie übersteigen sollte, so ergiebt sich das zweite Glied der rechten Seite des Ausdrucks 13) gleich 0.015 Zeitsekunden. Es ist folglich in allen Fällen, welche practischen Werth besitzen, dieses Glied $< 0.''015$ und also stets zu vernachläßigen. Mithin ist für vorliegende Aufgabe mit hinreichender Genauigkeit die Näherungsformel

$$\Theta = \frac{c + f^{(n)}}{\sin p \sin \gamma \cos \delta} \qquad 14)$$

wo man überdieß in den meisten Fällen $\sin p = 1$ setzen kann. — Diese Formeln lassen hinsichtlich der Einfachheit und Genauigkeit nichts zu wünschen übrig, und die letzten beiden sind immer brauchbar, wenn $\pm \gamma$ nicht viel kleiner als 45° ist. In der vorliegenden Aufgabe zeigt sich die Formel 14) besonders anwendbar, weil man den Bogen γ ohnehin brauchen muß, und dieser stets so nahe $\pm 90^\circ$ ist, daß sich der Sinus aus dem Cosinus scharf genug bestimmen läßt.

§. 41. Es bleibt nun noch übrig, den Fall zu erörtern, wo c unbekannt ist und durch zwei Zeitbestimmungen in entgegengesetzter Lage des Instruments erforscht werden soll. In diesem Fall aber wird man τ in der Form

$$\tau = \tau' + b.c$$

bekommen, wo τ' den Werth von τ bedeutet, welchen man mittelst der vorhergehenden Ausdrücke erhält, wenn darin $c = o$ gesetzt wird, und b einen erst zu berechnenden numerischen Coefficienten bezeichnet. Da c stets nur wenige Sekunden betragen wird, so kann man für b den ersten Differentialquotienten von τ nach c annehmen, nämlich

$$b = -\frac{\sin\{\frac{1}{2}(w - v) \pm \varphi\}}{\cos\frac{1}{2}(w + v)\cos\varphi},$$

wo das obere Zeichen gilt, wenn $g < 90^\circ$, und das untere, wenn $g > 90^\circ$ ist. Dann hat man

$$\tau = \tau' + b.c \; .$$

Eine zweite Zeitbestimmung wird auf ähnliche Weise

$$\tau = \tau'' + b'.c$$

geben, so daß endlich aus diesen zwei Gleichungen τ und c bestimmt werden können. Wenn nun hierbei die Lage des Passageninstruments so beschaffen war, daß c bei der einen Zeitbestimmung das entgegengesetzte Zeichen hatte, so muß man vor der Elimination das algebraische Zeichen entweder von b oder von b′ ändern, und das Zeichen von c ergiebt sich dann so, wie es derjenigen Lage des Instruments zukommt, für die man das Zeichen des Coefficienten von c nicht geändert hat.

§. 42. Außer der im vorigen §. angegebenen Methode, die optische Axe zu bestimmen, ist die practische Brauchbarkeit der folgenden von Hansen, bei dessen Aufenthalt auf Helgoland, erkannt worden. Es ist nämlich jedem Astronomen bekannt, wie die optische Axe eines, im Meridian aufgestellten, Passageninstruments durch Umlegung während des Durchganges einer der beiden Polarsterne bestimmt wird. Auf eben diese Art verfahre man, sobald das Instrument außer dem Meridian aufgestellt ist. Man beobachte nämlich die Fäden auf der einen Seite des Mittelfadens in der einen Lage, und nachdem man umgelegt, dieselben Fäden in der andern Lage wieder; es ist gleichgiltig, in welcher Lage der Faden beobachtet wird; ja dieser kann sogar ganz übergangen werden. Hierauf beobachte man in der einen Lage des Instruments noch einen zweiten hinsichtlich seines Orts bekannten Stern, und es wird sich, indem man entweder c = o setzt, oder einen genäherten Werth für c substituirt, mittelst der Ausdrücke 5) bis 8) im §. 38 und §. 39 leicht ein Werth von p berechnen lassen, welcher hinreichend genau ist, um aus der Gleichung 13) des §. 40 die Reduction der Seitenfäden auf den Mittelfaden zu berechnen. Hieraus ergiebt sich nun nach bekannter Weise, der Einfluß der optischen Axe auf dem Parallel, wo der gebrauchte Polarstern steht, und daraus durch Multiplication mit

$$\sqrt{\sin(p + \delta)\sin(p - \delta)}$$

die optische Axe im Aequator und im Meridian. Da man in vorliegender Aufgabe γ nicht braucht, so ist die Gleichung 13) der ihr folgenden vorzuziehn. Ist ferner der zweite beobachtete Stern ein Fundamentalstern, so lassen sich dieselben Beobachtungen nach diesem zur Zeitbestimmung benutzen. Man kann in einem kurzen Zwischenraum, indem mit dem Instrument dem Polarstern nachgerückt wird, mehrere solcher Beobachtungen anstellen, und somit in die Bestimmung der optischen Axe alle wünschenswerthe Genauigkeit legen. — Noch ist wegen der Reduction der Seitenfäden zu bemerken, daß die beiden Glieder der rechten Seite der Gleichung 13) für die Beobachtungen in der einen Lage subtractiv und für die in der andern Lage additiv werden, was sich auch aus dem allgemeinen Kennzeichen für das algebraische Zeichen von $f^{(n)}$ ergiebt. Doch ohne hierauf in jedem besondern Fall zu achten, braucht man nur zu wissen, daß für die Polarsterne die beiden Glieder, absolut genommen, additiv für diejenigen Beobachtungen sind, bei denen der Stern eine größere Entfernung von der Meridianebene hatte als der Mittelfaden, subtractiv hingegen für diejenigen Beobachtungen, bei denen diese Entfernung kleiner war.

§. 43. Oft ereignet es sich, daß, nachdem das Fernrohr umgelegt worden, die Neigung der Drehungsaxe etwas anders als vorher angenommen werden muß, während man dessen Azimuth als unverändert ansehen kann. Es muß daher der Einfluß dieses Umstands auf die Beobachtungszeiten bekannt sein. Man hat nämlich

$$dT^0 = -\frac{1}{15}\left(\frac{\operatorname{tg}\delta \sin\varphi}{\sin\gamma} - \frac{\cos\varphi}{\sin q}\right)dn$$

in welchem Ausdruck, sobald man eine Erhöhung des östlichen Endes der Drehungsaxe immer als positiv ansieht, γ stets im ersten Halbkreise genommen werden muß, wenn der Stern im Fernrohr sich scheinbar nach dem westlichen Ende der Drehungsaxe hin bewegte. Der Sinus von q wird in diesem Fall meistens $= +1$ gesetzt. — War also in der einen Lage des Fernrohrs das östliche Ende der Drehungsaxe um dn Sekunden höher als in der andern Lage, so wird der Antritt an den Mittelfaden $T^0 + dT^0$ statt T^0

gewesen sein, und es muß also zu allen, in dieser Lage des Fernrohrs beobachteten, Fädenantritten die Größe

$$\tfrac{1}{15}\left(\frac{\operatorname{tg}\delta\sin\varphi}{\sin\gamma}-\cos\varphi\right)dn$$

hinzugefügt werden, welche Größe zwar eigentlich für die senkrechte Absehenslinie gilt, jedoch fast stets, weil dn immer nur klein sein wird, auf alle Fäden, ohne einen merklichen Fehler zu veranlassen, applicirt werden kann. Wenn aber der Stern sehr nahe bei seiner größten Digression beobachtet wurde, so könnte es sich leicht zutragen, daß obige Verbesserung für die verschiedenen Fäden merklich verschieden wäre, weshalb man dann die Beobachtungen, wo der angewandte Polarstern seiner größten Digression sehr nahe ist, gänzlich vermeiden muß. Wollte man ja die Correction für jeden Faden kennen, so brauchte man nur γ' für γ in den letzten Ausdruck zu setzen, und γ' mit den entsprechenden Werthen von f durch die Gleichung

$$\operatorname{tg}\tfrac{1}{2}\gamma'=\pm\sqrt{\frac{\cos\frac{1}{2}(p-\delta-f)\sin\frac{1}{2}(p-\delta+f)}{\cos\frac{1}{2}(p+\delta+f)\sin\frac{1}{2}(p+\delta-f)}}$$

zu bestimmen.

In dieser Aufgabe braucht man γ übrigens nicht, und so ergiebt sich dann die Verbesserung der Fädenantritte aus dem Ausdruck

$$\pm\tfrac{1}{15}\cdot\frac{\sin\varphi}{\sqrt{\sin(p+\delta)\sin(p-\delta)}}\cdot dn,$$

wo das obere Zeichen gilt, wenn der Stern scheinbar sich nach dem westlichen Ende der Drehungsaxe, und das untere, wenn er sich nach derem östlichen Ende hin bewegt hatte. — Setzt man in der vorletzten Formel $\sin\gamma=-1$, wie es in obern Culminationen stets statt findet, so kommt

$$-\tfrac{1}{15}\cdot\frac{\cos(\varphi-\delta)}{\cos\delta}\cdot dn,$$

welcher Ausdruck bekanntlich ein genäherter ist.

Hier kann nicht unterlassen werden, zugleich auf die elegante Methode hinzuweisen, die Bessel in den Astron. Nachr. v. Schumacher zur Reduction aller beobachteten Fädenantritte eines Sterns auf Einen mittlern gegeben hat. Dieses ganz allgemeine Verfahren läßt sich bei Zeitbestimmungen stets mit Vortheil anwenden, sobald man alle concurrirende Sterne an denselben Fäden beobachtet hat, und wenn man zugleich die von Bessel mit γ bezeichnete Größe für alle Sterne gleich annehmen kann, welches letztere auch fast stets eintreffen wird.

§. 44. Als erstes Beispiel sind die von Hansteen in No. 129 der mehrerwähnten Astron. Nachr. mitgetheilten Beobachtungen von α Urs. min. nnd η Urs. maj. gewählt. — Beobachtet wurde

$$\begin{aligned} &\alpha \text{ Urs. min. } 13^h\ 36'\ 31''.50 \\ &\eta \text{ Urs. maj. } 13\ \ 42\ \ \ 4.96. \end{aligned}$$

Die Beobachtung des ersten Sterns ist am Mittelfaden gemacht, und die des zweiten bereits von Hansteen auf den Mittelfaden reducirt; c ist unbekannt und muß folglich = o gesetzt werden; n ist = o, $\varphi = 59^0\ 54'\ 8''.4$.

Die Oerter der Sterne sind

$$\begin{aligned} \alpha' &= \ \ 0^h\ 58'\ 32''.90\ ,\ \delta' = 88^0\ 22'\ 26''.68 \\ \alpha &= 13\ \ 40\ \ 34.47\ ,\ \delta = 50\ \ 11\ \ 34.79; \end{aligned}$$

man hat daher:

$$\begin{array}{llll} T' & = 13^h\,36'\,31''.5 & T^0 = T & = 13^h\ 42'\ \ 4''.96 \\ \alpha' & = \ \ 0\ \ 58\ \ 32.9 & \alpha & = 13\ \ 40\ \ 34.47 \\ T' - \alpha' & = 12\ \ 37\ \ 58.6 & T\ - \alpha & = \ \ 0\ \ \ 1\ \ 30.49. \\ \frac{2}{15}\,g & = 12\ \ 36\ \ 28.1 & & \\ g & = 94^0\,33'\,30''.8; & & \end{array}$$

Da $g > 90^0$, so muß q im zweiten, und γ im ersten Halbkreise angenommen werden. Man hat nun

$$\delta' - \delta = 38^0\ 10'\ 51''.89\ \ ,\ \ \delta' + \delta = 138^0\ 34'\ 1''.47$$

$\log \sin (\delta' - \delta)$	$= 9.79109$	$\log \sin (\delta' + \delta)$	$= 9.82069$
$\log \sin g$	$= 9.99862$	$\log \cos g$	$= 8.90025n$
$\log L \sin \lambda$	$= 9.79247$		
$\log \cos \lambda$	$= 9.99880n$		
$\log L \cos \lambda$	$= 0.92044n$		
$\log tg \lambda$	$= 8.87203$	$\lambda = 175^0\ 44'\ 26''$,	
$\log L$	$= 0.92164$		
$C. \log \cos \delta'$	$= 1.54708$		
$C. \log \cos \delta$	$= 0.19368$		
$- \log 2$	$= 0.30103n$		
$\log tg\, p$	$= 2.36137$		

Da c und $f^{(n)} = o$, so braucht man den Bogen p' oder p nicht. Ferner ist

$\log tg \varphi$	$= 0.23685$	$\log tg \delta$	$= 0.07916$
$\log tg\, p$	$= 2.36137$	$\log tg\, p$	$= 2.36137$
$\log \cos q$	$= 7.87548$	$\log \cos \gamma$	$= 7.71779$

q	$= - 89^0\ 34'\ 11''.50$
γ	$= + 89\ \ 42\ \ 3.00$
$q + \gamma$	$= + 0\ \ 7\ \ 51.50$
$\frac{1}{15}(q + \gamma)$	$= + 0\ \ 0\ \ 31.43$
α	$= 13^h\ 40'\ 34''.47$
$- T^0$	$= - 13\ \ 42\ \ 4.96$
T	$= - 0\ \ 0\ \ 59.06.$

Für b steht die Rechnung so:

$$g + \lambda = 270^0\ 17'\ 57'' \text{ , } g - \lambda = - 81^0\ 10'\ 55'';$$

$\log \sin (g + \lambda)$	$= 9.99999n$	$\log \sin (g - \lambda)$	$= 9.99484n$
$\log \cot \delta$	$= 9.92084$	$\log \cot \delta$	$= 8.45310$
$\log tg\, w$	$= 9.92083n$	$\log tg\, v$	$= 8.44794n$
v	$= - 1^0\ 36'\ 24''$	$\log \sin \{\frac{1}{2}(w - v) - \varphi\}$	$= 9.99195n$
w	$= - 39\ \ 48\ \ 23$	$C. \log \cos \frac{1}{2}(w + v)$	$= 0.02900$
$\frac{1}{2}(w + v)$	$= - 20\ \ 42\ \ 24$	$- \log \cos v$	$= 9.70025n$
$\frac{1}{2}(w - v)$	$= - 19\ \ 6\ \ 0$	$\log (- b)$	$= 0.32070n$
$\frac{1}{2}(w - v) - \varphi$	$= - 79\ \ 0\ \ 8$	b	$= + 2.0926.$

Dieses Beispiel liegt gleichsam an der Grenze der Methode, denn es fehlt nicht viel, daß man es durch die gewöhnlichen Näherungsformeln berechnen könnte. Auch wird nicht dadurch gezeigt, wie die Berechnung steht, wenn der Polarstern an einem Seitenfaden beobachtet worden ist.

Da es nicht möglich gewesen, ein vollständiges Beispiel aus Beobachtungen zu entlehnen, so sind, um nun ein zweites Beispiel zu geben, aus den folgenden Angaben

Fad. Abst. (1—2)	$39''.50$		$n = +3''.4$
Fad. Abst. (2—3)	38.30		$\varphi = 50^0\ 56'$
opt. Axe (1—2)	4.70		

$$\alpha' = 18^h\ 27'\ 22''.50\ ,\quad \delta' = 86^0\ 35'\ 19''.9$$
$$\alpha = 9\ \ 59\ \ 18.86\ ,\quad \delta = 12\ \ 47\ \ 33.6\ ,$$

nebst einem angenommenen Werth von τ und p die folgenden Fädenantritte berechnet, wobei jedoch die Zehntel und Hundertel der Sekunden weggelassen worden sind.

Stern x' .... $11^h\ 5'\ 51''$ .... 3. Fad.

Stern x	$10^h\ 51'\ 47''.1$	1.
	$10\ \ 52\ \ 28.2$	2.
	$10\ \ 53\ \ \ 7.5$	3.

} Faden.

Man hat hier $T' = 11^h\ \ 5'\ 51''.0$
$$T = 10\ \ 53\ \ \ 7.5\ ,$$

folglich
$$T' - \alpha' = 16\ \ 38\ \ 28.5$$
$$T - \alpha = \ \ 0\ \ 53\ \ 48.6\ ;$$

ferner $g = 118^0\ 5'\ 0''$,

$\log \sin(\delta' - \delta)$	$= 9.98239$	$\log \sin(\delta' + \delta)$	$= 9.99415$
$\log \sin g$	$= 9.94560$	$\log \cos g$	$= 9.67280n$
$\log L \sin \lambda$	$= 0.03679$	λ	$= 152^0\ 33'\ 22''$
$\log L \cos \lambda$	$= 0.32135n$	$\log L$	$= 0.37320$
		$C. \log \cos \delta'$	$= 1.22548$
$p' = 87^0\ 11'\ 12''.4$,		$C. \log \cos \delta$	$= 0.01092$
		$- \log 2$	$= 0.30103n$
		$\log tg\, p'$	$= 1.30857.$

Durch das, oben bei der optischen Axe stehende, Zeichen (1 — 2) soll angezeigt werden, daß die senkrechte Absehenslinie die Fadennetzebene zwischen dem ersten und zweiten Faden trifft. Ohne nähere Bemerkungen über die Beobachtungen als die obigen zu haben, erkennt man doch leicht durch das im §. 36 und §. 37 gegebene Unterscheidungszeichen, daß c und $f^{(3)}$ in diesem Beispiel positiv sind. Man hat also $f = +\ 10'\ 45''.0$.

Man hat nun ferner:

$$g + \lambda = 270^0\ 38'\ 22'' \ ,\quad g - \lambda = -\ 34^0\ 28'\ 22''$$

$\log\sin(g+\lambda)$	$= 9.99997n$	$\log\sin(g-\lambda)$	$= 9.75283n$
$\log\sin p$	$= 9.99948$	$\log\sin p$	$= 9.99948$
$\log\cot\delta$	$= 0.64386$	$\log\cot\delta'$	$= 8.77529$
$\log tg\, w$	$= 0.64331n$	$\log tg\, v$	$= 8.52760n$
w	$= -77^0 11' 31''$	$\frac{1}{2}(w-v)$	$= -37^0 37' 52''$
v	$= -\ 1\ 55\ 48$	$\frac{1}{2}(w+v)$	$= -39\ 33\ 40$
$\log f$	$= 2.80956$	π	$= +\ 0\ 11\ 2.6$
$\log\cos\frac{1}{2}(w-v)$	$= 9.89870$	p	$= 87\ 0\ 9.8$
$\log\cos\frac{1}{2}(w+v)$	$= 9.88702$		
$\log\pi$	$= 2.82124$		
$\log tg\,\varphi$	$= 0.09060$	$\log tg\,\delta$	$= 9.35614$
$\log tg\, p$	$= 1.28100$	$\log tg\, p$	$= 1.28100$
$\log\cos q'$	$= 8.80960$	$\log\cos\gamma$	$= 8.07514$
q'	$= -86^0 18' 5''.5$	γ	$= +89^0 19' 7''.70$
$n\sec\varphi$	$= +\ 0\ 0\ 5.4$	$\frac{1}{15}(q+\gamma)$	$= +\ 0\ 12\ 4.51.$
q	$= -86\ 18\ 0.1;$		

Das arithmetische Mittel aus den 3 Fadenantritten des Sterns x ist $= 10^h\ 52'\ 27''.80$, und das Mittel aus den Abständen der 3 Fäden von der senkrechten Absehenslinie ist im Aequator und im Meridian $= +\ 4''.30$.

Daher:

$$\begin{aligned} \log 4.30 &= 0.63347 \\ C.\log\cos\delta &= 0.01092 \\ C.\log\sin\gamma &= 0.00003 \\ \log\Theta &= 0.64443\,, \end{aligned}$$

folglich $\Theta = + 4''.41$, als die Zeit, welche der Stern x braucht, von der senkrechten Absehenslinie bis in den, durch das Mittel der Fädenantritte bestimmten, Punkt zu gelangen; man muß also $+ 4''.41$ von dem vorstehenden Werth dieses Mittels subtrahiren, und hat demnach:

$$
\begin{aligned}
-T^0 &= 10^h\ 52'\ 23''.39 \\
\alpha &= \ 9\ \ 59\ \ 18.86 \\
\tfrac{1}{15}(\gamma + q) &= +\ 0\ \ 12\ \ \ \ 4.51 \\
\tau &= -\ 0\ \ 41\ \ \ \ 0.02
\end{aligned}
$$

Im §. 37 schon wurde erwähnt, daß das Unterscheidungszeichen für die Lage der Drehungsaxe, wenn f nicht $= 0$, unter Umständen das Falsche anzeigen kann, so wie auch, daß dieses in der Rechnung keine Ausnahme macht. Dieser Fall nun wird bei der Anwendung der Aufgabe selten eintreffen, und wenn er statt fände, so steht das Instrument so nahe im Meridian, daß man die Beobachtungen durch die bekannten Näherungsformeln berechnen könnte. Um indeß deutlicher zu zeigen, wie sich die Auflösung in diesem Fall gestattet, sind mit den Angaben des vorhergehenden Beispiels die folgenden Antritte berechnet worden:

Stern x′	$19^h\ 13'\ 38''.00$	1.	Fäden.
Stern x	10 39 52.56	3.	
	10 40 31.85	2.	
	10 41 12.34	4.	

Hieraus hat man $g = 0^0\ 32'\ 45''.0$, und somit muß man c positiv und $f^{(n)}$ negativ nehmen, also $f = - 8'\ 24''.9$ setzen. Dieses ist das Entgegengesetzte von dem, was wirklich statt findet, wie leicht zu erkennen ist, sobald man weiß, daß $\tau = - 41'$ ist. — Man hat nun auf gleiche Art, wie früher

$\lambda =$	$89^0\ 26'\ 21''.0$	$p =$	$90^0\ 4'\ 20''.3$
$p' =$	89 56 2.5	$q' =$	90 5 20.7
$w =$	+ 77 12 26.0	$q =$	+ 90 5 26.1
$v =$	− 3 24 38.0	$\gamma =$	− 90 0 59.1
$\pi =$	− 0 8 17.8	$\tfrac{1}{15}(q+\gamma) =$	+ 0 0 17.8.

Endlich ist das Mittel aus den Antritten des Sterns x gleich $10^h\,40'\,32''.25$, und folglich die Zeit, da der Stern sich in der senkrechten Absehenslinie befand, gleich $10^h\,40'\,36''.66$; es ergiebt sich also hieraus $\tau = -41'\,0''.0$.

β) Aus beobachteten Culminationen der Fixsterne.

§. 45. Da die Zeitbestimmung mittelst des Passageninstruments, wie schon im §. 34 erwähnt, nicht nur die genaueste und sicherste ist, sondern auch zugleich am bequemsten wird, wenn das Instrument Mittagsfernrohr im eigentlichen Sinn ist, die Rectificationen desselben aber und die Erforschung des Stands und Ganges der Uhr in den §§. 99—106 des I. Theils gelehrt worden sind; so ist hier nur noch übrig, die so leichte Anwendung mehrerer der dortigen Ausdrücke durch ein Beispiel zu zeigen.

Den 28. Februar 1820 wurden auf der Sternwarte in Wien an dem Mittagsfernrohr die Culminationen von α Ursae minoris, β Orionis und α Canis majoris beobachtet. — Die Neigung b der Rotationsaxe und der Collimationsfehler c des Instruments wurden ganz unerheblich befunden, und es blieb nur noch das Azimuth a zu bestimmen übrig.

Die scheinbaren Rectascensionen α, α', α'' der drei obigen Sterne, so wie ihre scheinbaren Declinationen δ, δ', δ'' sind

$$\begin{array}{llll} \alpha = 0^h\,56'\,7''.13 & \quad & \delta = +\,88^0\,21' \\ \alpha' = 5\;\;5\;\;53.95 & & \delta' = -\;\;8\;\;23 \\ \alpha'' = 7\;\;29\;\;53.64 & & \delta'' = +\;\;5\;\;41. \end{array}$$

Mit der Polhöhe $\varphi = 48^0\,13'$ hat man nun, um die Formeln für m, m', m'' des §. 105 des I. Theils anzuwenden,

$$\begin{array}{l} \varphi - \delta = -\,40^0\,8' \\ \varphi - \delta' = +\,56\;\;36 \\ \varphi - \delta'' = +\,42\;\;32, \end{array}$$

folglich

$$\log \sin (\varphi - \delta) = 9.80927n$$
$$\log \cos \delta = 8.45930$$
$$\log m = 1.34997n, \quad m = -22''.39$$
$$\log \sin (\varphi - \delta') = 9.92161$$
$$\log \cos \delta' = 9.99533$$
$$\log m' = 9.92628, \quad m' = +\ 0.84$$
$$\log \sin (\varphi - \delta'') = 9.82996$$
$$\log \cos \delta'' = 9.99785$$
$$\log m'' = 9.83211, \quad m'' = +\ 0.68,$$

und da nach der dritten Formel (§. 105 I. Theil)

$$a = \frac{(\alpha' - t') - (\alpha - t)}{(m' - m)} = \frac{(\alpha'' - t'') - (\alpha - t)}{(m'' - m)} \text{ ist; wo}$$

$$t = 0^h\ 55'\ 42''.97$$
$$t' = 5\ \ 4\ 27.96$$
$$t'' = 7\ \ 28\ 27.80$$

die Uhrzeiten (der drei Culminationen) des mittlern Fadens im Mittel aus allen Fäden sind; so hat man

$$\alpha' - t' = +1'\ 25''.99 \qquad \alpha'' - t'' = +1'\ 25''.84$$
$$\alpha - t = +0\ 24.16 \qquad \alpha - t = +0\ 24.16$$
$$+1'\ 1''.83 \qquad -1'\ 1''.68$$
$$m' - m = +0\ 23.23 \qquad m'' - m = -0\ 23.07$$
$$\text{also } a = +\ 2''.661 \qquad \text{also } a = +\ 2''.673,$$

folglich im Mittel $a = +\ 2''.667$.

Mit diesem Werth von a kann man jetzt, dem auf S. 120 des I. Theils befindlichen Ausdruck gemäß, die Correction x der Uhr gegen Sternzeit bestimmen. Es ist nämlich gedachter Ausdruck

$$x = \alpha - (t + ma)$$
$$\text{also auch } x = \alpha' - (t' + m'a)$$
$$x = \alpha'' - (t'' + m''a), \text{ daher, weil}$$
$$ma = -59''.71$$
$$m'a = +\ 2.24$$
$$m''a = +\ 1.81;$$

$t = 0^h\,55'\,42''.97$,	$t' = 5^h\,4'\,27''.96$,	$t'' = 7^h\,28'\,27''.80$	
$ma = -\ 59.71$,	$m'a = +\ 2.24$,	$m''a = +\ 1.81$	
$t + ma = 0^h\,54'\,43''.26$,	$t' + m'a = 5^h\,4'\,30''.20$,	$t'' + m''a = 7^h\,28'\,29''.61$	
$\alpha = 0\ 56\ \ 7.13$	$\alpha' = 5\ 5\ 53.95$	$\alpha'' = 7\ 29\ 53.54$,	folglich
$x = +\ 1'\,23''.87$,	$x = +1'\,23''.75$,	$x = +\ 1'\,24''.03$,	

also im Mittel $x = +\,1'\,23''.883$

als die gesuchte Correction der Uhr für $6^h\,16'\,27''$ Uhrzeit.

Für den nächsten Tag fand man aus beobachteten Culminationen mehrerer Sterne für $4^h\,28'\,43''$ Uhrzeit, die Correction der Uhr $+\,1'\,25''.43$. Man hat also

Erste Epoche 28. Febr.	$6^h\,16'\,27''$ Uhrz.	$x = +\,1'\,23''.883$
Zweite Epoche 29. Febr.	$4\ \ 28\ \ 43$ —	$x = +\,1\ \ 25.430$
Differenz:	$22^h\,12'\,16''$	$+\,0'\ \ 1''.547$

und folglich $22^h\,12'\,16'' : +\,1''.547 = 1^h : (x'' = +\,0''.0697)$;

d. h. die Correction der Uhr nimmt in jeder Stunde Uhrzeit um $0''.0697$ zu, oder der stündliche Gang der Uhr ist $+\,0''.0697$.

§. 46. Wenn man sich einer nach mittlerer Zeit gehenden Uhr bedient, so wird die Arbeit etwas umständlicher, wie man aus folgendem Beispiel ersehen kann.

In Marseille beobachtete man 1786 am 31. December mit dem Mittagsfernrohr die Culmination von α Andromedae an einer mittlern Zeit weisenden Uhr um $t = 4^h\,56'\,37''.85$, welches nämlich die von den Fehlern des Instruments bereits befreite Uhrzeit des mittlern Fadens war. Die scheinbare Rectascension α des Sterns, die für jenen Tag $23^h\,57'\,25''.20$ betrug, ist eigentlich die Sternzeit der Culmination von α Andromedae, und man muß diese erst (nach S. 212 des I. Theils) in mittlere Zeit verwandeln; nämlich

Sternzeit	$= 23^h\,57'\,25''.20$
mittl. Rectasc. der Sonne im mittlern Mittag	$= 18\ \ 40\ \ 10.47$
genäherte mittlere Zeit	$=\ 5^h\,17'\,14''.73$
für welche genäherte Zeit die Acceleration der Sterne	$=\ 51.97$
gesuchte mittlere Zeit t'	$=\ 5^h\,16'\,22''.76$
Uhrzeit t	$=\ 4\ \ 56\ \ 37.85$
daher Correction x der Uhr $= t' - t$	$= +\ 0^h\,19'\,44''.91$

gegen mittlere Zeit.

Anmerkung 1. Um dieser Vorbereitungsrechnung beständig überhoben zu sein, werden jetzt die, mit dem Passageninstrument zu beobachtenden, Culminationen der Gestirne fast durchgängig in Zeiten einer Sternuhr ausgedrückt.

Anmerkung 2. Beispiele für die Bestimmung der drei wichtigsten Fehler eines Mittagsfernrohrs aus Beobachtungen (nach §. 99—103 des I. Theils), gehören nicht in dieses Capitel. Nur über die Rectification des Azimuths wird ein Mehreres der §. 48 und §. 49 berichten.

Anmerkung 3. In Ermangelung eines Mittagsfernrohrs kann ein, so nahe als möglich in die Meridianebene gestellter, Multiplicationskreis recht gut zur Zeitbestimmung gebraucht werden, wie im §. 146 des I. Theils näher angegeben worden ist, und es dürfte daher ein Beispiel nicht überflüssig sein. — 1816 den 22. Mai n. St. beobachtete Littrow in Kasan an einem 16zolligen Baumann'schen, nahe in den Meridian gestellten, Multiplicationskreise mehrere Sterndurchgänge; nämlich

	Uhrzeit.	scheinb. AR.
α Virginis	13^h 11′ 53″	13^h 15′ 31″.9
ζ —	13 21 43	13 25 20.8
89 —	13 36 15	13 39 54.4
τ —	13 48 41.5	13 52 18.5
d Bootis	13 58 28	14 2 1.3
α —	14 3 43	14 7 17.4

Man fand das Azimuth $\omega = 13''.9$ östlich, und hiermit, da $\varphi = 55^\circ\ 48'$ ist, nach der Formel 12) im §. 146 (I. Theil) folgende Werthe von Δt, der Correction der Uhr:

	Δt
α Virg.	3′ 26″.0
ζ —	3 26.4
89 —	3 25.5
τ —	3 25.7
d Boot.	3 25.7
α —	3 25.8
Mittel =	3′ 25″.8

§. 47. Es wird auch hier der schicklichste Ort sein, die verschiedenen Methoden, die mit dem Mittagsfernrohr gemachten Beobachtungen zu registriren oder tabellarisch einzutragen, durch folgende 3 Auszüge aus den Tagebüchern der Observatorien zu Greenwich, Königsberg und Wien anzudeuten und kurz zu erläutern.

1) Beobachtete Firstern- nnd Planetenculminationen zu Greenwich im Jahr 1826.

Tag des Monats.	I.	II.	III.	Meridianfaden IV.	V.	VI.	VII.	Reduct. der Fäden.	Anzahl der Tage.	Täglicher Gang der Uhr.	Namen oder Charaeter der Sterne und der Planeten.
24. Juni		40″.0	0″.2	6h 10′ 20″.3	40″.1	59″.5		28″.86	1	— 0″.06	⊙ 1. R.
		58.0	17.6	6 12 37.6	57.6	17.7					⊙ 2. R.
		42.0	2.1	8 10 22.0	41.9	1.6		21.92			♀ 1. R.
		47.1	6.1	11 41 25.2	44.3	3.3		25.18			β Leonis
		38′ 17.0	49′ 4.5	12 59 54.5	10′ 40.5	21′ 29.0		54.14			Polaris S. P.
		57.9	26.6	13 41 55.1	23.8	52.4		55.16			η Ursae maj.
		20.0	39.5	14 8 58.9	18.6	38.1		59.02	2	+ 0.20	Arcturus
			1.1	14 20 31.2	1.3			31.20			Θ Bootis
		11.0	30.0	14 33 49.0	8.0	26.9		48.98			π Bootis
		42.6	1.6	14 42 20.7	39.8	58.8		20.70	1	+ 0.30	α′ Librae
			23.4	14 52 33.5	43.6			33.50			β Ursae min.
		18.2	36.6	15 8 55.2	13.8	32.3		55.22			β Librae
		53.6	14.2	15 28 34.9	55.4	16.2		34.86	1	+ 0.20	α Cor. bor.
			39.8	15 36 57.9	16.2			57.97	1	+ 0.29	α Serpentis
		3.2	23.2	18 8 43.2	3.2	23.3		43.22			Pallas
		7.2	28.0	18 41 48.6	9.2	29.8		48.56			Ceres
		19.0	38.1	22 40 57.1	16.0	34.8		57.00			☽ 2. R.
				0 59 54.0				54.00			Polaris
			23.4	2 52 33.7	43.6			33.57			β Urs. min. S. P.
		15.1	43.2	3 13 11.3	39.5	7.5		11.32			α Persei

2) Königsberger Beobachtungen im October 1822.
(n = — 0.466; c = — 0.030; m = — 0.33)

Tag des Mon.	Namen.	I.	II.	III.	IV.	V.	Mittel auf den Mittelfaden.	Correction des Instr.	Correction der Zeit.
26.	Sonne	59′ 27″.7	42″.7	57″.9	0′ 12″.7		13h 59′ 57″.83	+ 0.07	
				2′ 10.3	25.4	39″.3	14 2 10.19	+ 0.07	
	α Boot.	7 3.4	19.0	34.9	50.6	7 5.4	7 34.82	— 0.20	— 0.22
	γ Aquil.	37 21.1	36.0	51.0	38 5.8	20.2	19 37 50.97	— 0.13	— 0.24
	α —	41 39.3	54.2	42 9.1	23.8	38.2	42 9.07	— 0.11	— 0.24
	β —	46 7.7	22.4	37.4	52.1	47 6.2	46 37.31	— 0.09	— 0.10
	α Cygni	34 43.2	35′ 4.2	25.0	45.3	36 5.3	20 35 24.81	— 0.50	— 0.30
	3 Pisc.	51 5.3	19.8	34.6	49.1	52 3.4	22 51 34.59	— 0.02	
	☽ 1. R.	58 47.6	59 2.8	17.8	32.7	47.4	59 17.82	0.00	
	96 Aquar.	9 44.7	59.7	10 14.5	29.2	43.5	10 14.47	+ 0.02	
	Saturn {	21 38.7		22 8.7		38.2	2 22 8.75	— 0.12	
			21 57.3		22 27.2		22 12.32	— 0.12	
	α Urs. min.	41 4.0	49 25.0	57 56.0	6 29.0	15 8.5	12 57 55.16		

3) Wiener Beobachtungen von Littrow.

1820.	Gestirn.	No.	I.	II.	III.	IV.	V.	H.	Anmerkungen.
4. Juli	ε Delph.	467	23′ 3″.0	23′ 18″.8	23′ 34″.0	23′ 48″.2	24′ 3″.8	20	
	ζ —	468	25 19.0	25 35.0	25 50.2	26 5.0	26 20.8	20	4. Juli
	β —	469	27 32.0	27 48.0	28 3.1	28 18.0	28 33.9	20	
	α —	470	29 42.2	29 58.0	30 13.5	30 28.5	30 44.0	20	α Ursae }
	α Cygni	472	33 31.5	33 53.0	34 14.0	34 34.0	34 55.8	20	α Pisc. Austr. }
	μ Aquar.	476	41 22.8	41 38.8	41 53.5	42 8.0	42 23.8	20	$\omega = -0'.58$ }
	q Vulpis	477		45 33.0	45 50.0	46 6.0	46 23.0	20	γ Aquilae +66″.24
	x —	478	48 37.3	48 54.0	49 10.0	49 25.5	49 42.0	20	α — +66.00
	η Capric.	479	52 34.0	52 50.5	53 6.0	53 21.8	53 38.0	20	β — +66.08
	ϑ —	480		54 31.0	54 46.5	55 1.5	55 17.8	20	α Pisc. Austr. +65.73
									$20^h\ 27'$, $x = +66''.01$

$$a = t + b + \omega \sin(\varphi - \delta) \sec \delta.$$

Aus diesen drei Registern ersieht man, daß auf dem ersten Observatorium die Beobachtungen mit dem berichtigten Mittagsfernrohr gemacht, auf den beiden letztern aber die Fehler des Instruments für den Zweck registrirt sind, die Correctionen für jede einzelne Beobachtung zu haben. Zu Greenwich ist der Gang der Uhr ohne ihren Fehler in Zeit, zu Königsberg hingegen weder der Fehler der Uhrzeit noch deren Gang besonders, sondern nur die beobachteten Culminationen der Sterne und die Correctionen des Instruments zu den respectiven Zeiten gegeben, für welche die wahren Zeiten und mittlern Rectascensionen nachher berechnet werden können. Zu Wien endlich sind die Uhrfehler und die Data zur Berechnung des Instrumentsfehlers wieder einzeln angegeben; in der unten stehenden Formel scheint ω den Azimuthalfehler und **a** die Rectascension des Sterns zu bezeichnen.

§. 48. Das im §. 100 des I. Theils angegebene Verfahren, das Passageninstrument in den Meridian zu bringen, dient zugleich, eine Mittagslinie von beliebiger Ausdehnung auf viele Meilen weit, über Berg und Thal fort, zu ziehen und den Ort, wohin die Meridianmarke gestellt werden muß, zu bestimmen. Es verdient daher dieses Verfahren durch ein Beispiel näher erläutert zu werden.

Am 7. April 1801 beobachteten auf der Seeberger Sternwarte von Zach und Henry an 5 ganz runden und hohlen, 5 franz. Zoll im Durchmesser haltenden Glaskugeln, welche auf kleinen hölzernen Piketen in gleicher Höhe im freien Feld ungefähr in der Richtung des Seeberger Meridians in nahe gleicher Distanz von einander ausgesteckt waren, mehrere correspondirende Sonnendistanzen, und zugleich mehrere correspondirende Sonnenhöhen. Bei den erstern wurde nur der heller glänzende Punkt, welcher von der Oberfläche der Glaskugel reflectirt ward, beobachtet; der aus den Sonnenhöhen geschlossene Mittag gab für die Uhrzeit im wahren Mittag $T = 11^h\ 56'\ 52''.20$. Die Beobachtungen waren nun folgende:

Beobachtete Sonnendistanzen.	Tageshälfte.	Die an der Uhr beobachteten Zeiten. T^{I}	T^{II}	T^{III}	T^{IV}	T^{V}
		An der 1.	An der 2.	An der 3.	An der 4.	An der 5.
		Glaskugel.				
69° 40′	V.	20h 25′ 2″	20h 25′ 30″	20h 26′ 0″	20h 26′ 31″	20h 27′ 2″
	N.	3 26 8	3 26 33	3 27 3	3 27 31	3 27 50
	M.	11 55 35.0	11 56 1.5	11 56 31.5	11 57 1.0	11 57 30.5
69 10	V.	20 28 26	20 28 54	20 29 24	20 59 54	20 30 25
	N.	3 22 44	3 23 9	3 23 39	3 24 8	3 21 35
	M.	11 55 35.0	11 56 1.5	11 56 31.5	11 57 1.0	11 57 30.0
68 40	V.	20 31 50	20 32 18	20 32 47	20 33 17	20 33 48
	N.	3 19 20	3 19 45	3 20 15	3 20 44	3 21 12
	M.	11 55 35.0	11 56 1.5	11 56 31.0	11 57 0.5	11 57 30.0
68 10	V.	20 35 14	20 35 42	20 36 11	20 36 42	20 37 13
	N.	3 15 56	3 16 20	3 16 51	3 17 20	3 17 47
	M.	11 55 35.0	11 56 1.0	11 56 31.0	11 57 1.0	11 57 30.0
67 40	V.	20 38 39	20 39 7	20 39 37	20 40 7	20 40 38
	N.	3 12 31	3 12 55	3 13 25	3 13 55	3 14 22
	M.	11 55 35.0	11 56 1.0	11 56 31.0	11 57 1.0	11 57 30.0
Mittel a. allen		11 55 35.00	11 56 1.30	11 56 31.20	11 57 0.90	11 57 30.1
Mittagsverb.		+ 17.39	+ 17.39	+ 17.39	+ 17.39	+ 17.39
Verb. Zeiten		11h 55′ 52″.59	11h 56′ 18″.69	11h 56′ 48″.59	11h 57′ 18″.29	11h 57′ 47″.49
Uhrz. im w. M.		11 56 52.20	11 56 52.20	11 56 52.20	11 56 52.20	11 56 52.20
Abw. v. w. M.		− 59″.81	− 33″.51	− 3″.61	+ 26″.69	+ 55″.29

Diese 5 letzten Zahlen sind der Reihe nach die Werthe von $T - T^{I}$, $T - T^{II}$, $T - T^{III}$, $T - T^{IV}$ und $T - T^{V}$, negativ genommen. Die obige Mittagsverbesserung + 17″.39 ist durch den ersten Ausdruck des §. 100 im I. Theil gefunden worden.

Nunmehr ist es leicht, die Distanzen d_1, d_2, d_3, d_4 und d_5 der 5 Kugeln vom wahren Meridianpunkt, der wegen des Wechsels obiger Zeichen zwischen die dritte und vierte Kugel fallen muß, nach den auf S. 115 des I. Theils für x und y gegebenen Gleichungen zu berechnen.

Man hat nämlich

$$\text{Distanz der} \left\{\begin{matrix} 1. \\ 2. \\ 3. \\ 4. \end{matrix}\right\} \text{Kugel von der 3.} \left\{\begin{matrix} d^{I} = 68.6 \\ d^{II} = 36.5 \\ d^{IV} = 36.4 \\ d^{V} = 71.8 \end{matrix}\right\} \text{franz. Zoll,}$$

und

$$T^{I}-T^{III}=-56''.20$$
$$T^{II}-T^{III}=-29.90$$
$$T^{III}-T^{IV}=-29.70$$
$$T^{III}-T^{V}=-58.90,$$

folglich:

$$d_1=\frac{d^{I}(T-T^{I})}{T^{I}-T^{III}}=\frac{(68.6)(+59.81)}{-56.20}=-73.01$$
$$d_3=\frac{d^{I}(T-T^{III})}{T^{I}-T^{III}}=\frac{(68.6)(+3.61)}{-56.20}=-\ 4.41$$
$$d_2=\frac{d^{II}(T-T^{II})}{T^{II}-T^{III}}=\frac{(36.5)(+33.51)}{-29.90}=-41.21$$
$$d_3=\frac{d^{II}(T-T^{III})}{T^{II}-T^{III}}=\frac{(36.5)(+3.61)}{-29.90}=-\ 4.44$$
$$d_4=\frac{d^{IV}(T-T^{IV})}{T^{III}-T^{IV}}=\frac{(36.4)(-26.09)}{-29.70}=+31.98$$
$$d_3=\frac{d^{IV}(T-T^{III})}{T^{III}-T^{IV}}=\frac{(36.4)(+3.61)}{-29.70}=-\ 4.43$$
$$d_5=\frac{d^{V}(T-T^{V})}{T^{III}-T^{V}}=\frac{(71.8)(-55.29)}{-58.90}=+67.40$$
$$d_3=\frac{d^{V}(T-T^{III})}{T^{III}-T^{V}}=\frac{(71.8)(+3.61)}{-58.90}=-\ 4.40.$$

Man hat also für die Distanzen der 5 Kugeln, die dritte ausgenommen,

$$\left.\begin{array}{l} d_1=73.01 \text{ östl.}\\ d_2=41.21 \text{ östl.}\\ d_4=31.98 \text{ westl.}\\ d_5=67.40 \text{ westl.}\end{array}\right\}\text{ vom Meridian,}$$

und für die dritte Kugel im Mittel aus den vier Angaben 4.41, 4.44, 4.43 und 4.40

$$d_3=4.420 \text{ östl. vom Meridian.}$$

Es müssen folglich die 1., 2. und 3. Kugel resp. um 73.01, 41.21 und 4.42 franz. Zoll westlich, und die 4. und 5. Kugel resp. um 31.98 und 67.40 franz. Zoll östlich gerückt werden, um in dem Meridian zu stehen. — Wenn man nun dieses Verfahren an den folgenden Tagen wiederholt, wobei man den Ort jener ersten Signale zum Beobachtungspunkt wählt, und in der nämlichen Richtung wieder andere Kugeln aufsteckt; so lassen sich auch diese Kugeln auf dieselbe Weise in die gesuchte Mittagslinie bringen, und so diese selbst viele Meilen weit mit vieler Genauigkeit fortführen. Sollte die Aussicht durch einen Berg begrenzt werden, so lassen sich vom ersten Beobachtungsort aus die Kugeln auf demselben errichten. Nur große Wälder in ebenen Gegenden, welche die Aussicht hindern, legen diesem Verfahren Schwierigkeiten in den Weg, welche sich durch künstlich errichtete höhere Signale und Gerüste heben lassen.

§. 49. Ist nach dem so eben beschriebenen Verfahren der wahre Meridianpunkt gefunden, so läßt sich dann in diesem das Meridianzeichen, dessen Beschaffenheit S. 136 des I. Theils näher beschrieben worden, ohne weiteres Bedenken errichten. Um aber noch das Reverber in die Nische des steinernen Meridianzeichens so einzusetzen, daß es ganz genau in der Mittagslinie selbst stehet, sind im §. 123 (I. Theil) drei verschiedene Methoden gegeben, welche hier nun durch Beispiele erläutert werden sollen.

Erste Methode. Im Jahr 1826 wurde am 16. Juli an einem Ort, dessen nördliche Polhöhe $52^0\ 26'$ beträgt, die obere Culmination des Polarsterns um $0^h\ 59'\ 27''.5$, die untere um $12^h\ 58'\ 34''.5$ beobachtet; die Declination des Sterns zu jener Zeit war $+\ 88^0\ 23'$. Man hat also

$$L = +\ 52^0\ 26',\quad t = 0^h\ 59'\ 27''.5$$
$$\delta = +\ 88\ \ 23\ ,\quad t' = 12\ \ 58\ \ 34.5,$$

und mit diesen Elementen steht die Rechnung nach Formel 38) im §. 123 (I. Theil), wie folgt:

$$\begin{array}{rcl} t - t' & = & 12^h\ 0'\ 53''.0 \\ 12^h & = & 12\ \ 0\ \ \ 0.0 \\ \hline t - t' - 12^h & = & 0^h\ 0'\ 53''.0 \end{array}$$

$$\begin{array}{lcl} \log 15 & = & 1.17609 \\ \log(t - t' - 12^h) & = & 1.72428 \\ \log \cot \delta & = & 8.45061 \\ \text{dec.} \log 2 & = & 9.69897 \\ \text{dec.} \log \cos L & = & 0.21490 \\ \hline \end{array}$$

$\log a = 1.26485$, also $a = 18''.401$.

Da nun der westliche Halbkreis vom Stern in kürzerer Zeit als der östliche zurückgelegt worden war, so stand das Reverber um 18.401 Bogensekunden westwärts vom wahren Mittagspunkt, oder um so viel wich das östliche Ende der Drehungsaxe des Instruments von Osten nach Norden ab.

Zweite Methode. An demselben Ort wurden am 1. Jan. 1828 die obere und untere Culmination des Polarsterns und ζ Urs. maj. praeced. (Mizar) beobachtet; nämlich die des ersten Sterns

$$\left.\begin{array}{l} t = 1^h\ 0'\ 0''.55 \text{ obere} \\ t' = 12\ \ 58\ \ 55.47 \text{ untere} \end{array}\right\} \text{Culm.}$$

und die des zweiten Sterns

$$\left.\begin{array}{l} \tau = 1^h\ 16'\ 55''.46 \text{ untere} \\ \tau' = 13\ \ 16\ \ 58.16 \text{ obere} \end{array}\right\} \text{Culm.}$$

Die scheinbaren Polardistanzen für den ersten als den vorhergehenden, und für den zweiten als den nachfolgenden Stern waren resp. $\Delta = +1^0\ 36'$ und $\Delta' = +34^0\ 11'$.

Ferner ist

$$t - t' - 12^h = 0^h\ 1'\ 5''.08$$
$$\tau - \tau' - 12^h = -0\ \ 0\ \ 2.70$$
$$\Delta' - \Delta = +32^0\ 35'$$
$$L = +52\ \ 26$$
$$(t - t' - 12^h) - (\tau - \tau' - 12^h) = 67''.78,$$

folglich nach Gleichung 39) (S. 137 des I. Theils)

$$\log\{(t - t' - 12^h) - (\tau - \tau' - 12^h)\} = 1.83110$$
$$\log 15 = 1.17609$$
$$\log\sin\Delta = 8.44594$$
$$\log\sin\Delta' = 9.74961$$
$$\text{dec.}\log 2 = 9.69897$$
$$\text{dec.}\log\cos L = 0.21490$$
$$\text{dec.}\log\sin(\Delta' - \Delta) = 0.26879$$
$$\log a = 1.38540, \text{ also } a = 24''.29.$$

Da nun $t - t' - 12^h > \tau - \tau' - 12^h$, so ist das Azimuth $a = 24.29$ Bogensekunden ein östliches.

Dritte Methode. Den 11. Oct. 1823 ward an dem nämlichen Ort beobachtet

die Culminationszeit $\begin{cases} t \text{ von } \beta \text{ Pegasi} & = 22^h\,54\;17''.8 \\ t' \text{ von } \alpha \text{ Pisc. austr.} & = 22\;\;47\;51.5 \end{cases}$

also $t - t' = +\;0\;\;6\;26.3$

Die berechnete scheinbare Rectascension

AR von β Pegasi $= 22^h\,54'\,22''.26$

AR' von α Pisc. austr. $= 22\;\;47\;\;55.90$

giebt $AR - AR' = 0\;\;6\;\;26.36$

und mithin $(t-t')-(AR-AR') = -\;0\;\;0\;\;0.06.$

Ferner ist für

β Pegasi, α Pisc. austr. Declination $\begin{cases} \delta' = +\;27^0\;\;7' \\ \delta = -\;30\;\;33 \end{cases}$

also $\delta' - \delta = +\;57\;\;40;$

folglich nach Gleichung 43) (S. 139 I. Theil)

$$\log 15 = 1.17609$$
$$\log \{(t-t') - (AR-AR')\} = 8.77815n$$
$$\log \cos \delta = 9.93510$$
$$\log \cos \delta' = 9.94943$$
$$\text{dec.} \log \cos (L = +\;52^0\,26') = 0.21490$$
$$\text{dec.} \log \sin (\delta' - \delta) = 0.07317$$
$$\log a = 0.12684n, \text{ also } a = -\;1''.339,$$

d. h. das Reverber muß, um genau in den Meridian zu kommen, um 1.34 Bogensekunden östlicher gestellt werden.

Schlußbemerkung. Von den verschiedenen Methoden, Zeit und Polhöhe zugleich aus Beobachtungen zu finden, wird in dem auf „die Bestimmung der Polhöhe" folgenden Capitel VII. die Rede sein.

Fünftes Capitel.

Von der Bestimmung der Meridiandifferenz zweier Orte.

§. 50. Die Messung des Abstands zweier Meridiane unterliegt ungleich größern Schwierigkeiten, als diejenige der Distanz zweier Breitenkreise. Sie wird entweder I) durch astronomische oder

II) durch geodätische Operationen bewerkstelligt. — Bei der erstern Art bestimmt man die Meridiandifferenz zweier Orte durch die Zeit, welche ein Gestirn gebraucht, um in Folge seiner täglichen scheinbaren Bewegung vom Meridian des östlichen Orts zu demjenigen des westlichern zu wandern. Ist nun dieses Gestirn die Sonne, so darf man ja nur die Zeiten vergleichen, welche die Uhren an beiden Orten in einem und demselben Augenblick zeigen. Denn da an jedem Ort die Uhr auf 12 oder 0 Uhr, sobald die Sonne durch dessen Mittagskreis gehet, gestellt wird, so werden diese Uhren, insofern sie richtig gehen, stets um die nämliche Zahl von Stunden, Minuten und Sekunden differiren. Es bedarf folglich blos noch eines Mittels, um die so weit von einander entlegenen Uhren und Instrumente, welche zu diesen Beobachtungen gebraucht worden, vergleichen zu können. Hierzu giebt es nun aber zweierlei Wege, 1) man transportirt die eine Uhr zu der andern, ohne daß sie ihren Gang im geringsten ändert, oder 2) man beobachtet an jedem der beiden Orte an der Uhr die Zeit, zu der irgend ein auf die Sekunde angebliches, an beiden Orten zugleich wahrnehmbares, Phänomen statt fand. Der auf jedem dieser beiden Wege gefundene Unterschied der Uhrzeiten ist dann die gesuchte, in Zeit ausgedrückte, Meridiandifferenz dieser beiden Orte.

Bei der letztern Art bestimmt man die Meridiandifferenz zweier Orte durch directe Messung auf der Erde mittelst Dreiecke, wobei die Größe und Gestalt der Erde als bekannt vorausgesetzt wird.

Es zerfällt daher, diesen Betrachtungen zufolge, gegenwärtiges Capitel auch in zwei Haupttheile, nämlich in die Bestimmung des Meridianunterschiedes zweier Orte aus astronomischen und aus geodätischen Operationen. Der erstere dieser beiden Haupttheile zerfällt aber noch in die folgenden 7 Unterabtheilungen:

A) mittelst tragbarer Uhren (Chronometer),

B) durch Mondfinsternisse und Jupiterstrabanten-Verfinsterungen,

C) aus Sternbedeckungen,

D) aus Sonnenfinsternissen,

E) mittelst correspondirender Mondsculminationen,

F) aus Mondsdistanzen, und
G) mittelst Pulversignale
den Längenunterschied zweier Orte herzuleiten.

I. Bestimmung der Meridiandifferenz zweier Orte aus astronomischen Operationen.

A) Mittelst tragbarer Uhren (Chronometer).

§. 51. Eine sehr einfache, auf dem festen Land sowohl als zur See anwendbare, Methode der Längenbestimmung, besteht in dem Gebrauch einer sehr vollkommenen Uhr. Wirklich ist man durch die große Vollkommenheit, mit der jetzt tragbare Uhren oder die sogenannten Chronometer verfertigt werden, bereits im Stand, die Zeiten zweier Orte unmittelbar mit einander zu vergleichen, um hieraus die Meridiandifferenz derselben zu bestimmen.

Aber diese Vergleichungen können wegen der veränderlichen Länge des Sonnentags nicht nach wahrer Zeit angestellt, sondern alle Zeitbestimmungen müssen erst auf mittlere Zeit reducirt werden. Hat wie gewöhnlich die Uhr einen täglichen Gang, eilt sie z. B. in 24 Stunden um 10 Sekunden vor, so muß man jeden folgenden Tag 10″ von ihrer Angabe subtrahiren, und zeigte die Uhr noch am Tage der Abreise im Mittag nicht genau auf 12^h, sondern z. B. etwa auf $12^h\,3'\,15''$, so müssen ihre Angaben jedesmal auch um diese 3′ 15″ verringert werden, sobald man die Zeit jenes Orts wissen will. Man nennt dieß den Uhrfehler (état de la montre), der mit dem täglichen Gang der Uhr die zwei Elemente der Längenbestimmung ausmacht, und von der genauen Kenntniß des letztern hängt die Genauigkeit der Längen hauptsächlich ab, was zu Lande zwar keine Schwierigkeit, wohl aber zur See hat, wo man sich mit Vermuthungen und wahrscheinlichen Annahmen behelfen muß. Es ist deshalb, und auch schon wegen der veränderlichen Launen eines so delicaten Werkzeugs, wie der Chronometer ist, durchaus erforderlich, nicht nur wenigstens zwei Chronometer bei sich zu führen, und das Mittel aus den Angaben derselben zu nehmen, sondern auch sich öfters an das Universalmittel zur Längenbestimmung, an die Mondsdistanzen, zu halten; denn erst die Uebereinstimmung der auf zwei Arten gefundenen Resultate zeigt ihre Zuverläßigkeit. Noch besser ist es, drei Chronometer von nahe gleicher Güte zu haben. Vergleicht man dann diese täglich unter sich, so giebt eine Aenderung ihres relativen Gangs sehr bald die Zeit zu erkennen, zu welcher der absolute Gang des einen oder des andern Chronometers sich geändert hat, und man ist selbst im Stand, aus ihren Fehlern auf die wahre Länge zu schließen. Mit der Anzahl der Chronometer endlich und der genauern Kenntniß ihrer relativen Abweichung wächst auch die Zuverläßigkeit der Resultate, so daß das blinde Ausziehen des arithmetischen Mittels dann ganz füglich bei Seite gesetzt werden kann.

§. 52. Gauß, dem man so viele wichtige Bereicherungen in der practischen Astronomie verdankt, hat eine Methode *), diese Längenbestimmungen zu berechnen, angegeben, welche sich auf die Ansicht gründet, daß die Ursachen der zufälligen Störungen momentan wirken, oder daß, wenn die mittlere Dauer eines Schlags $= e$ ist, die Dauer der auf einander folgenden Schläge $= e + \delta^{(1)} e$, $e + \delta^{(2)} e$, $e + \delta^{(3)} e$, ... ist, wo $\delta^{(1)} e$, $\delta^{(2)} e$, $\delta^{(3)} e$ u. s. w. von einander unabhängig sind. Die Abweichung der Dauer von Θ Schlägen von der mittleren Dauer wird also $\delta^{(1)} e + \delta^{(2)} e + \delta^{(3)} e + \ldots + \delta^{(\Theta)} e$, und der mittlere Betrag des Quadrats davon $= \Theta m^2$ sein, wenn das der Zeit proportionale m den mittlern Werth von δe bezeichnet.

Nimmt man aber an, daß die Ursachen der zufälligen Störungen, einmal eingetreten, stets fortdauern, d. h. daß die Dauer der auf einander folgenden Schläge $e + \delta^{(1)} e$, $e + \delta e^{(1)} + \delta^{(2)} e$, $e + \delta^{(1)} e + \delta^{(2)} e + \delta^{(3)} e$, u. s. w. wird, und wo $\delta^{(1)} e$, $\delta^{(2)} e$, $\delta^{(3)} e$, ... wieder von einander unabhängig sind; so wird die Rechnung weitläufiger, und noch mehr, wenn, wie es wirklich der Fall sein mag, beide Arten von Störungen als gleichzeitig vorhanden angenommen werden. — Man sieht nämlich leicht ein, daß die Abweichung der Dauer von Θ Schlägen vom mittlern Werth in

*) Diese in den Astron. Nachr. v. Schumacher befindliche Methode folgt in den nächsten §§.

der zweiten Voraussetzung $= \Theta\delta^{(1)}e + (\Theta - 1)\,\delta^{(2)}e + (\Theta - 2)\,\delta^{(3)}e + \ldots. + \delta^{(\Theta)}e$, und der mittlere Werth des Quadrats derselben $= \{\Theta^2 + (\Theta - 1)^2 + (\Theta - 2)^2 + \ldots. + 1\}\,m'^2$ wird, wo m' für den mittlern Werth von δe in dieser Annahme gesetzt worden ist. Zu bemerken ist noch, daß für ein sehr großes Θ jener Werth in $\frac{1}{3}\,\Theta m'^2$ übergeht. Dagegen wird das Quadrat des mittlern Fehlers einer Längenbestimmung von der Zwischenzeit

$$\Theta = m''^2 + m^2\,\Theta + \tfrac{1}{3}m'^2\,\Theta^3,$$

sobald man auf beide Arten von Störungen Rücksicht nimmt, und die Quadratensumme der mittlern Fehler in den Zeitbestimmungen an beiden Orten, wo das Chronometer verglichen worden, $= m'^2$ setzt.

§. 53. Es seien nun Θ, Θ', Θ'', ... die schon auf Einen Ort reducirten n Zeiten, wo der Chronometer vor den Zeiten der Oerter, deren Längen x, x', x'', ... sind, um die Unterschiede a, a', a'', ... voraus war. Bei dem täglichen Gang u des Chronometers würde man dann, wenn der Chronometer vollkommen wäre, die $n - 1$ Gleichungen

$$\begin{aligned} a - \Theta u - x &= a' - \Theta' u - x \\ a' - \Theta' u - x' &= a'' - \Theta'' u - x'' \\ a'' - \Theta'' u - x'' &= a''' - \Theta''' u - x''' \end{aligned}$$

u. s. w.

haben. Damit diese zur Bestimmung der unbekannten Größen u, x, x', x'', ... hinreichen, wird theils eine der Größen x, x', x'', ... als gegeben betrachtet, theils angenommen, daß wenigstens an Einem Ort zweimal beobachtet wurde, folglich zwei der Größen x, x', x'', ... identisch sind. Sind ferner nicht mehr als zwei identisch, so wird die Aufgabe ganz bestimmt, sonst aber unbestimmt sein, wo man dann die unbekannten Größen so wird bestimmen müssen, daß den $n - 1$ Gleichungen

$$\left.\begin{aligned} a - a' + (\Theta' - \Theta)u - x + x' &= 0 \\ a' - a'' + (\Theta'' - \Theta')u - x' + x'' &= 0 \\ a'' - a''' + (\Theta''' - \Theta'')u - x'' + x''' &= 0 \end{aligned}\right\} \quad 1)$$

u. s. w.

so genau als möglich genügt werde, da die stets statt findenden Unvollkommenheiten der Chronometer nicht verstattet werden, allen genau Genüge zu leisten. Offenbar darf man jedoch den Gleichungen 1) nicht gleiches Gewicht beilegen, da ja die Größen

$$a - a' + (\Theta' - \Theta)\,u - x + x'$$
$$a' - a'' + (\Theta'' - \Theta')\,u - x' + x''$$

nur die Aggregate aller Abweichungen vom mittlern Gang ausdrücken, welche der Chronometer in den Zwischenzeiten $\Theta' - \Theta$, $\Theta'' - \Theta'$, ... gehabt hat. Sobald von einem guten Chronometer, dem man wirklich einen mittlern, keinen allmälig in einerlei Sinn zunehmenden Aenderungen unterworfenen, Gang beilegen kann, die Rede ist, wird man den mittlern zu befürchtenden Werth eines solchen Aggregats der Quadratwurzel aus der Zwischenzeit proportional setzen und folglich den Gleichungen 1), nach der Methode der kleinsten Quadrate behandelnd, ungleiche den Zwischenzeiten $\Theta' - \Theta$, $\Theta'' - \Theta'$, $\Theta''' - \Theta''$, ... umgekehrt proportionale Gewichte beilegen müssen. Dann ist die Auflösung leicht, und man erhält die wahrscheinlich richtigsten Werthe von u, x, x', x'', ..., so wie ihre relative Zuverläßigkeit. Hierbei ist aber noch das, was in den nächsten fünf Paragraphen angeführt wird, genau zu berücksichtigen.

§. 54. Sobald die erste und letzte Beobachtung an Einem Ort gemacht worden, ist auch der wahrscheinlichste Werth von u accurat der nämliche, blos aus der Vergleichung der beiden äußersten Beobachtungen folgende, und die Rechnung wird nachher ungemein einfach, da man diesen wahrscheinlichsten Werth von u sogleich in die Gleichungen einführen kann.

§. 55. Sind den Gleichungen schlechtweg die Gewichte $\frac{1}{\Theta' - \Theta}$, $\frac{1}{\Theta'' - \Theta'}$ beigelegt worden, so liegt den, für die Endresultate der Längenbestimmungen gefundenen, Gewichten diejenige Genauigkeit als Einheit zum Grund, welche man mit diesem Chronometer zu erwarten hätte, sobald man, insofern die Zeiten Θ, Θ', Θ'', ... in Tagen ausgedrückt worden, bei bekanntem Gang einen Längenunterschied nach einem Zeitintervall von einem Tag bestimmte. Aber es muß noch, um die Resultate mehrerer Chronometer von verschiedener Güte vergleichen zu können, ein Factor hinzukommen, welcher von der Güte jedes besondern Chronometers abhängig ist, und der auf folgende Weise ermittelt werden kann.

Man setze

$$\left.\begin{array}{l} a - a' + (\Theta' - \Theta)\, u - x + x' = \lambda \\ a' - a'' + (\Theta'' - \Theta')\, u - x' + x'' = \lambda' \\ a'' - a''' + (\Theta''' - \Theta'')\, u - x'' + x''' = \lambda'' \\ \quad \ldots\ldots\ldots \\ \dfrac{\lambda^2}{\Theta' - \Theta} + \dfrac{\lambda'^2}{\Theta'' - \Theta'} + \dfrac{\lambda''^2}{\Theta''' - \Theta''} + \ldots = S \end{array}\right\} \quad 2),$$

benenne ferner die Anzahl der sämmtlichen unbekannt gewesenen Größen mit ν und $\sqrt{\dfrac{S}{n - \nu - r}}$ mit m; so ist dann der in Frage stehende Factor für jeden einzelnen Chronometer der Größe $\dfrac{1}{m^2}$ oder $\dfrac{m - \nu - 1}{S}$ proportional, wo m als die mittlere zu befürchtende Abweichung vom mittlern Gang nach einem Tag Zwischenzeit angesehen werden kann.

§. 56. Sollte aber der Chronometer eine bedeutend fortschreitende Aenderung seines Ganges zeigen, so kann man bei einer nicht zu großen Reihe von Beobachtungen sich begnügen, eine im Verhältniß zur Zeit stehende Abänderung des täglichen Ganges anzunehmen, so daß folglich noch eine Unbekannte v mehr eingeführt werden muß. Dann aber gehen die Gleichungen 1) über in

$$\left.\begin{array}{l} a - a' + (\Theta' - \Theta)\, u + (\Theta'^2 - \Theta^2)\, v - x + x' = 0 \\ a' - a'' + (\Theta'' - \Theta')\, u + (\Theta''^2 - \Theta'^2)\, v - x' + x'' = 0 \\ a'' - a''' + (\Theta''' - \Theta'')\, u + (\Theta'''^2 - \Theta''^2)\, v - x'' + x''' = 0 \end{array}\right\} \quad 3)$$

u. s. w.

§. 57. Wenn ferner Chronometer starke entschiedene Aenderungen des mittlern Ganges zeigen, welche sogar selbst wieder unregelmäßig sind, so schließe man, da ihre Resultate theils weit weniger genau ausfallen, theils die Genauigkeit selbst sich ungemein schwer in Zahlen zur Vergleichung angeben läßt, diese Chronometer von den übrigen ganz aus, indem sonst Alles verdorben und mithin vergeblich gewesen sein würde.

§. 58. Was endlich die Auflösung der Gleichungen nach der Methode der kleinsten Quadrate anbelangt, so muß man meistens die Unbekannten aus einem bekannten möglichst genäherten und einem unbekannten, also sehr kleinen, Theil zusammen setzen, weil sonst die numerischen Rechnungen unnöthig erschwert und Fehler leichter möglich werden würden.

§. 59. Als ein vollständiges Beispiel *) diene ein Auszug aus dem in No. 110 und 111 der Astron. Nachr. v. Schum. befindlichen Aufsatz. — Im Jahr 1824 ließ die englische Admiralität, zum Behuf einer Längenverbindung der Dänischen und Englischen Dreiecke, ein neu ausgerüstetes Dampfschiff mit 28 Chronometern versehen, deren Beobachtung dem D. Tiarks übertragen wurde. Das Schiff legte am 3. Juli bei Helgoland an, wo die Chronometer mit der Uhr einer, daselbst von Schumacher für diesen Zweck errichteten, kleinen Sternwarte verglichen wurden. Tiarks übernahm hierauf die Chronometer der Gradmessung, die Schumacher zu dem nämlichen Zweck mitgab, und die zur Bestimmung des Längenunterschieds zwischen Altona und Helgoland vorher drei Reisen zwischen diesen beiden Sternwarten gemacht hatten, und verglich auf einer Rückreise nach Greenwich daselbst am 22. Juli wieder die sämmtlichen Chronometer, die noch zweimal von Greenwich nach Altona geschickt, und auf einem dieser Wege in Bremen außerdem jedesmal bei der Hin- und Rückreise auf Helgoland verglichen wurden. Jeder der Chronometer Schumachers gab folglich achtmal den Längenunterschied zwischen Altona und Helgoland, viermal zwischen Helgoland und Greenwich, jedes der englischen aber jenen Längenunterschied vier- und diesen sechsmal. Die Resultate der Chronometer Schumachers, welche nun folgen, sind von Clausen aus den Originalbeobachtungen, die des 25. August ausgenommen, nach oben gegebener Methode Gauß's berechnet worden.

*) Als ein zweites sehr vollständiges Schema kann No. 182 der Astron. Nachr. v. Schum. betrachtet werden.

Längenunterschiede zwischen Altona, Bremen, Helgoland und Greenwich, durch die Chronometer Schumacher's bestimmt.

Vorläufige Bemerkung. Der Längenunterschied zwischen Altona und Helgoland ist $= 8' \, 14'' + x$, zwischen Helgoland und Greenwich $= 31' \, 33'' + y$, die Uhrzeit der Vergleichung $= \Theta$, die Veränderung der Correction in 24 Stunden Uhrzeit $= i$, und die an Θ anzubringende Correction, — um bei dem Chronometer Arnold 97 und Jürgensen 13 Helgolander Sternzeit, bei den übrigen Chronometern mittlere Zeit zu erhalten, — gleich c gesetzt worden.

Breguet 3056.

	Θ	c	
Juni.	27.283	— 1′ 2″.60	— x
	31.453	0 46.60	
	32.202	0 44.00	
	33.290	0 39.89	— x
	37.151	— 0 25.10	
	52.467	+ 0 23.60	
	55.115	0 33.25	+ y
	58.164	0 42.95	+ y
	63.049	1 1.17	+ y
	66.063	1 10.22	
	67.215	1 14.41	— x
	70.519	1 24.80	— x
	72.547	1 32.75	
	78.481	1 57.35	+ y
	86.333	2 22.61	+ y
	91.785	2 40.56	
	92.381	2 42.60	— x
	96.894	3 1.25	— x
	98.369	3 5.64	
	99.880	3 10.31	
	104.211	3 25.43	— x

hieraus folgt mit $i = + 3''.4841$

x	Gewicht	y	Gewicht
— 1″,47	0,240	— 0″,42	0,378
+ 0, 32	0,919	— 1, 45	0,332
— 1, 34	0,259	— 3, 93	0,169
+ 0, 18	0,868	— 1, 05	0,183
— 0, 88	0,493	— 1, 41	1,062
— 0, 04	1,678		
+ 0, 75	0,678		
+ 0, 03	0,231		
— 0, 04	5,366		

und damit Stand gegen Helgolander Zeit am Juni 0,

— 2′ 37″,62		— 2′ 40″,85	
	1,43		0,86
36, 19		39, 99	
	0,01		2,49
36, 20		37, 50	
	0,37		2,09
35, 83		39, 59	
	1,29		0,36
34, 54		39, 23	
	4,66		0,01
39, 20		39, 22	
	0,99		2,91
40, 19		36, 31	
	0,92		0,78
41, 11		37, 09	
	1,20		0,59
39, 91		37, 68	
	0,04		0,07
39, 95		37, 61	
	0,22		
39, 73			
	1,12		

$S = 8{,}340; \ \frac{17}{S} = 2{,}038$

für x . . $E.m = 0'',30; \ \frac{1}{(E.m)^2} = 10{,}938$

... y 0, 68; 2,165

Barraud 904.

	Θ	c	
Juni.	27,298	— 15′ 16″,90	— x
	31,468	34, 70	
	32,215	37, 20	
	33,289	41, 65	— x
	37,168	55, 70	
	52,608	16 48, 28	
	55,127	56, 20	+ y
	58,024	17 6, 86	+ y
	63,096	27, 41	+ y
	66,112	37, 63	
	67,280	42, 57	— x
	70,499	54, 16	— x
	72,531	18 1, 02	
	78,438	24, 66	+ y
	86,303	53, 98	+ y
	91,841	19 17, 01	
	92,438	20, 23	— x
	96,946	38, 54	— x
	98,390	44, 60	
	99,906	49, 90	
	104,221	20 7, 67	— x

i = — 3″,7800

x	Gewicht	y	Gewicht
+ 2″,04	0,240	— 1″,60	0,397
— 0, 39	0,931	+ 1, 18	0,332
— 0, 61	0,258	+ 1, 31	0,169
— 0, 53	0,856	— 2, 10	0,181
— 0, 82	0,492	— 0″,37	1,079
— 0, 96	1,675		
+ 0, 60	0,693		
— 1, 46	0,232		
— 0″ 5	5,377		

Stand gegen Helgolander Zeit, Juni 0,

— 13′ 33″,26	2,49	— 13′ 27″,22	0,37
35, 75	0,32	26, 85	1,68
35, 43	0,06	28, 53	0,40
35, 37	0,16	28, 13	1,72
35, 21	5,79	29, 85	0,53
29, 42	1,23	30, 38	1,26
28, 19	0,29	31, 64	1,05
27, 90	1,38	32, 69	0,43
29, 28	1,55	32, 26	1,01
27, 73	0,07	33, 27	
27, 80	0,58		

$S = 8{,}760;\ \frac{17}{S} = 2{,}941$

für x . . E.m = 0″,31; $\frac{1}{(E.m)^2} = 10{,}435$

. . . y 0, 69 2,094

Kessels 1252.

	Θ	c	
Juni.	27,293	— 17′ 14″,10	— x
	31,465	29, 30	
	32,212	31, 80	
	33,301	35, 65	— x
	37,161	50, 00	
	52,507	18 48, 20	
	55,128	56, 31	+ y
	58,151	19 6, 63	+ y
	63,103	19, 09	+ y
	65,908	26, 10	
	67,276	30, 21	— x
	70,508	41, 68	— x
	72,553	47, 10	
	78,447	20 5, 52	+ y
	86,311	29, 35	+ y
	91,850	47, 71	
	92,444	49, 93	— x
	96,953	21 2, 14	— x
	98,387	6, 50	
	99,904	12, 10	
	104,219	26, 03	— x

i = — 3″,2749.

x	Gewicht	y	Gewicht
+ 1″,54	0,240	— 0″,47	0,382
— 0, 28	0,918	+ 2, 18	0,357
+ 1, 71	0,259	— 0, 88	0,170
+ 0, 37	0,731	— 0, 22	0,181
— 1, 28	0,489	+ 0″,38	1,090
— 0, 27	1,683		
— 0, 34	0,697		
+ 0, 20	0,232		
— 0″,08	5,249		

Stand gegen Helgolander Zeit, Juni 0,

— 15′ 44″,64		— 15′ 50″,69	
	1,61		1,19
46, 25		49, 50	
	0,06		1,27
46, 31		48, 23	
	0,20		1,92
46, 51		46, 31	
	1,79		0,60
48, 30		46, 91	
	7,94		0,19
56, 24		47, 10	
	0,85		2,55
55, 39		44, 55	
	0,42		0,26
55, 81		44, 29	
	3,76		0,63
52, 05		44, 92	
	1,80		0,28
50, 25		44, 64	
	0,44		
49, 81			
	0,88		

$S = 13{,}657; \quad \frac{17}{S} = 1{,}245$

für x . . . $E.m = 0''.39; \quad \frac{1}{(E.m)^2} = 6{,}535$

. . y . . . . $0{,}86$; . . . . . . $1{,}357$

Arnold 97.

	Θ	c	
Juni	27,559	— 12′ 10″,20	— x
	31,740	21, 70	
	32,490	23, 90	
	33,580	27, 55	— x
	37,454	40, 90	
	52,702	13 47, 40	
	55,468	58, 11	+ y
	58,413	14 8, 50	+ y
	63,354	20, 63	+ y
	66,324	29, 00	
	67,536	31, 96	— x
	70,816	43, 13	— x
	72,827	49, 90	
	78,729	15 10, 50	+ y
	86,618	42, 31	+ y
	92,198	16 3, 10	
	92,790	5, 03	— x
	97,330	18, 79	— x
	98,844	23, 29	
	100,363	27, 70	
	104,699	46, 43	— x

i = — 3″,5810.

x	Gewicht
— 3″,47	0,239
+ 0, 25	0,917
— 0, 52	0,258
+ 1, 38	0,825
— 0, 43	0,497
+ 0, 19	1,689
— 0, 92	0,660
— 3, 20	0,231
— 0″,16	5,316

y	Gewicht
+ 0″,81	0,362
+ 2, 27	0,337
— 0, 53	0,169
— 0, 81	0,179
+ 0″,79	1,047

Stand gegen Helgolander Zeit, Juni 0,

— 10′ 31″,36	3,32	— 10′ 29″,39	0,27
28,04	0,48	29,12	1,32
27,56	0,42	27,80	3,55
27,14	0,36	31,35	1,60
26,78	11,90	32,95	0,35
38,68	0,02	32,60	2,50
38,70	0,16	30,10	0,76
38,54	5,57	29,34	1,03
32,97	1,46	28,31	3,04
31,51	1,55	31,35	
29,96	0,57		

$S = 28{,}693;\ \frac{17}{S} = 0{,}592$

für x . . . $E.m = 0'',56;\ \frac{1}{(E.m)^2} = 3{,}150$

. . . y 1,27; 0,620

Arnold 2015.

Juni Θ	c	
27,287	— 8′ 1″,30	— x
31,462	5,90	
32,209	5,70	
33,295	7,16	— x
37,160	5,90	
52,599	7 58,96	
55,121	8 0,28	+ y
58,149	2,67	+ y
63,092	14,20	+ y
66,105	22,94	
67,272	23,98	— x
70,495	27,41	— x
72,526	31,81	
78,433	37,05	+ y
86,298	44,17	+ y
91,836	53,94	
92,432	53,36	— x
96,940	58,11	— x
98,381	57,20	
99,897	54,50	
104,212	54,57	— x

$i = -\ 0'',6925$

x	Gewicht	y	Gewicht
+ 1″,71	0,240	— 0″,43	0,397
— 0,71	0,921	— 6,65	0,322
— 3,94	0,259	+ 1,15	0,169
— 0,23	0,857	— 5,94	0,181
+ 2,99	0,492	— 3″,02	1,079
+ 0,99	1,678		
— 1,91	0,694		
+ 2,92	0,232		
+ 0″,19	5,373		

Stand gegen Helgolander Zeit, Juni 0,

— 7′ 42″,59	1,52	— 7′ 38″,78	2,81
44,11	0,71	41,59	4,17
43,40	0,89	45,76	1,67
44,29	4,12	47,43	2,92
40,17	17,63	50,35	0,81
22,54	2,59	49,54	1,63
25,13	0,29	51,17	2,10
25,42	8,11	49,07	3,75
33,53	3,63	45,32	2,72
37,16	0,43	42,60	
37,59	1,19		

$S = 71{,}913;\ \frac{17}{S} = 0{,}236$

für x . . E.m $= 0''{,}89;\ \frac{1}{(\text{E.m})^2} = 1{,}270$

. . . y . . . . 1,98; . . . . 0,255.

Breguet 3719.

	Θ	c	
Juni	70,488	— 6′ 7″,23	— x
	72,562	5 59,00	
	78,455	33,14	+ y
	86,318	2,04	+ y
	91,829	4 42,66	
	92,423	39,50	— x
	96,932	24,39	— x
	98,381	18,70	
	99,897	12,10	
	104,212	3 39,57	— x

$i = + 4''{,}3784$

x	Gewicht	y	Gewicht
+ 0″,85	0,482	— 0″,06	0,170
+ 0, 56	1,683	— 4, 75	0,181
+ 0, 65	0,690	— 2″,48	0,351
+ 13, 64	0,232		
+ 1″,61	3,087		

Stand gegen Helgolander Zeit, Juni 0,

— 11′ 17″,47		— 11′ 25″,78	
	0,76		4,63
16, 71		30, 41	
	2,42		0,96
19, 13		29, 45	
	3,33		0,05
22, 46		29, 50	
	2,27		12,03
24, 73		17, 47	
	1,05		

$S = 44{,}405;\ \frac{6}{S} = 0{,}135$

für x . . $E.m = 1''{,}55;\ \frac{1}{(E.m)^2} = 0{,}417$

... y 4, 59; 0,047

Jürgensen 13.

	Θ	c	
Juni	33,839	— 4′ 29″,21	— x
	37,454	22, 90	
	52,874	3 17, 83	
	55,460	11, 25	+ y
	58,485	2 58, 74	+ y
	63,419	51, 51	+ y
	66,434	43, 89	
	67,597	41, 75	— x
	70,872	23, 95	— x
	72,933	16, 02	
	78,832	1 52, 41	+ y
	86,759	28, 67	+ y
	92,226	3, 91	
	92,819	0, 47	— x
	97,381	0 38, 52	— x
	98,838	33, 10	
	100,351	30, 00	
	104,685	32, 41	— x

$i = + 3''{,}3424$

x	Gewicht	y	Gewicht
+ 5″,77	0,277	+ 2″,06	0,387
— 1,75	0,860	— 2,46	0,332
— 1,04	0,485	— 3,89	0,170
+ 1,36	1,686	+ 6,59	0,183
— 0,55	0,686	+ 0″,49	1,072
— 16,90	0,231		
— 0″,57	4,225		

Stand gegen Helgolander Zeit, Juni 0,

— 6′ 21″,75		— 6′ 19″,80	
	6,34		4,39
28,09		15,41	
	13,54		2,75
14,55		18,16	
	1,58		6,09
16,13		12,07	
	2,40		1,93
13,73		10,14	
	9,26		6,71
22,99		3,43	
	2,95		0,02
25,94		3,45	
	1,18		1,97
27,12		5,42	
	6,86		16,33
20,26		21,75	
	0,46		

$S = 153{,}062; \; \frac{14}{S} = 0{,}091$

für x . . . $E.m = 1'',61; \; \frac{1}{(E.m)^2} = 0{,}386$

. . . y 3,19; 0,098

Die erhaltenen Resultate stehen, zusammen gestellt, also:

	Altona — Helgoland.	$\frac{1}{(E.m)^2}$	Helgoland — Greenwich.	$\frac{1}{(E.m)^2}$
Breguet 3056	8′ 13″,96	10,938	31′ 31″,59	2,165
Barraud 904	13,55	10,435	32,63	2,094
Kessels 1252	13,92	6,535	33,38	1,357
Arnold 97	13,84	3,150	33,79	0,620
Arnold 2057	14,19	1,270	29,98	0,255
Breguet 3719	15,61	0,417	30,52	0,047
Jürgensee 13	13,43	0,386	33,49	0,098
Mittel	8′ 13″,83	33,131	31′ 32″,45	6,636
Mittlerer Fehler	0″,17		0″,39	

Zur Bestimmung der Länge von Bremen gaben die Vergleichungen daselbst nachstehende Unterschiede der Chronometer und Bremer Zeit (Observatorium von Olbers).

	Θ	c
Breguet 3056	73,990	+ 5′ 23″,41
Barraud 904	73,981	— 14 21,70
Kessels 1252	73,994	— 16 5,68
Arnold 97	73,737	— 11 8,71
Arnold 2015	73,976	— 4 49,61
Breguet 3719	73,941	— 2 10,29
Jürgensee 15	74,362	+ 1 33,79,

woraus in Verbindung mit den oben gefundenen Uhrständen, Gängen und den specifischen Werthen der Längenbestimmungen jedes Chronometers

Breguet 3056	2,038
Barraud 904	1,941
Kessels 1252	1,245
Arnold 97	0,592
Arnold 2015	0,236
Breguet 3719	0,135
Jürgensen 13	0,091

sich folgende Längenunterschiede ergeben:

	Bremen — Helgoland.	$\frac{1}{(E.m)^2}$	Bremen — Greenwich.	$\frac{1}{(E.m)^2}$
Breguet 3056	3′ 45″,63	1,413	35′ 14″,71	0,454
Barraud 904	44, 80	1,338	19, 11	0,435
Kessels 1252	46, 14	0,864	18, 26	0,280
Arnold 97	44, 45	0,651	16, 91	0,119
Arnold 2015	43, 20	0,163	17, 35	0,053
Breguet 3719	42, 67	0,098	15, 61	0,030
Jürgensen 13	45, 03	0,064	14, 14	0,020
Mittel	3′ 45″,16	4,591	35′ 17″,10	1,391
Mittlerer Fehler	0″,47		0″,85.	

B) Durch Mondfinsternisse und Jupiterstrabanten-Verfinsterungen.

§. 60. In den frühern Zeiten, wo man noch nicht im Stand war, sehr gute Uhren, namentlich tragbare, zu construiren, mußte man darauf denken, ein Phänomen zu beobachten, das für die beiden Orte, deren Längenunterschied man ermitteln wollte, in der That in demselben Augenblick sich ereignet.

§. 61. Solche tautochrone Erscheinungen nun sind z. B. die Mondfinsternisse und die Verfinsterungen der Jupierssatelliten. Da nämlich bei einer Mondfinsterniß der Anfang und das Ende derselben, so wie die allmälige Verdunkelung aller Theile der Mondfläche, für die halbe Erdoberfläche zugleich sichtbar sind, so kann man mittelst eines solchen Phänomens den Mittagsunterschied vieler Orte auf einmal bestimmen, wobei die vielen, auf dem Mond bemerkbaren, Flecken eine willkommene Vervielfältigung der Beobachtungen gewähren. Aber die bekannte, nur langsam zunehmende Verdunkelung der beschatteten Stellen macht eine momentane Bestimmung dieser Erscheinung ganz unmöglich, welche Ungewißheit nun zwar durch viele Beobachtungen in etwas ersetzt werden könnte, wenn nur die Verschiedenheit der angewandten Fernröhre, welche nach dem Grad ihrer Stärke den Moment des Anfangs und Endes, so wie das Maximum der Beschattung natürlich verschieden angeben, nicht hierbei eine so constante Ungleichheit auf alle Resultate einer Station würfe. Auf der See ist diese Methode vollends ungenügend, indem nicht blos die Mondfinsternisse nur selten sich ereignen, sondern auch die Beobachtung derselben mit Fernröhren auf dem schwankenden Schiffe großen Schwierigkeiten unterliegt. Auch kann der Schiffer das genaue Resultat der Vergleichung mit andern Stationen erst durch spätere Mittheilung, nicht aber sogleich erhalten.

§. 62. Etwas besser lassen sich die Verfinsterungen der Jupiterstrabanten beobachten, indem bei diesen die Einsenkung in den Schatten ihres Hauptplaneten und das Austreten aus demselben wegen ihrer größern Geschwindigkeit in der Bahn schneller vor sich gehet. Außerdem fallen sie weit häufiger vor als die Mondfinsternisse. Aber der Anfang und das Ende der Verfinsterung kann bekanntlich nicht, sondern blos das gänzliche Sichtbarwerden oder Verschwinden, d. h. blos der Aus- und Eintritt der Satelliten beobachtet werden. Daher sind auch diese Erscheinungen nicht momentan, deren Momente eben so, wie die einer Mondfinsterniß, wegen der ungleichen Lichtstärke und Vergrößerung der Fernröhre, so wie wegen der ungleichen Schärfe des Gesichts, bedeutend verschieden beobachtet werden müssen. Hierzu kommt noch, daß man die zwei vom Jupiter am meisten entfernten Satelliten ausschließen, und alle solche Beobachtungen gänzlich vermeiden muß, die zu nahe bei der Opposition Jupiters mit der Sonne gemacht werden. Da endlich Jupiter jährlich zwei Monate hindurch unsichtbar ist, so folgt von selbst die Untauglichkeit dieses Mittels zur Längenbestimmung für den Seefahrer; nur in Ermangelung besserer Beobachtungen kann es einem reisenden Beobachter in entfernten Ländern zur ungefähren Bestimmung der Meridiandifferenz dienen.

Da es übrigens bei Längenbestimmungen aus Mondfinsternissen und Jupiterstrabanten-Verfinsterungen nur auf eine einfache Subtraction beider Beobachtungszeiten ankommt, so wird es überflüssig sein, diese Methode hier durch Beispiele zu erläutern.

C) Aus Sternbedeckungen.

§. 63. Unter den zur Bestimmung der Meridiandifferenz zweier Orte auf dem festen Land dienenden astronomischen Beobachtungen sind vorzüglich die der scheinbaren Finsternisse, zu denen die Sternbedeckungen und Sonnenfinsternisse gehören, hier anzuführen. Es gewähren nämlich dieselben, da sie sich mit ungleich größerer Präcision als die wahren unter B) angeführten Finsternisse beobachten lassen, ungemein scharfe Resultate.

§. 64. Bessel's Methode nun, aus beobachteten Sternbedeckungen die Meridianunterschiede herzuleiten, unterscheidet sich sehr vortheilhaft von allen bisherigen Berechnungsarten dadurch, daß sie eine voraus gehende Bestimmung der scheinbaren Orte des Monds und des Fixsterns, so wie eine nähere Kenntniß des gesuchten Meridianunterschieds nicht erfordert, weshalb sie für die numerische

Rechnung geschmeidiger sein und viel schneller zum Ziel führen muß, als die frühern mit der beschwerlichen Parallaxenrechnung verbundenen Bestimmungsarten. Daher hat auch der Verfasser geglaubt, eine schon vor etlichen Jahren nach Bessel's analytischer Abhandlung *) entworfene practische Anweisung hier mittheilen zu dürfen.

§. 65. Wenn mehrere Beobachtungen einer Fixsternbedeckung zum Behuf von Längenbestimmungen in Rechnung zu nehmen sind, so muß man zuerst alle Beobachtungszeiten in mittlern Sonnenzeiten und Sternzeiten ausdrücken, hierauf erstere mittelst der vorläufig bekannten Mittagsunterschiede auf Berliner mittlere Zeiten reduciren, aus ihnen allen zusammen das Mittel T suchen, welches übrigens nur bis auf die nächste Viertelstunde genau zu sein braucht, und die in Grade verwandelten Sternzeiten mit μ benennen. Nun suche man für die Zeiten $(T-1)^h$, T^h und $(T+1)^h$ aus dem Berliner Jahrbuch von Encke die Rectascension α, Declination δ und Parallaxe π des Monds mittelst der Interpolationsformel

$$y = a + X.b + X'.c + X''d + X'''e + \ldots \qquad 4),$$

wo a, c und e aus dem Schema

$$\begin{array}{c|c|ccccc}
(T-2)^h & a_{,,} & & & & \\
 & & b_{,,} & & & \\
(T-1)^h & a_{,} & & c_{,} & & \\
 & & b_{,} & & d_{,} & \\
T^h & a & & c & & e \\
 & & b' & & d' & \\
(T+1)^h & a' & & c' & & \\
 & & b'' & & & \\
(T+2)^h & a'' & & & &
\end{array}$$

unmittelbar, b und d aber aus den Gleichungen

$$b = \tfrac{1}{2}(b_{,} + b'), \quad d = \tfrac{1}{2}(d_{,} + d')$$

gefunden werden; die Coefficienten X, X', X'' und X''' werden respect. aus der Tafel

---

*) Astron. Nachr. v. Schum. No. 151 und 152.

± x	± X	+ X′	∓ X″	− X‴
0h 0′	0.00000	0.00000	0.0000	0.000
0 15	0.02083	0.00022	0.0035	0.000
0 30	0.04167	0.00087	0.0069	0.000
0 45	0.06250	0.00195	0.0104	0.000
1 0	0.08333	0.00347	0.0138	0.000
1 15	0.10417	0.00543	0.0172	0.000
1 30	0.12500	0.00781	0.0205	0.001
1 45	0.14583	0.01063	0.0238	0.001
2 0	0.16667	0.01389	0.0270	0.001
2 15	0.18750	0.01758	0.0301	0.001
2 30	0.20833	0.02248	0.0332	0.002
2 45	0.22917	0.02626	0.0362	0.002
3 0	0.25000	0.03125	0.0391	0.002
3 15	0.27083	0.03667	0.0418	0.003
3 30	0.29167	0.04253	0.0445	0.003
3 45	0.31250	0.04883	0.0470	0.004
4 0	0.33333	0.05555	0.0494	0.004
4 15	0.35417	0.06271	0.0516	0.005
4 30	0.37500	0.07031	0.0537	0.005
4 45	0.39583	0.07834	0.0556	0.005
5 0	0.41667	0.08680	0.0574	0.006
5 15	0.43750	0.09570	0.0590	0.006
5 30	0.45833	0.10503	0.0603	0.007
5 30	0.47917	0.11480	0.0615	0.007
6 0	0.50000	0.12500	0.0625	0.008

genommen; endlich bezeichne man die Rectascension und Declination des Fixsterns mit **A** und **D**, die bekannten Polhöhen der Beobachtungsörter aber mit φ.

Man berechne nun die Größen w und w′ mittelst der Ausdrücke

$$w = \frac{\cos\varphi}{\sqrt{1 - e^2 \sin\varphi^2}} \qquad 5)$$

$$w' = \frac{(1 - e^2)\sin\varphi}{\sqrt{1 - e^2 \sin\varphi^2}} \qquad 6)$$

wo $$e^2 = \frac{A'^2 - B'^2}{A'^2} = \frac{(A' + B')(A' - B')}{A'^2}$$

und A', B' die halbe große und halbe kleine Axe des Erdkörpers sind; ferner bestimme man für die drei Zeiten $(T - 1)^h$, T^h, $(T + 1)^h$ die Größen P und Q mittelst der Gleichungen

$$P = \frac{\cos\delta \sin(\alpha - A)}{\sin\pi} \qquad 7)$$

$$\beta = \sin\delta \cos D \qquad 8)$$

$$\beta' = \cos\delta \sin D \cos(\alpha - A) \qquad 9)$$

$$Q = \frac{\beta - \beta'}{\sin\pi} \qquad 10)$$

und bilde hierauf für P sowohl, als für Q das Schema

$$\left.\begin{array}{r|lll} (T-1)^h & a, & & \\ & & b, & \\ T^h & a & & c \\ & & b' & \\ (T+1)^h & a' & & \end{array} \qquad b = \tfrac{1}{2}(b, + b'), \right\} \qquad 11)$$

so wie für jede der beiden Größen p', q' ebenfalls das Schema

$$\left.\begin{array}{r|l} (T-1)^h & b - \tfrac{1}{2}c \\ T^h & b \\ (T+1)^h & b + \tfrac{1}{2}c \end{array}\right\} \qquad 12)$$

wo p' und q' nämlich die Veränderungen der mit p und q zu bezeichnenden Werthe von P und Q zur Zeit T in der Zeit T' sind, so daß, wenn die Werthe von P, Q zur Zeit $T + T'$ selbst mit P, Q bezeichnet werden, man hat

$$P = p + p'T', \quad Q = q + q'T';$$

zuletzt bestimme man die Größen T' durch die Gleichung

$$T' = t - T - d,$$

wo t die in mittlerer Zeit ausgedrückte Uhrzeit des Beobachtungsorts, d aber den beiläufigen Mittagsunterschied bezeichnet. T' berechne man in Stunden und deren Decimaltheilen, die Werthe von p′ und q′ hingegen, welche zu den Zeiten $T + T'$ gehören, durch Interpolation aus dem Schema 12).

Die Bestimmung der Hilfsgrößen u, v, M, log m, N, log n, ψ und log h geschieht mittelst folgender Gleichungen

$$u = w \sin(\mu - A) \quad \ldots\ldots\ldots\ldots \quad 13)$$
$$v = w' \cos D - w \sin D \cos(\mu - A) \quad \ldots \quad 14)$$
$$m \sin M = p - u \quad \ldots\ldots\ldots\ldots \quad 15)$$
$$m \cos M = q - v \quad \ldots\ldots\ldots\ldots \quad 16)$$
$$n \sin N = p' \quad \ldots\ldots\ldots\ldots \quad 17)$$
$$n \cos N = q' \quad \ldots\ldots\ldots\ldots \quad 18)$$
$$\cos \psi = k'.m \sin(M - N) \quad \ldots\ldots\ldots\ldots \quad 19),$$

wo p und q, wie bereits erwähnt, die Werthe von P und Q für die Zeit T bedeuten, also für alle Orte dieselben sind, und überdieß zu bemerken ist, daß ψ zwischen 0 und 180° genommen werden muß, wenn die Beobachtungen Eintritte (Immersionen), von 180° bis 360° hingegen, wenn sie Austritte (Emersionen) sind. Der Logarithmus von k′ ist 0.5646335. — Ferner sind die in Zeitminuten ausgedrückten Größen T″ mittelst der Gleichung

$$T'' = \frac{ms \cos(M - N - \psi)}{n \cos \psi} \qquad 20)$$

in welcher log s = 1.7781512, zu bestimmen, so wie die Hilfsgröße h aus

$$\log h = 6.4637256 + \text{dec.} \log n + \text{dec.} \log \sin \pi \qquad 21).$$

Hat man nun $t - T$ in Zeitminuten und deren Decimaltheilen ausgedrückt, so findet man endlich die wahren d aus der Formel

$$d = t - T + T'' + h.\varepsilon + h \cot \psi.\zeta \qquad 22)$$

und die Verbesserungen $\Delta\alpha$ und $\Delta\delta$ der Rectascension und Declination des Monds durch die Gleichungen

$$\left.\begin{array}{l} + \sin N \cos \delta.\Delta\alpha + \cos N.\Delta\delta = \varepsilon \\ - \cos N \cos \delta.\Delta\alpha + \sin N.\Delta\delta = \zeta \end{array}\right\} \qquad 23)$$

wo ε und ζ die bereits aus 22) bestimmten Größen sind.

Es lassen sich aber auch d, $\Delta\alpha$ und $\Delta\delta$ gleich unmittelbar auf folgende Weise bestimmen. Man berechne zuerst:

$$\left.\begin{aligned} T^{III} &= \frac{h\cos(N+\psi)\cos\delta}{\sin\psi} \\ T^{IV} &= \frac{h\sin(N+\psi)}{\sin\psi} \end{aligned}\right\} \qquad 24),$$

so hat man nachher

$$d = t - T + T^{II} - T^{III}.\Delta\alpha + T^{IV}.\Delta\delta \qquad 25).$$

§. 66. Ein numerisch ausgeführtes Beispiel wird die Anwendung dieser gegebenen Vorschriften deutlich zeigen. — Im Jahr 1830 wurde am 5. April der Eintritt von τ **Leonis** am Mondsrand beobachtet in Abo um $9^h\ 17'\ 13''.97$, und in Göttingen um $8^h\ 3'\ 21''.17$ mittlere Zeit; mittelst der vorläufigen Meridianunterschiede dieser 2 Orte von Berlin findet man im Mittel $T = 8^h\ 25'$; jedoch soll hier absichtlich $T = 8^h\ 0'$ angenommen werden, um dadurch zu zeigen, daß diese geringere (oder auch, wenn man wollte, größere) Annahme keinen Einfluß auf die Endresultate hat.

	Sternzeit	also μ
Es ist also $t = 9^h\ 17'\ 13''.97$	$10^h\ 11'\ 37''.60$	$152^0\ 54'\ 24''.0$
8 3 21.17	8 57 38.85	134 24 42.4

Aus Encke's Jahrbuch folgt $A = 169^0\ 48'\ 13''.8$
$D = +\ 3\ 47\ 21.0$

und mittelst der Interpolationsformel 4)

	α	δ	π
1830 Apr. 5. 7^h	$168^0\ 37'\ 55''.7$	$+4^0\ 44'\ 0''.2$	$54'\ 11''.8$
8	169 6 25.8	+4 34 54.7	54 11.2
9	169 34 54.7	+4 25 48.2	54 10.6.

Dann ist

$$\varphi = +\ 51\ 31\ 50.0$$

angenommen, nach 5) und 6)

	Abo	Göttingen
log w =	9.69409	9.79473
log w′ =	9.93771	9.89175

$$\log\sin D = 8.82010$$
$$\log\cos D = 9.99905;$$

nach 7)

$P = -1.29282$	nach 11) $a = -0.76896$
-0.76896	$b = +0.52385$
-0.24511	$c = -0.00001$

nach 8), 9) und 10)

$Q = +1.04583$	$a = +0.87802$
$+0.87802$	$b = -0.16800$
$+0.70983$	$c = -0.00038$,

und folglich nach 12)

$p' = +0.52385$	$q' = -0.16781$
$+0.52385$	-0.16800
$+0.52385$	-0.16819.

Ferner ist:

t	$= 9^h\ 17'\ 14''$	$8^h\ 3'\ 21''$
T	$= 8\ \ 0\ \ 0$	$8\ \ 0\ \ 0$
$t - T$	$= 1^h\ 17'\ 14''$	$0^h\ 3'\ 21$
d	$= +0\ \ 35\ \ 40$	$-0\ \ 13\ \ 43$
T'	$= +0^h\ 41'\ 34''$	$+0^h\ 17'\ 4''$
	$= +0^h.69$	$+0^h.28$;

ferner mit $\mu - A = -16^0\ 53'\ 49''.8$
$-35\ \ 23\ \ 31.8$

nach 13) und 14)

$u = -0.14370$	-0.36102
$v = +0.83323$	$+0.74410$

daher, weil $p = -0.76896$, $q = +0.87802$,

$p - u = -0.62526$	-0.40794
$q - v = +0.04479$	$+0.13398$,

also nach 15) und 16)

$M = 270^0\ 5'\ 50''$	$288^0\ 10'\ 54''$
$\log m = 9.29717$	9.63284.

Ferner erhält man, in Bezug auf T':

$p' = +0.52385$	$+0.52385$
$q' = -0.16813$	-0.16805,

und hiermit nach 17) und 18)

$$N = 107^\circ\ 47'\ 40'' \quad | \quad 107^\circ\ 47'\ 28''$$
$$\log n = 9.74050 \quad | \quad 9.74049$$

und mit
$$M - N = 166^\circ\ 18'\ 10''$$
$$= 180\ \ 23\ \ 16$$

nach 19)
$$\psi = 56^\circ\ 59'\ 40''$$
$$= 90\ \ 36\ \ 56$$

Nachher findet man noch mit
$$M - N - \psi = 109^\circ\ 18'\ 30''$$
$$= \ 89\ \ 46\ \ 20$$

nach 20)
$$T'' = -\,41'.497 \quad | \quad -\,17'.109$$

und nach 21) $\log h = \ 8.52565 \quad | \quad 8.52567$.

Es ist nun also

t	$= 9^h\ 17'\ 13''.97$	$8^h\ \ 3'\ 21''.17$
T	$= 8\ \ \ 0\ \ \ 0.00$	$8\ \ \ 0\ \ \ 0.00$
$t - T$	$= 1^h\ 17'\ 13''.97$	$0^h\ \ 3'\ 21''.17$
T''	$= -\ 0\ \ 41\ \ 29.82$	$-\,0\ \ 17\ \ \ 6.54$
$t - T + T''$	$= +\ 0^h\ 35'\ 44''.15$	$-\ 0^h\ 13'\ 45''.37$.

Endlich hat man nach 24)
$$T''' = -\,0.03849 \quad | \quad -\,0.03173$$
$$T^{IV} = +\,0.01050 \quad | \quad -\,0.01059,$$

folglich nach 25)
$$d = +\,35'.73583 + 0.03849\,\Delta\alpha + 0.01050\,\Delta\delta$$
$$d_{,} = -\,13'.75617 + 0.03173\,\Delta\alpha - 0.01059\,\Delta\delta$$
als die gesuchten Bedingungsgleichungen.

D) Aus Sonnenfinsternissen.

§. 67. Wenn mehrere Beobachtungen einer Sonnenfinsterniß zur Bestimmung von Meridiandifferenzen in Rechnung genommen werden sollen, so kann man nach Bessel auf eine ähnliche Weise wie bei den Sternbedeckungen verfahren.

§. 68. Nachdem man nämlich die zu Anfang des §. 65 erläuterten Vorarbeiten vollendet hat, berechne man die Hilfsgrößen r, cos φ', sin φ', G, a, d, P und Q, [die in C) gebrauchten Bezeichnungen beibehaltend] mittelst folgender Formeln:

$$\left.\begin{aligned} r\cos\varphi' &= \frac{\cos\varphi}{\sqrt{1-e^2\sin\varphi^2}} \\ r\sin\varphi' &= \frac{(1-e^2)\sin\varphi}{\sqrt{1-e^2\sin\varphi^2}} \end{aligned}\right\} \quad 26)$$

$$\left.\begin{aligned} G &= \sin\pi - \sin\pi' \\ a &= A - \frac{\sin\pi'}{\sin\pi}(\alpha - A) \\ d &= D - \frac{\sin\pi'}{\sin\pi}(\delta - D) \end{aligned}\right\} \quad 27)$$

$$\left.\begin{aligned} P &= \frac{\cos D\cos\delta\sin(\alpha - A)}{G\,.\cos d} \\ Q &= \frac{\sin\delta\cos D\cos(A-a) - \cos\delta\sin D\cos(\alpha - a)}{G} \end{aligned}\right\} \quad 28),$$

oder, was in den meisten Fällen ausreicht, nur

$$\left.\begin{aligned} P &= \frac{\cos\delta\sin(\alpha - A)}{G} \\ Q &= \frac{\sin(\delta - D)}{G} \end{aligned}\right\} \quad 29)$$

wo A und D die Rectascension und Declination der Sonne, π' deren Parallaxe bedeutet. Hierauf bilde man für P sowohl als für Q das Schema

$$\left.\begin{array}{c|cccc} (T-1)^h & a_, & & & \\ & & b_, & & \\ T^h & a & & c & \\ & & b' & & \\ (T+1)^h & a' & & & \end{array} \quad b = \tfrac{1}{2}(b_, + b')\right\} \quad 30)$$

und für die Größen p' und q' das Schema

$$\left.\begin{array}{c|l} (T-1)^h & b - \frac{1}{2}c \\ T^h & b \\ (T+1)^h & b + \frac{1}{2}c \end{array}\right\} \quad 31);$$

p' und q' bedeuten dann die Veränderungen der, mit p und q zu bezeichnenden Werthe von P und Q zu der Zeit T während der Zeit T', so daß, wenn die Werthe von P, Q zu der Zeit T+T' durch P, Q selbst ausgedrückt werden,

$$P = p + p'.T', \quad Q = q + q'.T'$$

ist. — Ferner finden sich die Größen T' mittelst des Ausdrucks

$$T' = t - T - d,$$

wo t die in mittlerer Sonnenzeit ausgedrückte Uhrzeit des Beobachtungsorts, d hingegen den beiläufig bekannten Mittagsunterschied bezeichnet. Uebrigens ist T' in Stunden und deren Decimaltheilen, die Werthe von p' und q' aber, die zu den Zeiten T + T' gehören, durch Interpolation aus dem Schema 31) zu berechnen.

Ferner bestimme man die Hilfsgrößen u, x, y, v, M, log m, N, log n, ψ und log h aus folgenden Gleichungen:

$$\left.\begin{array}{l} u = r\cos\varphi'\sin(\mu - a) \\ x = r\sin\varphi'\cos d \\ y = r\cos\varphi'\sin d\cos(\mu - a) \\ v = x - y \end{array}\right\} \quad 32)$$

$$\left.\begin{array}{l} m\sin M = p - u \\ m\cos M = q - v \\ n\sin N = p' \\ n\cos N = q' \end{array}\right\} \quad 33)$$

$$\left.\begin{array}{l} \cos\psi = k'm\sin(M - N) \\ \log h = 6.4637256 + \text{dec.}\log n + \text{dec.}\log\sin\pi \end{array}\right\} \quad 34)$$

wo die Größe k' nicht wie bei den Fixsternbedeckungen constant, sondern veränderlich ist, und auf folgende Weise bestimmt wird. Zuerst berechne man

$$\left.\begin{array}{l} \cos\gamma = \sin\varphi'\sin\delta + \cos\varphi'\cos\delta\cos(\mu - \alpha) \\ \cos\gamma' = \sin\varphi'\sin D + \cos\varphi'\cos D\cos(\mu - A) \\ \lambda = \sqrt{\cos\varrho^2 - 2r\sin\pi\cos\gamma + r^2\sin\pi^2} \\ \lambda' = \sqrt{\cos R^2 - 2r\sin\pi'\cos\gamma' + r^2\sin\pi'^2} \end{array}\right\} \quad 35)$$

oder, was in den meisten Fällen genau genug ist, auch nur

$$\left.\begin{array}{l} \lambda = \sqrt{1 - 2r\sin\pi\cos\gamma} \\ \lambda' = \sqrt{1 - 2r\sin\pi'\cos\gamma'} \end{array}\right\} \quad 36),$$

wo ϱ und R die wahren Horizontalhalbmesser des Monds und der Sonne bedeuten. Dann hat man

$$k' = \frac{G}{\lambda' \sin\varrho \pm \lambda \sin R} \qquad 37)$$

und zwar immer positiv genommen.

Endlich geschieht der übrige Theil der Rechnung ganz nach den Formeln 20) bis 25); nur darf nicht vergessen werden, daß k' hier stets veränderlich ist, während es dort einen constanten Werth hat.

§. 69. Beispiel. Das Ende der großen Sonnenfinsterniß am 7. Sept. 1820 ward beobachtet

zu Upsala um	$4^h\,16'\,10''.17$	Mittl. Zeit = t;	$15^h\,22'\,32''.2$ Sternzeit.
„ Nyköping um	4 15 59.00	folglich um	15 22 22.9
„ Jena um	4 9 27.00		15 15 23.2
„ Christiania um	3 45 59.43		14 52 22.4

Die beiläufigen Mittagsunterschiede dieser 4 Städte von Berlin sind

$$d = +\,0^h\;16'\;59''$$
$$+\,0\;\;14\;\;28$$
$$-\,0\;\;7\;\;5$$
$$-\,0\;\;10\;\;36$$

und ihre Polhöhen $\varphi = 59^0\;51'\;50''$
58 45 24
50 56 28
59 54 55,

also nach 26)

log r	log sin φ'	log cos φ'
9.99894	9.93621	9.70287
9.99896	9.93118	9.71698
9.99915	9.88900	9.80113
9.99894	9.93644	9.70220.

Im Mittel ist $T = 4^h\;0'$ und daher $T' = -\,0^h\;0'\;49''$
$+\,0\;\;1\;\;31$
$+\,0\;\;16\;\;32$
$-\,0\;\;3\;\;25.$

Man findet dann durch Rechnung nach 27)

$\log G = 8.19425$

		a	d	
$(T-1)^h$	3^h	$165^\circ\ 58'\ 40''$	$+\ 6^\circ\ 0'\ 8''$	nach 28) $p = +0.88664$,
T^h	4^h	$166\quad 0\ 51$	$+\ 5\ 59\ 13$	$q = +0.44471$,
$(T+1)^h$	5^h	$166\quad 3\ 2$	$+\ 5\ 58\ 20$	

und für die 4 Städte, nach 30) und 31)

$\log p'$	$= 9.64853$	9.64853	9.64857	9.64852
$\log q'$	$= 9.38061n$	$9.38061n$	$9.38075n$	$9.38057n$
daher nach 32) und 33)				
N	$= 118^\circ\ 21'\ 6''$	$118^\circ\ 21'\ 6''$	$118^\circ\ 21'\ 26''$	$118^\circ\ 21'\ 0'$
$\log n$	$= 9.70403$	9.70403	9.70409	9.70401
ferner: u	$= +\ 0.45471$	$+0.46959$	$+0.56166$	$+0.42178$
x	$= +\ 0.85659$	$+0.84676$	$+0.76872$	$+0.85704$
y	$= +\ 0.02250$	$+0.02328$	$+0.03006$	$+0.02849$
v	$= +\ 0.83409$	$+0.82348$	$+0.73866$	$+0.82855$
ferner: M	$= 130^\circ\ 50'\ 56''$	$131^\circ\ 1'\ 30''$	$130^\circ\ 32'\ 55''$	$128^\circ\ 25'\ 33''$
$\log m$	$= 9.75664$	9.74257	9.63113	9.77333
nach 35), 36) und 37)				
$\log k'$	$= 0.24546$	0.24550	0.24570	0.24565
nach 34) ψ	$= 282^\circ\ 33'\ 31''$	$282^\circ\ 19'\ 28''$	$279^\circ\ 9'\ 2''$	$280^\circ\ 31'\ 52''$
$\log h$	$= 8.56427$	8.56427	8.56421	8.56429
und endlich nach 20)				
T''	$= +\ 0'.3337$	$-2'.355$	$-16'.919$	$+3'.060$
folglich				
$t-T+T''$	$= +0^h\ 16'\ 30''.17$	$+0^h\ 13'\ 37''.71$	$-0^h\ 7'\ 28\ .14$	$-0^h\ 10'\ 56''.97$
und nach 24)				
T^{III}	$= -\ 0'.02821$	$-0'.02829$	$-0'.02928$	$-0'.02885$
T^{IV}	$= -\ 0'.02460$	$-0'.02446$	$-0'.02261$	$-0'.02325$

also nach

$$d = +\ 16'.5028 + 0.02821\,\Delta\alpha - 0.02460\,\Delta\delta$$
$$d_1 = +\ 13.6285 + 0.02829\,\Delta\alpha - 0.02446\,\Delta\delta$$
$$d_2 = -\ \ 7.4690 + 0.02928\,\Delta\alpha - 0.02261\,\Delta\delta$$
$$d_3 = -\ 10.9495 + 0.02885\,\Delta\alpha - 0.02325\,\Delta\delta$$

als die gesuchten Bedingungsgleichungen. — Uebrigens ist zu bemerken, daß die ganze Rechnung nur mit fünfstelligen Logarithmen geführt, und überall nur die ganzen Sekunden berücksichtigt worden sind.

Anmerkung 1. Um aus beobachteten Vorübergängen des Merkurs oder der Venus die Meridiandifferenzen der Beobachtungsörter herzuleiten, darf man nur in den, für die Sonnenfinsternisse gegebenen, Vorschriften die Sonne mit dem Merkur oder der Venus vertauschen, und die Rechnung bleibt nachher fast die nämliche.

Anmerkung 2. Von der Vorausberechnung der Sonnenfinsternisse und der Sternbedeckungen wird im zweiten Abschnitt dieses Theils ausführlich die Rede sein.

E) Mittelst correspondirender Mondsculminationen.

§. 70. Wenn man an einem genau berichtigten Mittagsfernrohr die wahre Culmination des Monds beobachtet, aus derselben mit Zuziehung der wahren Zeit oder Sternzeit die gerade Aufsteigung des Monds berechnet, alsdann in den Ephemeriden, z. B. in der Connaissance des tems, die wahre Zeit in Paris sucht, die der beobachteten Rectascension entspricht; so ist endlich der Unterschied beider Zeiten die Meridiandifferenz des Beobachtungsorts. Statt der Angabe aus den Mondstafeln kann man auch eine, in Paris durch wirkliche Beobachtung bestimmte, Rectascension zu Hilfe nehmen, und mit dieser und der stündlichen Aenderung des Monds in gerader Aufsteigung rückwärts auf den Abstand der Mittagskreise schließen. Natürlich kann man auch diese Vergleichung mit jedem andern Observatorium machen. Die Genauigkeit, mit der sich diese Beobachtungen, und zwar fast täglich, anstellen lassen, wird aber leider durch die Schwierigkeit, absolute Rectascensionen d. i. eine vollkommen richtige Uhrzeit zu bestimmen, durch die Ungleichheit der Correctionen, welchen die Reduction des observirten Mondsrandes auf den Mittelpunkt unterliegt, wieder sehr vermindert. Daher hat Nicolai den sehr glücklichen Vorschlag gethan, statt die wahre Culminationszeit des Mondsmittelpunkts zu bestimmen, nur das Intervall anzugeben, das zwischen dem Durchgang des erleuchteten Mondsrandes und eines, nahe auf dem nämlichen Parallelkreise befindlichen, benachbarten Fixsterns verstreicht, in welcher Hinsicht es auch sehr gut ist, zu mehrerer Uebereinstimmung den Astronomen in einer kleinen Ephemeride im voraus die Sterne anzuzeigen, auf welche sie ihre Aufmerksamkeit zu richten haben.

§. 71. Nicolai's Methode nun besteht in Folgendem. Es sei t die Differenz der wahren Rectascension des Mondsrandes und eines Fixsterns (positiv, sobald die Rectascension des Monds größer als die des Sterns ist) an dem westlichen Beobachtungsort, τ diese Differenz an dem östlichen, und, wenn mehrere Fixsterne an beiden Orten verglichen worden sind, nehme man aus den verschiedenen $t - \tau$ das arithmetische Mittel, vorausgesetzt, daß sie an beiden Orten mit gleicher Genauigkeit beobachtet wurden. Sei ferner zur Culminationszeit des Monds am westlichen Beobachtungsort r des Monds wahrer, vom Mittelpunkt der Erde aus gesehener, Halbmesser, d seine wahre Declination, so wie ϱ und δ dieselben Größen an dem östlichen Beobachtungsort, h die stündliche Bewegung des Monds in gerader Aufsteigung, x aber der gesuchte, in Zeit ausgedrückte, Meridianunterschied der beiden Beobachtungsorte; so berechne man zuerst die Hilfsgrößen ψ und Δ durch die Gleichungen

$$\left.\begin{aligned} \psi &= \mp \frac{1}{15}\left(\frac{r}{\cos d} - \frac{\varrho}{\cos \delta}\right) \\ \Delta &= t - \tau + \psi \end{aligned}\right\} \qquad 38)$$

wo in der erstern dieser beiden Gleichungen das untere Zeichen zu nehmen ist, wenn der westliche oder erste Mondsrand beobachtet wurde. — Uebrigens kann ψ, sobald der Mittagsunterschied der beiden Beobachtungsorte nicht zu groß ist, füglich ganz vernachlässigt werden; auch braucht man die absoluten Werthe von r und d nicht sehr scharf zu kennen, weil es hier nur auf die Aenderung dieser Größen in der Zwischenzeit der Beobachtungen ankommt.

Dann hat man

$$x = \left(\frac{m \times 15 \times 3600}{h} - 1\right)\Delta \qquad 39)$$

in welcher Formel m von der Zeitart abhängt, für welche h berechnet worden ist. Bedeutet nämlich h die Bewegung für eine

Sternzeit-Stunde, so ist $m = 1$; ist h aber die Bewegung für eine mittlere Sonnenstunde, so ist $m = 1,00274$; bedeutet endlich h die Bewegung für eine wahre Sonnenstunde, so ist m gleich dem jedesmaligen Verhältniß des wahren Sonnentags zum Sterntag. Die Größe h ist außerdem nur das einzige, zur Rechnung erforderliche Element, muß aber auch ganz genau berechnet werden, wozu man jedoch sich ohne Bedenken der, in den Ephemeriden von 12 zu 12 Stunden berechneten, Mondsörter bedienen kann, wie in der Anmerkung des nächsten §. näher gezeigt werden soll.

Da endlich die Vergleichungssterne sowohl, als auch der Mond, nicht an jedem Abend und von jedem Beobachter stets an allen Fäden des Passageninstruments beobachtet werden können, so kann folglich nicht allen Resultaten eine gleiche Genauigkeit beigemessen werden; man muß also die relative Genauigkeit der einzelnen Resultate zu bestimmen wissen. Es sei nämlich der Mond an einem Ort an l, am andern an l' Fäden, ferner die verschiedenen Sterne an einem Ort an a, b, c, ..., am andern an a', b', c', ... Fäden beobachtet; so berechne man erst die Größen λ, α, β, γ, ... σ nach den Ausdrücken

$$\left.\begin{aligned}
\lambda &= \frac{l\,l'}{l + l'} \\
\alpha &= \frac{a\,a'}{a + a'} \\
\beta &= \frac{b\,b'}{b + b'} \\
\gamma &= \frac{c\,c'}{c + c'} \\
\vdots\; & \quad \vdots \\
\sigma &= \alpha + \beta + \gamma + \ldots\ldots
\end{aligned}\right\} \qquad 40)$$

Nun nehme man das Mittel der Resultate aus den einzelnen Vergleichungssternen so, daß man ihnen resp. das Gewicht (Quadrat der Genauigkeit) α, β, γ, ... beilegt; dann wird das so erhaltene Resultat für $t - \tau$ oder für Δ das Gewicht $\frac{\sigma\lambda}{\sigma + \lambda}$ haben.

Wird ferner der Coefficient $\frac{m \times 15 \times 3600}{h} - 1 = n$ gesetzt, so ist das Gewicht des Resultats für die erhaltene Meridiandifferenz $= \frac{\sigma\lambda}{(\lambda+\sigma)n^2}$, und das Gewicht des Resultats aus allen erhaltenen Bestimmungen $= \Sigma . \frac{\sigma\lambda}{(\sigma+\lambda)n^2}$; oder der wahrscheinliche Fehler des Endresultats, wenn der wahrscheinliche Fehler eines Fadenantritts $= \varepsilon$ gesetzt wird, ist $= \frac{\varepsilon}{\sqrt{\Sigma . \frac{\sigma\lambda}{(\sigma+\lambda)n^2}}}$ 41)

Anmerkung. Hierbei ist vorausgesetzt, daß man allen beobachteten Antritten gleiche Zuverlässigkeit beilegt, ohne weder Mond noch Stern, ohne weder die verschiedenen Declinationen noch die Beobachter zu unterscheiden. Die Declinationen selbst betreffend, können unbedenklich alle im Zodiacus des Monds beobachteten Antritte als gleich genau betrachtet werden, zumal da die jedesmaligen Nebenumstände der Beobachtung, der Zustand der Luft, der tiefere oder höhere Stand des Monds und des Sterns hier weit mehr, als die größern oder kleinern Declinationen, auf die Genauigkeit der Antritte Einfluß äußern müssen. Uebrigens wird es zweckmäßig sein, für ε einen mittlern Werth aus allen, im Zodiacus des Monds beobachteten, Antritten im letzten Ausdruck zum Grund zu legen.

§. 72. Zur Erläuterung der beschriebenen Methode möge die Berechnung folgender beobachteten Mondssterne dienen.

In Mannheim beobachtete Nicolai:

1822. März 3.	Mond I. Rand (5) =	309 May.	+	13′ 18″.30	(5)
		82 Gem.	+	8 9.43	(5)
		μ′ Cancri	—	9 41.11	(5)
März 4.	Mond I. Rand (5) =	351 May.	+	15 38.66	(5)
		44 Cancri	+	10 12.39	(5)
März 5.	Mond I. Rand (5) =	410 May.	+	10 49.74	(5)
		413 May.	+	6 32.41	(5);

in Dorpat beobachtete Struve:

1822. März 3.	Mond I. Rand (7) =	309 May.	+	11′ 17″.56	(7)
		82 Gem.	+	6 8.55	(7)
		μ′ Cancri	—	11 41.89	(7)
März 4.	Mond I. Rand (5) =	351 May.	+	12 51.40	(4)

	44 Cancri	+	6 24.99 (2)
März 5. Mond I. Rand (5) =	410 May.	+	8 14.08 (6)
	413 May.	+	3 56.83 (7).

Man ziehe die letztern Beobachtungen von den erstern ab, und berechne ferner die Größen α, β, γ, σ und λ; so erhält man folgende Resultate:

	$t-\tau$		
März 3. aus 309 May.	3′ 0″.74	$\alpha = 2.917$	
82 Gem.	3 0.88	$\beta = 2.917$	$\lambda = 2.917$
μ' Cancri	3 0.78	$\gamma = 2.917$	
im Mittel $t-\tau =$	3′ 0″.800	$\frac{\sigma\lambda}{\sigma+\gamma} = 2.188$;	

März 4. aus 351 May.	2′ 47″.28	$\alpha = 2.222$	$\lambda = 2.500$
44 Cancri	2 47.40	$\beta = 1.429$	
im Mittel $t-\tau =$	2′ 47″.315	$\frac{\sigma\lambda}{\sigma+\gamma} = 1.484$;	

März 5. aus 410 May.	2′ 35″.66	$\alpha = 2.727$	$\lambda = 2.500$
413 May.	2 35.58	$\beta = 2.917$	
im Mittel $t-\tau =$	2′ 35″.619	$\frac{\sigma\lambda}{\sigma+\lambda} = 1.733$.	

Da nun die Connaissance des Tems, die hier gebraucht ist, die berechneten Mondsörter für wahre Zeit angiebt, so ist es zuerst nöthig, die beiläufigen wahren Zeiten der angestellten Mondsbeobachtungen auf den Pariser Meridian zu reduciren, nämlich:

	Wahre Pariser Zeit.	
	Dorp. Beob.	Mannh. Beob.
März 3.	7^h 9′	8^h 25′
„ 4.	8 3	9 19
„ 5.	8 52	10 8

Für diese wahren Pariser Zeiten ergeben sich mittelst Interpolation aus der Conn. des Tems folgende Werthe für ϱ, r, d und δ:

	ϱ	r	d	δ
März 3.	15′ 45″.4	15′ 45″	23° 55′.7	24° 6′.6
„ 4.	15 37.4	15 37	19 43.0	19 57.5
„ 5.	15 29.4	15 29	14 32.8	14 49.5,

woraus man nach 38) erhält:

	ψ	Δ	Gewicht.
März 3.	—0″.127	180″.673	2.188
„ 4.	— 0.128	167.187	1.484
„ 5.	— 0.110	155.509	1.733.

Nun sind aus den, in der Conn. des Tems für die Tage vom 1. bis 7. März von 12 zu 12 Stunden angegebenen, Rectascensionen des Monds mittelst sorgfältiger Interpolation folgende Rectascensionen und stündliche Bewegungen abgeleitet:

Wahre Pariser Zeit.	Rectascensionen des Monds.	Stündliche Bewegung in Rectascension.
März 3. 7h	115° 58′ 10″.9	
8	116 33 57.4	35′ 46″.5 für 7h 30′
9	117 9 37.8	35 40.4 „ 8 30
10	117 45 12.3	35 34.5 „ 9 30
März 4. 7h	129 48 40.6	
8	130 22 0.5	33 19.9 „ 7 30
9	130 55 14.3	33 13.8 „ 8 30
10	131 28 22.1	33 7.8 „ 9 30
März 5. 8	143 13 7.1	
9	143 44 7.1	31 0.0 „ 8 30
10	144 15 2.0	30 54.9 „ 9 30
11	144 45 51.9	30 49.9 „ 10 30.

Da diese stündlichen Bewegungen für w a h r e Sonnenstunden gelten, so ist in m das Verhältniß des wahren Sonnentags zum Sterntag, und für obige drei Tage fast ganz constant anzunehmen. Man wird nämlich finden

$$m = \frac{23^h 3' 43''}{24^h},$$

und mithin ist

$$\begin{aligned} \log m &= 0.00112 \\ \log 15 \times 3600 &= 4.73239 \\ \log.\ \mathrm{Const.} &= 4.73351. \end{aligned}$$

Hiermit folgt nun die Rechnung für den 3. März also: Das Mittel aus obigen beiden, auf Paris reducirten, wahren Zeiten der Beobachtungen ist $7^h\ 47'$, für welches Moment man aus den stündlichen Bewegungen für $7^h\ 30'$ und $8^h\ 30'$ durch eine einfache Interpolation

$$h = 35'\ 44''.8 = 2144''.8$$

erhält; demnach

$$\begin{aligned} &\log \mathrm{Const.} = 4.73351 && 25.242 \\ &\log h = 3.33139 && 1.000 \\ &\log 25.242 = 1.40212 && 24.242 \end{aligned}$$

$$\begin{aligned} &\log 24.242 = 1.38457, && \log n^2 = 2.76912 \\ &\log \Delta = 2.25690 && \log 2.188 = 0.33995 \\ &\log x = 3.64147 && \log \text{Gewicht} = 7.57083 \\ &x = 4379''.9 && \text{Gewicht} = 0.0037225 \\ &\ \ = 1^h\ 12'\ 59''.9. \end{aligned}$$

Auf gleiche Weise die Rechnung für die Beobachtungen des 4. und 5. März geführt, giebt:

		h	x	Gewicht
März 4.	8^h 41′	1992″.7	1^h 12′ 55″.1	0.0021669
„ 5.	9 30	1854.9	1 13 3.4	0.0021807.

Nimmt man endlich aus diesen drei Bestimmungen, mit Rücksicht auf das Gewicht einer jeden, das Mittel, so folgt als Endresultat

$$x = 1^h\ 12'\ 59''.6,\ \text{Gewicht} = 0.0080701,$$

und, die Länge von Mannheim = 24′ 31″.8 gesetzt, also die Länge von Dorpat = 1^h 37′ 31″.4 östlich von Paris.

Anmerkung. Bei der Veränderlichkeit der stündlichen Bewegung selbst ist noch zu berücksichtigen, daß man das, zu der Bestimmung des Mittagsunterschieds anzuwendende, h für das Mittel der beiden, auf einerlei Meridian reducirten, Beobachtungszeiten berechne. Es sei nämlich A die Rectascension des Monds für die Stunde Θ unter einem gewissen Meridian, A′ dieselbe für die Stunde $\Theta + 1$ unter dem nämlichen Meridian, so wird A′ — A oder h die stündliche Bewegung des Monds in Rectascension für die Zeit $\Theta + 30'$ sein. Man wird folglich für den Meridian der Ephemeride mehrere auf einander folgende stündliche Bewegungen berechnen, die beiden Beobachtungszeiten mittelst des beiläufig bekannten Mittagsunterschieds auf diesen Meridian der Ephemeriden zurück führen, und für das Mittel der letztern aus jenen das anzuwendende h durch eine Interpolation erhalten.

§. 73. Bei einem sehr großen, die Grenze von drei Stunden überschreitenden, Längenunterschied räth zu dessen Bestimmung Nicolai eine indirecte Methode an, die im Wesentlichsten darin besteht, daß man mit einer supponirten Meridiandifferenz den ihr entsprechenden Unterschied der geraden Aufsteigungen des Monds berechnet, diesen berechneten Unterschied mit dem wirklich beobachteten vergleicht, und aus der Abweichung beider von einander die, an jene vorausgesetzte Meridiandifferenz noch anzubringende, Verbesserung mittelst der stündlichen Bewegung bestimmt. Dieß wird nun am besten an einem Beispiel gezeigt werden können.

Rümker beobachtete am 31. Mai 1822 zu Paramatta
Mond I. Rand α Virg. = — 5′ 41″.81;
Nicolai beobachtete am 30. Mai 1822 in Mannheim
Mond I. Rand α Virg. = — 33′ 7″.74.

Diese Beobachtungen können dadurch, daß man Mannheim als den östlichen und Paramatta als den westlichen Ort betrachtet, mit einander verbunden werden, wodurch man zum Resultat das Complement des Mittagsunterschieds beider Orte zu 24 Stunden bekommen wird. Man hat, alle vorigen Bezeichnungen beibehaltend, demnach

$$t - \tau = 27' \, 25''.930$$
$$\text{Corr. wegen Veränd. der AR.}\,\alpha\,\text{Virg.} = - \quad 0.003$$
$$\psi = + \quad 0.399$$
$$\Delta = 27' \, 26''.326$$
$$15\,\Delta = 6^0 \, 51' \, 34''.9,$$

wo nur noch zu bemerken, daß zur Bestimmung von ψ die Werthe von

$$r = 14'\,49''.3,\quad d = -12^\circ\,22'.2$$
$$\varrho = 14\;52.9,\quad \delta = -\;9\;10.5$$

aus der Conn. des Tems berechnet worden sind.

Ferner finden sich die beiläufigen wahren Pariser Zeiten der Beobachtungen:

$$1822.\ \text{Mai}\ 30 \begin{cases} \text{Paramatta} = 22^h\,45' \\ \text{Mannheim} = 7\;\;50 \end{cases}$$

und aus der Conn. des Tems folgende gerade Aufsteigung des Monds:

1822 Mai 30.	AR. ☽	Differenz
7^h	190° 33′ 22″.9	27′ 24″.6
8	191 0 47.5	27 25.7
9	191 28 13.2	
22	197 26 59.1	27 47.9
23	197 54 47.0	27 50.0.
24	198 22 37.0	

Ferner ist für diesen Tag

$$m = \frac{24^h\,4'\,4''.6}{24^h}.$$

Es sei nun x die supponirte Meridiandifferenz, ξ die noch anzubringende Correction, so daß man hat

$$\text{wahre Meridiandifferenz} = X = x + \xi.$$

Setzt man jetzt den beiläufigen Mittagsunterschied zwischen Paramatta und Mannheim $= 9^h\,30'$, so ist für den gegenwärtigen Fall

$$x = 24^h - 9^h\,30' = 14^h\,30'.$$

Unter der offenbar erlaubten Voraussetzung nun, die Mannheimer Beobachtung sei nach wahrer Pariser Zeit gerade um $7^h\,50'$ gemacht worden, wird die wahre Pariser Zeit der Beobachtung in Paramatta sein

$$= 7^h\,50' + \frac{x + \Delta}{m}$$

$$= 7^h\,50' + \frac{14^h\,30' + 27'\,26''.3}{m}$$

$$= 22^h\,44'\,54''.3.$$

Nun erhält man aus obigen geraden Aufsteigungen des Monds

für $7^h\ 50'\ 0''.0$	AR. ☽ $= 190^0\ 56'\ 13''.3$
= $22\ 44\ 54.3$	$= 197\ \ 47\ \ 47.2$
Unterschied =	$6^0\ 51'\ 33''.9$
$15\,\Delta$ =	$6\ \ 51\ \ 34.9$
Differenz =	$+\ 0^0\ 0'\ \ 1''.0.$

Die Correction ξ findet sich dann durch folgende einfache Proportion

$$(27'\,48'') : 3600'' = (+\,1''.0) : \frac{\xi}{m},$$

woraus
$$\frac{\xi}{m} = +\,2''.2$$
$$\xi = +\,2''.2, \text{ mithin}$$
$$x + \xi = 14^h\,30'\,2''.2 = X, \text{ also}$$
Meridiandiff. Mannheim — Paramatta $= 9^h\,29'\,57''.8$ folgt. Zuletzt findet sich mit der Länge von Mannheim $24'\,30''.0$ die Länge von Paramatta $= 9^h\,54'\,27''.8$.

§. 74. Wie man die, aus einer bedeutenden Anzahl von correspondirenden Beobachtungen der Mondssterne berechneten, Längendifferenzen mehrerer Sternwarten systematisch zu ordnen habe, zeigt folgendes aus No. 101 der Astron. Nachr. von Schumacher ausgezogenes Schema, in welchem die von Peters bestimmten Längenunterschiede, ohne auf die Verschiedenheit der Mondsränder Rücksicht zu nehmen, angegeben sind. Dieses Schema enthält die Reduction der einzelnen Beobachtungen, und wird hinsichtlich seines Inhalts ohne weitere Erklärung verständlich sein. Nur ist zu bemerken, daß die in diesem Schema angegebenen Mittel nicht die aus den darüber stehenden einzelnen Resultaten gezogenen, sondern die aus den sämmtlichen von Peters gefundenen Resultaten bedeuten, da diese selbst hier nicht alle aufgenommen worden sind.

Königsberg — Leipzig.

			Gewicht.
1823	März 20.	32′ 10″,0	0,00231 E.
	April 19.	25,9	130 =
	Juli 21.	31,7	151 =
	Dec. 17.	26,7	274 =
	Mittel	32 29,7	0,01274 =

Königsberg — Seeberg.

1822	Febr. 28.	39 5,5	0,00318 =
	März 3.	2,1	331 =
1825	Octbr. 21.	8,2	2254 =
	Dec. 22.	14,2	1922
	Mittel	39 5,6	0,01760

Königsberg — Göttingen.

1822	März 4.	42 16,8	0,00247

Königsberg — Altona.

1824	Febr. 13.	42 12,7	0,002905
	April 11.	20,1	2377
	Mai 9.	14,7	2294
	Sept. 2.	11,8	2358
	Octbr. 3.	18,2	2325
	Decbr. 2.	20,9	2624
1825	Febr. 27.	18,1	4406
	März 1.	17,3	4580
	Mai 29.	13,8	3944
	Juni 1.	9,4	II 2710
	Juli 27.	17,6	2951
	Aug. 23.	22,3	3699
	Octbr. 26.	12,1	2654
	Mittel	42 15,7	0,064245

Königsberg — St. Gallen.

1824	Nov. 30.	44 51,4	0,001016
	Dec. 27.	32,9	0930

					Gewicht.	
1825	Jan.	27.	34″,2		0,002260	
		Mittel	44′ 33,1		4371	

Königsberg — Paris.

1821	Febr.	8.	1h 12 38,4	A—0″,3	0,00259	"	
	April	16.	43,7	A—0,1	179	"	
	Mai	15.	38,8	A—0,3	202	"	A. 203
	Juli	13.	40,9	A—0,3	274	"	A. 315
	Sept.	11.	32,6	A—0,6	238	"	
1822	Febr.	28.	35,3	A+0,2	221	"	
	März	3.	36,3	A+0,3	283	"	
	Juli	4.	50,0	A+0,3	II 240	"	
	Aug.	29.	35,0	A+0,1	170	"	
1823	Febr.	23.	32,1	A+0,4	294	"	
	April	18.	42,6		096	"	
	Juli	20.	39,5	A+0,7	176	"	
	Sept.	16.	42,3	A—3,2	191	"	A. 209
	Oct.	11.	33,6	A+0,5	157	"	A. 166
	Nov.	13.	35,8	A+0	199	"	
1824	April	11.	36,8		2377		
	Mai	9.	30,6		2295		
	Aug.	9.	48,8		II 1724		
	Sept.	8.	36,9		II 1785		
	Octbr.	4.	51,5		1616		
	Novbr.	6.	37,3		2345		
1825	März	31.	35,6		1765		
	Mai	29.	37,8		2255		
	Juni	1.	34,5		II 3693		
	Juli	27.	49,2		3169		
	Aug.	22.	37,6		3428		
	Dec.	22.	37,6		2680		
		Mittel	39,6		0,09336		

Königsberg — Greenwich.

1823	Febr.	23.	1 21 44,6	C.

		Gewicht.	
1823 März 20.	$1^h\ 22'\ 9'',4$		C.
April 19.	22 2,0		=
Nov. 13.	21 51,4		=
1825 Juli 27.	22 5,1	0,001980	
Mittel	1 21 58,5	Beob. 5.	
	Wien — Prag.		
1822 März 1.	7 57,7		=
= 5.	50,8		=
Mittel	7 49,5	Beob. 5.	
	Wien — Copenhagen.		
1822 März 1.	15 15,5	0,00384	=
= 4.	17,1	213	=
Mittel	15 15,5	0,00828	=
	Wien — Seeberg.		
1822 Febr. 28.	22 38,8	0,00380	=
März 1.	36,4	453	=
Mittel	22 38,0	0,01704	
	Wien — Göttingen.		
1822 März 1.	25 45,4	0,00453	=
= 4.	49,5	336	=
Mittel	25 45,5	0,01029	=
	Wien — Paris.		
1822 Febr. 28.	56 8,8	0,00328	=
März 1.	9,8	388	=
Mittel	56 9,1	0,01652	=
	Prag — Copenhagen.		
1822 März 1.	7 19,9		=
April 1.	26,0		=
Mittel	7 26,5	Beob. 5.	
	Prag — Leipzig.		
1823 Mai 20.	8 14,0		=
Juli 21.	24,9		=

		Gewicht.
1823 Aug. 19.	8′ 16″,6	C.
Mittel	18,6	Beob. 3.

Prag — Seeberg.

1822 März 1.	14 42,9	„
„ 5.	46,5	„
Mittel	14 46,9	Beob. 3.

Prag — Göttingen.

1822 März 1.	17 52,3	„
„ 4.	59,3	„
Mittel	17 53,4	Beob. 3.

Prag — Altona.

1825 März 30.	18 6,0	0,002997

Prag — St. Gallen.

1825 März 29.	20 26,0	0,002044

Prag — Paris.

1822 März 1.	48 16,5	„
April 1.	24,0	„
1823 Aug. 20.	31,9	„
1824 April 12.	33,1	0,001376
Juli 6.	37,2	1465
„ 9.	41,9	1199
Aug. 5.	20,2	1395
1825 März 29.	35,5	2299
Mittel	48 27,5	Beob. 14.

Prag — Greenwich.

1823 Aug. 19.	57 41,9	Beob. 1.

Copenhagen — Christiania.

1822 März 31.	7 1,0	0,00239 „
April 3.	22,0	110 „
Mittel	7 7,6	0,00349 „

Copenhagen — Seeberg.

1822 März 1.	7 20,9	0,00448 „

			Gewicht.	
1822 März 4.	7′ 19″,8		0,00209 C.	
Mittel	7 20,5		0,00657 =	

Copenhagen — Göttingen.

1822 März 1.	10 29,9		0,00448 =	
= 4.	32,3		245 =	
Mittel	10 30,7		0,00693 =	

Copenhagen — Paris.

1821 März 12.	40 58,2	H + 5″,0	0,00207 =	H. 2068
April 12.	45,3	H + 0,2	186 =	H. 1854
= 13.	59,7		140 =	
1822 Febr. 28.	56,3	H — 0,3	258 =	H. 2577
März 1.	54,3	H — 0	384 =	H. 3839
April 1.	57,8	H — 0,1	232 =	H. 2311
Mai 1.	49,5	H — 0,8	181 =	H. 1810
Mittel	40 55,0		0,03069 =	

Rom — Altona.

1825 Aug. 23.	10 7,8		=	
= 27.	26,5		=	
Mittel	10 13,0		Beob. 4.	

Leipzig — Altona.

1823 Oct. 16.	9 36,5		0,00145 =	
Nov. 18.	35,4		II 293 =	
Mittel	9 37,6		0,00750 =	

Leipzig — Paris.

1823 April 21.	40 9,8		0,00165 =	
Oct. 14.	17,9		150 =	
Nov. 16.	14,8		219 =	
Mittel	40 13,2		0,00902 =	

Leipzig — Greenwich.

1823 März 20.	49 39,1		=	
April 19.	36,1		=	
Aug. 19.	25,1		=	
Mittel	49 33,4		Beob. 3.	

Datum			Wert	Gewicht.
			Seeberg — Göttingen.	
1822	Jan.	3.	3′ 12″,0	0,00338 C.
	März	1.	9,0	543 =
		Mittel	3 8,9	0,01479
			Seeberg — Altona.	
1825	Nov.	20	3 10,2	0,002154
			Seeberg — Paris.	
1822	Febr.	1.	33 40,3	0,00413 =
	März	1.	33,4	452 =
1825	Sept.	20.	37,8	0884
	Nov.	20.	38,0	2066
	Dec.	20.	30,5	1603
		Mittel	33 34,3	0,02356
			Göttingen — Paris.	
1822	März	1.	30 24,4	0,00452 =
	=	4.	20,0	319 =
		Mittel	30 24,5	0,01010 =
			Altona — St. Gallen.	
1825	April	27.	2 8,8	0,002199
	=	28.	11,2	3849
		Mittel	2 10,3	0,006048
			Altona — Paris.	
1823	Sept.	18.	30 26,8	0,00180 =
	Octbr.	18.	37,5	153 =
1824	Febr.	7.	24,4	254 =
	März	14.	27,5	229 =
	April	11.	16,6	238 =
	Mai	9.	16,0	230 =
	Juni	7.	27,9	182 =
	Decbr.	5.	19,8	4328
1825	Jan.	28.	24,0	3891
	März	30.	24,9	3425

			Gewicht.
1825	April 27.	30′ 20″,5	0,002375
	Mai 28.	26,7	2944
	Juni 1.	22,4	II 2705
	Juli 27.	27,1	3260
	Aug. 23.	22,0	3453
	Sept. 27.	18,8	II 1893
	Nov. 20.	28,1	2189
	Mittel	30 22,8	0,07722

Altona — Greenwich.

1825	Jan. 2.	39 55,3	C.
	Febr. 1.	40,0	C—0″,2; 0,004883
	Mai 28.	47,5	2094
	Sept. 27.	47,8	II 1893
	Mittel	39 45,9	Beob. 8.

Altona — Dublin.

1824	März 10.	15 4,4	
	„ 11.	2,6	
	Mittel	15 3,5	Beob. 2.

St. Gallen — Paris.

1825	März 28.	28 11,0	0,003473
	April 1.	5,0	3032
	Mittel	28 8,9	0,011865

Paris — Greenwich.

1823	Febr. 20.	9 26,2	
1825	Jan. 2.	26,3	0,003129
	Mai 28.	20,7	2077
	Juli 27.	17,0	1975
	Sept. 27.	29,1	II 1717
	Mittel	9 20,6	Beob. 12.

§. 75. Zum Beschluß soll durch die folgenden zwei Schemata gezeigt werden, wie man die angestellten Beobachtungen gerader Aufsteigungen des Monds und benachbarter Sterne zu notiren, und in Form eines Catalogs zu ordnen pflegt, damit die Berechner solcher Beobachtungen diese sogleich im Original einsehen und zu ihren Arbeiten bequem benutzen können. — Die im ersten Schema enthaltenen Beobachtungen sind von Bessel, die im zweiten von Soldner angestellt.

1825		Fäden	A.R	Zeit
Juni 1.	22 Ophiuchi	5	16h 44′ 21″,11	
	Θ —	5	17 11 20,66	
	b —	5	15 45,86	
	Mond II. R.	5	34 0,80	— 0″,36
Juli 26.	2. e Ophiuchi	5	20 49,32	
	52 —	2	24 51,30	
	2 Sagittarii	5	28 18,68	
	Mond I. R.	5	44 2,06	— 0,02
= 27.	28 Sagittarii	5	18 35 51,82	
	Mond I. R.	5	41 41,69	— 0,02
	o Sagittarii	5	54 16,11	
	π —	5	59 25,71	
= 29.	2 β Capric.	4	20 11 14,81	
	841 Mayeri	5	22 40,81	
	13 Capric.	5	27 36,43	
	Mond I. R.	5	31 30,97	— 0,02
= 30.	ν Aquarii	5	21 0 7,53	
	14 —	5	6 58,03	
	XXI. 126	3	18 13,18	
	Mond II. R.	5	23 36,52	— 0,02
= 31.	Mond II. R.	5	22 11 10,59	— 0,02
	67 Aquarii	5	34 9,65	
Aug. 22.	Mond I. R.	5	17 25 49,33	— 0,01
	4 Sagittarii	5	49 10,91	
	XVII. 386	5	18 1 7,15	
= 23.	Mond I. R.	5	24 29,07	— 0,00
	28 Sagittarii	5	35 51,83	
	757 Mayeri	5	51 9,02	
	ω Sagittarii	5	59 25,88	

1825		Fäden	A.R	Zeit
Aug. 24.	ω Sagittarii	5	18h 59′ 25″,64	
	d —	3	19 7 28,04	
	XIX. 67	4	11 26,10	
	Mond I. R.	5	20 36,21	— 0″,00
25.	g Sagittarii	4	48 5,49	
	XIX. 381	5	55 28,47	
	Mond I. R.	5	20 13 48,29	+ 0,09
	τ Capricorni	5	29 33,16	
„ 28.	γ Aquarii	5	22 12 41,36	
	60 —	5	25 5,76	
	XXII. 183	5	31 48,68	
	Mond II. R.	5	40 43,60	+ 0,13
Oct. 18.	Mond I. R.	5	19 39 24,84	— 0,24
	σ Capricorni	4	20 9 21,18	
	ω Capricorni	5	17 21,67	
„ 21.	XXI. 345	5	21 49 6,55	
	30 Aquarii	5	54 7,96	
	XXII. 2	5	22 1 30,14	
	Mond I. R.	5	8 31,01	— 0,10
„ 22.	1 Piscium	4	22 46 6,27	
	Mond I. R.	5	54 13,06	— 0,04
	962 Mayeri	5	23 14 37,66	
	12 Piscium	5	20 36,17	
„ 25.	58 Piscium	4	0 37 58,98	
	27 Mayeri	5	47 3,74	
	75 Piscium	4	57 26,71	
	Mond I. R.	5	1 11 16,71	+ 0,12
„ 26.	η Piscium	5	22 12,72	
	ι Arietis	4	47 53,42	
	Mond I. R.	5	59 20,13	+ 0,16
	— II. R.	5	2 1 26,91	
Dec. 16.	1 Piscium	5	22 46 5,92	
	A —	5	59 47,06	
	Mond I. R.	5	23 5 15,31	— 0,09

1825		Fäden	A.R	Zeit
Dec. 21.	μ Arietis	5	2h 32′ 36″,37	
	47 —	5	48 10,80	
	Mond I. R.	5	3 2 44,43	— 0″,02
	65 Arietis	5	14 27,07	
„ 22.	32 Tauri	5	46 37,33	
	Mond I. R.	5	55 56,47	— 0,01
	50 Tauri	5	4 7 6,83	
	1. k Tauri	5	15 2,95	
„ 23.	Mond I. R.	4	51 18,14	— 0,00
	n Tauri	3	5 8 51,93	
	o —	5	17 13,91	
	V. 184	5	31 35,47	

Anmerkung. Man erhält die Sternzeit der Beobachtung des Monds, wenn man die, in der letzten Columne angegebene, Zahl der geraden Aufsteigung hinzufügt.

Die vorhergehenden Beobachtungen sind auf der Königsberger Sternwarte am Passageninstrument, dagegen die folgenden an dem Meridiankreise auf der Sternwarte Bogenhausen bei München angestellt. Uebrigens muß in Bezug auf das folgende Schema noch bemerkt werden, daß die in demselben gegebenen Unterschiede in gerader Aufsteigung der Sterne und des Mondsrandes wegen der kleinen Abweichungen des Instruments bereits corrigirt, so wie vom Einflusse des Ganges der Uhr schon befreit, die beigesetzten wahren Zeiten der Culminationen des Mondsrandes aber unmittelbar aus beobachteten Durchgängen der Sonne geschlossen sind.

		Mond — Stern.	Fäden.	Wahre Zeit der Culmination des Mondsrandes.	Bemerkungen.
1823. 20. Mai	524 Mayeri	— 5′ 33″,94	5	Mond I. R. 8ʰ 49′ 49″,5	
	ψ Virginis	— 8 32,54	—		
21. Mai	XIII. 76	+ 9 9,16	5	Mond I. R. 9 34 52,5	Mond bewölkt.
	83 Virginis	— 9 10,71	—		
19. Juni	XIV. 282	— 7 38,74	5	Mond I. R. 9 2 9,5	Ganz unzuverläßig.
	595 Mayeri	— 14 14,36	—		
20. Aug.	9 Aquarii	+ 25 46,44	5	Mond I. R. 11 20 12,0	
	29 Capricorni	+ 11 12,18	—		
13. Sept.	φ Sagittarii	— 8 4,95	5	Mond I. R. 7 2 54,0	Der Himmel überzogen.
	ν″ Sagittarii	— 17 54,08	—		XVIII. 191 ::
19. Sept.	16 Piscium	— 7 35,08	5	Mond I. R. 11 33 57,0	Mond :: u. Stern ::, dick bewölkt.
14. Oct.	XXI. 59	+ 17 44,78	5	Mond I. R. 8 10 24,5	Sehr neblich.
	885 Mayeri	+ 7 56,98	—		
11. Nov.	919 Mayeri	— 14 42,76	5	Mond I. R. 6 48 25,5	Unruhig, fast unbrauchbar.
	σ Aquarii	— 28 27,83	—		
12. Nov.	XXII. 183	+ 7 0,06	5	Mond I. R. 7 30 4,0	Ganz ruhig.
	80 Aquarii	— 13 43,58	—		

	Mond — Stern.		Fäden.	Wahre Zeit der Culmination des Mondsrandes.	Bemerkungen.
1823. 13. Nov.	k′ Piscium	+ 7′ 2″,46	5	Mond I R. 8h 12′ 8″,5	
	XX. 183	— 12 37,02	—		
14. Nov.	51 Piscium	— 10 32,20	5	Mond I. R. 8 55 45,5	
12. Dec.	38 —	+ 30 9,73	—	Mond I. R. 7 22 2,0	Wolken, die Beobb. ganz unsicher.
16. Dec.	$\varkappa$ Tauri	— 14 37,48	5	Mond I. R. 10 57 58,5	Zuweilen Wolken und immer dicker Nebel. Mond nur an 4 Fäden.
	IV. 295	— 24 37,34	—		
1824. 8. März	V. 115	— 8 10,12	5	Mond I. R. 5 56 58,5	Mond an 4 Fäden.
	121 Tauri	— 11 23,86	—		
8. April	IX. 55	— 12 2,40	5	Mond I. R. 7 50 0,0	Bedeckt und sehr neblich.
	IX. 120	— 25 47,06	—		
9. April	IX. 202	+ 11 22,04	5	Mond I. R. 8 42 42,5	Alles nur durch wechselnde Wolken.
	π Leonis	+ 5 14,78	—		
9. Mai	14 Virginis	+ 8 2,35	5	Mond I. R. 9 11 50,5	
	q —	— 6 22,84	—		
10. Mai	XIII. 19	+ 8 16,50	5	Mond I. R. 10 1 52,0	
	75 Virginis	— 11 5,64	—		

F) Aus Mondsdistanzen.

§. 76. Wenn der scheinbare Abstand des Monds von der Sonne, einem Fixstern oder Planeten gemessen wird, so läßt sich hieraus die Länge des Monds in der Ekliptik bestimmen, welche, mit der Angabe eines astronomischen Jahrbuchs verglichen, und mit Hilfe der wirklichen Beobachtungszeit, die Meridiandifferenz finden lehrt. Man kann aber auch im astronomischen Jahrbuch aus dem Ort des Fixsterns oder der Sonne in der Ekliptik schon vorher solche geocentrische Abstände des Monds von einem Gestirn für gewisse Zeiten, und aus diesen Angaben dann den Augenblick berechnen, der nach dem Meridian des astronomischen Jahrbuchs dem, an einem andern Ort gemessenen, Abstand zukommt. Die Mondsdistanzen haben nun freilich vor den Sonnenfinsternissen und Sternbedeckungen den Vorzug, daß sie mit Ausnahme der Neumondszeit beständig genommen werden können, allein dafür stehen sie jenen an Genauigkeit nach, obgleich dieser Uebelstand durch gute Instrumente und Geschicklichkeit im Beobachten wesentlich beseitigt werden kann.

§. 77. Die Methode der Mondsdistanzen zerfällt in zwei wesentliche Arbeiten, in die Beobachtung und in die Berechnung. Die erstere gehört, namentlich auf den Schiffen, zu den schwerern Verrichtungen der practischen Astronomie. Gewöhnlich werden 4 bis 5 Beobachtungen nach einander und aus diesen das Mittel genommen, was die Engländer einen Set nennen. Doch müssen hierbei zwei Gehilfen die Höhen des Monds und des Gestirns messen, welche auf dem festen Lande jedoch nur durch Rechnung bestimmt werden. Dagegen ist die andere Arbeit, die Berechnung, an sich weder schwer noch umständlich, da sie blos die Auflösung zweier sphärischen Dreiecke zum Object hat, die einen gemeinschaftlichen Winkel besitzen, dessen Schenkel veränderlich sind. Diese Schenkel sind die Zenithdistanzen des Monds und des Gestirns. Aber dieser Einfachheit ungeachtet giebt es wohl keine Aufgabe der practischen Astronomie, die hinsichtlich der Berechnung für die Schiffer mehr, als diese, versucht worden wäre. Und doch fehlte es bis jetzt an einer Methode, welche vollständige Genauigkeit mit großer Leichtigkeit verbände. Erst Bessel hat, von einer andern, als der gewöhnlichen obigen, Ansicht der Aufgabe ausgehend, die Berechnung ohne alle Rücksicht auf das Bedürfniß und die Bequemlichkeit der Seefahrer, auf eine streng mathematische Weise durchgeführt, und erst nachher Abkürzungen angegeben, welche die Genauigkeit des Resultats weniger beeinträchtigen und die benutzt werden können, sobald es sich um die wirkliche Anwendung handelt. Da diese Methode Bessel's ganz neu, eigenthümlich und elegant ist, so verdient sie vorzugsweise hier zuerst angeführt zu werden.

§. 78. Erstlich muß eine Ephemeride entworfen werden, welche für jede dritte Stunde Greenwicher wahrer Zeit die 7 Hilfsgrößen $d_,$, $\log n$, $\log C$, Q, $\log \sin \pi$, i und Δ berechnet enthält. Wenn nämlich

$$\begin{aligned} A &= \text{Rectascension des Sterns,} \\ \left.\begin{aligned} \alpha &= \text{Rectascension} \\ \delta &= \text{Declination} \\ \varrho &= \text{wahrer Halbmesser} \end{aligned}\right\} & \text{des Monds,} \\ \varepsilon &= \text{Excentricität der Erdmeridiane, und} \\ \omega &= 206264.''8 \end{aligned}$$

ist, so sind π und Δ die Aequatorial-Horizontalparallaxe des Monds und die Declination des Sterns; ferner finden sich Q, $d_,$, C und i aus den Gleichungen

$$\left.\begin{aligned} \sin d \sin Q &= \cos\delta \cos(\alpha - A) \\ \sin d \cos Q &= \cos\Delta \sin\delta - \sin\Delta \cos\delta \cos(\alpha - A) \\ d_, &= d \mp \varrho \\ C &= -\omega\varepsilon^2 \sin\pi (\sin\Delta \sin d_, - \cos\Delta \cos d_, \cos Q) \end{aligned}\right\} \quad 42)$$

i = Rectascension der Sonne weniger der Rectascension des Sterns; endlich ist n die Veränderung von $d_,$ in einer Zeitsekunde.

Von einer auf diese Weise eingerichteten Ephemeride hat Bessel folgendes Beispiel gegeben, welches alles enthält, was zur Reduction der Mondsdistanzen von α Arietis erforderlich ist. Die Werthe von α, δ und π sind aus dem Nautical-Almanac interpolirt, der Halbmesser ϱ nach der Gleichung

$\sin \rho = 0.2725 \sin \pi$, $A = 29^{0}\, 24'\, 53''.5$, $\Delta = +22^{0}\, 39'\, 24''.9$ und die Abplattung der Erde $= \frac{1}{300}$ angenommen worden.

Entfernung α Arietis vom nächsten Mondsrand.

Greenwicher W. Z.	$d_,$.	log n.	log C.	Q.	log sin π.	i.	Δ.
2. Juni 12h	61° 46′ 14″.4	9.71401	1.085n	243° 5′ 14″	8.21754	2h 42′ 42″.0	+22° 39′ 25″
15	60 12 58.2	9.71491	1.093n	242 33 0	8.21829	2 43 12.7	
18	58 39 30.7	9.71576	1.101n	241 59 38	8.21905	2 43 43.4	
21	57 5 52.5	9.71657	1.108n	241 25 2	8.21982	2 44 14.2	
3. Juni 0	55 32 4.1	9.71734	1.116n	240 49 5	8.22060	2 44 44.9	

§. 79. Es bezeichne nun T die Zeit der Beobachtung, wie sie die Ephemeride voraussetzt, m die näherungsweise bekannte Meridiandifferenz, x die gesuchte Verbesserung der Meridiandifferenz, wo m sowohl als x positiv genommen werden, wenn die Meridiandifferenz westlich, negativ, wenn sie östlich ist; ferner bedeute D′ die unmittelbar beobachtete Distanz des Mondsrandes vom Stern, und φ die Polhöhe des Beobachtungsorts; so suche man aus gedachter Ephemeride für die Greenwicher wahre Zeit $= T + m$ die Zahlen ihrer 7 Columnen, und addire zum gefundenen log C den $\log\left\{\frac{\sin\varphi}{\sqrt{1-\varepsilon^2 \sin\varphi^2}}\right\}$, für welchen man, ohne wesentlichen Nachtheil, $\log \sin \varphi$ nehmen kann. Die Summe ist dann der Logarithmus der Correction von $d_,$, und die Correction selbst in Sekunden ausgedrückt. Hierauf berechne man mittelst folgender

Hilfstafel.

Polhöhe.	Verbesserung.	Polhöhe.	Verbesserung
0°	0,00000	8°	0,00003
1	0,00000	9	0,00004
2	0,00000	10	0,00004
3	0,00000	11	0,00005
4	0,00001	12	0,00006
5	0,00001	13	0,00007
6	0,00002	14	0,00008
7	0,00002	15	0,00010

Polhöhe.	Verbesserung.	Polhöhe.	Verbesserung.
16°	0,00011	49°	0,00082
17	0,00012	50	0,00085
18	0,00014	51	0,00087
19	0,00015	52	0,00090
20	0,00017	53	0,00092
21	0,00019	54	0,00095
22	0,00020	55	0,00097
23	0,00022	56	0,00100
24	0,00024	57	0,00102
25	0,00026	58	0,00104
26	0,00028	59	0,00106
27	0,00030	60	0,00109
28	0,00032	61	0,00111
29	0,00034	62	0,00113
30	0,00036	63	0,00115
31	0,00038	64	0,00117
32	0,00041	65	0,00119
33	0,00043	66	0,00121
34	0,00045	67	0,00123
35	0,00048	68	0,00125
36	0,00050	69	0,00126
37	0,00052	70	0,00128
38	0,00055	71	0,00130
39	0,00057	72	0,00131
40	0,00060	73	0,00133
41	0,00062	74	0,00134
42	0,00065	75	0,00135
43	0,00067	76	0,00136
44	0,00070	77	0,00138
45	0,00072	78	0,00139
46	0,00075	79	0,00140
47	0,00077	80	0,00141
48	0,00080		

$$\log \sin \pi_{,} = \log \sin \pi + \text{Verbesserung}$$

und die Größe t aus der Gleichung

$$t = 15.(i^h + T^h).$$

Dann lassen sich die Größen a, f, F, $P_{,}$, r', P', d'' und H mittelst folgender Formeln bestimmen:

$$\left.\begin{aligned} a &= \cos\varphi \sin t \\ f \sin F &= \cos\varphi \cos t \\ f \cos F &= \sin\varphi \\ \operatorname{tg} Z \sin q &= \frac{a}{f \sin (F + \varDelta)} \\ \operatorname{tg} Z \cos q &= \cot F + \varDelta) \end{aligned}\right\} \quad 43)$$

$$\left.\begin{aligned} P_{,} &= Q - q \\ r' \sin d'' \sin (P' - P_{,}) &= \sin \pi_{,} \sin Z \sin P_{,} \\ r' \sin d'' \cos (P' - P_{,}) &= \sin d_{,} - \sin \pi_{,} \sin Z \cos P_{,} \\ \operatorname{tg} H &= \operatorname{tg} Z \cos P'. \end{aligned}\right\} \quad 44)$$

Ferner berechne man die Hilfsgröße z aus der Gleichung

$$\cos z = \frac{\cos Z \cos (d'' - A)}{\cos H} \Big\} \quad 45),$$

und bestimme nun die Größen k und K so aus z, Z und den Angaben des Barometers und Thermometers, daß mit den Argumenten z und Z in die Taf. IX des I. Theils eingegangen wird, und hierauf

$$\log k \text{ und } \log K = \log \alpha + A (\log T + \log B) + \lambda \log \gamma$$

setzt. — Endlich berechne man noch

$$D = d'' - k \operatorname{tg} (d'' - H) - K \operatorname{tg} H \quad 46),$$

so ist die gesuchte wahre Meridiandifferenz

$$m + x = m + \frac{D' - D}{n'} \Big\} \quad 47)$$

$$\text{wo } n' = \frac{n}{r} \left\{ 1 - \frac{k \sin 1''}{\cos (d'' - H)^2} \right\} \quad 48)$$

ist; doch kann auch, wenn x nicht etwa sehr groß ist, log n' vollkommen durch log n ersetzt werden.

§. 80. Für die Entfernungen des Monds von der Sonne (oder einem Planeten) kann der Ephemeride dieselbe Einrichtung gegeben werden, so daß sie unmittelbar die geometrische Entfernung der Ränder enthält. Man berechne nämlich d und ψ nach den Gleichungen

$$\left.\begin{aligned} \cos d &= \sin \varDelta \sin \delta + \cos \varDelta \cos \delta \cos (\alpha - A) \\ \sin d \cos \psi &= \cos \varDelta \sin \delta - \sin \varDelta \cos \delta \cos (\alpha - A) \end{aligned}\right\} 49);$$
$$\sin d \sin \psi = \cos \delta \sin (\alpha - A)$$

ferner

$$\left.\begin{aligned} e &= \frac{\pi' \sin (d - h)}{\sin \pi} \\ Q &= \psi + (h - e) \sin \psi \operatorname{tg} \varDelta \\ \bar{A} &= A + \frac{(h - e) \sin \psi}{\cos \varDelta} \\ \bar{\varDelta} &= \varDelta + (h - e) \cos \psi \end{aligned}\right\} \quad 50)$$

wo π' die Parallaxe und h den Halbmesser der Sonne bezeichnet; endlich berechne man noch

$$\left.\begin{aligned} d_{,} &= d - \varrho - h \\ C &= - \omega \varepsilon^2 \sin \pi \; \{\sin \bar{\varDelta} \sin (d_{,} + e) - \cos \bar{\varDelta} \cos (d_{,} + e) \cos Q\} \end{aligned}\right\} 51).$$

Die Größen log n, Q und log sin π werden wie vorher berechnet, doch kommen nun zur Ephemeride noch eine den Werth von e enthaltene Columne, so wie statt $\varDelta$ und i die Größen $A - \bar{A}$ und $\bar{\varDelta}$ hinzu, wie man aus folgendem gleichfalls von Bessel gegebenen Schema ersehen kann.

Entfernung der nächsten Ränder der Sonne und des Monds.

Greenwicher M. Z.	d.	log n.	log C.	Q.	log sin π.	$A - \bar{A}$.	$\bar{\varDelta}$.	e.
2. Juni								
„ 12h	97° 11′ 45″.9	9.69782	0.907n	261° 19′ 54″	8.21754	+31″.3	+22° 10′ 43″	8′ 28″
„ 15	95 41 50 . 1	9.69944	0.914n	261 14 27	8.21829	+31 . 2	+22 11 41	8 28
„ 18	94 11 34 . 1	9.70109	0.920n	261 9 2	8.21905	+31 . 2	+22 12 38	8 29
„ 21	92 40 57 . 3	9.70275	0.926n	261 3 37	8.21982	+31 . 2	+22 13 35	8 29
3. Juni								
„ 0	91 9 59 . 6	9.70444	0.932n	260 58 13	8.22060	+31 . 2	+22 14 32	8 28

§. 81. Ist nun eine so eingerichtete Ephemeride vorhanden, so ist dann die Berechnung einer Mondsdistanz von der Sonne die nämliche, welche im §. 79 gelehrt worden ist. Nur folgende Abänderungen finden statt. Statt Δ wird $\overline{\Delta}$, d. h. die verbesserte Declination der Sonne, statt d, die Größe $d_, + e$ angewandt, wodurch $d'' + e'$ statt d'' gefunden wird; das hiervon abzuziehende e' ist

$$e' = \frac{er' \sin(d'' + e')}{\sin(d_, + e)} \Big\} \qquad 52);$$

ferner wird statt der im §. 79 gegebenen Gleichungen

$$\cos z = \frac{\cos Z \cos(d'' - H)}{\cos H}$$

$$D = d'' - k \operatorname{tg}(d'' - H) - K \operatorname{tg} H$$

der Gebrauch der Formeln

$$\left.\begin{aligned} \cos z &= \frac{\cos Z \cos(d'' + e' - H)}{\cos H} \\ D &= d'' - k \operatorname{tg}(d'' + e' - H) - K \operatorname{tg}(H - e') \end{aligned}\right\} \qquad 53)$$

erfordert.

§. 82. Folgende beide fingirte Beispiele sind von Bessel berechnet.

A) 1831 am 2. Juni um $14^h\, 24'\, 10''$ W. Z. ist die Entfernung α Arietis vom nächsten Mondsrand $= 61^0\, 19'\, 30''$ gemessen worden. Das Barometer zeigte 30.3 engl. Zoll, das daran befindliche Thermometer 68^0 Fahr., und die Lufttemperatur war 65^0 Fahrenheit. Die Breite des Beobachtungsorts, nämlich Königsberg's, ist $54^0\, 42'\, 50''$ nördlich, und seine geschätzte Meridiandifferenz $= 1^h\, 22'\, 0''$ östlich von Greenwich.

Man hat also:

Ephemeride.

	I	II	III	IV	V	VI	VII
12^h	$61^0 46' 14''.4$	9.71401	1.085n	$243^0\ 5'\ 14''$	8.21754	$2^h 42' 42''.0$	$+22^0 39' 25''$
$1^h 2' 10''$	− 32 11.4	+ 31	+ 3	− 11 0	+ 26	+ 10.6	
	61 14 3.0	9.71432	1.088n	242 54 14	8.21780	2 42 52.6	+22 39 25
	− 10.0	9.71417	9.912		+ 97	14 24 10.0	
$d_, =$	61 13 53.0	3.57171	1.000n	$l. \sin \pi_1 =$	8.21877	17 7 2.6	
		3.28588			t =	$256^0 45' 39''$	

I. q und Z, nach 43):

l. cos φ =	9.76167	dec. l. f =	0.08253
l. sin t =	9.99830n	l. a =	9.74997n
l. cos t =	9.35987n	l. cosec (F + Δ) =	0.63336
l. f sin F =	9.12154n	l. tang Z sin q =	0.46586n
l. f cos F =	9.91184	l. tang Z cos q =	0.62128
l. tg. F =	9.20970n	l. tang q =	9.84458n
F =	— 9° 12′ 21″	q =	— 34° 57′ 36″
Δ =	+ 22 39 25	l. cos q =	9.91358
F + Δ =	13 27 4	l. tang Z =	0.70770
l. cos F =	9.99437	Z =	78° 54′ 34″

II. d″ und P′ mit P, = 277° 51′ 50″, nach 44):

l. sin π, =	8.21877	sin d, =	0.876572
l. cos Z =	9.28412	2)	+ 0.002222
l. sin Z =	9.99181	r′ sin d″ cos (P′ — P,) =	0.874350
1)	7.50289	log =	9.941685
l. sin π, sin Z =	8.21058	3)	8.20648n
l. cos P, =	9.13615	l. tang (P′ — P,) =	8.26480n
l. sin P, =	9.99590n	P′ — P, =	— 1° 3′ 15″
2)	7.34673	P′ =	— 276 48 35
3)	8.20648n	l. cos (P′ — P,) =	9.999926
cos d, =	0.481274	l. r′ sin d″ =	9.941759
1)	+ 0.003183	l. r′ cos d″ =	9.679511
r′ cos d″ =	0.478091	l. tang d″ =	0.262248
		d″ =	61° 20′ 3″.9

Ephemeride.

	I	II	III
12h	97° 11′ 45″.9	9.69782	0.907n
2h 18′ 45″	— 1 9 17.4	+ 121	+ 5
	96 2 28.5	9.69906	0.912n
	— 2.7	9.69844	9.524
d, =	96 2 25.8	3.92038	0.436n
e, =	+ 8 28.0	3.61882	
d, + e, =	96 10 53.8		

III. D, nach 45) und 46):

$l. \tan Z = 0.70770$	$l.\beta = + 0.0088;$	$l.\gamma = -0.0136$	
$l. \cos P' = 9.07398$	$l.\alpha = 1.7463$	..... 1.7460	
$l. \tan H = 9.78168$	$l.(\beta \text{ et } \gamma) = -52$	-52	
$H = 31^{0}10'\,8''$	$l.k = 1.7411$	$l.K = 1.7408$	
$d'' - H = 30\;9\;56$	$l.t.(d''-H) = 9.7643$	$l.t.H = 9.7817$	
$l. \cos Z = 9.28412$	1.5054	1.5225	
$l. \sec H = 0.06771$	$32''.0$	$33''.3$	
$l.c.(d''-H) = 9.93680$			
$l. \cos z = 9.28863$	Refraction $= -\;1'\;5''.3$		
$z = 78^{0}\,47'\,29''$	$d'' = 61\;20\;3.9$		
	$D = 61\;18\;58.6$		

IV. m + x, nach 47):

$D' - D = +31''.4$	$\log = 1.4969$	m	$= -1^{h}\,22'\,0''.0$
	$l.n = 9.7143n$	x	$= -\;1\;0.6$
	$1.7826n$	$m+x$	$= -1^{h}\,23'\,0''.6$

B) 1831. Juni 2. $23^{h}\,8'\,45''$ W. Z. ist die Entfernung der nächsten Ränder des Monds und der Sonne $= 96^{0}\,47'\,10''$ gemessen. Das Barometer zeigte 29.6 Zoll Engl., das daran befindliche Thermometer 88^{0} F., die Temperatur der Luft war $= 90^{0}$ F. Die Breite des Beobachtungsortes ist $19^{0}\,31'$ N., sein geschätzter Mittagsunterschied $8^{h}\,50'$ östlich von Greenwich.

IV	V	VI	VII	VIII
$261^{0}\,19'\,54''$	8.21754	$+\,31''.3$	$+22^{0}\,10'\,43''$	$8'\,28'$
$-\,4\;11$	$+\,58$	$-\,0.1$	$+\,44$	0
261 15 43	8.21812	$+\,31.2$	22 11 27	8 28
	$+\,16$	23 8 45.0		
$\log \sin \pi, =$	8.21828	23 9 16.2		
	$t =$	$347^{0}\,19'\,3''$		

I. q und Z, nach 43):

log cos φ =	9.97430	dec. log f =	0.00951
log sin t =	9.34153n	log a =	9.31583n
log cos t =	9.98927	log cosec (F + $\overline{\pi}$) =	0.00033
log f sin f =	9.96357	log tang Z sin q =	9.32567n
log f cos F =	9.52385	log tang Z cos q =	8.58926n
log tang F =	0.43972	log tang q =	0.73641
F =	70° 2′ 0″	q =	259° 36′ 11″
$\overline{\pi}$ =	22 11 27	log sin q =	9.99281n
F + $\overline{\pi}$ =	92 13 27	log tang Z =	9.33286
log sin F =	9.97308	Z =	12° 8′ 43″

II. d″, e′ und P′ mit P, = 1° 39′ 32″, nach 44) und 52):

log sin π, =	8.21828	sin (d, + e,) =	0.994185		
log cos Z =	9.99017	2)	0.003476		
log sin Z =	9.32303	r′sin(d″+e,)cos(P′-P,) =	0.990709		
1)	8.20845	log =	9.995946		
l.sin π, sinZ	7.54131	3)	6.00294		
log cos P,	9.99982	log tang (P′ − P,) =	6.00699		
log sin P,	8.46163	P′ − P, =	0° 0′ 21″		
2)	7.54113	P′ =	1 39 53		
3)	6.00294	log cos (P′ − P,) =	0.000000	log e, =	2.7059
cos (d, + e,)	− 0.107680	log r′ sin (d″ + e′) =	9.995946	. . . .	9.9959
1)	+ 0.016160	log r cos (d″ + e′) =	9.092861n	log cosec	
r′cos(d″+e′)	− 0.123840	log tang (d″ + e′) =	0.903085n	(d + e,)	0.0025
		d″ + e′ =	97° 7′ 30″.4	log e′ =	2.7043
		d″ =	96 59 4 . 2	e′ =	8′ 26″.2

III. z und D, nach 53):

log tang Z =	9.33286	log β = − 0.0021 ; log γ = − 0.0337			
log cos P′ =	9.99982	log α =	1.6993	. . . .	1.7614
log tang H =	9.33268	log (β et γ) =	− 386	. . . .	− 358
H =	12° 8′ 26″	log k =	1.6607	log K =	1.7256
d″ + e′ − H =	84 59 4	l. tang(d″+e′-H) =	1.0567	log tang(H−e′) =	9.3275
H − e′ =	12 0 0		2.7174		1.0531
log cos Z =	9.99017		8′ 41″.7		0′ 11″.3
log sec H =	0.00982				
l.cos(d″+e′-H) =	8.94164	Refraction =	− 8′ 53″.0		
log cos z =	8.94163	d″ =	96 59 4 . 2		
z =	84° 59′ 5″	D =	96 50 11 . 2		

IV. m + x, nach 47) und 48):

D′ − D = − 3′ 1″.2. Wegen der Größe der hieraus hervorgehenden Verbesserung des Mittagsunterschieds, ist die Formel 48) angewandt worden.

$\log \sin \pi, =$	8.2183	$\log k \sin 1'' =$	6.9463	$\log 0.9724 =$	9.9878
$\log \cos z =$	8.9416	$\log \sec (d'' + e' - H)^2 =$	2.1167	$\log n =$	9.6991n
	7.1599		8.4630	$\log n' =$	9.6869n
	+0.0014		−0.0290	$\log (D' - D) =$	2.2582n
		$x =$	$+\ 6'\ 12''.6$		2.5713
		$m =$	$-\ 8^h\ 50\ \ 0\ .\ 0$		
		$m + x =$	$-\ 8^h\ 43'\ 47''.4$.		

§. 83. Durch die Zusammenstellung der Formeln und durch die beiden Beispiele in den §§. 78 bis 82 wird anschaulich, auf welchem Weg Bessel's Methode zum Ziel führt. Diese Rechnungen sind wirklich nicht abschreckend, vielmehr kürzer, als diejenigen, welche gemacht werden müßten, wenn man durch weitere Verfolgung des früher befolgten Verfahrens dasselbe Ziel, nämlich das wahre Resultat, erlangen wollte. Um aber ein vergleichendes Urtheil über die Leichtigkeit der hier gemachten Anwendung von Bessel's Auflösung der Aufgabe zu erlangen, hat Bessel die Berechnung des letzten Beispiels auch nach der, bei den Schiffern gewöhnlichen, Methode von Dunthorne gegeben, und dabei die Hilfstafeln benutzt, durch welche die Anwendung derselben beträchtlich abgekürzt wird, und die sich in **Norie's Epitome of pract. navigation** finden.

Ephemeride.

	A.R. des Monds.	Decl. des Monds.	Hor. P.	Halbm.	A. R. der Sonne.	Decl. der Sonne.	Halbm.
12h....	336° 6′ 24″	− 10° 50′ 58″	56′ 44″	15′ 28″	4h 40′ 21″.6	+ 22° 11′ 49″	15′ 47″
2h 18′ 45″	1 13 16	+ 20 54	+ 5	+ 1	+ 23.4	+ 45	0
	337 19 40	− 10 30 4	56 49	15 29	4 40 45.0	+ 22 12 34	15 7
=	22h 29′ 19″			W. Z. =	23 8 45		
St. Z. =	3 49 30			St. Z. =	3 49 30		

	5 20 11	log Rising =	4,91758
Breite	= 19° 31′ 0″ N.	log cos =	9.97430
Declination	= 10 30 4 S.	log cos =	9.99267
	30 1 4	7.6657	4.88455
	cos =	8.6587	
		0.9930	

	0h 51′ 15″	log Rising =	3.39618
Breite	19° 31′ 0″ N.	log cos =	9.97430
Decl.	22 12 34	log cos =	9.96652
	2 41 34	0.2173	3.33700
	cos =	9.9890	
		9.7717	

Wahre Höhe des Monds =	5° 41′ 56″
Tab. XXX	− 47 42
Genähert	4 54 14
Tab. XXX	− 46 34
Scheinbare Höhe	4 55 22
Beobachtete Distanz	96° 47′ 10″
Mondshalbmesser Tdb. VII	15 30
Sonnenhalbmesser	15 47
Distanz=Centrum	97 18 27 .... cos = 127195

Wahre Höhe d. Sonne =	77° 44′ 0″
Tab. IV	+ 12
− VI	− 2
Scheinbare Höhe ...	77 44 10

Scheinb. Höhe des Monds	4	55	22			
— — der Sonne	77	44	10			
Differenz	72°	48′	48″	. . . . cos	295486	
				Summe	422681	
				log =	5.626013	
				Tab. XXXI.	9.999573	
				⊙	— 18	
Wahre Höhe des Monds	5	41	56		5.625568	
— — der Sonne	77	44	0	Zahl . . .	422248	
Differenz	72°	2′	4″	. . . . cos	308445	
				Differenz =	113803	
				Scheinbare Distanz	96° 32′ 5″	
				12h	97 43 1	
				Differenz	1 10 56	Prop. log 4044
				3 Stunden	1 29 54	— . . . 3015
					2h 22′ 2″	 1029
				W. Z. Greenwich =	14 22 2	
				Beobachtet =	23 8 45	
				Mittagsunterschied =	8 46 43	östlich.

§. 84. Aus der Vergleichung der vorigen Rechnung mit dieser erhellet, daß die letztere die kürzere ist, welche zwar einen sehr großen Fehler des Mittagsunterschieds gegeben hat; allein Bessel zweifelt, ob selbst so große Fehler einen Grund abgeben, die ältere Methode gegen eine andere zu vertauschen, die ihr richtiges Resultat auch nur durch die geringste Vermehrung der Rechnung erlangen muß, weil er nämlich nirgends die Vorschrift gefunden, die Mondsdistanzen in denjenigen Fällen nicht anzuwenden, in welchen die Ursachen der Unsicherheit der Rechnungsart, so wie die aus der Unterlassung der Beobachtung mit den meteorologischen Instrumenten entstehende Gefahr eines großen Fehlers so sichtbar hervor treten, daß sie Niemanden entgangen sein können. — Die Kürze, welche die ältere Berechnungsart, verglichen mit der Bessel'schen, besitzt, rührt von den für jene vorhandenen Hilfstäfeln her, die mit den Argumenten der scheinbaren Höhe und der Horizontalparallaxe des Monds, sowohl den Unterschied der Höhenparallaxe und Strahlenbrechung als auch den Logarithmus des Verhältnisses der Producte der Cosinusse von den scheinbaren und wahren Höhen beider Gestirne enthalten. Sie kürzen folglich die Rechnung ungemein ab, erzeugen aber auch zugleich in gewissen Fällen große Fehler. Da hingegen Bessel's Methode, die, sobald man will, das wahre Resultat einer Beobachtung finden läßt, doch noch nicht für die Seefahrer geeignet genug zu sein scheint, so hat ihr genialer Begründer noch angegeben, welche Rechnungen von dem Seefahrer verlangt werden müssen, wenn er nach der neuen Berechnungsweise bequem und sicher zum Ziel gelangen will; was aber um so weniger hier erwartet werden darf, da es kein rein practischer astronomischer Gegenstand ist. Aus demselben Grund ist auch die Dunthorne'sche Methode nicht hier vorgetragen worden. Doch auf dem Festland, wo geübte Rechner immer vorhanden sind, werden diese ohne Zweifel keine andere, als die vorgetragene neue, solche Genauigkeit gewährende, Berechnungsart der beobachteten Mondsdistanzen wählen. Sogar die zur See angestellten Beobachtungen der Art sollten, wenn sie erst nach der Zeit von eigentlichen astronomischen Rechnern zu berechnen sind, einzig und allein auf die von Bessel angegebene Weise streng behandelt werden.

§. 85. Außer der von Bessel neuern und der von Dunthorne ältern Methode, ist die von Littrow ebenfalls sehr practisch. — Angenommen nämlich, daß man kurz vor und nach der gemessenen Mondsdistanz D auch die Höhen beider Gestirne (des Monds und der Sonne oder eines Fixsterns) beobachtet habe, — woraus, da man die Höhenänderung derselben für die bekannte Zwischenzeit der Beobachtungen kennt, sich durch eine einfache Proportion auch die Höhen derselben ableiten lassen, die für die Beobachtungszeit der Distanz D gehören, — seien alsdann für diese Beobachtungszeit b und B die beobachtete Höhe des obern Randes von Sonne und Mond, und für die nämliche Zeit die Horizontal-Halbmesser und Horizontalparallaxen beider Gestirne für den Beobachtungsort aus der Ephemeride berechnet. Man multiplicire nun diese Horizontalparallaxen respective mit $\cos b$ und $\cos B$, so sind die Producte die Höhenparallaxen p und P, wo hier und weiter die b, p, r ... für die Sonne, die B, P, R ... aber für den Mond gelten; ferner multiplicire man die Horizontalhalbmesser von Sonne und Mond durch deren Horizontalparallaxen, so wie noch durch $\sin b \sin 1''$ und $\sin B \sin 1''$, und addire diese Producte zu den Horizontalhalbmessern; so erhält man dann die wegen ihrer Höhe vergrößerten Halbmesser r und R beider Gestirne. Seien ferner h′ und H′ die scheinbaren, h und H die wahren Höhen der Mittelpunkte von Sonne und Mond, so ist

$$h' = b - r, \quad H' = B - R,$$

und, wenn mit h′ und H′ die Refractionen ϱ und ϱ' gesucht worden,

$$h = h' - \varrho + p, \quad H = H' - \varrho' + P,$$

wo in den beiden ersten Ausdrücken, r und R, sobald man den untern Rand von Sonne und Mond beobachtet hat, negativ zu nehmen sind.

Ferner erhält man die beobachtete Distanz Δ' der Mittelpunkte beider Gestirne durch die Formel

$$\Delta' = D + r + R,$$

in der r oder R negativ ist, wenn der äußere Rand der Sonne

oder des Monds beobachtet wurde. Endlich läßt sich die gesuchte geocentrische Distanz Δ der Mittelpunkte beider Gestirne mittelst der Gleichungen

$$m = \frac{\cos H \cos h}{\cos H' \cos h'},$$

$$\sin A = \frac{1}{\operatorname{sco} \frac{1}{2}(H+h)} \sqrt{m \cos \tfrac{1}{2}(H'+h'+\Delta') \cos \tfrac{1}{2}(H'+h'-\Delta')}$$

$$\sin \tfrac{1}{2}\Delta = \cos A \cos \tfrac{1}{2}(H+h)$$

bestimmen, und diese berechnete Distanz Δ giebt, mit der angewandten astronomischen Ephemeride unmittelbar verglichen, sogleich die gesuchte Meridiandifferenz. Uebrigens begehet man keinen erheblichen Fehler, wenn man in den vorhergehenden Ausdrücken den Horizontalhalbmesser der Sonne wegen ihrer sehr großen Entfernung von der Erde ungeändert beibehält, und statt r setzt.

Beispiel. In Seeberg wurde 1792 den 9. September um $20^h\, 3'\, 29''.2$ wahrer Zeit (des Morgens), die Distanz der beiden innern Ränder des Monds und der Sonne $67^0\, 36'\, 50'' = D$ gemessen. Es war nun

um $20^h\, 3'\, 29''.2$ Seeberg w. Z. $b = 22^0\, 58'\, 34''.4$
$B = 55\ \ 38\ \ 54.0,$

als die Höhen der obern Ränder, beobachtet, und für die nämliche Zeit aus den Ephemeriden berechnet worden

		für die Sonne	für den Mond
Horizontalhalbmesser	=	957″.4	878″.0
Horizontalparallaxe	=	7.8	3250.6
Refraction	=	135.0	38.9,

woraus folgt:

$$p = 7''.8 \cos b = 7''.2$$
$$P = 3250''.6 \cos B = 1830''.0$$

$$r = 957''.4\ (1 + 7''.8 \sin b \sin 1'') = 957''.4$$
$$R = 878''.0\ (1 + 3250''.6 \sin B \sin 1'') = 900''.0,$$

und hieraus:

$$
\begin{aligned}
\varDelta' &= D + r + R = 68^0\ 7'\ 47''\\
h' &= b - r \qquad\ \ = 22\ \ 42\ \ 37\\
h &= h' - \varrho + p = 22\ \ 40\ \ 29\\
H' &= B - R \qquad = 55\ \ 43\ \ 54\\
H &= H' - \varrho' + P = 56\ \ 13\ \ 45,
\end{aligned}
$$

mit welchen fünf Elementen man findet:

$$
\begin{aligned}
&\log m = 9.99552\\
&\log\cos\tfrac{1}{2}(H' + h' + \varDelta')\log\cos\tfrac{1}{2}(H' + h' - \varDelta') = 9.45702,\\
&A = 43^0\ 31'\ 55'',\ \ \varDelta = 68^0\ 5'\ 11''.
\end{aligned}
$$

Es findet sich nun ferner aus den Ephemeriden

wahre Pariser Zeit		
$18^h\ 0'\ 0''$	$68^0\ 45'\ 50''$	geoc. Entf. der Mittelpunkte
$21\ \ 0\ \ 0$	$67\ \ 24\ \ 28$	von Mond und Sonne;
Diff. $3^h\ 0'\ 0''$	$1^0\ 21'\ 22''$.	

daher die Proportion

$$1^0\,21'\,22'' : 3^h\,0'\,0'' = (68^0\,45'\,30'' - 68^0\,5'\,11'') : x^h,$$

woraus $x = \ 1^h\ 29'\ 55''.6$

$+\,18\ \ \ 0\ \ \ 0.0$

$19^h\ 29'\ 55''.6$ = wahre Zeit zu Paris,

$20\ \ \ 3\ \ 29.2$ = wahre Zeit zu Seeberg,

folglich $0^h\ 33'\ 33''.6$, als gesuchte Meridiandifferenz Seeberg's von Paris.

§. 86. Man sieht, daß bei der so eben gezeigten Berechnungsart sowohl zwei Höhenbeobachtungen der Sonne als auch des Monds erfordert werden, welche die Bessel'sche Methode nicht nöthig hat. Aber man kann auch hier diese 4 Beobachtungen vermeiden, wenn man die Werthe von h, h', H und H', da man sie nicht in größter Schärfe zu kennen braucht, durch Rechnung sucht. Bezeichnen nämlich φ, s, δ, h die Polhöhe, den Stundenwinkel, die Declination und die wahre Höhe der Sonne; so berechne man

$$\operatorname{tg} x = \cos s \cot \varphi$$

und

$$\sin h = \frac{\sin\varphi \sin(x + \delta)}{\cos x};$$

dann hat man für die scheinbare Höhe h′ des Sonnenmittelpunkts

$$h' = h - p + \varrho .$$

Auf gleiche Weise wird die scheinbare Höhe H′ des Mondsmittelpunkts gefunden, wo der Stundenwinkel des Monds gleich der Rectascension der Sonne weniger der Summe der wahren Zeit und der Rectascension des Monds ist. — Wären also z. B. in dem, im vorigen §. enthaltenen, Rechnungsschema keine beobachteten Höhen der Sonne und des Monds vorhanden gewesen, so müßten sie erst berechnet werden, wie folgt.

Die wahre Zeit ist 20ʰ 3′ 29″.2	=	300°	52′	18″
Rectascension der Sonne	=	169	9	15
Rectascension des Monds	=	100	40	30
Differenz	=	68°	28′	45″
wahre Zeit	=	300	52	18
also Stundenwinkel des Monds	=	9°	21′	3″;

ferner hat man

Declination der Sonne	= +	4°	40′	15″
Declination des Monds	= +	17	59	50
φ	= +	50	56	17,

folglich für die Sonne

$$x = 22^\circ\ 36'\ 30''$$
$$h = 22\ \ 40\ \ 29$$
$$h' = 22\ \ 42\ \ 37,$$

und für den Mond

$$x = 38^\circ\ 41'\ 15''$$
$$H = 56\ \ 13\ \ 46$$
$$H' = 55\ \ 43\ \ 54,$$

bei welcher Berechnung nur noch zu merken ist, daß man, wenn h oder H sehr klein sind, die Refractionen ϱ und ϱ' direct aus der Tafel entnehmen muß, deren Argument nicht die wahre, sondern die scheinbare Höhe ist. Man muß daher in diesem Fall zuerst die gegebene wahre Höhe als eine scheinbare betrachten, und mit ihr in der Tafel die Refraction suchen, welche zu der als eine scheinbare betrachteten wahren Höhe addirt, die genäherte scheinbare Höhe giebt, mit welcher man nachher in der Tafel die auf diese Weise verbesserte Refraction aufsucht.

Anmerkung. Sind Distanzen des Monds von einem Fixstern genommen worden, so kann die von Littrow gegebene Berechnungsart gleichfalls angewandt werden, wenn man in ihr r und p gleich Null setzt.

Schlußbemerkung. Obschon es für die Berechnung einerlei ist, ob man Distanzen des Monds von der Sonne oder von einem Planeten beobachtet hat; so erfordert doch die theilweise Erleuchtung der Venus und vielleicht auch des Mars, eine besondere Berücksichtigung. Die Fernröhre der Spiegelsextanten, Spiegelkreise, u. s. w. sind nämlich meistens zu schwach, um die theilweise erleuchtete Figur des Planeten so deutlich zu zeigen, daß ein bestimmter Theil, namentlich ihr erleuchteter Rand, gehörig unterschieden und mit dem erleuchteten Mondsrand mittelst Reflection in Contact gebracht werden könnte. Vielmehr zeigen gedachte Fernröhre nur ein unförmliches Licht, und man kann dann nichts anderes als nur die Entfernung der Mitte desselben vom erleuchteten Mondsrand beobachten. Bessel bringt aus diesem Grund einige feine Correctionen an den Elementen an, welche die in §. 78 und §. 80 befindlichen Ephemeriden enthalten, deren Mittheilung hier jedoch um so unnöthiger scheint, als diese Correctionen in den meisten Fällen von nur ganz unerheblichem Einfluß auf das gesuchte Resultat sein werden.

G) Mittelst Pulversignale.

§. 87. Unter allen Beobachtungen, welche zur Bestimmung von Meridiandifferenzen dienen können, stehen die der gleichzeitigen Phänomene künstlicher Art, weil sie der größten Genauigkeit fähig sind, unbedingt oben an.

Solche gleichzeitige Phänomene nun können vorzüglich durch Argand'sche Lampen mit Reflectoren, deren Licht man durch einen die Flamme umhüllenden undurchsichtigen Cylinder plötzlich unterbricht, hervor gebracht werden. Leider aber findet hier die Schwierigkeit statt, die Argand'schen Lampen genau in diejenige Richtung zu bringen, welche den Strahlencylinder des zurückgeworfenen Lichts genau auf die verlangte Station hinwirft.

Doch kann man auch, der Erfahrung zufolge, Argand'sche Lampen von Corcel, bei denen der Docht stets mit frischem Oel zu begießen ist, oder auch die mit großen und concentrischen Dochten selbst ohne Reflectoren auf sehr große Distanzen anwenden. Auch kann der Heliotrop, sobald die Sonne scheint, gebraucht werden, da vermöge der Einrichtung dieses Instruments das Licht der Sonne sehr leicht auf jede Station hin geworfen werden kann, und seine Wirksamkeit in die Ferne die Argand'schen Lampen und das allzu schnell verbrennende indische Weißfeuer übertrifft.

Jedoch unter allen diesen Mitteln, ein momentanes und auf große Entfernungen gut sichtbares Ereigniß hervor zu bringen, hat sich bisher keines brauchbarer gezeigt, als das der Pulversignale. Diese bestehen in dem Losbrennen einer kleinen Quantität Schießpulvers in freier Luft des Nachts. Man verfährt hierbei am zweckmäßigsten auf folgende Weise. Das Pulver wird völlig frei auf einen Stein geschüttet und mit einem Zündlicht, dessen sich die Artilleristen zum Abfeuern der Kanonen bedienen, und das weder vom Wind noch vom Regen leicht ausgelöscht werden kann, losgebrannt. Das Zündlicht selbst wird kurz vor dem Versuch an eine brennende Lunte gesteckt, und nach dem Abbrennen des Pulvers das noch brennende Ende desselben, weil es schwer durch Ausblasen zu löschen ist, mit einer Scheere abgeschnitten. Uebrigens kommt nichts darauf an, das Pulver auf eine genau bestimmte Zeitsekunde abzubrennen. Indessen kann man dieses mittelst der Zündruthe und bei einiger Uebung recht gut bewerkstelligen. Das Losbrennen nach der anberaumten Sekunde möchte am besten so gerathen: Jemand zähle die Sekundenschläge der Pendeluhr oder des Chronometers laut vor; so wie nun die benannte Sekunde des Losbrennens laut ausgesprochen wird, so tippe man mit der bereits in Händen habenden Zündruthe auf das Pulver, und es wird dieses augenblicklich sich entzünden. Es ist stets gut und rathsam, die Pulversignale auf ein bestimmtes und verabredetes Moment zu geben, damit der Beobachter von dem Feuerblitz nicht unerwartet und unvorbereitet getroffen, oder durch zu langes Warten auf ihn vergeblich ermüdet werde. Doch schaden etliche Sekunden früher oder später, indem es nur auf den Unterschied der observirten Zeiten ankommt, gar nichts. Die Quantität des Schießpulvers richtet sich nach den Entfernungen; so wird z. B. die Flamme von 4 bis 6 Loth auf 8 bis 10 Meilen, die von 12 bis 16 Loth auf 30 und mehrere Meilen weit bei Nacht und mit unbewaffnetem Auge gesehen. Hierbei scheint die Qualität des Pulvers von keinem besondern Einflusse zu sein; jedoch soll eine geringe Beimischung von pulverisirtem Antimon, etwa $\frac{1}{8}$ bis $\frac{1}{9}$ der Pulvermasse, die Helligkeit der Flamme erhöhen. Mehr kommt es auf die Zeit und die Beschaffenheit der Atmosphäre an. So sind ohne Zweifel dunkele Nächte, mit durchsichtiger nebelloser Luft, zur Zeit des Neumonds der Sichtbarkeit der Flamme am zuträglichsten; aber es läßt sich auch bei trüber Luft, ja sogar, wie es bestimmte Versuche bewiesen haben, selbst bei Tag die Flamme mit Hilfe eines Fernrohrs wahrnehmen. Immer aber ist die Erscheinung der Flamme, namentlich wenn die Quantität des Pulvers verhältnißmäßig nur gering ist, blos die eines Augenblicks; auch wird diejenige Ungleichheit, die von der individuellen Besinnungskraft des Beobachters abhängt, noch innerhalb der Grenzen der Genauigkeit liegen, deren diese Art von Längenbestimmung überhaupt fähig ist.

Was die Signale selbst betrifft, so möchte es am zweckmäßigsten sein, sie von 5 zu 5 oder von 10 zu 10 Minuten zu geben, wobei das Anzünden recht gut von irgend einem Gehilfen verrichtet werden kann. Gestatten es überdieß die Umstände, so gebe man die Signale auf einer Höhe, welche *zwischen* den Stationen liegt, deren Längendifferenz bestimmt werden soll. Denn hierdurch wird man nicht nur das Doppelte der Sehweite gewinnen, sondern auch den Moment der stärksten Flamme gleichzeitiger wahrnehmen.

§. 88. Bei dieser Längenbestimmungs-Methode nun ist der rein astronomische Theil derselben, nämlich die scharfe Zeitbestimmung für den Meridian der beiden Stationen, ungemein wichtig und für den guten Erfolg der Längenbestimmung völlig entscheidend. Denn wenn es auch bei den übrigen absoluten Längenbestimmungen aus beobachteten Himmelsphänomenen hinlänglich ist, die Zeit bis auf die Sekunde genau zu haben, da die übrigen Elemente der Beobachtung und Rechnung noch größere Ungewißheiten übrig lassen, so ist doch bei der Anwendung von Pulversignalen eine Zuverläßigkeit von wenigstens einer Viertelsekunde unumgänglich nothwendig. Es gewährt zur Erreichung dieses Zwecks das Passageninstrument die größten Vortheile, da man mittelst desselben, ganz unabhängig von der Ungewißheit, welche der Gebrauch anderer Instrumente mit sich führt, jeden Augenblick die Zeit mit unübertrefflicher Genauigkeit erhalten kann; denn bei guter Aufstellung des Mittagsfernrohrs bleibt die Zeitbestimmung aus verschiedenen Sternen stets bis auf einige Zehntelsekunden sich gleich. Dieß leisten nun freilich die geübtesten Beobachter auf einer fixen Sternwarte mit guten und sehr vergrößernden Instrumenten. Aber auch tragbare kleinere Passageninstrumente können eine, mit andern Beobachtungswerkzeugen schwerlich zu erlangende, Schärfe gewähren, welche besonders durch Vervielfältigung der Beobachtungen sehr gesteigert werden kann. Zwar liegt die erste und größte Schwierigkeit in der genauen Aufstellung des tragbaren Mittagsfernrohrs; doch läßt sich diese Schwierigkeit bei der Vollkommenheit der neuesten Fixsterncataloge durch mancherlei, im **IX.** Capitel des ersten Theils dieses Werks gelehrte, Methoden vollkommen beseitigen. —

§. 89. Aus dem vorigen §. geht nun deutlich hervor, daß es nur in dem Fall, daß man sich der Zeitbestimmung wegen eines Passageninstruments bedient, der Mühe werth ist, die Längendifferenz aus beobachteten Pulversignalen zu ermitteln; und nur unter dieser Voraussetzung kann man also dann auch behaupten, daß es für Stationen, zwischen denen eine mittelbare oder unmittelbare Verbindung möglich ist, kein anderes Mittel zur Bestimmung der relativen Länge gebe, das diesem an Genauigkeit gleich komme.

§. 90. Als erläuterndes Beispiel mag die Bestimmung der Längendifferenz zwischen Wien und Raab durch Pulversignale *) von Augustin dienen.

Die Signale wurden am 29. und 30. April 1808 Morgends und Abends auf dem Hundsheimer Berg gegeben, auf der Sternwarte in Wien aber und auf dem Feuerthurm in Raab beobachtet. Die Resultate sind folgende:

---

*) Mon. Corr. v. Zach, XXVII. B. 287. S.

Tag.	Wahre Zeit in Wien.	Wahre Zeit in Raab.	Längendifferenz in Zeit.
29. April	4ʰ 26′ 50″.27	4ʰ 31′ 51″.22	4′ 60″.95
Morgens.	29 40.36	34 41.15	60.29
	32 38.92	37 39.09	60.17
	35 34.31	40 35.03	60.72
	38 25.71	43 25.96	60.25
	41 40.34		
		Mittel:	4′ 60″.576;
29. April	7ʰ 43′ 36″.53	7ʰ 48′ 37″.40	4′ 60″.87
Abends.	46 27.83	51 28.84	61.01
	49 27.14	54 27.27	60.13
	52 12.61	57 12.46	59.85
	55 11.52	60 12.64	61.12
	58 0.53	63 1.58	61.05
		Mittel:	4′ 60″.671;
30. April	4ʰ 27′ 41″.33	4ʰ 32′ 41″.71	4′ 60″.38
Morgens.	30 23.09	35 24.15	61.06
	33 15.36	38 16.09	60.73
	36 7.62	41 8.02	60.40
	38 56.14	43 56.46	60.32
	41 52.16	46 51.90	59.74
		Mittel:	4′ 60″.438;
30. April	7ʰ 40′ 4″.63	7ʰ 45′ 4″.77	4′ 60″.14
Abends.	42 56.64	47 56.71	60.07
	45 53.65	50 53.65	59.99
	48 46.09	53 45.58	59.49
	51 39.93	56 39.51	59.58
	54 34.11	59 33.95	59.84
		Mittel:	4′ 59″.852.

	4′ 60″.576
	4 60.671
Alle 4 Mittel zusammengestellt, geben als	4 60.438
mittleres Resultat aus allen Beobach-	4 59.852
tungen:	5′ 0″.384.

Es beträgt daher die aus diesen 23 gegebenen und observirten Pulversignalen gefolgerte Längendifferenz zwischen Wien und Raab in Zeit 5′ 0″.38.

§. 91. Auch Raketen können zur Bestimmung von Meridiandifferenzen vortrefflich benutzt werden. Will man nämlich es vermeiden, mehrere Zwischenstationen bei der beabsichtigten Verbindung zweier etwas entfernten Orte zu wählen, und mehrere Tage und Nächte auf öden Bergen bei schlechter Witterung zu verweilen, so braucht man, da die Raketen gewöhnlich 8 bis 9000 Fuß hoch steigen, dieselben nur auf der Ebene loszubrennen, um in der Runde auf eine Entfernung von 25 bis 27 deutschen Meilen noch gesehen werden zu können. Giebt man diese Signale auf Bergen, deren Höhe 5 bis 6000 Fuß beträgt, so wird man sie bis auf eine Entfernung von 30 Meilen noch recht gut bemerken, und so zwei Orte, deren Entfernung von einander 55 bis 60 Meilen beträgt, unmittelbar im Bezug auf deren Meridiane verbinden können. Die Raketen selbst entwickeln, wenn sie ihre größte Höhe erreicht haben, eine Masse von einem halben bis ganzen Pfund, die augenblicklich in Leuchtkugeln platzt, und sogleich darauf verschwindet, so daß die eigentliche Entzündung und Verbrennung nur ein Moment ist; es läßt sich folglich das blendende und scharf begrenzte Licht mit einer sehr großen Sicherheit beobachten.

So gab z. B. von Augustin im Jahre 1822 den 6. Mai in der Nähe von Neustadt, sechs Meilen von Wien, Raketensignale zur Bestimmung der Längendifferenz von Wien und Neustadt. Im Mittel aus den Angaben dreier Beobachter waren die Uhrzeiten der Wiener Beobachtungen

$$11^h\ 57'\ 47''.95$$
$$11\ \ 58\ \ 47.97$$
$$11\ \ 59\ \ 47.80,$$

woraus die Wiener Sternzeiten

$$11^h\ 57'\ 59''.07$$
$$11\ \ 58\ \ 59.09$$
$$11\ \ 59\ \ 58.90$$

folgen. Zu Neustadt wurden diese Signale im Mittel aus den Angaben zweier Beobachter wahrgenommen um

$9^h\,3'\,5''.0$ Uhrzeit in Neustadt
9 4 5.5
9 5 5.0.

Am 4. Mai gab die Uhr im wahren Mittag	11^h	$58'$	$43''.0$
„ 5. . . . . „ .	11	58	37.1
„ 6.	11	58	29.8
„ 7.	11	58	22.3,
folglich Sternzeit in Neustadt	11^h	$57'$	$25''.7$
	11	58	26.3
	11	59	26.0
und Differenz der Meridiane	0^h	$0'$	$33''.37$
	0	0	32.79
	0	0	32.90
im Mittel:	0^h	$0'$	$33''.02$

als die gesuchte Längendifferenz zwischen Neustadt und Wien.

Anmerkung. Während an den beiden Endpunkten, als den eigentlichen Hauptstationen, eine sehr scharfe Zeitbestimmung (s. §. 88) die Hauptsache ist, braucht man in den Zwischenstationen offenbar nur den Gang, nicht aber den Stand der Uhr zu kennen. Eigentlich können auf den Zwischenstationen alle himmlischen Beobachtungen, die man zur Erforschung des Gangs der Uhr anstellt, gänzlich entbehrt werden, indem die Pulversignale und Raketen selbst ein eben so einfaches als sicheres Mittel geben, den Gang der Uhr, sobald nur diese selbst gleichförmig geht, auf einer Zwischenstation zu bestimmen. Denn sind diese Orte der Reihe nach α, α_1, α_2, ... α_n, ist ferner Θ die Sternzeit in α, Θ_1 die in α_2 des in α_1 gegebenen Signals, Θ_2 die Sternzeit in α_2 und Θ_3 die in α_4 des in α_3 gegebenen Signals, ferner Θ_4 die Sternzeit in α_4 und Θ_5 die in α_6 des in α_5 gegebenen Signals u. s. w., so ist die Differenz D der Mittagskreise der beiden Endpunkte α und α_n dann

$$D = \Theta - (\Theta_1 - \Theta_2) - (\Theta_3 - \Theta_4) - (\Theta_5 - \Theta_6) - \ldots - \Theta_n,$$

woraus also hervorgeht, daß man offenbar blos die Differenzen $\Theta_1 - \Theta_2$, $\Theta_3 - \Theta_4$, $\Theta_5 - \Theta_6$, ... der Sternzeiten, folglich auch nur den Gang der Uhr auf den Mittelstationen zu wissen nöthig hat.

II. Bestimmung der geographischen Längen und Breiten aus geodätischen Operationen.

§. 92. Wenn gleich geodätische Operationen, so wie die Berechnung der geographischen Längen und Breiten aus jenen, dem eigentlichen practischen Astronomen, streng genommen, nichts angehen; so scheint es doch nicht ganz unpassend zu sein, hier die neueste und sehr scharfe Berechnungsart der geographischen Längen und Breiten aus geodätischen Vermessungen nach den, von Bessel gegebenen, Hilfstafeln und diese selbst mitzutheilen. Das Folgende ist ein kurzer Auszug aus der von Bessel hierüber gegebenen Abhandlung.

§. 93. Wenn zwei Punkte A und B der Oberfläche eines Rotationssphäroids durch eine nach einem gewissen Gesetz gezogene Curve verbunden, und in ihr zwei unendlich nahe liegende Punkte angenommen werden, welche die Polhöhen φ, $\varphi + d\varphi$ und die vom Meridian des Punkts A gezählten geographischen Längen w, $w + dw$ (östlich positiv, westlich negativ betrachtet) haben; wenn ferner deren Entfernung von einander mit ds und der Winkel, in dem der von A kommende Theil der Curve den Meridian durchschneidet (von Norden rechts herum von 0° bis 360° gezählt) mit α, endlich der Halbmesser des Parallelkreises mit r und der Krümmungshalbmesser durch R bezeichnet wird; so ist,

$$\frac{d\varphi}{dw} = p, \quad \sqrt{R^2p^2 + r^2} = U$$

gesetzt, dann die auf der Curve gemessene Entfernung s der beiden Punkte A und B:

$$s = \int U dw,$$

wo das Integral von A bis B genommen wird. Soll nun die Curve die geodätische oder kürzeste Linie werden, so muß

$$s' = \int U' dw$$

größer als s sein. Bessel findet folglich nachher (und zwar auf einem besondern Weg) die Gleichung

$$r \sin\alpha = \frac{r}{\sqrt{1 + \frac{R^2p^2}{r^2}}},$$

welche die bekannte Eigenschaft der geodätischen Linie enthält. Es ist also, wenn das Azimuth der geodätischen Linie am Punkt A durch α' und die Distanz dieses Punkts von der Drehungsaxe mit r′ bezeichnet worden, alsdann

$$r' \sin\alpha' = -r \sin\alpha \qquad 54).$$

§. 94. Heißt die größte Entfernung des Sphäroids von der Rotationsaxe a, so hat man

$$r' = a \cos u', \quad r = a \cos u,$$

folglich statt Gleichung 54) auch

$$\cos u' \sin \alpha' = - \cos u \sin \alpha \qquad 55),$$

welche Gleichung die Relation zwischen zwei Seiten $90^0 - u'$, $90^0 - u$ eines sphärischen Dreiecks und den ihnen gegenüber stehenden Winkeln $360^0 - \alpha$, α' enthält. Die dritte Seite σ und der ihr gegenüber stehende Winkel ω geben, in die Rechnung eingeführt, dann die eleganten Formeln

$$\left.\begin{aligned} ds &= \frac{a \sin a}{\sin \varphi}\, d\sigma \\ dw &= \frac{\sin u}{\sin \varphi}\, d\omega \end{aligned}\right\} \qquad 56).$$

§. 95. Wenn nun von dem Vorhergehenden die Anwendung auf den Erdkörper gemacht wird, so ist, die Erdmeridiane als elliptisch angenommen, deren halbe große und kleine Axe, so wie die Excentricität resp. mit a, b und e bezeichnet, bekanntlich

$$r = a \cos u = \frac{a \cos \varphi}{\sqrt{1 - e^2 \sin \varphi^2}}$$

und, hieraus abgeleitet,

$$\operatorname{tg} u = \operatorname{tg} \varphi \sqrt{1 - e^2}, \quad \operatorname{tg} \varphi = \frac{\operatorname{tg} u}{\sqrt{1 - e^2}},$$

$$\frac{\sin u}{\sin \varphi} = \sqrt{1 - e^2 \cos u^2};$$

setzt man also diesen Werth von $\frac{\sin u}{\sin \varphi}$ in die Gleichungen 56), so erhält man für das elliptische Rotationssphäroid:

$$\left.\begin{aligned} ds &= a \sqrt{1 - e^2 \cos u^2} \,.\, d\sigma \\ dw &= \sqrt{1 - e^2 \cos u^2} \,.\, d\omega \end{aligned}\right\} \qquad 57).$$

§. 96. Zur leichtern Integration der ersten Gleichung in 57) giebt Bessel ihr die Form

$$ds = a . \sqrt{1 - e^2 + e^2 \cos m^2 \sin (M + \sigma)^2} . d\sigma \qquad 58)$$

wo m und M durch die Gleichungen

$$\left.\begin{aligned} \cos m \sin (M + \sigma) &= \sin u \\ - \cos m \cos (M + \sigma) &= \cos u \cos \alpha \\ - \sin m &= \cos u \sin \alpha \end{aligned}\right\} \qquad 59)$$

bestimmt werden, und setzt dann

$$\frac{e \cos m}{\sqrt{1 - e^2}} = \operatorname{tg} E,$$

also

$$\varepsilon = \operatorname{tg} \tfrac{1}{2} E^2,$$

ferner $A = 1 + (\tfrac{1}{2}) \varepsilon^2 + \left(\frac{1.1}{2.4}\right) \varepsilon^4 + \left(\frac{1.1.3}{2.4.6}\right) \varepsilon^6 + \ldots.$

$$B = (\tfrac{1}{2}) \varepsilon - \left(\frac{1.1}{2.4}\right)(\tfrac{1}{2}) \varepsilon^3 - \left(\frac{1.1.3}{2.4.6}\right)\left(\frac{1.1}{2.4}\right) \varepsilon^5 - \left(\frac{1.1.3.5}{2.4.6.8}\right)\left(\frac{1.1.3}{2.4.6}\right) \varepsilon^7 + \ldots.$$

$$C = \left(\frac{1.1}{2.4}\right) \varepsilon^2 - \left(\frac{1.1.3}{2.4.6}\right)(\tfrac{1}{2}) \varepsilon^4 - \left(\frac{1.1.3.5}{2.4.6.8}\right)\left(\frac{1.1}{2.4}\right) \varepsilon^6 - \left(\frac{1.1.3.5.7}{2.4.6.8.10}\right)\left(\frac{1.1.3}{2.4.6}\right) \varepsilon^8 - \ldots.$$

u. s. w.

so findet er endlich das Integral dieses Differentials, von $\sigma = 0$ an gerechnet,

$$\left.\begin{aligned} s = b \frac{\cos \tfrac{1}{2} E^2}{\cos E} \Big\{ A\sigma &- 2B \cos (2M + \sigma) \sin \sigma \\ &- \tfrac{2}{3} C \cos (4M + 2\sigma) \sin 2\sigma \\ &- \tfrac{2}{3} D \cos (6M + 3\sigma) \sin 3\sigma \\ &- \ldots\ldots\ldots \end{aligned}\right\} \qquad 60)$$

mittelst welcher Reihe die durch u', α' und σ ausgedrückte Entfernung s der Punkte A und B gefunden wird.

§. 97. Wenn man aber aus der Vermessung s und α' kennt, so wie auch u' aus der Polhöhe des Punkts A, und σ bestimmen soll, so muß diese Größe aus der transcendenten Gleichung 60) bestimmt werden; dann kann man auch die Polhöhe des Punkts B und das Azimuth der geodätischen Linie an diesem aus den Gleichungen 59) herleiten. — Bessel bestimmt nun σ durch successive Annäherung, welche durch die am Ende des §. 99 stehende Tafel sehr erleichtert wird, und in welcher

$$\alpha = \frac{648000}{\pi} \cdot \frac{\cos E}{\cos \tfrac{1}{2}E^2} \cdot \frac{1}{A}$$

$$\beta = \frac{648000}{\pi} \cdot \frac{2B}{A}$$

$$\gamma = \frac{648000}{\pi} \cdot \frac{C}{A}$$

$$\delta = \frac{648000}{\pi} \cdot \frac{2D}{3A}$$

ist, so daß dann σ aus der Gleichung

$$\left.\begin{array}{l}\sigma = \frac{\alpha}{b}s + \beta\cos(2M+\sigma)\sin\sigma + \gamma\cos(4M+2\sigma)\sin 2\sigma \\ \qquad\qquad + \delta\cos(6M+3\sigma)\sin 3\sigma\end{array}\right\} \quad 61)$$

und zwar auf folgende Weise gefunden werden kann.

Man nehme $\frac{\alpha s}{b}$ als den ersten Näherungswerth von σ an und setze ihn in das zweite Glied, so bekommt man einen neuen Näherungswerth. Mit diesem berechne man das zweite Glied abermals und füge nun das dritte Glied hinzu; so wird die Annäherung zum wahren σ so schnell erfolgen, daß, wenn auch $\log\left(\frac{e\cos m}{\sqrt{1-e^2}}\right)$, welcher Logarithmus nämlich das Argument der Tafel abgiebt, gleich 9.1 wäre, die Näherung nie weiter getrieben zu werden braucht, ohne σ um 0″.001 fehlerhaft zu finden, da das von δ abhängende Glied, für diesen Werth des Arguments, nur noch 0″.0001 beträgt. — Uebrigens muß bemerkt werden, daß die Anwendung der Tafel dadurch ungemein bequem gemacht wird, daß die Zahlen in der Columne für $\log\beta$ stets sehr nahe um die doppelte Differenz des Arguments, und in der Columne für $\log\gamma$ um die vierfache Differenz des Arguments zunehmen.

§. 98. Zur leichtern Integration der zweiten Gleichung in 57) giebt derselben Bessel die Form

$$dw = d\omega - (1 - \sqrt{1 - e^2\cos u^2})\, d\omega$$

und setzt

$$\alpha' = \tfrac{1}{2}\sqrt[3]{(1-\varepsilon')^2}\left\{1 + (\tfrac{1}{3})^2\varepsilon'^2 + \left(\frac{1.4}{3.6}\right)\varepsilon'^4 + \ldots\right\}$$

$$\beta' = \sqrt[3]{(1-\varepsilon')^2}\left\{(\tfrac{1}{3})\varepsilon' + \left(\frac{1.4}{3.6}\right)(\tfrac{1}{3})\varepsilon'^3 + \left(\frac{1.4.7}{3.6.9}\right)\varepsilon'^5 + \ldots\right\}$$

$$\gamma' = \tfrac{1}{2}\sqrt[3]{(1-\varepsilon')^2}\left\{\left(\frac{1.4}{3.6}\right)\varepsilon'^2 + \left(\frac{1.4.7}{3.6.9}\right)(\tfrac{1}{3})\varepsilon'^4 + \left(\frac{1.4.7.10}{3.6.9.12}\right)\left(\frac{1.4}{3.6}\right)\varepsilon'^6 + \ldots\right\},$$

so findet er dann den Mittagsunterschied w mittelst der Gleichung

$$w = \omega - \frac{e^2 \sin m}{\sqrt[3]{1-\frac{3}{4}e^2}}\left\{\alpha'\sigma + \beta'\cos(2M+\sigma)\sin\sigma + \gamma'\cos(4M+2\sigma)\sin 2\sigma\right\} \quad 62).$$

Das Argument der Tafel, in der die Logarithmen von α', β' und γ' stehen, ist

$$\log\left\{\frac{e\sqrt{\frac{3}{4}}}{\sqrt{1-\frac{3}{4}e^2}}\cos m\right\}$$

und man berechne nun zuerst ω nach einer der 5 folgenden Gleichungen

$$\sin\omega = \frac{\sin\sigma\sin\alpha'}{\cos u} = \frac{-\sin\sigma\sin\alpha}{\cos u'} = \frac{\sin\sigma\sin m}{\cos u\cos u'},$$

$$\operatorname{tg}\tfrac{1}{2}\omega = \frac{\sin\frac{1}{2}(u'-u)\operatorname{tg}\frac{1}{2}(\alpha'+\alpha)}{\cos\frac{1}{2}(u'+u)}$$

$$= \frac{\cos\frac{1}{2}(u'-u)\operatorname{tg}\frac{1}{2}(\alpha'-\alpha)}{\sin\frac{1}{2}(u'+u)}$$

und verfahre dann auf gleiche Weise wie im vorhergehenden §. für σ, so wird man ebenfalls dem wahren Werth von ω sich ungemein schnell nähern.

§. 99. Die Anwendung der Tafeln nun erläutert Bessel durch folgendes Beispiel:

Die Lage von Dünkirchen gegen Seeberg ist, wie sie von Müffling aus seiner großen Vermessung abgeleitet hat, folgende:

$$\alpha' = 274^0\ 21'\ 13''.18$$
$$\log s = 5.47830314.$$

Sei $\log b = 6.51335464$, $\log e = 8.9054355$ und der Seeberger Sternwarte Polhöhe $\varphi' = 50^0\ 56'\ 6''.7$; so steht dann die Rechnung, wie folgt:

$$\log \operatorname{tg} \varphi' = 0.09062665$$
$$\log \sqrt{1-e^2} = 9.99859060$$
$$\log \operatorname{tg} u' = 0.08921725, \quad u' = 50^0\ 50'\ 39''.057;$$

mittelst u' und α' wird M, cos m und sin m gefunden:

$$\log \sin u' = 9.88954351$$
$$\log \cos u' = 9.80032627$$
$$\log \cos \alpha' = 8.88003733$$
$$\log \sin \alpha' = 9.99874662$$
$$\log \cos m \sin M = 9.88954351$$
$$\log \cos m \cos M = 8.68036360$$
$$\log \sin m = 9.79907289n$$
$$M = 86^0\ 27'\ 53''.949, \quad 2M = 172^0\ 55'\ 47''.9$$
$$\log \cos m = 9.89037063, \quad 4M = 345\ \ 51\ \ 36;$$

ferner

$$\log \frac{e}{\sqrt{1-e^2}} = 8.906845$$
$$\log \cos m = 9.890371$$
$$\text{Argument} = 8.797216,$$

mit welchem aus der Tafel log α gefunden, und damit nachher $\frac{\alpha s}{b}$ berechnet wird:

$$\log \alpha = 5.31399893$$
$$\text{dec.} \log b = 3.48664536$$
$$\log s = 5.47830314$$
$$\log \frac{\alpha s}{b} = 4.27894743, \quad \frac{\alpha s}{b} = 5^0\ 16'\ 48''.482,$$

welche erste Annäherung an den Werth von σ die zweite durch Hinzufügung des ersten Glieds der Reihe 61) finden läßt:

$$\log \beta = 2.30595$$
$$\log \cos (2M + \sigma) = 9.99979n$$
$$\log \sin \sigma = 9.96391$$
$$\log(-18''.60) = 1.26965n.$$

Dann giebt die genauere Berechnung dieses Glieds mit dem zweiten genäherten $\sigma = 5^0\ 16'\ 29''.9$, so wie die des dritten:

$$\begin{aligned} \log\beta &= 2.30593 & \log\gamma &= 8.395 \\ \log\cos(2M+\sigma) &= 9.99979n & \log\cos(4M+2\sigma) &= 9.999 \\ \log\sin\sigma &= \underline{8.96348} & \log\sin 2\sigma &= \underline{9.263} \\ \log(-18''.587) &= 1.26922n & \log(+0''.004) &= 7.657 \end{aligned}$$

Man hat daher $\sigma = 5^0\ 16'\ 29''.899$ und endlich α, u und φ aus den Gleichungen 59):

$$\begin{aligned} M+\sigma &= 91^0\ 44'\ 23''.848 \\ \log\sin(M+\sigma) &= 9.99979971 \\ \log\cos(M+\sigma) &= 8.48234932 \\ \log\cos M &= 9.89037063 \\ \log(-\sin m) &= \underline{9.79907289} \\ \log\sin u &= 9.89017034 \\ \log\cos u\cos\alpha &= 8.37271995 \\ \log\cos u\sin\alpha &= \underline{9.79907289} \\ \alpha &= 87^0\ 51'\ 15''.523; \end{aligned}$$

ferner

$$\begin{aligned} \log\cos u &= 9.79937750 \\ \log\operatorname{tg} u &= 0.09079284 \\ \text{dec.}\log\sqrt{1-e^2} &= \underline{0.00140940} \\ \log\operatorname{tg}\varphi &= 0.09220224, \quad \varphi = 51^0\ 2'\ 12''.719. \end{aligned}$$

Der zweite Theil der Rechnung wird von Bessel nun so geführt;

$$\begin{aligned} \log\sin\sigma &= 8.96348383 \\ \log\sin\alpha &= 9.99969539n \\ \text{dec.}\log\cos u' &= \underline{0.19967373} \\ \log\sin w &= 9.16285295n, \quad w = -8^0\ 21'\ 57''.741. \end{aligned}$$

Ferner ist für die beiden letzten Columnen der Tafel

$$\log\left\{\frac{e\gamma^{\frac{3}{4}}}{\sqrt{1-\frac{3}{4}e^2}}\cos m\right\}, \text{ also}$$

$$\begin{aligned} \log\frac{e\gamma^{\frac{3}{4}}}{\sqrt{1-\frac{3}{4}e^2}} &= 8.844022 \\ \cos m &= \underline{9.890371} \\ \text{Argument} &= 8.734393 \end{aligned}$$

$$\log\alpha' = 9.698757 \qquad \log\beta' = 1.703$$
$$\log(-\sin m) = 9.799073 \qquad \log(-\sin m) = 9.799$$
$$\log\left(\frac{e^2}{\sqrt[3]{1-\frac{3}{4}e^2}}\right) = 7.811575 \qquad \log\left(\frac{e^2}{\sqrt[3]{1-\frac{3}{4}e^2}}\right) = 7.812$$
$$\log\sigma = 4.278523 \qquad \log\cos(2M+\sigma)\sin\sigma = 8.963n$$
$$\log(+38''.719) = 1.587928 \qquad \log(-0''.019) = 8.277n,$$

daher die Summe beider Glieder $= +38''.700$, und der gesuchte Längenunterschied

$$w = -8^0\ 21'\ 19''.041.$$

Schlußbemerkung. Der Gebrauch dieser von Bessel construirten Tafel läßt keineswegs höhere Potenzen der Excentricität der Erdmeridiane unberücksichtigt, sondern giebt das Resultat so genau, als es die Anwendung ihrer Decimalstellen erlaubt. Da übrigens diese neueste und sehr scharfe Berechnungsart selbst bei häufiger Anwendung bequem genug ist, so bedarf es der frühern Näherungen, die auf der Bedingung beruheten, daß die Vermessung blos eine geringe Ausdehnung besitze, gar nicht mehr.

Bessel's Tafel zur Berechnung der geodätischen Vermessungen.

Arg.	log α	Diff.	log β	Diff.	log γ	Diff.	log α'	Diff.	log β'	Diff.
6,400	5,314 42513	1	7,5124	2000			9,698970	0	7 035	200
6,500	5,314 42512	0	7,7124	2000			9,698970	0	7,235	200
6,600	5,314 42512	1	7,9124	2000			9,698970	0	7,435	200
6,700	5,314 42511	2	8,1124	2000			9,698970	0	7,635	200
6,800	5,314 42509	3	8,3124	2000			9,698970	0	7,835	200
6,900	5,314 42506	4	8,5124	2000			9,698970	0	8,035	200
7,000	5,314 42502	6	8,7124	2000			9,698970	0	8,235	200
7,100	5,314 42496	10	8,9124	2000			9,698970	0	8,435	200
7,200	5,314 42486	16	9,1124	2000			9,698970	0	8,635	200
7,300	5,314 42470	25	9,3124	2000			9,698970	0	8,835	200
7,400	5,314 42445	40	9,5124	2000			9,698970	1	9,035	200
7,500	5,314 42405	5	9,7124	200			9,698969	0	9,235	20
7,510	5,314 42400	6	9,7324	200			9,698969	0	9,255	20
7,520	5,314 42394	5	9,7524	200			9,698969	0	9,275	20
7,530	5,314 42389	6	9,7724	200			9,698969	0	9,295	20
7,540	5,314 42383	6	9,7924	200			9,698969	0	9,315	20
7,550	5,314 42377	7	9,8124	200			9,698969	0	9,335	20
7,560	5,314 42370	7	9,8324	200			9,698969	0	9,355	20
7,570	5,314 42363	7	9,8524	200			9,698969	0	9,375	20
7,580	5,314 42356	7	9,8724	200			9,698969	0	9,395	20
7,590	5,314 42349	8	9,8924	200			9,698969	0	9,415	20
7,600	5,314 42341	8	9,9124	200			9,698969	0	9,435	20
7,610	5,314 42333	8	9,9324	200			9,698969	0	9,455	20

7,620	5,314 42325	9	9,9524	200			9,698969	0	9,475	20
7,630	5,314 42316	10	9,9724	200			9,698969	0	9,495	20
7,640	5,314 42306	9	9,9924	200			9,698969	0	9,515	20
7,650	5,314 42297	11	0,0124	200			9,698969	1	9,535	20
7,660	5,314 42286	10	0,0324	200			9,698968	0	9,555	20
7,670	5,314 42276	11	0,0524	200			9,698968	0	9,575	20
7,680	5,314 42265	12	0,0724	200			9,698968	0	9,595	20
7,690	5,314 42253	12	0,0924	200			9,698968	0	9,615	20
7,700	5,314 42241	13	0,1124	200			9,698968	0	9,635	20
7,710	5,314 42228	14	0,1324	200			9,698968	0	9,655	20
7,720	5,314 42214	14	0,1524	200			9,698968	0	9,675	20
7,730	5,314 42200	15	0,1724	200			9,698968	0	9,695	20
7,740	5,314 42185	15	0,1924	200			9,698968	0	9,715	20
7,750	5,314 42170	16	0,2124	200			9,698968	0	9,735	20
7,760	5,314 42154	17	0,2324	200			9,698968	1	9,755	20
7,770	5,314 42137	18	0,2524	200			9,698967	0	9,775	20
7,780	5,314 42119	18	0,2724	200			9,698967	0	9,795	20
7,790	5,314 42101	20	0,2924	200			9,698967	0	9,815	20
7,800	5,314 42081	20	0,3124	200			9,698967	0	9,835	20
7,810	5,314 42061	22	0,3324	200			9,698967	0	9,855	20
7,820	5,314 42039	22	0,3524	200			9,698967	0	9,875	20
7,830	5,314 42017	23	0,3724	200			9,698967	0	9,895	20
7,840	5,314 41994	25	0,3924	200			9,698967	1	9,915	20
7,850	5,314 41969	25	0,4124	200			9,698966	0	9,935	20
7,860	5,314 41944	27	0,4324	200			9,698966	0	9,955	20
7,870	5,314 41917	28	0,4524	200			9,698966	0	9,975	20
7,880	5,314 41889	30	0,4724	200			9,698966	0	9,995	20

Arg.	log α	Diff.	log β	Diff.	log γ	Diff.	log α'	Diff.	log β'	Diff.
7,890	5,314 41859	31	0,49240	200			9,698966	1	0,015	20
7,900	5,314 41828	32	0,51235	2000			9,698965	0	0,035	20
7,910	5,314 41796	34	0,53235	2000			9,698965	0	0,055	20
7,920	5,314 41762	35	0,55235	2000			9,698965	0	0,075	20
7,930	5,314 41727	37	0,57235	2000			9,698965	0	0,095	20
7,940	5,314 41690	39	0,59235	2000			9,698965	1	0,115	20
7,950	5,314 41651	41	0,61235	2000			9,698964	0	0,135	20
7,960	5,314 41610	42	0,63235	2000			9,698964	0	0,155	20
7,970	5,314 41568	45	0,65235	2000			9,698964	1	0,175	20
7,980	5,314 41523	47	0,67235	1999			9,698963	0	0,195	20
7,990	5,314 41476	48	0,69234	2000			9,698963	0	0,215	20
8,000	5,314 41428	52	0,71234	2000			9,698963	1	0,235	20
8,010	5,314 41376	53	0,73234	2000			9,698962	0	0,255	20
8,020	5,314 41323	56	0,75234	2000			9,698962	0	0,275	20
8,030	5,314 41267	59	0,77234	2000			9,698962	1	0,295	20
8,040	5,314 41208	61	0,79234	2000			9,698961	0	0,315	20
8,050	5,314 41147	65	0,81234	2000			9,698961	1	0,335	20
8,060	5,314 41082	67	0,83234	2000			9,698960	0	0,355	20
8,070	5,314 41015	71	0,85234	1999			9,698960	0	0,375	20
8,080	5,314 40944	74	0,87233	2000			9,698960	1	0,395	20
8,090	5,314 40870	77	0,89233	2000			9,698959	0	0,415	20
8,100	5,314 40793	81	0,91233	2000			9,698959	1	0,435	20
8,110	5,314 40712	85	0,93233	2000			9,698958	1	0,455	20
8,120	5,314 40627	89	0,95233	2000			9,698957	0	0,475	20
8,130	5,314 40538	93	0,97233	1999			9,698957	1	0,495	20

8,140	5,314 40445	98	0,99232	2000			9,698956	0	0,515	20
8,150	5,314 40347	102	1,01232	2000			9,698956	1	0,535	20
8,160	5,314 40245	107	1,03232	2000			9,698955	1	0,555	20
8,170	5,314 40138	112	1,05232	2000			9,698954	1	0,575	20
8,180	5,314 40026	117	1,07232	1999			9,698953	0	0,595	20
8,190	5,314 39909	123	1,09231	2000			9,698953	1	0,615	20
8,200	5,314 39786	128	1,11231	2000			9,698952	1	0,635	20
8,210	5,314 39658	135	1,13231	2000			9,698951	1	0,655	20
8,220	5,314 39523	141	1,15231	1999			9,698950	1	0,675	20
8,230	5,314 39382	147	1,17230	2000			9,698949	1	0,695	20
8,240	5,314 39235	155	1,19230	2000			9,698948	1	0,715	20
8,250	5,314 39080	162	1,21230	1999	6,207	40	9,698947	1	0,735	20
8,260	5,314 38918	169	1,23229	2000	6,247	40	9,698946	1	0,755	20
8,270	5,314 38749	177	1,25229	2000	6,287	40	9,698945	1	0,775	20
8,280	5,314 38572	186	1,27229	1999	6,327	40	9,698944	2	0,795	20
8,290	5,314 38386	195	1,29228	2000	6,367	40	9,698942	1	0,815	20
8,300	5,314 38191	203	1,31228	1999	6,407	40	9,698941	1	0,835	20
8,310	5,314 37988	213	1,33227	2000	6,447	40	9,698940	2	0,855	20
8,320	5,314 37775	224	1,35227	2000	6,487	40	9,698938	1	0,875	20
8,330	5,314 37551	234	1,37227	1999	6,527	40	9,698937	2	0,895	20
8,340	5,314 37317	244	1,39226	2000	6,567	40	9,698935	1	0,915	20
8,350	5,314 37073	257	1,41226	1999	6,607	40	9,698934	2	0,935	20
8,360	5,314 36816	268	1,43225	2000	6,647	40	9,698932	2	0,955	20
8,370	5,314 36548	281	1,45225	1999	6,687	40	9,698930	2	0,975	20
8,380	5,314 36267	295	1,47224	1999	6,727	40	9,698928	2	0,995	20
8,390	5,314 35972	308	1,49223	2000	6,767	40	9,698926	2	1,015	20
8,400	5,314 35664	323	1,51223	1999	6,807	40	9,698924	2	1,035	20

Arg.	log α	Diff.	log β	Diff.	log γ	Diff.	log α'	Diff.	log β'	Diff.
8,410	5,314 35341	338	1,53222	1999	6,847	40	9,698922	2	1,055	20
8,420	5,314 35003	353	1,55221	2000	6,887	40	9,698920	2	1,075	20
8,430	5,314 34650	371	1,57221	1999	6,927	40	9,698918	3	1,095	20
8,440	5,314 34279	388	1,59220	1999	6,967	40	9,698915	2	1,115	20
8,450	5,314 33891	406	1,61219	1999	7,007	40	9,698913	3	1,135	20
8,460	5,314 33485	425	1,63218	2000	7,047	40	9,698910	3	1,155	20
8,470	5,314 33060	446	1,65218	1999	7,087	40	9,698907	3	1,175	20
8,480	5,314 32614	466	1,67217	1999	7,127	40	9,698904	3	1,195	20
8,490	5,314 32148	489	1,69216	1999	7,167	40	9,698901	3	1,215	20
8,500	5,314 31659	511	1,71215	1999	7,207	40	9,698898	4	1,235	20
8,510	5,314 31148	535	1,73214	1999	7,247	40	9,698894	3	1,255	20
8,520	5,314 30613	561	1,75213	1999	7,287	40	9,698891	4	1,275	20
8,530	5,314 30052	587	1,77212	1998	7,327	40	9,698887	4	1,295	20
8,540	5,314 29465	615	1,79210	1999	7,367	40	9,698883	4	1,315	20
8,550	5,314 28850	644	1,81209	1999	7,407	40	9,698879	4	1,335	20
8,560	5,314 28206	674	1,83208	1999	7,447	40	9,698875	5	1,355	20
8,570	5,314 27532	705	1,85207	1998	7,487	40	9,698870	5	1,375	20
8,580	5,314 26827	739	1,87205	1999	7,527	40	9,698865	5	1,395	20
8,590	5,314 26088	774	1,89204	1998	7,567	40	9,698860	5	1,415	20
8,600	5,314 25314	810	1,91202	1999	7,607	40	9,698855	5	1,435	20
8,610	5,314 24504	848	1,93201	1998	7,647	39	9,698850	6	1,455	20
8,620	5,314 23656	889	1,95199	1998	7,686	40	9,698844	6	1,475	20
8,630	5,314 22767	930	1,97197	1998	7,726	40	9,698838	6	1,495	20
8,640	5,314 21837	973	1,99195	1998	7,766	40	9,698832	6	1,515	20
8,650	5,314 20864	1020	2,01193	1998	7,806	40	9,698826	7	1,535	20

8,660	5,314 19844	1068	2,03191	1998	7,846	40	9,698819	7	1,555	20
8,670	5,314 18776	1118	2,05189	1998	7,886	40	9,698812	8	1,575	20
8,680	5,314 17658	1170	2,07187	1998	7,926	40	9,698804	7	1,595	20
8,690	5,314 16488	1226	2,09185	1997	7,966	40	9,698797	9	1,615	20
8,700	5,314 15262	1283	2,11182	1998	8,006	40	9,698788	8	1,635	19
8,710	5,314 13979	1344	2,13180	1997	8,046	40	9,698780	9	1,654	20
8,720	5,314 12635	1406	2,15177	1997	8,086	40	9,698771	10	1,674	20
8,730	5,314 11229	1473	2,17174	1997	8,126	40	9,698761	9	1,694	20
8,740	5,314 09756	1543	2,19174	1997	8,166	40	9,698752	11	1,714	20
8,750	5,314 08213	1615	2,21168	1997	8,206	40	9,698741	10	1,734	20
8,760	5,314 06598	1690	2,23165	1996	8,246	40	9,698731	12	1,754	20
8,770	5,314 04908	1771	2,25161	1997	8,286	40	9,698719	11	1,774	20
8,780	5,314 03137	1853	2,27158	1996	8,326	40	9,698708	13	1,794	20
8,790	5,314 01284	1941	2,29154	1996	8,366	40	9,698695	13	1,814	20
8,800	5,313 99343	1004	2,31150	998	8,406	19	9,698682	6	1,834	10
8,805	5,313 98339	1028	2,32148	998	8,425	20	9,698676	7	1,844	10
8,810	5,313 97311	1051	2,33146	998	8,445	20	9,698669	7	1,854	10
8,815	5,313 96260	1076	2,34144	998	8,465	20	9,698662	7	1,864	10
8,820	5,313 95184	1101	2,35142	998	8,485	20	9,698655	8	1,874	10
8,825	5,313 94083	1127	2,36140	998	8,505	20	9,698647	7	1,884	10
8,830	5,313 92956	1152	2,37138	997	8,525	20	9,698640	8	1,894	10
8,835	5,313 91804	1180	2,38135	998	8,545	20	9,698632	8	1,904	10
8,840	5,313 90624	1207	2,39133	998	8,565	20	9,698624	8	1,914	10
8,845	5,313 89417	1234	2,40131	997	8,585	20	9,698616	8	1,924	10
8,850	5,313 88183	1264	2,411280	9975	8,605	20	9,698608	9	1,934	10
8,855	5,313 86919	1293	2,421255	9974	8,625	20	9,698599	8	1,944	10
8,860	5,313 85626	1323	2,431229	9974	8,645	20	9,698591	9	1,954	10

Arg.	log α	Diff.	log β	Diff.	log γ	Diff.	log α'	Diff.	log β'	Diff.
8,865	5,313 84303	1353	2,441203	9973	8,665	20	9,698582	9	1,964	10
8,870	5,313 82950	1385	2,451176	9972	8,685	20	9,698573	9	1,974	10
8,875	5,313 81565	1417	2,461148	9972	8,705	20	9,698564	10	1,984	10
8,880	5,313 80148	1450	2,471120	9971	8,725	20	9,698554	9	1,994	10
8,885	5,313 78698	1484	2,481091	9971	8,745	20	9,698545	10	2,004	10
8,890	5,313 77214	1518	2,491062	9969	8,765	20	9,698535	10	2,014	9
8,895	5,313 75696	1553	2,501031	9970	8,785	19	9,698525	11	2,023	10
8,900	5,313 74143	1590	2,511001	9968	8,804	20	9,698514	10	2,033	10
8,905	5,313 72553	1626	2,520969	9968	8,824	20	9,698504	11	2,043	10
8,910	5,313 70927	1664	2,530937	9966	8,844	20	9,698493	11	2,053	10
8,915	5,313 69263	1702	2,540903	9966	8,864	20	9,698482	12	2,063	10
8,920	5,313 67561	1742	2,550869	9965	8,884	20	9,698470	11	2,073	10
8,925	5,313 65819	1783	2,560834	9965	8,904	20	9,698459	12	2,083	10
8,930	5,313 64036	1824	2,570799	9964	8,924	20	9,698447	12	2,093	10
8,935	5,313 62212	1866	2,580763	9963	8,944	20	9,698435	13	2,103	10
8,940	5,313 60346	1909	2,590726	9962	8,964	20	9,698422	12	2,113	10
8,945	5,313 58437	1953	2,600688	9961	8,984	20	9,698410	13	2,123	10
8,950	5,313 56484	1999	2,610649	9960	9,004	20	9,698397	14	2,133	10
8,955	5,313 54485	2045	2,620609	9960	9,024	20	9,698383	13	2,143	10
8,960	5,313 52440	2093	2,630569	9958	9,044	20	9,698370	14	2,153	10
8,965	5,313 50347	2141	2,640527	9957	9,064	19	9,698356	14	2,163	10
8,970	5,313 48206	2191	2,650484	9957	9,083	20	9,698342	15	2,173	10
8,975	5,313 46015	2241	2,660441	9955	9,103	20	9,698327	15	2,183	10
8,980	5,313 43774	2293	2,670396	9955	9,123	20	9,698312	15	2,193	10
8,985	5,313 41481	2347	2,680351	9953	9,143	20	9,698297	16	2,203	9

8,990	5,313 39134	2400	2,690304	9952	9,163	20	9,698281	16	2,212	10
8,995	5,313 36734	2457	2,700256	9952	9,183	20	9,698265	16	2,222	10
9,000	5,313 34277	2513	2,710208	9950	9,203	20	9,698249	17	2,232	10
9,005	5,313 31764	2571	2,720158	9949	9,223	20	9,698232	17	2,242	10
9,010	5,313 29193	2631	2,730107	9947	9,243	20	9,698215	18	2,252	10
9,015	5,313 26562	2691	2,740054	9947	9,263	20	9,698197	18	2,262	10
9,020	5,313 23871	2754	2,750001	9945	9,283	19	9,698179	18	2,272	10
9,025	5,313 21117	2818	2,759946	9944	9,302	20	9,698161	19	2,282	10
9,030	5,313 18299	2883	2,769890	9943	9,322	20	9,698142	19	2,292	10
9,035	5,313 15416	2949	2,779833	9941	9,342	20	9,698123	20	2,302	10
9,040	5,313 12467	3018	2,789774	9941	9,362	20	9,698103	20	2,312	10
9,045	5,313 09449	3087	2,799715	9939	9,382	20	9,698083	20	2,322	10
9,050	5,313 06362	3159	2,809654	9937	9,402	20	9,698063	21	2,332	10
9,055	5,313 03203	3232	2,819591	9936	9,422	19	9,698042	22	2,342	9
9,060	5,312 99971	3306	2,829527	9934	9,441	20	9,698020	22	2,351	10
9,065	5,312 96665	3383	2,839461	9933	9,461	20	9,697998	22	2,361	10
9,070	5,312 93282	3460	2,849394	9931	9,481	20	9,697976	23	2,371	10
9,075	5,312 89822	3541	2,859325	9930	9,501	20	9,697953	24	2,381	10
9,080	5,312 86281	3623	2,869255	9929	9,521	20	9,697929	24	2,391	10
9,085	5,312 82658	3706	2,879184	9926	9,541	20	9,697905	25	2,401	10
9,090	5,312 78952	3791	2,889110	9925	9,561	20	9,697880	25	2,411	10
9,095	5,312 75161	3879	2,899035	9923	9,581	19	9,697855	26	2,421	10
9,100	5,312 71282		2,909058		9,600		9,697829		2,431	

Sechstes Capitel.

Von der Bestimmung der Polhöhe.

§. 100. Die Polhöhe eines Orts ist, in Verbindung mit der Länge desselben, ein Hauptelement sowohl in der Astronomie als in der Geographie.

Zur Bestimmung der Polhöhe nun wird die Kenntniß der gegenseitigen Lage von Zenith und Pol, von Horizont und Aequator erfordert. Diese Kenntniß kann aber nur durch Messung von Höhen erlangt werden. Von der Genauigkeit, mit der diese angestellt werden kann, hängt folglich der practische Theil der Polhöhenbestimmung ab. Diesen Mängeln der Beobachtung selbst, so wie den Ungewißheiten, welche von der Declination des angewandten Gestirns, von dessen Parallaxe und von der Refraction abhängen, hat man auf mancherlei Art zu begegnen gesucht, so daß dadurch folgende 8 Hauptmethoden der Polhöhenbestimmung entstanden sind; nämlich Bestimmung der Polhöhe.

A) aus der Mittagshöhe eines Gestirns,
B) mittelst Circummeridianhöhen,
C) aus der Verbindung zweier Mittagshöhen im südlichen und im nördlichen Theil des Meridians,
D) aus Höhen eines Sterns über und unter dem Pol,
E) aus Höhen des Polarsterns,
F) mittelst gleicher Höhen der Circumpolarsterne,
G) mittelst Höhen zweier Sterne und der beobachteten Zwischenzeit, und
H) aus der Beobachtung eines Sterns bei seinem Durchgang durch den östlichen und westlichen Verticalkreis;

welche 8 Hauptmethoden nun der Reihe nach näher angegeben und durch Beispiele erläutert werden sollen.

A) Aus der Mittagshöhe eines Gestirns.

§. 101. Die einfachste und allgemeinste Art, die Polhöhe zu erforschen, besteht darin, die Höhe eines Gestirns zu messen in dem

Augenblick, wo es den Meridian passirt. Man verbessert hierauf diese Höhe wegen der Refraction (wenn man die Sonne beobachtet hat, auch noch wegen ihres Halbmessers und ihrer Parallaxe), und subtrahirt oder addirt die Declination des Gestirns, je nachdem sie mit der gesuchten Polhöhe gleichnamig oder ungleichnamig ist; so erhält man endlich die Aequator- und hieraus die Polhöhe. Hat man, wie es die Einrichtung der neuern Instrumente mit sich bringt, statt der Höhe ihr Complement d. h. die Zenithdistanz gemessen, so werden obige Correctionen im umgekehrten Sinn angebracht.

Ist folglich z die von den Fehlern des Instruments, von Refraction und Parallaxe befreite Zenithdistanz, welche gemessen worden, und δ die bekannte scheinbare d. i. von Präcession, Aberration und Nutation afficirte Declination des Gestirns; so hat man, alle Zenithdistanzen als positiv angesehen und die gesuchte Polhöhe $= \varphi$ gesetzt,

auf der Südseite des Zeniths $\varphi = \delta + z$,

auf der Nordseite des Zeniths $\begin{cases} \text{obere Culm. } \varphi = \delta - z, \\ \text{untere Culm. } \varphi = (180 - \delta) - z. \end{cases}$

Erstes Beispiel. Im Jahr 1804 beobachtete man am 2. Januar die Zenithdistanz 28° 14′ 13″ des Polarsterns in seiner obern Culmination. Den Collimationsfehler des Instruments fand man 2′ 30″, um welchen Bogen nämlich es alle Scheitelabstände zu groß angab. Man hat daher, die scheinbare Declination des Polarsterns zu 83° 12′ 14″.7 berechnet,

beobachtete Zenithdistanz	= 28° 14′ 13″.0
Collimationsfehler	= — 2 30.0
	28° 11′ 43″.0
Refraction	= + 30.6
z	= 28° 12′ 13″.6
δ	= 88 12 14.7
folglich φ	= 60° 0′ 1″.1.

Zweites Beispiel. Den 2. Jan. 1804 wurde die Zenithdistanz des Polarsterns auch in seiner untern Culmination beobachtet und = 31° 49′ 39″ beobachtet. Es ist nun

$$
\begin{aligned}
\text{beobachtete Zenithdistanz} &= 31^\circ\ 49'\ 39''.0 \\
\text{Collimationsfehler} &= -\quad 2\ \ 30.0 \\
&\overline{\ 31^\circ\ 47'\ \ \ 9''.0\ } \\
\text{Refraction} &= +\qquad 35.3 \\
z &= \overline{31^\circ\ 47'\ 44''.3} \\
180^\circ - \delta &= 91\ \ 47\ \ 45.3 \\
\text{also } \varphi &= \overline{60^\circ\ \ 0'\ \ 1''.0}.
\end{aligned}
$$

Drittes Beispiel. 1804 den 14. Mai beobachtete man die Culmination der Sonne, und fand die Zenithdistanz ihres obern Rands 41° 8′ 31″, den Collimationsfehler des Instruments = — 2′ 10″, die Declination der Sonne = + 18° 37′ 4″.8 und deren Halbmesser = 15′ 51″.6. Die Rechnung ist nun, wie folgt:

$$
\begin{aligned}
\text{beobachtete Zenithdistanz des obern Rands} &= 41^\circ\ 8'\ 31''.0 \\
\text{Collimationsfehler} &= -\quad 2\ \ 10.0 \\
&\overline{\ 41^\circ\ 6'\ 21''.0\ } \\
\text{Refraction} &= +\qquad 50.0 \\
\text{Höhenparallaxe} &= -\qquad\ 5.6 \\
\text{Halbmesser} &= +\ 15\ \ 51.6 \\
z &= \overline{41^\circ\ 22'\ 57''.0} \\
\delta &= +\ 18\ \ 37\ \ \ 4.8 \\
\text{folglich } \varphi &= \overline{60^\circ\ \ 0'\ \ 1''.8}.
\end{aligned}
$$

Anmerkung. Wenn die Declination der Sonne südlich ist, so muß δ negativ genommen werden.

B) Mittelst Circummeridianhöhen.

§. 102. Bekanntlich ändert sich die Höhe eines Gestirns um seine Culminationszeit nur langsam. Man kann daher für kleine Abstände von der Culminationszeit berechnen, um wie viel dasselbe niedriger stand als dessen größte Höhe. Man messe folglich etwa 10 bis 15 Minuten vor und nach der Culmination, so oft man kann und will, eine Höhe oder Zenithdistanz, und verwandele mittelst Anbringung des mit voller Zuverlässigkeit zu berechnenden Unterschieds alle diese Beobachtungen in eigentliche Mittagshöhen; so wird man dann mehrere Bestimmungen erhalten, deren mittlerer Werth, wenn sonst keine beständigen Fehler sich eingeschlichen haben, der Wahrscheinlichkeit gemäß, je nach der Zahl und der Uebereinstimmung der Resultate der Wahrheit bedeutend nahe liegen muß.

Es versteht sich übrigens von selbst, daß man bei jeder einzelnen Beobachtung sich nicht übereilen darf, vielmehr darauf zu sehen hat, möglichst genaue Observationen anzustellen.

Sei nun **Z** die außer dem Meridian beobachtete Zenithdistanz des Gestirns, dz die zu berechnende Reduction derselben auf die gesuchte Zenithdistanz $z = Z + dz$, versteht sich, daß die Correctionen wegen der Refraction, des Halbmessers und der Höhenparallaxe nicht fehlen dürfen, δ die Declination des Gestirns zur Zeit ihrer Culmination, φ die schon nahe bekannte, φ' die wahre Polhöhe und t der in Zeit ausgedrückte Stundenwinkel der Beobachtung; so hat man für Culminationen auf der Südseite des Zeniths, wo wegen südlicher Declinationen δ negativ zu nehmen,

$$dz = -\frac{\cos\varphi\cos\delta}{\sin(\varphi-\delta)}\cdot\frac{2\sin\frac{1}{2}\Theta^2}{\sin 1''},$$

und für Culminationen auf der Nordseite des Zeniths,

in der obern $$dz = -\frac{\cos\varphi\cos\delta}{\sin(\delta-\varphi)}\cdot\frac{2\sin\frac{1}{2}\Theta^2}{\sin 1''},$$

in der untern $$dz = +\frac{\cos\varphi\cos\delta}{\sin(\delta+\varphi)}\cdot\frac{2\sin\frac{1}{2}\Theta^2}{\sin 1''},$$

in welchen Ausdrücken der Werth von $\frac{2\sin\frac{1}{2}\Theta^2}{\sin 1''}$ bequem aus der Tafel **VIII** des ersten Theils entnommen werden kann. Hierbei ist aber noch Folgendes zu berücksichtigen. Um φ' aus solchen Circummeridianhöhen genau zu erhalten, muß man die Zeit der Uhr genau kennen, so wie vor und nach der Culmination eine nahe gleiche Anzahl von Beobachtungen und in nahe gleichen Entfernungen vom Meridian anstellen, ferner alle größere Entfernungen als 10 Zeitminuten vom Meridian vermeiden, und endlich solche Gestirne anwenden, deren nördliche Declination so groß als möglich ist, jene hingegen ganz vermeiden, bei welchen δ nahe gleich φ ist.

Beispiel. In Göttingen beobachtete man 1794 am 11. März mehrere Circummeridianhöhen der Sonne, deren Declination $\delta = -3^\circ\,30'\,38''$ im wahren Mittag war. Die Uhrzeit des wahren Mittags hatte man aus correspondirenden Sonnenhöhen $0^h\,1'\,19''$

gefunden. Mit der beiläufig bekannten Polhöhe $\varphi = 51^0\ 32'$ findet man daher durch Rechnung

$$\log\left(-\frac{\cos\varphi\cos\delta}{\sin(\varphi-\delta)}\right) = 9.87940n$$

Die Beobachtungen selbst waren folgende:

Uhrzeit der Beob.	Zenithdist. des ob. ⊙ Rands von der Collim. befreit.
$23^h\ 57'\ 30''$	$54^0\ 45'\ 45''$
23 58 32	54 45 32
0 1 0	54 45 20
0 3 25	54 45 27
0 4 28	54 45 35
0 5 55	54 45 50
Mittel =	$54^0\ 45'\ 34''.8$.

Es steht daher die Rechnung so:

t	$\frac{2\sin\frac{1}{2}\theta^2}{\sin 1''}$
$3'\ 49''$	$28''.6$
2 47	15.2
0 19	0.2
2 6	8.7
3 9	19.5
4 36	41.5
Mittel =	$18''.95$

dessen log = 1.27761
9.87940n
$\log(-14''.3) = 1.15701n$;
$54^0\ 45'\ 34''.8$
dz = $-\ 14.3$
$54^0\ 45'\ 20''.5$
dafür Refraction = $+\ 1\ 20.5$
Halbmesser = $+\ 16\ 8.1$
Höhenparallaxe = $-\ 6.8$
folglich z = $55^0\ 2'\ 42''.3$
$\delta = -\ 3\ 30\ 38.0$
also $\varphi = 51^0\ 32'\ 4''.3$.

§. 103. Will man sehr genau verfahren, so muß noch zweierlei berücksichtigt werden. Da nämlich 1) die Declination der Sonne in der Zwischenzeit sich ändert, so sei **A** das Mittel der Stundenwinkel vor und **B** nach dem Mittag in Zeitminuten, und $d\delta$ die Zunahme der Declination in einer Zeitminute; und es ist dann die corrigirte mittlere Zenithdistanz z der Sonne

$$z - (A - B)\,d\delta.$$

So hat man im obigen Beispiel, wo $A = 2.3$, $B = 3.3$ und $d\delta = + 0''.97$ ist,

$$\begin{array}{rr} z = & 55^0\ \ 2'\ 42''.3 \\ -(A-B)\,d\delta = & +\ \ \ \ 0.5 \\ \hline & 55^0\ \ 2'\ 42''.8 \\ \delta = & -\ 3\ \ 30\ \ 38.0 \\ \hline \varphi' = & 51^0\ 32'\ \ 4''.8. \end{array}$$

Da ferner 2) die Uhr nur äußerst selten zwischen zwei nächsten Culminationen der Sonne oder des Fixsterns, bei welchem letztern die Rücksicht auf den Halbmesser, die Parallaxe und die Aenderung der Declination wegfällt, genau 24 Stunden giebt, so werden auch die Stundenwinkel t nur äußerst selten genau erhalten werden. Es muß dann in diesem Fall der Werth der Reduction dz noch durch $1 - 0.000023a$ multiplicirt werden, wo nämlich ein positives a die tägliche Acceleration und ein negatives a die tägliche Retardation der Uhr in Sekunden gegen die Zeit des Gestirns bezeichnet.

C) Aus der Verbindung zweier Mittagshöhen im südlichen und im nördlichen Theil des Meridians.

§. 104. Wenn ein Stern von der nördlichen Declination d auf der Südseite des Meridians culminirend den Zenithabstand z, ein anderer Stern aber von der nördlichen Declination δ auf der Nordseite des Meridians culminirend den Zenithabstand Z hat; so findet sich dann die Polhöhe φ aus den beiden Gleichungen

$$\left.\begin{array}{l} \varphi = z + d \\ \varphi = \delta - Z \end{array}\right\} \qquad 1).$$

§. 105. Diese Art, die Polhöhe aus zwei Beobachtungen zu bestimmen, ist besonders da anzuwenden, wo die gemessenen Zenithdistanzen noch mit dem Collimationsfehler des gebrauchten Instruments behaftet sind. Denn es gebe dieses z. B. alle Zenithdistanzen um die übrigens noch unbekannte Größe a zu klein, so gehen die Gleichungen 1) über in

$$\left.\begin{aligned} \varphi &= z + a + d \\ \varphi &= \delta - Z - a \end{aligned}\right\} \quad 2),$$

$$\left.\begin{aligned} \text{folglich ist } 2\varphi &= z + d + \delta - Z \\ \text{und } \varphi &= \tfrac{1}{2}(z + d + \delta - Z) \end{aligned}\right\} \quad 3),$$

d. h. die Polhöhe φ wird unabhängig vom Collimationsfehler a gefunden. Will man diesen bestimmen, so giebt die Differenz der Gleichungen

$$o = z + d - \delta + Z + 2a,$$

woraus folgt

$$a = \tfrac{1}{2}(\delta - z - d - Z) \qquad 4).$$

§. 106. Man sieht hieraus, daß diese Bestimmungsart der Polhöhe φ nur noch von der Richtigkeit der angewandten Declinationen d, δ und von den Refractionen r, ϱ abhängt. Den Einfluß dieser Größen aber kann man ziemlich ganz vermeiden, wenn zwei solche Sterne gewählt werden, deren Zenithdistanzen z und Z, fast um dieselbe Zeit gemessen, beinahe gleich sind. Denn dann haben r und ϱ nahe den nämlichen Werth, so daß die gefundene Poldistanz blos noch von $r - \varrho$, d. h. von der Differenz zweier Refractionen zweier wenig verschiedener Höhen $90^0 - z$, $90^0 - Z$ abhängig ist, welcher Unterschied $r - \varrho$ aber offenbar stets als genau bekannt angenommen werden kann. — Ein Beispiel wird diese Methode erläutern. Im Jahr 1808 beobachtete man zu Krakau am 30. September

auf der Südseite des Zeniths γ Aquilae	$z =$	39^0	56′	6″.2
	$r = +$			46.5
auf der Nordseite des Zeniths δ Urs. min.	$Z =$	36	33	24.9
	$\varrho = +$			42.6
die scheinbare Declination von γ Aquilae war	$d = +$	10	9	47.9
die scheinbare Declination von δ Urs. min.	$\delta = +$	86	34	38.1

Es ist daher nach 1)

$$\begin{array}{llll} z = & 39^0\ 56'\ 6''.2 & Z = & 36^0\ 33'\ 24''.9 \\ r = + & \underline{\qquad\quad 46.5} & \varrho = + & \underline{\qquad\quad 42.6} \\ & 39^0\ 56'\ 52''.7 & & 36^0\ 34'\ 7''.5 \\ d = + & \underline{10\quad 9\ 47.9} & \delta = + & \underline{86\quad 34\ 38.1} \\ \varphi = & 50^0\ 6'\ 40''.6 & \varphi = & 50^0\ 0'\ 30''.6, \end{array}$$

folglich nach 3)

$$\varphi = \tfrac{1}{2}(50^0\ 6'\ 40''.6 + 50^0\ 0'\ 30''.6) = 50^0\ 3'\ 35''.6$$

und nach 4)

$$a = \tfrac{1}{2}(50^0\ 6'\ 40''.6 - 50^0\ 0'\ 30''.6) = -0^0\ 3'\ 5''.0.$$

Es versteht sich von selbst, daß man Beobachtungen, wie die obigen, wiederholen und selbst noch auf andere Sterne anzuwenden hat, um sich von den Beobachtungs- und Declinationsfehlern so viel als möglich unabhängig zu machen. Uebrigens könnte der Fall eintreten, daß wohl der Collimationsfehler a, nicht aber die Declination bekannt wäre; dann hat man die folgende Bestimmungsmethode der Polhöhe anzuwenden.

D) Aus Höhen eines Sterns über und unter dem Pol.

§. 107. Wenn man die Zenithdistanz z eines der Sterne, die nie untergehen, in seiner obern und 12 Stunden Sternzeit später in seiner untern Culmination dessen Zenithdistanz z' nimmt; so läßt sich die scheinbare Declination δ dieses Sterns dadurch eliminiren, daß man aus den von der Refraction befreiten Werthen von z und z' das arithmetische Mittel nimmt, welches dann zugleich der gesuchten Polhöhe gleich sein wird. Doch darf, der Ungleichheit der Refraction wegen, die Differenz z — z' nicht zu groß sein. Aus dieser Ursache eignen sich die dem Pole sehr nahe stehenden Sterne, namentlich der Polarstern, am besten zu dieser Bestimmungsmethode, die jedoch bei der großen Genauigkeit, mit welcher die Declination der meisten Sterne, zumal die der größern um den Pol stehenden jetzt bestimmt sind, nicht mehr wesentlichen Nutzen verschafft, weshalb auch ein Beispiel für diese ohnedem sehr leichte Bestimmungsmethode überflüssig sein wird.

E) Aus Höhen des Polarsterns.

§. 108. Da die Bewegung des Polarsterns in jedem Punkt seines Parallelkreises sehr gering, und die Reduction seiner Höhe auf die Mittagshöhe, welche am meisten vom Cosinus des Stundenwinkels abhängt, leicht zu berechnen ist; so hat Littrow's Vorschlag, die zu irgend einer beliebigen Zeit gemessene Zenithdistanz des Polarsterns zur Bestimmung der Polhöhe zu benutzen, mit um so größerm Recht Eingang gefunden, als er Genauigkeit mit eben so großer Leichtigkeit in der Anwendung verbindet. — Littrow bezeichnet nämlich durch p und t die scheinbare Poldistanz und den Stundenwinkel des Polarsterns zur Zeit der Beobachtung, durch z die von dem Collimationsfehler und der Strahlenbrechung befreite Zenithdistanz desselben, und durch ψ und φ die bereits beinahe bekannte Aequator- und Polhöhe des Beobachtungsorts; so ist, mit Anwendung der nach den Formeln

$$A = \tfrac{1}{2}p^2 \sin^2 t \sin 1'',$$
$$B = \tfrac{1}{3}p^3 \sin^2 t \cos t \sin^2 1''$$

berechneten kleinen

Tafel

ϑ	A	B	ϑ	A	B
0h 0′	0″.0	0″.0	3h 0′	43″.6	0.″6
10	0.2	0.0	10	47.4	0.6
20	0.7	0.0	20	51.2	0.6
30	1.5	0.0	30	54.9	0.6
40	2.6	0.0	40	58.6	0.6
50	4.1	0.1	50	62.1	0.6
1 0	5.8	0.1	4 0	65.4	0.6
10	7.9	0.1	10	68.7	0.6
20	10.2	0.2	20	71.7	0.5
30	12.8	0.2	30	74.5	0.5
40	15.6	0.2	40	77.1	0.5
50	18.6	0.2	50	79.4	0.5
2 0	21.8	0.3	5 0	81.4	0.4
10	25.2	0.4	10	83.2	0.3
20	28.7	0.5	20	84.6	0.3
30	32.3	0.5	30	85.8	0.2
40	36.1	0.5	40	86.6	0.1
50	39.8	0.6	50	87.1	0.1

dann die wahre Aequatorhöhe ψ' und die wahre Polhöhe φ' mittelst der Gleichungen

$$\psi' = z + p\cos t - A\cot z + B$$
$$\varphi' = 90^0 - \psi'$$

sehr leicht zu bestimmen, wobei man nur noch zu bemerken hat, daß erstens in dem obigen für alle Polhöhen brauchbaren und den Werth von $p = 1^0\ 40'$ voraussetzenden Täfelchen A um 0.02 A größer oder kleiner als im Täfelchen selbst angenommen werden muß, sobald das wahre p um eine Minute größer oder kleiner ist als $1^0\ 40'$, und daß zweitens, wenn der Stundenwinkel t von 0^h bis 24^h gezählt worden, im 1., 2., 3. und 4. Quadrant von t der Werth von dem im Täfelchen vorkommenden ϑ resp. gleich t, $12^h - t$, $t - 12^h$ und $24^h - t$ zu nehmen ist.

Beispiel. An einem Ort, dessen genäherte Aequatorhöhe zu $41^0\ 47'\ 30''$ angenommen ward, beobachtete man den 22. August 1821 um $19^h\ 0'\ 12''.7$ Sternzeit die schon vom Collimationsfehler und von der Refraction befreite Zenithdistanz des Polarsterns zu $41^0\ 47'\ 40''.20$. Man hat daher

$$\psi = 41^0\ 47'\ 30'',\quad p = 1^0\ 37'\ 40'' = 5860''$$
$$\varphi = 48\ \ 12\ \ 30,\ \text{scheinb. AR. des Polaris}\ \alpha = 0^h\ 57'\ 10''$$
$$t\ = 19^h\ 0'\ 12''.7 - 0^h\ 57'\ 0''.0 = 18^h\ 3'\ 2''.7$$
$$= 270^0\ 45'\ 40''.5,$$

folglich $A\cot z - B = 93''.01$, und

$$\begin{array}{rl} z = & 41^0\ 47'\ 40''.20 \\ p\cos t = & +\ 0\ \ \ 1\ \ 17.98 \\ -A\cot z + B = & -\ 0\ \ \ 1\ \ 33.01 \\ \hline \text{also}\ \psi' = & 41^0\ 47'\ 25''.17\ \text{und} \\ \varphi' = & 48\ \ 12\ \ 34.83. \end{array}$$

F) Mittelst gleicher Höhen der Circumpolarsterne.

§. 109. Bei der vorhergehenden Methode, die sich auch auf jeden andern Circumpolarstern anwenden ließe, wird erfordert, daß man die Sternzeit genau kennt. Freilich giebt die Anwendung des Polarsterns selbst im schlimmsten Fall die Polhöhe nur um 0″.5

fehlerhaft. Dennoch läßt sich auch dieser geringe Uebelstand dadurch beseitigen, daß man zu beiden Seiten des Meridians in nahe gleicher Distanz von diesem das Gestirn observirt, indem alsdann der Fehler des Stundenwinkels in entgegengesetztem Sinn auf die Höhenänderung des Gestirns einwirkt.

G) Mittelst Höhen zweier Sterne und der beobachteten Zwischenzeit.

§. 110. Das, ursprünglich zum Gebrauch der Schiffer bestimmte, Problem: Aus zwei Höhen des nämlichen Gestirns nebst der Zwischenzeit der Beobachtung die geographische Breite und die wahre Zeit zu finden, ist erweitert die nun näher anzugebende Methode, die nebst der Polhöhe auch noch den Stundenwinkel zu finden lehrt. Die leichte indirecte Auflösung derselben von Littrow macht sie auch für die genauere Astronomie und mathematische Geographie ungemein brauchbar. Bei dieser Auflösung nun wird, was auf dem festen Land stets angeht, die Polhöhe als nahe bekannt angenommen. Man berechnet hierauf mit diesem angenäherten Element die beiden Stundenwinkel, deren Vergleichung mit der beobachteten wahren Zwischenzeit die Verbesserung der Polhöhe mittelst einer kurzen Rechnung an die Hand giebt. Es sei nämlich

α = scheinbare Rectascension p = scheinbare Poldistanz z = beobachtete, vom Collimationsfehler und von der Refraction beobachtete Zenithdistanz s = Stundenwinkel T = Sternzeit der Beobachtung	des ersten Sterns,

und α', p', z', s' und T' dasselbe für den zweiten Stern, ferner T' — T die bekannte, durch den gleichfalls bekannten täglichen Gang der Uhr gegen Sternzeit verbesserte Differenz der Uhrzeiten, und ψ die beinahe bekannte Aequatorhöhe, dψ aber deren Verbesserung, so daß alsdann $\psi + d\psi$ die gesuchte wahre Aequatorhöhe ist; so berechne man s, s', A, B, A', B' und dψ der Reihe nach mittelst der Formeln

$$\left.\begin{array}{l}
\cos\frac{1}{2}s = \sqrt{\dfrac{\sin\frac{1}{2}(p+\psi+z)\sin\frac{1}{2}(p+\psi-z)}{\sin p\sin\psi}} \\
\cos\frac{1}{2}s' = \sqrt{\dfrac{\sin\frac{1}{2}(p'+\psi+z')\sin\frac{1}{2}(p'+\psi-z')}{\sin p'\sin\psi}} \\
\sin A = \dfrac{\sin p\sin s}{\sin z}, \quad \sin A' = \dfrac{\sin p'\sin s'}{\sin z'} \\
B = \dfrac{\cot A}{\sin\psi}, \qquad B' = \dfrac{\cot A'}{\sin\psi} \\
d\psi = \dfrac{(s'-s)+(\alpha'-\alpha)-(T'-T)}{B'-B}
\end{array}\right\} \quad 5).$$

Beispiel. In Göttingen wurde 1809 am 17. Mai beobachtet:

α Bootis	$T = 16^h\ 8'\ 25''$	$z = 39^0\ 56'\ 21''.3$
α Aquilae	$T' = 16\ \ 37\ \ 49$	$z' = 56\ \ 27\ \ 0.0.$

Man hat nun $\alpha = 211^0\ 44'\ 54''.9$

$\alpha' = 295\ \ 22\ \ 17.5$

$p = 69\ \ 49\ \ 4.0$

$p' = 81\ \ 37\ \ 24.6$

$\psi = 38\ \ 28\ \ 10.0$, und daher

$p+\psi = 108\ \ 17\ \ 14.0$, folglich

$p+\psi =$	$108^0\ 17'\ 14''.0$	und $p'+\psi =$	$120^0\ \ 5'\ 34''.6$
$z =$	$39\ \ 56\ \ 21.3$	$z' =$	$56\ \ 27\ \ \ 0.0$
$p+\psi+z =$	$148^0\ 13'\ 35''.3$	$p'+\psi+z' =$	$176^0\ 32'\ 34''.6$
$\frac{1}{2}(p+\psi+z) =$	$74\ \ \ 6\ 47.6$	$\frac{1}{2}(p'+\psi+z') =$	$88\ \ 16\ 17.3$
$p+\psi-z =$	$68\ \ 20\ 52.7$	$p'+\psi-z' =$	$63\ \ 38\ 34.6$
$\frac{1}{2}(p+\psi-z) =$	$34\ \ 10\ 26.3$	$\frac{1}{2}(p'+\psi-z') =$	$31\ \ 49\ 17.3;$

ferner

$$\begin{aligned}
\log\sin\tfrac{1}{2}(p+\psi+z) &= 9.983087 \\
\log\sin\tfrac{1}{2}(p+\psi-z) &= 9.749510 \\
\text{dec.}\log\sin p &= 0.027520 \\
\text{dec.}\log\sin\psi &= \underline{0.206142} \\
&\ \ \ \ 9.966259 \\
\log\cos\tfrac{1}{2}s &= 9.983129 \\
\tfrac{1}{2}s &= 15^0\ 52'\ 2'' \\
s &= 31\ \ 44\ \ 4,
\end{aligned}$$

$$\log\sin\tfrac{1}{2}(p'+\psi+z') = 9.999802$$
$$\log\sin\tfrac{1}{2}(p'+\psi-z') = 9.722036$$
$$\text{dec.}\log\sin p' = 0.004658$$
$$\text{dec.}\log\sin\psi = \underline{0.206142}$$
$$9.932638$$
$$\log\cos\tfrac{1}{2}s' = 9.966319$$
$$\tfrac{1}{2}s' = 22^0\ 16'\ 28''$$
$$s' = -44\ \ 32\ \ 56,$$

$$\log\sin p = 9.972480 \qquad \log\sin p' = 9.995342$$
$$\log\sin s = 9.720972 \qquad \log\sin s' = 9.846039n$$
$$\text{dec.}\log\sin z = \underline{0.192482} \qquad \text{dec.}\log\sin z' = \underline{0.079145}$$
$$\log\sin A = 9.885934 \qquad \log\sin A' = 9.920526n$$
$$A = 50^0\ 15'\ 56'' \qquad A' = -\ 56^0\ 23'\ 4''$$

$$\log\cot A = 9.919722 \qquad \log\cot A' = 9.822685n$$
$$\log\sin\psi = \underline{9.793858} \qquad \log\sin\psi = \underline{9.793858}$$
$$\log B = 0.125864 \qquad \log B' = 0.028827n$$
$$B = +\ 1.33618 \qquad B' = -\ 1.06863;$$

$$T' = 16^h\,37'\,49'' \qquad s' = -44^0\,32'\,56'' \qquad \alpha' = 295^0\,22'\,17''.5$$
$$T = \underline{16\ \ \ 8\ 25} \qquad s = \underline{\ \ 31\ \ 44\ \ 4} \qquad \alpha = \underline{211\ \ 44\ 54.9}$$
$$T'-T = 0^h\,29'\,24'',\ s'-s = -76^0\,17'\ \ 0'',\ \alpha'-\alpha = 83^0\,37'\,22''.6$$

$$s'-s = -\ 76^0\,17'\ \ 0''.0$$
$$\alpha'-\alpha = \underline{\ \ 83\ \ 37\ 22.6}$$
$$(s'-s)+(\alpha'-\alpha) = \ \ 7^0\,20'\,22''.6$$
$$(T'-T) = \underline{\ \ 7\ \ 21\ \ 0.0}$$
$$(s'-s)+(\alpha'-\alpha)-(T'-T) = -\ 0^0\ 0'\,37''.4,$$

$B - B' = +\ 2.40481$, also $d\psi = -15''.552$

daher $\psi + d\psi = 38^0\ 27'\ 54''.448.$

II) Aus der Beobachtung eines Sterns bei seinem Durchgang durch den östlichen und westlichen Verticalkreis.

§. 111. Die im §. 108 des ersten Theils bereits ausführlich angegebene Methode Bessel's, die Polhöhe mittelst eines, von Osten nach Westen aufgestellten, Mittagsfernrohrs zu finden, ist gewiß eine der bequemsten und genauesten unter den neuern Bestimmungsmethoden der Polhöhe, indem ihre Vorzüge besonders darin bestehen, daß ein kleiner Fehler in der Azimuthalrichtung des Fernrohrs und im Gang der Uhr von keinem bedeutenden Einfluß ist, daß ferner geringe Fehler der Gradeintheilung des Instruments durchaus unschädlich bleiben, und daß endlich die Beobachtungen sich sehr leicht mit einem tragbaren Transitinstrument oder noch besser mit dem Reichenbach'schen Universalinstrument machen lassen. Nur muß man sich hierbei solcher Sterne bedienen, die nahe am Zenith durchgehen. Der geniale Erfinder dieser Methode, Bessel, schlug sie auch zur Bestimmung der Polhöhenunterschiede vor, sobald nur auf allen Stationen dieselben Sterne angewandt werden.

§. 112. Diese Bessel'sche Methode nun, die Polhöhe zu bestimmen, ist daher auch mit vollem Recht schon häufig in Anwendung gebracht worden. Eine ziemlich große Reihe solcher, sehr genauen, Beobachtungen wurden namentlich im Jahr 1824 auf der kleinen Insel Helgoland in der Nordsee mit einem Passageninstrument Repsold's von Hansen angestellt und berechnet. Es sind daher dieselben als ein vollständiges Beispiel solcher Beobachtungen hier mitgetheilt, und zwar in derselben Ordnung, in der sie Hansen veröffentlicht hat. Nämlich:

Beobachtungen im Jahr 1824 auf Helgoland mit einem Repsold'schen Passageninstrument, von Osten nach Westen aufgestellt, gemacht, um die Polhöhe des Orts zu finden.

Fäden I et VII.	Fäden II et VI.	Fäden III et V.	Mittelfaden.	Mittel der beob. Fäden.	
		Kreis nach Norden.			
20″	18″,5	21″	16h 4′ 22″	22″,60	β Draconis
36	31	27			
38	24,5	15	16 12 6	5,67	γ Draconis
40,8	48,8	57,5			
		Nord $0,^{T}1$ zu hoch.			
47	1	20	17 56 39,5	39,74	51 Draconis
53	26,5	3			
		Süd $0,^{T}3$ zu hoch.			
43	48	52	18 45 56,3	56,09	β Draconis
58	0	58			
		Süd $0,^{T}1$ zu hoch.			
46,5	37	29	19 30 21	20,70	γ Draconis
48,5	1	11			
		Süd $0,_{T}5$ zu hoch.			
27	52,5	16	20 2 39	39,40	51 Draconis
31,5	18	0			
		Süd $0,^{T}45$ zu hoch.			

Juli 29.

Stand der Uhr gegen Sternzeit.

14h 22′		+ 1′ 39″,17
Täglicher Gang		+ 4,44

Polhöhe.

mit β Draconis		54° 10′ 47″,72
ν	„	47,07
51	„	46,85

Kreis nach Norden.

Fäden I et VII.	Fäden II et VI.	Fäden III et V.	Mittelfaden.	Mittel der beob. Fäden.	
—	—	8″,5	16^h 4′ 10″,5	10″,88	β Draconis
24″	19″	16			
26	13	3,8	16 11 54	53,93	γ Draconis
28,8	36,8	46			
33	18	7,5	17 41 56	56,07	ι Cygni
26,5	36	46			
36	48	8	17 56 27	27,24	51 Draconis
40	14	49,5			
24	35	51	18 6 7,5	7,77	κ Cygni
10,5	48	28			
33	36	41,5	18 45 46	45,67	β Draconis
47	49	48			
35	26,8	17,5	19 30 9,8	9,64	γ Draconis
37,5	50	0			
16	43	7	20 2 30	29,54	51 Draconis
22	8	49			
54	14,5	35	20 16 56	55,73	κ Cygni
40	28,5	10			
6,5	56,5	46	21 5 37	36,29	ι Cygni
0	14	25			

Juli 31.

Stand der Uhr gegen Sternzeit.

14^h 22′	+ 1′ 47″,40
Täglicher Gang	+ 4,12

Nivellirungen.

16^h 16′ Süd zu hoch	$0,^T40$
18 12	1,18
20 22	1,92
21 12	1,65

Polhöhe.

β Draconis	54° 10′ 47″,47
ν „	46,54
51 „	47,16
κ Cygni	46,43
ι „	46,58

Kreis nach Süden.

Fäden I et VII.	Fäden II et VI.	Fäden III et V.	Mitelfaden.	Mittel der beob. Fäden.	
39″	40″	41″,5	16h 3′44″	44″,51	β Draconis
53	51	47			
57	47	36	16 11 27,5	27,67	γ Draconis
59	9,5	17,5			
4,5	53	41,5	17 41 32	31,39	ι Cygni
58	10	20,5			
5	22	40,5	17 56 2	2,43	51 Draconis
10,5	47,5	24			
53,5	8,5	25	18 5 44	43,29	κ Cygni
40	23	1			
12	14,5	18	18 45 21	20,84	β Draconis
26,5	26	24			
14	3	55	19 29 44	44,49	γ Draconis
15	26	36,5			
56	19	43	20 2 4	4,03	51 Draconis
1,5	44	26,5			
34,5	52	14	20 16 32	31,96	κ Cygni
21	5	51,5			
46	33	23	21 5 11,5	11,97	ι Cygni
39	50	1,5			

August 3.

Stand der Uhr.

14h 8′	+ 1′ 59″,98
Täglicher Gang	+ 4,27

Nivellirungen.

16h 18′ Süd zu hoch	1,T50
18 18	0,33
19 18 Nord zu hoch	0,05
20 22 Süd zu hoch	0,55
21 12	0,85

Polhöhe.

β Draconis	54° 10′ 46″,41
γ "	45,90
51 "	46,06
κ Cygni	46,82
ι "	45,59

Kreis nach Süden.

Fäden I et VII.	Fäden II et VI.	Fäden III et V.	Mittelfaden.	Mittel der beob. Fäden.	
21″	22″	23″,5	16h 3′27″,5	27″,16	β Draconis
36	34	30			
39	29	18,5	16 11 10	10,17	γ Draconis
42	52	1			
46	35,5	23,5	17 41 13,8	13,69	ι Cygni
40,8	53	3			
48	4,5	22	17 55 44,5	44,61	51 Draconis
51,5	30	7			
36,5	51	6,5	18 5 25	25,11	κ Cygni
22	4,5	43			
53	54	58	18 45 0,5	0,96	β Draconis
7	5,5	5			
54	43	35,5	19 29 25,5	25,36	γ Draconis
56	7	17			
37	58,5	23	20 1 45	44,53	51 Draconis
42	24	7			
13,5	32	54	20 16 11,5	11,60	κ Cygni
1	46	30,5			
26	13	3,5	21 4 52	52,76	ι Cygni
19,5	31	43			

August 7.

Stand der Uhr.

14h 22′	+ 2′ 16″,32
Täglicher Gang	+ 4,34

Nivellirungen.

16h 18′ Süd zu hoch	0,T10
18 10	0,50
18 54	0,40
20 24	0,52
21 14	0,60

Polhöhe.

β Draconis	54° 10′ 45″,34
γ „	45,22
51 „	45,41
κ Cygni	45,76
ι „	45,07

Fäden I et VII.	Fäden II et VI.	Fäden III et V.	Mittelfaden.	Mittel der beob. Fäd.	
		Kreis Süd.			
—	—	52″	16h 2′ 0″	55″.43	β Draconis
4″	2″	58,5			
21	22	26	18 44 28,5	29,07	β Draconis
35,5	34	33			
		Kreis Süd.			
2″,5	20″	38″,5	17h 54′ 1″	0″,52	51 Draconis
—	46,5	22			
52,5	7	22,6	18 3 41,5	41,61	κ Cygni
39	21,5	0			
—	9	33,5	19 59 55	54,73	51 Draconis
53	34	16,5			
25	43	4	20 14 22,5	22,40	κ Cygni
12	56	41,5			
		Kreis Nord.			
—	—	33″,5	16h 1′ 35″	35″,58	β Draconis
49″	43″	41			
57	43,5	32	17 39 21	21,07	ι Cygni
52	1	11,5			
1	15	33,5	17 53 54	53,96	51 Draconis
7,5	41	17,5			
50	1	17	18 3 34	34,33	κ Cygni
37	15	55			
52	56	0	18 43 4,5	4,54	β Draconis
7	8	7			

August 14.

Nivellirungen.

16h 11′ Süd zu hoch	0,T13
18 36	1,00

Stand der Uhr.

15h 0′	+ 2′ 49″,10
Täglicher Gang	+ 5,04
Polhöhe	54° 10′ 46″,34

August 23. Stand der Uhr.

14h 24′	+ 3′ 59″,50
Täglicher Gang	+ 8,56

Nivellirungen.

18h 10′ Nord zu hoch	0,T55
20 20	0,00

Polhöhe.

51 Draconis	54° 10′ 47″,00
κ Cygni	47,23

August 24.

Stand der Uhr.

14h 22′	+ 4′ 7″,84
Täglicher Gang	+ 8,35

Nivellirungen.

16h 12′ Nord zu hoch	0,T15
17 45	0,12
18 10 Süd zu hoch	0,02
20 20	0,30
21 10	0,80

Fäden I et VII.	Fäden II et VI.	Fäden III et V.	Mittelfaden.	Mittel der beob. Fäden.	
—	59″,5	21″	19h 59′ 47″	45″,60	51 Draconis
39″	24,5	5			
11	33	53	20 14 13,5	13,51	ϰ Cygni
57,5	47	30			
26	15	5,5	21 2 55	55,43	ι Cygni
19	33	44			
		Kreis Nord.			
—	—	17″	16h 1′ 19″	19″,68	β Draconis
34″	28″	24			
34	22	12	16 9 2	2,30	γ Draconis
37,5	45,5	54			
41,5	27,5	16	17 39 5	5,06	ι Cygni
36,5	45	55,5			
45	59	18	17 53 37	37,82	51 Draconis
51,5	25	1			
34,5	45	1,5	18 3 18,5	18,56	ϰ Cygni
22	59	39			
35	39,5	43	18 42 47,5	47,47	β Draconis
50	51	49			
38	29,8	20	19 27 12,5	12,13	γ Draconis
40	52	2			

August 24.

Polhöhe.

β Draconis	54° 10′ 45″,80
51 „	46,19
ϰ Cygni	46,70
ι „	45,70

August 26.

Stand der Uhr.

14h 22′	+ 4′ 24″,50
Täglicher Gang	+ 8,33

Nivellirungen.

16h 15′ Nord zu hoch	0,r48
17 46	0,55
18 37	0,40
19 33	0,28
20 20	0,25
21 8 Süd zu hoch	0,45

Fäden I et VII.	Fäden II et VI.	Fäden III et V.	Mittelfaden.	Mittel der beob. Fäd.	
—	42″	5″	19h 59′ 29″	29″,10	51 Draconis
22″	8,5	49,5			
53,5	15,5	35	20 13 56	56,23	κ Cygni
41,5	29	13,5			
8,5	59	49	21 2 39	37,07	ι Cygni
3	16,5	28			
		Kreis Süd.			
—	4″,5	5″,5	16h 1′ 9″	9,17	β Draconis
18″	16	12			
21	11,5	1	16 8 52	52,59	γ Draconis
24	34	42,5			
30,5	47,5	7	17 53 28	28,04	51 Draconis
36	13	49,5			
20	35	50,5	18 3 10	9,47	κ Cygni
7	40	27,5			
34	34	39	18 42 41	41,49	β Draconis
47	46,5	45			
35	24	15	19 27 4,5	4,84	γ Draconis
36	45,5	56			
15	36,5	1	19 59 22	22,17	51 Draconis
19,5	2	44			
53	11	32	20 13 50	49,96	κ Cygni
39	24	8			

Die Sterne zitterten sehr.

August 26.

Polhöhe.

β Draconis	54° 10′ 46″,71
γ „	45,16
51 „	46,81
κ Cygni	46,89
ι „	46,61

August 27.

Nivellirungen.

16h 14′ Süd zu hoch	0,T30
18 10 Nord zu hoch	0,20
19 35	0,75
20 20	0,52

Stand der Uhr.

14h 22′	+ 4′ 32″,70
Täglicher Gang	+ 8,26

Polhöhe.

β Draconis	54° 10′ 48″,29
γ „	46,87
51 „	47,73
κ Cygni	47,35

Kreis Süd.

Fäden I et VII.	Fäden II et VI.	Fäden III et V.	Mittelfaden.	Mittel der beob. Fäden.	
56″	57″	58″,5	16h 1′ 2″	2,″09	β Draconis
11	9	5			
13,5	4	53,5	16 8 45	44,92	γ Draconis
16,5	27	35			
23,5	40	59	17 53 21	20,79	51 Draconis
29	6	42			
12	27	42,5	18 3 1,5	1,54	ϰ Cygni
59,5	41	20			
25,5	26	30,5	18 42 33	33,00	β Draconis
39	37	36			
27	15,5	6,5	19 26 57	57,06	γ Draconis
28	38,5	49			
7	29	52,5	19 59 14	14,46	51 Draconis
12,5	54,5	36,5			
46	3	24	20 13 42	42,60	ϰ Cygni
32,5	17	1			

August 28.

Stand der Uhr.

17h 31′	+ 4′	41″,66
Täglicher Gang	+	7,92

Nivellirungen.

16h 14′	Nord zu hoch	0,T40
18 10		0,00
19 35	Süd zu hoch	0,13
20 20		0 25

Polhöhe.

β Draconis	54° 10′ 46″,97
γ „	46,61
51 „	46,50
ϰ Cygni	47,66

§. 113. Hinsichtlich dieser Beobachtungen und deren Berechnung ist nun noch Folgendes zu bemerken. Es ist nämlich, (nicht, wie gewöhnlich, alle Fäden in eine Zeile zu setzen) der 1. und 7., der 2. und 6., der 3. und 5. Faden in eine Columne unter einander gesetzt. Darauf folgt der Mittelfaden, und nach diesem das Mittel aus allen auf den Mittelfaden reducirten Fäden, in welchem Mittel der Mittelfaden auch mit einbegriffen ist. Ferner waren die Abstände der einzelnen Fäden vom Mittelfaden im Aequator

1. Faden	32″.382	in Zeit,
2. „	21.557	
3. „	10.963	
5. „	10.652	
6. „	21.426	
7. „	31.672	

und die Abweichung der optischen Axe ward

am 1. Juli	0″.158	in Zeit im Aequator
„ 3. „	0.132	
„ 5. „	0.107	
„ 17. „	0.145	
„ 2. Aug.	0.144	

gefunden; das Mittel aus diesen Bestimmungen ist 0″,137, um welche Größe also die optische Axe nach Westen abwich, sobald das Mittagsfernrohr im Meridian stand, das Objectivglas nach Süden und der Höhenkreis nach Osten gerichtet. Dabei fand man den Werth eines Niveautheils 2″.5 in Bogen. Endlich wurde auch, da am 12. Aug. die zur Correction der optischen Axe dienenden Schrauben zufällig gelöst wurden, eine neue Bestimmung nöthig, mittelst welcher Hansen

am 12. Aug.	0″.067	in Zeit im Aequator
	0.093	
„ 23. Aug.	0.058	

wie früher in der nämlichen Richtung fand. Uebrigens sind die im Schema enthaltenen Resultate zusammen gestellt, wobei zur Ersparung des Raums die Grade und Minuten ausgelassen worden, folgende:

Sekunden der Helgolander Polhöhe.

		β Draconis		γ Draconis		51 Draconis		ϰ Cygni		ι Cygni	
		N.	S.	N.	S.	N.	S.	N.	S.	N.	S.
Juli	29	47.″72		47.″07		46.″85					
„	31	47. 47		46. 54		47. 16		46.″43		46.″58	
August	3		46.″41		45.″90		46.″06		46.″82		45.″59
„	7		45. 34		45. 22		45. 41		45. 76		45. 07
„	14		46. 34								
„	23						47. 00		47. 23		
„	24	45. 80				46. 19		46. 70		45. 70	
„	26	46. 71		45. 16		46. 81		46. 89		46. 61	
„	27		48. 29		46. 87		47. 73		47. 35		
„	28		46. 97		46. 61		46. 50		47. 66		
Mittel:		46.″93	46.″67	46.″26	46.″15	46.″75	46.″54	46.″67	46.″96	46.″30	45.″33

Nimmt man jetzt die Mittel, aus Norden und Süden erhalten, zusammen; so erhält man:

	Polhöhe von Helgoland.	Zahl der Beobb.
β Draconis	54° 10′ 46″.80	9
γ Draconis	46.20	7
51 Draconis	46.65	9
ϰ Cygni	46.81	8
ι Cygni	45.82	5
Mittel:	54° 10′ 46″.53	38

Die hierbei angewandten Declinationen dieser fünf Sterne sind Bessel'sche.

Siebentes Capitel.

Von den Methoden, Polhöhe und Zeit zugleich zu bestimmen, so wie von einigen andern Bestimmungsarten der Polhöhe.

§. 114. Das bequemste und genaueste Verfahren, die Polhöhe und die Zeit zugleich zu bestimmen, ist dasjenige von Gauß, welches er schon vor 26 Jahren in der „Monatl. Corresp. von Zach" mitgetheilt hat. Nach demselben kann man nämlich mit einem Spiegelsextant, dessen Güte sein mag wie sie will, in kurzer Zeit Polhöhe und Stand der Uhr mit großer Schärfe, ja selbst die etwaigen Theilungsfehler des Instruments, bestimmen, und die Genauigkeit wird nur von der Accuratesse abhängen, mit der man den Contact der Bilder beobachtet hat, da man die Oerter der Fixsterne als fast vollkommen richtig annehmen darf. Diese Methode besteht nun darin, daß die Zeiten abgewartet werden, da drei beliebige Sterne nach und nach dieselbe doch beliebige Höhe so erreichen, daß die Unterschiede ihrer Azimuthe nicht zu klein ausfallen. Die observirte gleiche Höhe braucht man übrigens am Instrument nicht abzulesen.

Der Anstellung dieser Beobachtungen geht jedoch eine kleine Vorbereitung voraus, welche darin bestehet, daß man mit Hilfe eines Himmelsglobus diejenigen kenntlichen Sterne aufsucht, welche in der gewählten Beobachtungsstunde binnen kurzen Zeiträumen nach einander gleiche Höhe erreichen. Auf diese Weise wird man zugleich auch mittelst des Zeigers am Stundenring des Globus die Zeitintervalle der anzustellenden Beobachtungen leicht bis auf einige Minuten genau erfahren. Ist diese Vorbereitung wirklich gemacht worden, so kann man dann versichert sein, daß die Beobachtungen ohne Mühe gelingen werden.

Gauß bezeichnet nun durch α, α', α'' die scheinbaren Rectascensionen der drei gewählten Sterne; durch δ, δ', δ'' deren scheinbare Declinationen (südliche werden negativ angesetzt); mit Θ, Θ', Θ'' die Uhrzeiten, da die drei Sterne die gleiche Höhe h erreichen; ferner durch k die Voreilung der Uhr vor Sternzeit, für alle drei Beobachtungen constant angenommen. Wenn aber die Uhr nicht nach Sternzeit ginge, so nehme man k als die Voreilung der Uhr für irgend ein beliebiges Zeitmoment, und Θ, Θ', Θ'' für die Zeiten an, welche die Uhr gewiesen haben würde, sobald sie zwischen jenem Zeitmoment und den Beobachtungen genau Sternzeit gehalten hätte. Am zweckmäßigsten ist es hierbei, k als die Voreilung bei der ersten Beobachtung anzusehen, und dann die andern beiden beobachteten Uhrzeiten zu vermehren oder vermindern, je nachdem die Uhr langsamer oder geschwinder als Sternzeit gehet.

Nach Annahme dieser Bezeichnungen geschieht die Berechnung der drei Beobachtungen nach folgenden Formeln und Ausdrücken:

$$\left.\begin{aligned}
A' \sin B' &= \sin \tfrac{1}{2}(t' - t) \cot \tfrac{1}{2}(\delta' - \delta) \\
A' \cos B' &= \cos \tfrac{1}{2}(t' - t) \operatorname{tg} \tfrac{1}{2}(\delta' + \delta) \\
A'' \sin B'' &= \sin \tfrac{1}{2}(t'' - t) \cot \tfrac{1}{2}(\delta'' - \delta) \\
A'' \cos B'' &= \cos \tfrac{1}{2}(t'' - t) \operatorname{tg} \tfrac{1}{2}(\delta'' + \delta) \\
C' &= \tfrac{1}{2}(t + t') - B' \\
C'' &= \tfrac{1}{2}(t + t'') - B''
\end{aligned}\right\} \quad 1),$$

wo der Kürze wegen $\Theta - \alpha$, $\Theta' - \alpha'$ und $\Theta'' - \alpha''$ resp. gleich t, t' und t'' gesetzt worden sind; ferner

$$\left.\begin{aligned}
\operatorname{tg} \zeta &= \frac{A'}{A''} \\
\operatorname{tg} \psi &= \operatorname{tg}(45^0 - \zeta) \cot \tfrac{1}{2}(C'' - C') \\
k &= \tfrac{1}{2}(C' + C'') - \psi
\end{aligned}\right\} \quad 2),$$

und endlich, wenn φ die gesuchte Polhöhe des Beobachtungsorts bedeutet,

$$\left.\begin{aligned}
\operatorname{tg} \varphi &= A' \cos(C' - k) \\
\text{oder} \quad \operatorname{tg} \varphi &= A'' \cos(C'' - k)
\end{aligned}\right\} \quad 3).$$

Zur Prüfung der Rechnung kann man die unbekannte Höhe h oder auch nur $\sin h$ nach jeder der drei Gleichungen

$$\left.\begin{aligned}
\sin h &= \sin \varphi \sin \delta + \cos \varphi \cos \delta \cos(t - k) \\
\sin h &= \text{sia}\, \varphi \sin \delta' + \cos \varphi \cos \delta' \cos(t' - k) \\
\sin h &= \sin \varphi \sin \delta'' + \cos \varphi \cos \delta'' \cos(t'' - k)
\end{aligned}\right\} \quad 4)$$

bestimmen, da man dann einerlei Werth für h erhalten muß. — Uebrigens nimmt man bei der Bestimmung von ψ durch die Tangente diese Größe, sobald die Beobachtungen auf der nördlichen Halbkugel der Erde angestellt wurden, zwischen -90^0 und $+90^0$, für Beobachtungen auf der südlichen Halbkugel hingegen zwischen $+90^0$ und -90^0.

§. 115. Zur Erläuterung seiner Methode hat Gauß folgendes Beispiel gegeben. — Am 27. Aug. 1808 beobachtete er mit einem, aus freier Hand gehaltenen, Spiegelsextant die gleichen Höhen von α Androm., α Urs. min. und α Lyrae an der genau nach Sternzeit gehenden Pendeluhr (von Shelton) resp. um

$$\Theta = 21^h\ 33'\ 26''$$
$$\Theta' = 21\ \ 47\ \ 30$$
$$\Theta'' = 22\ \ \ 5\ \ 21.$$

An diesem Tag war für obige Sterne

$\alpha = 23^h\ 58'\ 33''.33$	$\delta = +\ 28^0\ \ 2'\ 14''.8$
$\alpha' = \ \ 0\ \ 55\ \ \ 4.70$	$\delta' = +\ 88\ \ 17\ \ \ 5.7$
$\alpha'' = 18\ \ 30\ \ 28.96$	$\delta'' = +\ 38\ \ 37\ \ \ 6.6.$

Die Rechnung steht daher so:

$\Theta = 21^h 33' 26''.00$	$\Theta' = 21^h 47' 30''.00$	$\Theta'' = 22^h\ 5' 21''.00$
$\alpha = 23\ 58\ 33.33$	$\alpha' = 0\ 55\ \ 4.70$	$\alpha'' = 18\ 30\ 28.95$
$\Theta - \alpha = 21^h 34' 52''.67$	$\Theta' - \alpha' = 20^h 52' 25''.30$	$\Theta'' - \alpha'' = 3^h 34' 52''.04$
d. h. $t = 323^0 43' 10''.03$	$t' = 313^0\ 6' 19''.50$	$t'' = 53^0 43'\ 0''.60$

mithin

$\frac{1}{2}(t' - t) = -\ \ 5^0 18' 25''.27$	$\frac{1}{2}(t'' - t) = -135^0\ 0'\ 4''.72$
$\frac{1}{2}(t' + t) = 318\ 24\ 44.77$	$\frac{1}{2}(t'' + t) = 188\ 43\ \ 5.32$
$\frac{1}{2}(\delta' - \delta) = 30\ \ 7\ 25.45$	$\frac{1}{2}(\delta'' - \delta) = 5\ 17\ 25.90$
$\frac{1}{2}(\delta' + \delta) = 58\ \ 9\ 40.15$	$\frac{1}{2}(\delta'' + \delta) = 33\ 19\ 40.70,$

folglich nach 1)

$\text{l.} \sin \frac{1}{2}(t' - t) = 8.9661069n$	$\text{l.} \sin \frac{1}{2}(t'' - t) = 9.8494751n$
$\text{l.} \cot \frac{1}{2}(\delta' - \delta) = 0.2363974$	$\text{l.} \cot \frac{1}{2}(\delta'' - \delta) = 1.0333869$
$\log A' \sin B' = 9.2025043n$	$\log A'' \sin B'' = 0.8828620n$
$\text{l.} \cos \frac{1}{2}(t' - t) = 9.9981343$	$\text{l.} \cos \frac{1}{2}(t'' - t) = 9.8494949n$
$\text{l.} \operatorname{tg} \frac{1}{2}(\delta' + \delta) = 0.2069331$	$\text{l.} \operatorname{tg} \frac{1}{2}(\delta'' + \delta) = 9.8179461$
$\log A' \cos B' = 0.2050674$	$\log A'' \cos B'' = 9.6674410n$
also $B' = 354^0 19' 22''.04$	also $B'' = 266^0 30' 55''.07$
$\log A' = 0.2072029$	$\log A'' = 0.8836657$
$\frac{1}{2}(t' + t) = 318^0 24' 44''.77$	$\frac{1}{2}(t'' + t) = 188^0 43'\ 5''.32$
$B' = 354\ 19\ 22.04$	$B'' = 266\ 30\ 55.07$
$C' = -35^0 54' 37''.27$	$C'' = -77^0 47' 49''.75$

nach 2)

$$\log A' = 0.2072029$$
$$\log A'' = 0.8836657$$
$$\log \operatorname{tg} \zeta = 9.3235372$$
$$\text{also } \zeta = 11^0\,53'\,41''.28$$
$$\text{und } 45^0 - \zeta = 33\quad 6\;18.72;$$

ferner:

$$C'' = -77^0\,47'\,49''.75$$
$$C' = -35\quad 54\;37.27$$
$$C''-C' = -41^0\,53'\,12''.48, \quad \text{folgl. } \tfrac{1}{2}(C''-C') = -20^0\,56'\,36''.24$$
$$C''+C' = -113\quad 42\;27.02, \quad \tfrac{1}{2}(C''+C') = -56\quad 51\;13.51$$
$$\log \operatorname{tg}(45^0-\zeta) = 9.8142617$$
$$\log \cot \tfrac{1}{2}(C''-C') = 0.4171063\text{n}$$
$$\log \operatorname{tg} \psi = 0.2313680\text{n}$$
$$\text{also } \psi = -59^0\,35'\,14''.71$$
$$\text{und } \tfrac{1}{2}(C''+C') = -56\quad 51\quad 13.51$$
$$\psi = -59\quad 35\quad 14.71$$
$$k = +\;2^0\,44'\;\;1''.20$$
$$= +\;10'\;56''.08 \text{ in Zeit;}$$

endlich nach 3)

$$C' = -35^0\,54'\,37''.27 \qquad C'' = -77^0\,47'\,49''.75$$
$$k = +\;2\quad 44\quad 1.20 \qquad k = +\;2\quad 44\quad 1.20$$
$$C'-k = -38^0\,38'\,38''.47 \qquad C''-k = -80^0\,31'\,50''.95$$
$$\log A' = 0.2072029 \qquad \log A'' = 0.8836657$$
$$\log\cos(C'-k) = 9.8926738 \qquad \log\cos(C''-k) = 9.2162109$$
$$\log \operatorname{tg}\varphi = 0.0998767 \qquad \log \operatorname{tg}\varphi = 0.0998766,$$
$$\text{also } \varphi = +\;51^0\,31'\,51''.51.$$

Zur Prüfung der Rechnung hat man nach 4)

$$t = 323^0\,43'\,10''.05 \qquad t' = 313^0\;6'\,19''.50 \qquad t'' = 53^0\,43'\;\;0''.60$$
$$k = +2\quad 44\quad 1.20 \qquad k = +2\quad 44\quad 1.20 \qquad k = +2\quad 44\quad 1.20$$
$$t-k = 320^0\,59'\;\;8''.85 \qquad t'-k = 310^0\,22'\,18''.30 \qquad t''-k = 50^0\,58'\,59''.40$$

$$\log\sin\varphi = 9.8937300 \qquad \log\cos\varphi = 9.7938533$$
$$\log\sin\delta = 9.6721427 \qquad \log\cos\delta = 9.9457839$$
$$\log(0.368021) = 9.5658727 \qquad \log\cos(t-k) = 9.8904153$$
$$+0.368021 \qquad \log(0.426631) = 9.6300525$$
$$+0.426631$$
$$\sin h = +0.794652$$

$\log\sin\varphi = 9.8937300$	$\log\cos\varphi = 9.7938533$
$\log\sin\delta' = 9.9998054$	$\log\cos\delta' = 8.4760977$
$\log(0.782592) = 9.8935354$	$\log\cos(t'-k) = 9.8114036$
$+0.782592$	$\log(0.012060) = 8.0813546$
$+0.012060$	
$\sin h = +0.794652$	
$\log\sin\varphi = 9.8937300$	$\log\cos\varphi = 9.7938533$
$\log\sin\delta'' = 9.7952764$	$\log\cos\delta'' = 9.8928284$
$\log(0.488660) = 9.6890064$	$\log\cos(t''-k) = 9.7990294$
$+0.488660$	$\log(0.305993) = 9.4857111$
$+0.305993$	
$\sin h = +0.794653$	

Da nun die drei für $\sin h$ gefundenen Werthe mit einander übereinstimmen, so ist die Rechnung richtig, und es war die Höhe $h = 52^0\ 37'\ 20''.6$.

§. 116. Das Verfahren, aus den beobachteten gleichen Höhen dreier Sterne von bekannter Declination Zeit und Polhöhe zugleich zu finden, hat außer Gauß niemand eleganter angegeben als Cagnoli, und besteht nach der von Gauß gegebenen Darstellung *) in Folgendem: Die in den beiden vorigen Paragraphen angenommenen Bezeichnungen beibehaltend, berechne man drei Hilfswinkel **A, A', A''** durch die Gleichungen

$$\left.\begin{aligned} \operatorname{tg} A &= \frac{\sin\frac{1}{2}(\delta''-\delta')\cot\frac{1}{2}(t''-t')}{\cos\frac{1}{2}(\delta''+\delta')} \\ \operatorname{tg} A' &= \frac{\sin\frac{1}{2}(\delta-\delta'')\cot\frac{1}{2}(t-t'')}{\cos\frac{1}{2}(\delta+\delta'')} \\ \operatorname{tg} A'' &= \frac{\sin\frac{1}{2}(\delta'-\delta)\cot\frac{1}{2}(t'-t)}{\cos\frac{1}{2}(\delta'+\delta)} \end{aligned}\right\} \qquad 5);$$

ferner
$$\operatorname{tg} B = \frac{\sin\frac{1}{2}(\delta'-\delta)\cot(A-A')}{\cos\frac{1}{2}(\delta'+\delta)} \qquad 6),$$

so ist
$$k = \tfrac{1}{2}(t'+t) - B \qquad 7).$$

Man setze ferner $A' + A'' - A = C$, und berechne die Hilfswinkel **D** und **E** durch die Gleichungen

---

*) Monatl. Corresp. v. Zach. XIX. Band.

$$\left.\begin{aligned} \operatorname{tg} D &= \frac{\cos\frac{1}{2}(t-k+C)\operatorname{tg}(45^0+\frac{1}{2}\delta)}{\cos\frac{1}{2}(t-k-C)} \\ \operatorname{tg} E &= \frac{\sin\frac{1}{2}(t-k-C)\cot(45^0+\frac{1}{2}\delta)}{\sin\frac{1}{2}(t-k+C)} \end{aligned}\right\} \quad 8),$$

so ist endlich

$$\left.\begin{aligned} \varphi &= D+E \\ h &= D-E \end{aligned}\right\} \quad 9).$$

Bei dieser Methode muß man, wegen der Zweideutigkeit der durch die Tangenten zu bestimmenden Größen, sobald man hierbei einstweilen willkürlich verfahren will (was stets erlaubt ist), folgende Winke für einige Fälle beachten.

1) Werden für φ und h solche Werthe erhalten, daß $\cos\varphi$ und $\sin h$ mit entgegengesetzten Zeichen behaftet sind, so muß $k+180^0$ statt k genommen werden.

2) Statt h und φ muß, wenn dafür außerhalb den Grenzen 0^0 und 90^0 liegende Werthe gefunden werden sollten, ihr Unterschied von dem zunächst liegenden Vielfachen von 180^0 gesetzt werden.

3) Die Polhöhe φ muß nördliche oder südliche sein, je nachdem $\sin\varphi$ und $\sin h$ gleiche oder entgegengesetzte Zeichen erhalten haben.

Die Berechnung des letzten Beispiels nach diesen Formeln ist daher, wie folgt:

$\frac{1}{2}(\delta''-\delta') = -24^0\ 49'\ 59''.55$	$\frac{1}{2}(\delta''+\delta') = 63^0\ 27'\ 6''.15$
$\frac{1}{2}(\delta-\delta'') = -\ \ 5\ \ 17\ \ 25.90$	$\frac{1}{2}(\delta+\delta'') = 33\ \ 19\ \ 40.70$
$\frac{1}{2}(\delta'-\delta) = +\ 30\ \ \ 7\ \ 25.45$	$\frac{1}{2}(\delta'+\delta) = 58\ \ \ 9\ \ 40.25$

$$\begin{aligned} \tfrac{1}{2}(t-t'') &= -129^0\ 41'\ 39''.45 \\ \tfrac{1}{2}(t-t') &= +135\ \ \ 0\ \ \ 4.72 \\ \tfrac{1}{2}(t'-t) &= -\ \ \ 5\ \ 18\ \ 25.27; \end{aligned}$$

also nach 5)

$$\begin{aligned} \log\sin\tfrac{1}{2}(\delta''-\delta') &= 9.6232267n \\ \log\cot\tfrac{1}{2}(t''-t') &= 9.9191030 \\ \text{dec.}\log\cos\tfrac{1}{2}(\delta''+\delta) &= \underline{0.3497391} \\ \log\operatorname{tg} A &= 9.8920688n \\ \text{folglich } A &= 142^0\ 2'\ 50''.70 \end{aligned}$$

$$
\begin{aligned}
\log\sin\tfrac{1}{2}(\delta-\delta') &= 8.9647590\mathrm{n}\\
\log\cot\tfrac{1}{2}(t-t'') &= 0.0000199\mathrm{n}\\
\mathrm{dec.}\log\cos\tfrac{1}{2}(\delta+\delta'') &= 0.0780332\\
\hline
\log\mathrm{tg}\,A' &= 9.0428121\\
\text{folglich}\ A' &= 6^{0}\ 17'\ 51''.34
\end{aligned}
$$

$$
\begin{aligned}
\log\sin\tfrac{1}{2}(\delta'-\delta) &= 9.7005892\\
\log\cot\tfrac{1}{2}(t'-t) &= 1.0320274\\
\mathrm{dec.}\log\cos\tfrac{1}{2}(\delta'+\delta) &= 0.2777516\\
\hline
\log\mathrm{tg}\,A'' &= 1.0103682\\
\text{folglich}\ A'' &= 95^{0}\ 34'\ 36''.24,
\end{aligned}
$$

ferner nach 6), da $A-A'=135^{0}\ 44'\ 59''.36$ ist,

$$
\begin{aligned}
\log\sin\tfrac{1}{2}(\delta'-\delta) &= 9.7005892\\
\log\cot(A-A') &= 0.0113684\mathrm{n}\\
\mathrm{dec.}\log\cos\tfrac{1}{2}(\delta'+\delta) &= 0.2777516\\
\hline
\log\mathrm{tg}\,B &= 9.9897092\mathrm{n}\\
\text{folglich}\ B &= 315^{0}\ 40'\ 43''.55
\end{aligned}
$$

$$
\begin{aligned}
\text{und nach 7)}\ k &= 2\ \ 44\ \ 1.23\\
\text{und}\ C &= -40\ \ 10\ \ 23.12,
\end{aligned}
$$

ferner nach 8)

$$
\begin{aligned}
\log\cos\tfrac{1}{2}(t-k+C) &= 9.8868199\mathrm{n}\\
\log\mathrm{tg}(45^{0}+\tfrac{1}{2}\delta) &= 0.2215478\\
\mathrm{dec.}\log\cos\tfrac{1}{2}(t-k-C) &= 0.0000222\mathrm{n}\\
\hline
\log\mathrm{tg}\,D &= 0.1083899\\
\text{folglich}\ D &= 52^{0}\ 4'\ 36''.35
\end{aligned}
$$

$$
\begin{aligned}
\log\sin\tfrac{1}{2}(t-k-C) &= 8.0048736\mathrm{n}\\
\log\cot(45^{0}+\tfrac{1}{2}\delta) &= 9.7784522\\
\mathrm{dec.}\log\sin\tfrac{1}{2}(t-k+C) &= 0.1956297\\
\hline
\log\mathrm{tg}\,E &= 7.9789555\mathrm{n}\\
E &= -\ 0^{0}\ 32'\ 45''.02,
\end{aligned}
$$

und endlich nach 9)

$$
\begin{aligned}
D &= 52^{0}\ \ 4'\ 36''.35\\
E &= -0\ \ 32\ \ 45.02\\
\hline
\varphi &= 51^{0}\ 31'\ 51''.35\\
h &= 52\ \ 37\ \ 21.37.
\end{aligned}
$$

§. 117. Eine andere Methode besteht in der **Beobachtung von Höhen zweier bekannten Sterne und der Zwischenzeit.** Auch für diese Methode hat **Gauß** die beste, namentlich für reisende Beobachter sehr zweckmäßige, Auflösung gegeben. Es seien nämlich α und α' die scheinbaren Rectascensionen, und δ, δ' die scheinbaren Declinationen der beiden Sterne, $\varDelta$ die Zwischenzeit beider Beobachtungen; ferner h die beobachtete Höhe des ersten und h′ die des zweiten Sterns; endlich φ die Polhöhe; so berechne man zuerst die Größen F, v, w, G und λ mittelst der Gleichungen

$$\left.\begin{aligned} \operatorname{tg} F &= \frac{\operatorname{tg}\delta'}{\cos\{(\alpha'-\alpha)-\varDelta\}} \\ \operatorname{tg} v &= \frac{\cos F \operatorname{tg}\delta}{\sin(F-\delta)} \end{aligned}\right\} \quad 10),$$

$$\cos w = \frac{\cos v \operatorname{tg} h}{\operatorname{tg}(F-\delta)}\left\{\frac{\sin h' \sin F}{\sin h \sin\delta' \cos(F-\delta)} - 1\right\} \quad 11),$$

$$\left.\begin{aligned} \operatorname{tg} G &= \frac{\operatorname{tg} h}{\cos(v-w)} \\ \operatorname{tg}\lambda &= \frac{\cos G \operatorname{tg}(v-w)}{\sin(G-\delta)} \end{aligned}\right\} \quad 12);$$

$$\left.\begin{aligned} \text{dann ist } \operatorname{tg}\varphi &= \cos\lambda \cot(G-\delta) \\ \text{und } \gamma' &= \tfrac{1}{15}(\alpha+\lambda) \end{aligned}\right\} \quad 13),$$

wo die in Zeit gefundene Größe γ' den Stand der Uhr im Augenblick der ersten Beobachtung geben wird.

Anmerkung. Die Bestimmung des Winkels w durch seinen Cosinus hängt von der Bemerkung ab, daß sin w dasselbe oder das entgegengesetzte Zeichen von

$$\frac{\sin\{(\alpha'-\alpha)-\varDelta\}}{\sin v}$$

haben muß, je nachdem der Höhenkreis des ersten Sterns gegen den des andern rechts oder links liegt, worüber keine Ungewißheit herrschen kann, indem es ganz gegen den Geist der in Rede stehenden Methode wäre, zwei Sterne anzuwenden, deren Verticalkreise entweder zu nahe an einander oder fast entgegengesetzt stehen.

§. 118. Die im vorigen §. vorgekommene Bestimmungsmethode kann auch auf folgende Weise dargestellt werden.

Es seien h und h′ die beobachteten Höhen, δ und δ' die Declinationen der beiden Sterne, ϑ der Ueberschuß des Unterschieds ihrer Rectascensionen über die, in Grade verwandelte, Zwischenzeit der Beobachtungen; so suche man die zwei Hilfswinkel **A, A'** aus

$$\left.\begin{aligned} \operatorname{tg}(45^0 + A) &= \frac{\sin\frac{1}{2}(h'+\delta')\cos\frac{1}{2}(h'-\delta')\cos\delta}{\sin\frac{1}{2}(h+\delta)\cos\frac{1}{2}(h-\delta)\cos\delta'} \\ \operatorname{tg}(45^0 + A') &= \frac{\cos\frac{1}{2}(h'+\delta')\sin\frac{1}{2}(h'-\delta')\cos\delta}{\cos\frac{1}{2}(h+\delta)\sin\frac{1}{2}(h-\delta)\cos\delta'} \end{aligned}\right\} \quad 14),$$

ferner die Winkel **B, B'** aus

$$\left.\begin{aligned} \operatorname{tg} B &= \operatorname{tg} A \cot\tfrac{1}{2}\vartheta \\ \operatorname{tg} B' &= \operatorname{tg} A' \cot\tfrac{1}{2}\vartheta \end{aligned}\right\} \quad 15),$$

so ist

$$\left.\begin{aligned} C &= B' + B + \vartheta \\ D &= B' - B \end{aligned}\right\} \quad 16).$$

Nun suche man **E** durch die Gleichung

$$\operatorname{tg} E = \frac{\sin(h+\delta)\sin(h-\delta)\sin D}{\cos^2\delta\cos\frac{1}{2}(C+D)\cos\frac{1}{2}(C-D)} \quad 17),$$

so erhält man λ durch eine der beiden Formeln

$$\left.\begin{aligned} \cos(2\lambda - C) &= \frac{\cos(D-E)}{\cos E} \\ \operatorname{tg}(\lambda - \tfrac{1}{2}C) &= \pm\sqrt{\operatorname{tg}\tfrac{1}{2}D \operatorname{tg}(\tfrac{1}{2}D - E)} \end{aligned}\right\} \quad 18).$$

Ist λ gefunden, so ergiebt sich die Polhöhe φ vermittelst der Gleichung

$$\operatorname{tg}(45^0 - \tfrac{1}{2}\varphi) = \frac{\cos\frac{1}{2}(h+\delta)\sin\frac{1}{2}(h-\delta)\sin D}{\cos\delta\sin\{\lambda - \frac{1}{2}(C-D)\}\cos\frac{1}{2}(C+D)} \quad 19).$$

Von den beiden Formeln für λ giebt jede zwei Werthe für λ, von welchen man denjenigen nehmen muß, welcher $45^0 - \frac{1}{2}\varphi < 45^0$ macht.

Endlich, wenn α die Rectascension des ersten Sterns bezeichnet, so giebt $\alpha + \lambda$ in Zeit verwandelt den Stand der Uhr.

Beispiel. Am 19. Jan. 1809 wurde α **Ceti** in der Höhe von 22° 27' 43", und 8 Minuten Sternzeit nachher α **Orion.** in der Höhe von 43° 8' 11" beobachtet.

Es ist nun $\vartheta = 41^0\ 9'\ 6''$,

h' =	43°	8'	11".0	h =	22°	27'	43".0
δ' =	7	21	34.0	δ =	3	20	15.0
$\frac{1}{2}(h'+\delta')$ =	25	14	52.5	$\frac{1}{2}(h+\delta)$ =	12	53	59.0
$\frac{1}{2}(h'-\delta')$ =	17	18	18.5	$\frac{1}{2}(h-\delta)$ =	9	33	44.0.

Also nach 14)

$$\log\sin\tfrac{1}{2}(h'+\delta') = 9.6299555$$
$$\log\cos\tfrac{1}{2}(h'-\delta') = 9.9784801$$
$$\log\cos\delta = 9.9992628$$
$$\text{dec.}\log\sin\tfrac{1}{2}(h+\delta) = 0.6512175$$
$$\text{dec.}\log\cos\tfrac{1}{2}(h-\delta) = 0.0060765$$
$$\text{dec.}\log\cos\delta' = 0.0035925$$
$$\log tg(45^0+A) = 0.2685849$$
$$\text{folglich } A = 24^0\ 10'\ 21''.5$$

$$\log\cos\tfrac{1}{2}(h'+\delta') = 9.9563945$$
$$\log\sin\tfrac{1}{2}(h'-\delta') = 9.4873719$$
$$\log\cos\delta = 9.9992628$$
$$\text{dec.}\log\cos\tfrac{1}{2}(h+\delta) = 0.0111013$$
$$\text{dec.}\log\sin\tfrac{1}{2}(h-\delta) = 0.7795817$$
$$\text{dec.}\log\cos\delta' = 0.0035925$$
$$\log tg(45^0+A') = 0.2373047$$
$$\text{folglich } A' = 21^0\ 21'\ 26''.7$$

ferner, mit $\vartheta = 41^0\ 9'\ 6''$, nach 15)

$$\log tg A = 9.4767261$$
$$\log\cot\tfrac{1}{2}\vartheta = 0.4255127$$
$$\log tg B = 9.9022388$$
$$\text{folglich } B = 38^0\ 36'\ 18''.1$$

$$\log tg A' = 9.4258708$$
$$\log\cot\tfrac{1}{2}\vartheta = 0.4255127$$
$$\log tg B' = 9.8513835$$
$$\text{folglich } B' = 35^0\ 22'\ 57''.2,$$

ferner nach 16)

$$B' = 35^0\ 22'\ 57''.2 \qquad B' = 35^0\ 22'\ 57''.2$$
$$B = 38\ \ 36\ \ 18.1 \qquad B = 38\ \ 36\ \ 18.1$$
$$\vartheta = 41\ \ \ 9\ \ \ 6.0 \qquad D = -3^0\ 13'20''.9$$
$$C = 115^0\ \ 8'\ 21''.3$$

und $\frac{1}{2}(C+D) = 55^0\ 57'\ 30''.2$, $\frac{1}{2}(C-D) = 59^0\ 10'\ 51''.1$;

folglich nach 17)

$$\log\sin(h+\delta) = 9.6387112$$
$$\log\sin(h-\delta) = 9.5153718$$
$$\log\sin D = 8.7498376n$$
$$\text{dec.}\log\cos^2\delta = 9.7004444$$
$$\text{dec.}\log\cos\tfrac{1}{2}(C+D) = 0.2519711$$
$$\text{dec.}\log\cos\tfrac{1}{2}(C-D) = 0.2904504$$
$$\log\operatorname{tg} E = 8.1467865n$$
$$\text{folglich } E = -0^0\ 48'\ 11''.9;$$

ferner nach der zweiten der Formeln 18), weil

$$\tfrac{1}{2}D = -1^0\ 36'\ 40''.45$$
$$\tfrac{1}{2}D - E = -0\ \ 48\ \ 28''.55$$

ist,

$$\log\operatorname{tg}\tfrac{1}{2}D = 8.4491510n$$
$$\log\operatorname{tg}(\tfrac{1}{2}D - E) = 8.1492802n$$
$$16.5984312$$
$$\log\operatorname{tg}(\lambda - \tfrac{1}{2}C) = 8.2992156$$
$$\text{folglich } \lambda - \tfrac{1}{2}C = \pm\ 1^0\ 8'\ 27''.6,$$
$$\text{woraus } \lambda = 58^0\ 42'\ 38''.2 \text{ oder}$$
$$= 56\ \ 25\ \ 43.0$$
$$\text{und } \lambda - \tfrac{1}{2}(C-D) = -0\ \ 28\ \ 12.9 \text{ oder}$$
$$-2\ \ 45\ \ \ 8.1$$

folgt. — Um zu erfahren, welcher der beiden Werthe von λ hier zu nehmen ist, berechne man zuerst nach 19) den Werth von $\operatorname{tg}(45^0 - \tfrac{1}{2}\varphi)$, ohne im Nenner den Factor $\sin\{\lambda - \tfrac{1}{2}(C-D)\}$ zu berücksichtigen, da dann $\log\sin\{\lambda - \tfrac{1}{2}(C-D)\}$, damit $45^0 - \tfrac{1}{2}\varphi < 45^0$ werde, größer sein muß als der gefundene Logarithmus; nämlich

$$\log\cos\tfrac{1}{2}(h+\delta) = 9.9888987$$
$$\log\sin\tfrac{1}{2}(h-\delta) = 9.2204183$$
$$\log\sin D = 8.7498376n$$
$$\text{dec.}\log\cos\delta = 0.0007372$$
$$\text{dec.}\log\cos\tfrac{1}{2}(C+D) = 0.2519711$$
$$\text{Summe} = 8.2118629n.$$

Nun ist für den ersten Werth von λ

$$\log\sin\{\lambda - \tfrac{1}{2}(C-D)\} = 7.9142013,$$

für den andern hingegen

$$\log\sin\{\lambda - \tfrac{1}{2}(C-D)\} = 8.6813982;$$

folglich gilt, dem Obigen zufolge, hier der zweite Werth von λ, und es wird dann

$$\log tg(45^0 - \tfrac{1}{2}\varphi) = 9.6304647,$$

$$\text{woraus } \varphi = 52^0\, 31'\, 31''.5.$$

§. 119. Endlich läßt sich auch, wenn man das Azimuth a und die Neigung n der Drehungsaxe eines Mittagsfernrohrs kennt, die Polhöhe φ und die Correction τ der Uhr durch die Beobachtungen zweier Sterne auf die Weise finden, wie im §. 121 des ersten Theils gezeigt worden ist. Da aber die, dort für die numerische Berechnung gegebenen, Ausdrücke ungemein einfach, und ihre Anwendung leicht zu verstehen ist, so bedarf es zur Erläuterung dieser Methode keines Beispiels.

§. 120. Verbindet man beide unter C) und D) (S. 169 bis 171) angeführten Bestimmungsmethoden auf die Weise, daß man einen Circumpolarstern zweimal mit umgewandten Instrument sowohl in der obern als auch in der untern Culmination beobachtet; so ist klar, daß man durch dieses Verfahren alsdann von der Declination des Sterns und vom Collimationsfehler des Instruments zugleich sich unabhängig machen kann.

Sind nämlich die beiden Beobachtungen derselben Culmination mit dem umgewandten Instrument (am liebsten mit einem Kreise) an dem nämlichen Tag angestellt worden, so muß erst berücksichtigt werden, ob eine oder beide dieser Beobachtungen außer dem Meridian genommen wurden. Denn man braucht offenbar die Meridian-Zenithdistanz Z, welche durch die Gleichung

$$Z = z + dz$$

gegeben ist, in der die Reduction dz der beobachteten Zenithdistanz z auf den Meridian nach der Formel

$$dz = -112''.5\,\frac{t^2 \cos\varphi \cos\delta \sin 1''}{\sin(\delta - \varphi)}$$

für die Meridian-Zenithdistanz in der untern Culmination berechnet wird. In beiden Formeln bezeichnen übrigens φ und δ die beiläufig bekannte Polhöhe und die Declination des Circumpolarsterns, t aber die Anzahl Zeitsekunden, um welche die Beobachtung vor oder nach der Culmination gemacht worden war.

Beispiel. Zu Königsberg wurden am 16. April 1814 folgende Zenithdistanzen des **Polaris** im Meridian observirt; nämlich

in der obern Culmination am Kreise	gegen Osten	$33^0\ 34'\ 56''.6$
	gegen Westen	$33\ \ 35\ \ 47.3$
in der untern Culmination am Kreise	gegen Osten	$36\ \ 57\ \ \ 9.1$
	gegen Westen	$36\ \ 58\ \ \ 0.9.$

Da diese Beobachtungen im Meridian selbst angestellt worden, so ist keine Reduction derselben auf den Meridian erforderlich. Denn man hat nun sogleich

$$\left.\begin{array}{l}\tfrac{1}{2}(33^0\ 35'\ 47''.3 - 33^0\ 34'\ 56''.6) = 25''.35 \\ \tfrac{1}{2}(36\ \ 58\ \ \ 0.9 - 36\ \ 57\ \ \ 9.1) = 25.90\end{array}\right\}\ \text{als gesuchten Collimationsfehler,}$$

der folglich im Mittel aus allen Beobachtungen zu $25''.62$ angenommen werden kann. Ferner giebt

$$\tfrac{1}{2}(33^0\ 35'\ 47''.3 + 33^0\ 34'\ 55''.6) + \text{Refraction } 37''.30 = z$$
$$\tfrac{1}{2}(36\ \ 58\ \ \ 0.9 + 36\ \ 57\ \ \ 9.1) + \text{Refraction } 43.40 = z',$$
$$\text{d. h. } z = 33^0\ 35'\ 59''.25,\quad z' = 36^0\ 58'\ 18''.40,$$

wo also z und z′ die vom Collimationsfehler befreiten Zenithabstände in der obern und untern Culmination sein werden. Dann finden sich die wahre Polhöhe φ' und die wahre Declination δ' aus den Gleichungen

$$\varphi' = 90^0 - \tfrac{1}{2}(z' + z)$$
$$\delta' = 90^0 - \tfrac{1}{2}(z' - z).$$

Setzt man daher in diesen Gleichungen für z′ und z ihre obigen Werthe, so erhält man

$$\begin{array}{rl} z' = & 36^0\ 58'\ 18''.40 \\ z = & 33\ \ 35\ \ 59.25 \\ \hline z'+z = & 70^0\ 34'\ 17''.65, \end{array}\qquad \begin{array}{rl} 90^0 = & 90^0\ \ 0'\ \ 0''.00 \\ \tfrac{1}{2}(z'+z) = & 35\ \ 17\ \ \ 8.82 \\ \hline \text{also } \varphi' = & +\ 54^0\ 42'\ 51''.18 \end{array}$$

$$
\begin{aligned}
\text{und } z' &= 36^0\ 58'\ 18''.40 \\
z &= 33\ \ 35\ \ 59.25 \\
z'-z &= 3^0\ 22'\ 19''.15,
\end{aligned}
\qquad
\begin{aligned}
90^0 &= 90^0\ \ 0'\ \ 0''.00 \\
\tfrac{1}{2}(z'-z) &= \ \ 1\ \ 41\ \ \ 9.57 \\
\text{also } \delta' &= +\ 88^0\ 18'\ 50''.43.
\end{aligned}
$$

Sind jedoch die Beobachtungstage verschieden, so muß noch auf die Veränderung der Declination des angewandten Sterns Rücksicht genommen werden, in welchem Fall es wohl dann am besten sein wird, aus jeder Beobachtung besonders mittelst der beinahe bekannten Declination δ die Polhöhe φ' zu suchen; um zu sehen, wie die einzelnen Resultate mit einander übereinstimmen werden; wird dieß der Fall sein, so ist auch dann die angenommene Declination δ richtig. Wenn nämlich die in der obern und untern Culmination beobachteten Mittel der Zenithdistanzen mit Z und Z', und die zugehörigen Refractionen mit R und R' bezeichnet werden; so muß, wenn $\delta' = \delta + d\delta$ gesetzt wird, man haben:

$$Z + R + \{90^0 - (\delta + d\delta)\} = Z' + R' - \{90^0 - (\delta + d\delta)\},$$

aus welcher Gleichung nun sich der Werth von $d\delta$ bestimmen läßt. Ist dieß wirklich geschehen, so hat man endlich auch

$$\varphi' = 90^0 - [Z + R + \{90^0 - (\delta + d\delta\}],$$

oder

$$\varphi' = 90^0 - [Z' + R' - \{90^0 - (\delta + d\delta)\}].$$

Man sieht hieraus, daß diese Methode nicht nur die Polhöhe sondern auch die Declination sehr genau geben wird, sobald man nur die Vorsicht und die Mühe sich nimmt, das Mittel aus einer großen Anzahl solcher doppelten oder eigentlich vierfachen Beobachtungen zu berechnen.

§. 121. Die unter G) im §. 110 angeführte Methode zur Bestimmung der Polhöhe läßt sich auf einen Stern, sobald man diesen zweimal beobachtet, anwenden. — Bezeichnen nämlich z und z' die beiden gemessenen Scheitelabstände; ferner s und s' die unbekannten Stundenwinkel des Sterns in beiden Beobachtungen, p die scheinbare Poldistanz des Sterns, $90^0 - \psi$ die bereits nahe bekannte Polhöhe, und endlich x, ψ zwei Hilfsgrößen; so hat man nun zwei Fälle zu unterscheiden:

1) Wenn nur auf einer Seite des Meridians beide Beobachtungen angestellt worden. Dann ist die Zwischenzeit $s'-s$ bekannt, und man hat

$$\sin\tfrac{1}{2}(s'+s) = \frac{\sin\frac{1}{2}(z'+z)\sin\frac{1}{2}(z'-z)}{\sin\psi\sin p\sin\frac{1}{2}(s'-s)} \qquad 20).$$

2) Wenn die eine Beobachtung auf der einen Seite und die andere Beobachtung auf der andern Seite des Meridians angestellt worden. Dann ist die Zwischenzeit $s'+s$ bekanni, und man hat

$$\sin\tfrac{1}{2}(s'-s) = \frac{\sin\frac{1}{2}(z'+z)\sin\frac{1}{2}(z'-z)}{\sin\psi\sin p\sin\frac{1}{2}(s'+s)} \qquad 21).$$

Hat man auf diese Weise $s'+s$ und $s'-s$ gefunden, so ist dann

$$\left.\begin{aligned} s' &= \tfrac{1}{2}(s'+s)+\tfrac{1}{2}(s'-s) \\ s &= \tfrac{1}{2}(s'+s)-\tfrac{1}{2}(s'-s) \end{aligned}\right\} \qquad 22).$$

Hierauf bestimme man x und Ψ mittelst folgender Gleichungen:

$$\left.\begin{aligned} \operatorname{tg} x &= \cos s \operatorname{tg} p \\ \cos(\Psi - x) &= \frac{\cos z \cos x}{\cos p} \end{aligned}\right\} \qquad 23).$$

Kennt man so Ψ, so findet sich endlich die wahre Polhöhe Φ aus der Gleichung

$$\Phi = 90^0 - \Psi \qquad 24).$$

Beispiel. An einem Ort, dessen bereits nahe bekannte Polhöhe $51^0\ 5'$ betrug, beobachtete man im Jahr 1793 am 28. Sept.

um $21^h\ 1'\ 19''.2$	die verb. Zenithdist. des	$z' = 53^0\ 18'\ 48''.2$
$23\ \ 37\ \ 4.0$	Mittelpunkts der Sonne	$z = 63\ \ 26\ \ 39.0.$

Da beide Beobachtungen auf derselben Seite des Meridians angestellt sind, so findet hier der erste Fall statt, und man hat

$$s - s' = (23^h\,37'\,4''.0) - (21^h\,1'\,19''.2) = 2^h\,35'\,44''.8 + (1''.7),$$

welche 1.7 Sekunden deshalb hinzuaddirt werden müssen, da die gebrauchte Uhr binnen 24 Stunden um $15''.59$ gegen wahre Zeit retardirte. Man hat folglich

$$\begin{aligned} s - s' &= \ \ 2^h\ 35'\ 46''.50 \\ \tfrac{1}{2}(s-s') &= \ \ 1\ \ 17\ \ 53.25 \\ &= 19^0\ 28'\ 18''.75\,. \end{aligned}$$

Ferner ist

$$90^0 - \psi = 51^0\ 5'\ 0'',$$

folglich $\psi = 38\ \ 55\ \ 0$, und

für die Mitte der beiden Beobachtungen hat man

$$p = 87^0\ 45'\ 51''.$$

Nun steht die Rechnung nach 20), wie folgt:

$$z = 63^0\ 26'\ 39''.0$$
$$z' = 53\ \ 18\ \ 48.2$$
$$z + z' = 116\ \ 45\ \ 27.2$$
$$\tfrac{1}{2}(z + z') = 58\ \ 22\ \ 43.6$$
$$z - z' = 10\ \ \ 7\ \ 50.8$$
$$\tfrac{1}{2}(z - z') = 5\ \ \ 3\ \ 55.4;$$

$$\log\sin\tfrac{1}{2}(z + z') = 9.9302014$$
$$\log\sin\tfrac{1}{2}(z - z') = 8.9459242$$
$$\text{dec.}\log\sin\psi = 0.2019094$$
$$\text{dec.}\log\sin p = 0.0003307$$
$$\text{dec.}\log\sin\tfrac{1}{2}(s - s') = 0.4771072$$
$$\log\sin\tfrac{1}{2}(s + s') = 9.5554929$$

also $\tfrac{1}{2}(s + s') = 21^0\ 3'\ 32''.48$,

daher nach 22)

$$s = (21^0\ 3'\ 32''.48) + (19^0\ 28'\ 18''.75) = 40^0\ 31'\ 51''.23$$
$$s' = (21\ \ 3\ \ 32.48) - (19\ \ 28\ \ 18.75) = 1\ \ 35\ \ 13.73.$$

Ferner nach 23)

$$\log\cos s = 9.8808454$$
$$\log tg\, p = 1.4084627$$
$$\log tg\, x = 1.2893081,\quad x = 87^0\ 3'\ 33''.92.$$

$$\log\cos z = 9.6503752$$
$$\log\cos x = 8.7101164$$
$$\text{dec.}\log\cos p = 1.4087934$$
$$\log\cos(\Psi - x) = 9.7692850$$

$$\Psi - x = 53^0\ 59'\ 37''.10$$
$$x = 87\ \ \ 3\ \ 33.92$$
$$\Psi = 141^0\ \ 3'\ 11''.02$$

d. h. $\Psi = 38\ \ 56\ \ 48.98,$

folglich nach 24) $\Phi = 51\ \ \ 3\ \ 11.02.$

Anmerkung. Bei Anwendung dieser, von Douwes als für Seefahrer vorzüglich angemessen vorgeschlagenen, Methode muß vorausgesetzt werden, daß die Beobachtung, zu welcher s und z gehören, sehr nahe am Meridian, die andere hingegen, zu welcher s' und z' gehören, nahe am ersten Verticalkreise angestellt worden ist. — Uebrigens ist klar, daß man aus 22) mit der Bestimmung von s und s' zugleich den Stand der Uhr erhält.

§. 122. Da die im vorigen §. mitgetheilte Methode die gesuchten Größen nicht in allen Fällen genau genug giebt, auch die daselbst befindlichen Rechnungen noch immer etwas zu schwer für den Seefahrer sein möchten; so kann folgendes Verfahren, wobei man keiner Kenntniß der beiläufigen Polhöhe und der Declination bedarf, statt der vorigen Methode leicht und sicher angewandt werden.

Man beobachte nämlich um die ungefähre Zeit seines Mittags, welche man stets, bis auf eine halbe Stunde wenigstens, voraus kennen wird, mit dem Spiegelsextant drei beliebige Höhen H, $H+h$ und $H+h'$ eines Gestirns zu den Uhrzeiten T, $T+t$ und $T+t'$. Sollten sich jedoch diese Höhen noch zu stark ändern, so warte man, da das Gestirn offenbar von seiner Culmination noch zu weit entfernt ist, erst einige Zeit ab, und nehme hierauf 3 Höhen u. s. f. Auf diese Weise wird man, selbst bei einem unbekannten Uhrstand, sich der Culminationszeit des Gestirns bis auf wenige Minuten, um dann erst die eigentlichen Beobachtungen anzufangen, nähern können.

Es sei nun $H+x$ die gesuchte Mittagshöhe des Gestirns, und $T+\vartheta$ die unbekannte Uhrzeit des Mittags; so hat man erstens

$$x = \frac{(ht'^2 - h't^2)^2}{4tt'(t'-t)(ht'-h't)} \qquad 25),$$

wo man x in Bogenminuten findet, wenn t und t' in Zeitminuten, h und h' aber in Bogenminuten ausgedrückt worden sind, und zweitens

$$\vartheta = \frac{ht'^2 - h't^2}{2(ht'-h't)} \qquad 26).$$

Freilich wird $T+\vartheta$, der Natur der Beobachtungen in der Nähe des Meridians zufolge, nur annähernd die beiläufige Zeit des wahren Mittags bezeichnen. Doch kann man dadurch wenigstens eine erste genäherte Correction der Uhrzeit erhalten.

Anmerkung. Bei der Anwendung dieser Methode müssen alle diejenigen Fälle als ungünstig vermieden werden, in denen entweder die Zwischenzeiten zu klein sind, oder wo die Zeitdifferenzen sich nahe eben so zu einander wie die Höhendifferenzen verhalten; da dann in beiden Fällen offenbar die Größe x aus 25) nicht mit hinlänglicher Sicherheit zu bestimmen ist, indem jeder geringe Beobachtungsfehler sogleich einen großen Fehler in der Zeit- und Polhöhenbestimmung erzeugen kann.

Beispiel. Der Freiherr von Zach nahm am 1. Aug. 1803 folgende Sonnenhöhen:

1) um	23^h	44′	3″	56°	51′	59″.9
2) „	23	49	13	57	1	9.6
3) „	23	55	8	57	9	20.6
4) „	24	0	58	57	14	57.8
5) „	24	6	51	57	18	8.8
6) „	24	18	20	57	17	8.1
7) „	24	24	57	57	12	13.2.

Nimmt man nun hier zuerst 1), 4) und 7) zusammen, so hat man

$$H = 56^0\ 51'\ 59''.9$$
$$h = +\ 22'.965,\quad \log h = 1.36107$$
$$h' = +\ 20.222,\quad \log h' = 1.30582;$$
$$T = 23^h\ 44'\ 3''$$
$$t = +\ 16'.917,\quad \log t = 1.22832,$$
$$t' = +\ 40.900,\quad \log t' = 1.61172,\qquad \log tt' = 2.84004,$$

also nach 25)

$$\log h = 1.36107 \qquad \log h' = 1.30582$$
$$\log t'^2 = 3.22344 \qquad \log t^2 = 2.45664$$
$$\log h t'^2 = 4.58451 \qquad \log h't^2 = 3.76246$$
$$h t'^2 = 38416.0 \qquad h't^2 = 5787.1$$

$$ht'^2 - h't^2 = 32628.9,\quad \log(ht'^2 - h't^2) = 4.51360$$
$$t' - t = 23.983,\quad \log(t' - t) = 1.37990$$

$$\log h = 1.36107 \qquad \log h' = 1.30582$$
$$\log t' = 1.61172 \qquad \log t = 1.22832$$
$$\log ht' = 2.97279,\ ht' = 939.27,\quad \log h't = 2.53414,\ h't = 342.09$$

$$ht' - h't = 597.18,\quad \log(ht' - h't) = 2.77611$$

$$\log 4 = 0.60206$$
$$\log tt' = 2.84004$$
$$\log(t'-t) = 1.37990$$
$$\log(ht'-h't) = 2.77611$$
$$\log 4tt'(t'-t)(ht'-h't) = 7.59811,$$

$$\log(ht'^2-h't^2)^2 = 9.02720$$
$$\log 4tt'(t'-t)(ht'-h't) = 7.59811$$
$$\log x = 1.42909, \text{ also } x = 26'.859,$$

$$\text{folglich } H+x = 57^0\ 18'\ 51''.4;$$

ferner nach 26)

$$\log(ht'^2-h't^2) = 4.51360$$
$$\text{dec.}\log 2 = 9.69897$$
$$\text{dec.}\log(ht'-h't) = 7.22389$$
$$\log \vartheta = 1.43646, \text{ also } \vartheta = 27'.319.$$

Führt man zweitens diese Rechnung auf gleiche Weise mit 2), 4) und 6), so wie mit 3), 4) und 5) aus, so erhält man

mit 2), 4) und 6) $x = 17'.712$, $H+x = 57^0\ 18'\ 52''.3$
mit 3), 4) und 5) $x = 9.535$, $H+x = 57\ \ 18\ \ 52.7$.

Mit dieser gefundenen Mittagshöhe der Sonne läßt sich, nachdem sie noch von Refraction und Parallaxe befreit worden, endlich die Polhöhe auf bekannte Weise bestimmen. — Bei Anwendung von Fixsternen kann man übrigens die Stundenwinkel der beiden äußersten Beobachtungen ohne Nachtheil bis auf $1\frac{1}{2}$ Stunden ausdehnen.

§. 123. Endlich kann man auch mit einem Theodolit allein, ohne einer Uhr zu bedürfen, die Polhöhe bestimmen.

Man beobachte nämlich um die Culminationszeit eines Gestirns drei Azimuthe Ω, $\Omega+a$ und $\Omega+a'$, so wie die drei dazu gehörigen Höhen H, H+h und H+h'; und es sei H+x die gesuchte Mittagshöhe. Dann findet sich, wenn a, a', h und h' in Bogenminuten ausgedrückt worden, ebenfalls in Bogenminuten

$$x = \frac{(a'^2h - a^2h')^2}{4aa'(a'-a)(a'h-ah')} \qquad 27).$$

Diese Methode ist also der vorigen ganz ähnlich; denn statt der Zeitminuten in jener werden Bogenminuten bei dieser angewandt, so daß die Ausdrücke 25) und 27) für x vollkommen analog sind. Aus diesem Grund scheint ein Beispiel überflüssig zu sein.

Achtes Capitel.

Bestimmung des Azimuths irdischer Objecte.

§. 124. Jedes irdisches Object hat ein gewisses Azimuth, d. h. die, vom Beobachtungsort aus nach dem Object im Horizont gezogene, Visirlinie bildet mit der Mittagslinie des Beobachtungsorts einen Winkel, der das Azimuth des Objects genannt wird, östlich oder westlich sein, und auf verschiedene Arten bestimmt werden kann. — Hiervon ist jedoch das Azimuth eines im Meridian oder im ersten Verticalkreise aufgestellten Passageninstruments genau zu unterscheiden, dessen verschiedene Bestimmungsmethoden in den §§. 100, 103, 105, 106, 117, 118, 119 und 123 des I. Theils mitgetheilt, und durch die in den §§. 45, 48 und 49 dieses Theils vorkommenden Beispiele erläutert worden sind.

§. 125. Unter den vielen Bestimmungsmethoden des Azimuths eines irdischen Gegenstands sind folgende die bequemsten und genauesten:

A) Aus, mit einem Spiegelsextant genommenen, Sonnendistanzen von dem irdischen Object;

B) aus, mit einem Theodolit beobachteten, correspondirenden Azimuthen, und zwar entweder

α) ohne Repetition der Winkel, oder

β) mit Repetition der Winkel; und

C) aus, mit einem Theodolit angestellten, Beobachtungen des Polarsterns in irgend einem Punkt seines Parallelkreises,

das Azimuth eines irdischen Objects zu bestimmen.

A) Aus, mit einem Spiegelsextant genommenen, Sonnendistanzen von dem irdischen Object.

§. 126. Wenn zu einer gewissen Zeit der Abstand Δ des nächsten Sonnenrandes von einem irdischen Gegenstand, dessen Azimuth Ω bestimmt werden soll, mit einem Spiegelsextant beobachtet worden ist; so geschieht die Berechnung von Ω auf folgende Weise.

Sei φ die Polhöhe des Beobachtungsorts, t der Stundenwinkel der Sonne zur Zeit der Beobachtung, δ die Declination der Sonne, h deren wahre und h′ deren scheinbare Höhe; ferner h″ die beobachtete oder berechnete Höhe des Objects (steht dieses unter dem Horizont, so ist h″ negativ zu nehmen); endlich w das Azimuth der Sonne und Δ' der auf den Horizont reducirte Abstand Δ, des Sonnen-Mittelpunkts vom Object; — so hat man, wenn x eine Hilfsgröße bezeichnet,

$$\left.\begin{aligned} \operatorname{tg} x &= \cos t \cot \varphi \\ \sin h &= \frac{\sin \varphi \sin (x + \delta)}{\cos x} \\ \sin w &= \frac{\sin t \cos \delta}{\cos h} \end{aligned}\right\} \quad 1),$$

$$h' = h + r - p \qquad 2),$$

wo r die Refraction und p die Höhenparallaxe bedeutet; ferner

$$\sin \tfrac{1}{2}\Delta' = \sqrt{\frac{\sin \frac{1}{2}(\Delta, + h' - h'') \sin \frac{1}{2}(\Delta, - h' + h'')}{\cos h' \cos h''}} \qquad 3),$$

oder

$$\cos \tfrac{1}{2}\Delta' = \sqrt{\frac{\cos \frac{1}{2}(\Delta, + h' + h'') \cos \frac{1}{2}(\Delta, - h' - h'')}{\cos h' \cos h''}} \qquad 4),$$

und endlich

$$\Omega = w \pm \Delta' \qquad 5),$$

in welchem Ausdruck die Wahl des rechten Zeichens sich leicht aus den Umständen der Beobachtungen ergeben wird. — Die Größe Δ, wird durch die gehörige Anbringung des Collimationsfehlers c und des Sonnenhalbmessers ϱ an die Größe Δ gefunden.

Beispiel. Am 12. März 1805 wurden auf der Sternwarte von Hyeres im südlichen Frankreich an einem, nach mittlerer Sonnenzeit gehenden, Chronometer folgende Abstände des westlichen und östlichen Sonnenrands von der Thurmspitze der Capelle Notre Dame de la Consolation mit einem zwölfzolligen Sextant genommen.

Zeit am Chronometer.	Δ.	
5h 36′ 48″.0	78° 49′ 40″	vom westlichen Sonnenrand.
5 37 30.5	78 56 50	
5 38 11.5	79 3 50	
5 38 48.5	79 10 25	
5 39 22.0	79 16 10	
5 40 0.0	78 50 35	vom östlichen Sonnenrand.
5 40 39.0	78 57 40	
5 41 13.0	79 3 35	
5 41 48.5	79 9 55	
5 42 17.0	79 14 40	

Der Chronometer eilte der wahren Hyerer Zeit um 19′ 21″.4 vor; man fand die Größen

$$c = -\ 5'\ 30'' \qquad \delta = -\ 3^0\ 17'\ 16''$$
$$\varrho = \mp\ 16\ \ 7 \qquad \varphi = +\ 43\ \ 7\ \ 2.$$
$$h'' = +\ 74\ \ 0$$

Man hat also, da $\Delta_{,} = \Delta + c + \varrho$,

wahre Beobachtungszeit = Zeit am Chronometer — Voreilung,

und t = 15 × (Wahre Beobachtungszeit),

und damit aus obigen 10 Beobachtungen:

Wahre Zeit in Hyeres.	t.	Δ,.	
5h 17′ 26″.6	79°21′ 39″.0	78° 28′ 3″	vom westlichen Sonnenrand.
18 9.1		78 35 12	
18 50.1		78 42 12	
19 27.1		78 48 47	
20 0.6		78 54 32	
20 38.6	80 9 39.0	79 1 12	vom östlichen Sonnenrand.
21 17.6		79 8 17	
21 51.6		79 14 12	
22 27.1		79 20 32	
22 55.6		79 25 12	

Die Berechnung der ersten Beobachtung ist nun nach 1):

$$\log\cos t = 9.2662527$$
$$\log\cot\varphi = 0.0285630$$
$$\log tg\, x = 9.2948157$$
$$x = 11^0\ 9'\ 11''.9$$
also $x+\delta = 7\ 51\ 55.9$

$$\log\sin\varphi = 9.8347342$$
$$\log\sin(x+\delta) = 9.1362403$$
$$\text{dec.}\log\cos x = 0.0082809$$
$$\log\sin h = 8.9792554$$
$$h = 5^0\ 28'\ 14''.3$$

$$\log\sin t = 9.9924705$$
$$\log\cos\delta = 9.9992846$$
$$\text{dec.}\log\cos h = 0.0019827$$
$$\log\sin w = 9.9937378$$
$$w = 80^0\ 17'\ 36''.4,$$

ferner nach 2)
$$h = 5^0\ 28'\ 14''.3$$
$$r = +\ 8\ 57.5$$
$$h+r = 5^0\ 37'\ 11''.8$$
$$p = -\ 8.6$$
$$h' = 5^0\ 37'\ 3''.2,$$

und nach 3)
$$\Delta, = 78^0\ 28'\ 3''.0 \qquad \Delta, = 78^0\ 28'\ 3''.0$$
$$h' = 5\ 37\ 3.2 \qquad h' = 5\ 37\ 3.2$$
$$\Delta,+h' = 84^0\ 5'\ 6''.2 \qquad \Delta,-h' = 72^0\ 50'\ 59''.8$$
$$h'' = 1\ 14\ 0.0 \qquad h'' = 1\ 14\ 0.0$$
$$\Delta,+h'-h'' = 82^0\ 51'\ 6''.2 \qquad \Delta,-h'+h'' = 74^0\ 4'\ 59''.8$$
$$\tfrac{1}{2}(\Delta,+h'-h'') = 41\ 25\ 33.2; \quad \tfrac{1}{2}(\Delta,-h'+h'') = 37\ 2\ 29.9.$$

$$\log\sin\tfrac{1}{2}(\Delta,+h'-h'') = 9.8197868$$
$$\log\sin\tfrac{1}{2}(\Delta,-h'+h'') = 9.7808624$$
$$\text{dec.}\log\cos h' = 0.0020909$$
$$\text{dec.}\log\cos h'' = 0.0001351$$
$$9.6028752$$
$$\log\sin\tfrac{1}{2}\Delta' = 9.8014376$$
$$\tfrac{1}{2}\Delta' = 39^0\ 16'\ 31''.7$$
also $\Delta' = 78\ 33\ 3.4;$

daher nach 5), weil dieser auf den Horizont reducirte Abstand der beinahe im Meridian gelegenen Capelle von der untergehenden Sonne von Westen nach Süden gefunden worden,

$$\Delta' = 78^0\ 33'\ 3''.4$$
$$w = 80\ \ 18\ 36.4$$
$$\Omega = 1^0\ 44'\ 33''.0,$$

als der gesuchte Directionswinkel, den die Seite von der Hyerer Sternwarte bis zur Capelle Notre Dame de la Consolation westlich mit dem Meridian der Sternwarte bildet.

Führt man diese Berechnung auch für die übrigen Beobachtungen aus, so wird man finden:

	Ω.
	1° 44′ 33″
	44 49
	45 1
	44 49
	44 55
	1 44 49
	44 28
	44 37
	44 29
	44 46
Mittel =	1° 44′ 45″

§. 127. Statt das Azimuth w der Sonne nach 1) zu bestimmen, kann man es auch direct durch die Gleichung

$$\cot w = \cot t \sin \varphi - \operatorname{tg} \delta \cos \varphi \operatorname{cosec} t$$

berechnen; folglich wird obiges Beispiel hiernach so stehen:

$$\log \cot t = 9.2737823 \qquad \log \operatorname{tg} \delta = 8.7592569n$$
$$\log \sin \varphi = 9.8347342 \qquad \log \cos \varphi = 9.8632972$$
$$\log(+0.128386) = 9.1283857, \qquad \log \operatorname{cosec} t = 9.9924705$$
$$\log(-0.042666) = 8.6300836,$$

folglich $(+0.128386) - (-0.042666) = +0.171052$

$$\log(+0.171052) = 9.2331280 = \log \cot w,$$

also $w = 80^0\ 17'\ 36''.3$, wie oben.

Es läßt sich aber auch auf eine andere bequeme Weise das Azimuth w und die Höhe h der Sonne berechnen. — Seien nämlich φ' die Aequatorhöhe des Beobachtungsorts, δ' die Polardistanz der Sonne, und λ, μ zwei Hilfsgrößen; so hat man

$$\left.\begin{aligned} \cot\lambda &= \frac{\sin\frac{1}{2}(\delta'-\varphi')\cot\frac{1}{2}t}{\sin\frac{1}{2}(\delta'+\varphi')} \\ \cot\mu &= \frac{\cos\frac{1}{2}(\delta'-\varphi')\cot\frac{1}{2}t}{\cos\frac{1}{2}(\delta'+\varphi')} \end{aligned}\right\} \quad 6),$$

$$\left.\begin{aligned} w &= \lambda+\mu \\ \cos h &= \frac{\sin\varphi'\sin t}{\sin(\mu-\lambda)} \end{aligned}\right\} \quad 7).$$

Auf obiges Beispiel angewandt, steht die Rechnung also:

δ' =	93°	17′	16″	t =	79°	21′	42″
φ' =	46	52	58	$\frac{1}{2}t$ =	39	40	51
$\delta'-\varphi'$ =	46	24	18	$\delta'+\varphi'$ =	140	10	14
$\frac{1}{2}(\delta'-\varphi')$ =	23	12	9	$\frac{1}{2}(\delta'+\varphi')$ =	70	5	7,

daher nach 6)

$$\begin{aligned} \log\sin\tfrac{1}{2}(\delta'-\varphi') &= 9.5954764 \\ \log\cot\tfrac{1}{2}t &= 0.0811045 \\ \text{dec.}\log\sin\tfrac{1}{2}(\delta'+\varphi') &= 0.0267795 \\ \hline \log\cot\lambda &= 9.7033604 \\ \lambda &= 63^0\ 12'\ 9''.2 \\ \log\cos\tfrac{1}{2}(\delta'-\varphi') &= 9.9633713 \\ \log\cot\tfrac{1}{2}t &= 0.0811045 \\ \text{dec.}\log\cos\tfrac{1}{2}(\delta'+\varphi') &= 0.4677284 \\ \hline \log\cot\mu &= 0.5122042 \\ \mu &= 17^0\ 5'\ 27''.0, \end{aligned}$$

und also nach 7)

$$\lambda+\mu = 80^0\ 17'\ 36''.2 = w,\quad \mu-\lambda = 46^0\ 6'\ 42''.2;$$

$$\begin{aligned} \log\sin\varphi' &= 9.8632972 \\ \log\sin t &= 9.9924705 \\ \text{dec.}\log\sin(\mu-\lambda) &= 0.1422497 \\ \hline \log\cos h &= 9.9980174 \\ h &= 5^0\ 28'\ 14''.0, \text{ wie oben.} \end{aligned}$$

Anmerkung. Nicht so gut, wie die obige Methode, ist die, wo man die Zeitdauer abzuwarten pflegt, die der Sonnenrand braucht, das Absehen des Objects zu durchlaufen, und auf diese Art die beiden Sonnenränder zu einem genommenen Winkel beobachtet, so wie dann das Mittel aus beiden beobachteten Zeiten für die Beobachtung des Mittelpunkts der Sonne annimmt; indem offenbar hier die Raumbewegung der Sonne jener der Zeit nicht streng proportional ist, folglich das Zeit-Mittel nicht mit dem Raum-Mittel, d. h. mit dem Mittelpunkt der Sonne genau übereinstimmen kann.

B) Aus, mit einem Theodolit beobachteten, correspondirenden Azimuthen.

α) Ohne Repetition der Winkel.

§. 128. Um das Azimuth Ω eines irdischen Objects zu erforschen, beobachte man 8 bis 10 Minuten vor und nach der Culmination eines beliebigen Gestirns, indem man das Fernrohr des Theodolits nach und nach auf die willkürlichen, aber unveränderlichen Höhen $h, h_1, h_2, \ldots h_n$ stellt, die Durchgänge dieses Gestirns durch das Fadenkreuz, und notire die den Höhen $h, h_1, h_2, \ldots h_n$ resp. zugehörenden Grade $a, b; a_1, b_1; a_2, b_2; \ldots a_n, b_n$ des innern das Fernrohr tragenden Kreises, d. i. des Azimuthalkreises. Es wird dann, unabhängig von den Beobachtungsfehlern und den nach der Rectification des Instruments etwa noch übrig gebliebenen geringen Fehlern desselben, das Fernrohr genau in der Meridianebene stehen, wenn man es auf den

$$\frac{\frac{1}{2}(a + a_1 + a_2 + \ldots + a_n) + \frac{1}{2}(b + b_1 + b_2 + \ldots + b_n)}{n} \text{ten Grad}$$

stellt. Wenn aber die Sonne das beobachtete Gestirn ist, so muß man es auf den

$$\left\{\begin{array}{l} \frac{1}{2}(a + a_1 + a_2 + \ldots + a_n) + \frac{1}{2}(b + b_1 + b_2 + \ldots + b_n) \\ + \frac{1}{2n\cos\varphi}\left(\frac{p' - p}{\sin t} + \frac{p'_1 - p_1}{\sin t_1} + \frac{p'_2 - p_2}{\sin t_2} + \ldots + \frac{p'_n - p_n}{\sin t_n}\right) \end{array}\right\} \text{ten Grad}$$

stellen, in welchem Ausdruck $p, p_1, p_2, \ldots p_n$ die vormittägigen, $p', p'_1, p'_2, \ldots p'_n$ aber die nachmittägigen Poldistanzen und $t, t_1, t_2, \ldots t_n$ die Stundenwinkel der Sonne in den nachmittägigen Beobachtungen, so wie φ die Polhöhe bedeuten.

Kennt man nun auf diese Weise den Meridian auf der Theilung des Instruments, so braucht man dann nur den Fadendurchschnitt des Fernrohrs auf das gegebene irdische Object zu richten, und es wird, wenn der Azimuthalkreis des Theodolits auf dem Grad **B** stehet, die Differenz dieses Grads und des obigen das Azimuth *Ω* des Objects geben.

β) Mit Repetition der Winkel.

§. 129. Diesem Verfahren ähnlich, aber mit einem Repetitionstheodolit und einer Uhr, ist die in Zach's Mon. Corresp. B. XXV. S. 544 ff. angegebene Methode, dort durch ein Beispiel erläutert, das hier um so eher mitgetheilt werden darf, da es mehrere der in diesem Werk sonst nicht vorkommenden multiplicirenden (oder repetirenden) Winkelbeobachtungen auf eine leicht faßliche Weise darstellt.

Nachdem man nämlich mit einem Repetitionstheodolit mehrere Minuten vor und nach der Culmination eines Sterns den Winkel zwischen diesem und dem irdischen Gegenstand, dessen Azimuth erforscht werden soll, multiplicirt und die Zeitmomente dieser Beobachtungen an einer scharf berichtigten Uhr notirt hat; nehme man die Summe aller beobachteten Uhrzeiten und dividire sie mit der Zahl der angestellten Beobachtungen, so giebt der Quotient eine Mittelzeit an, die der Culminationszeit des Sterns desto näher liegen wird, je mehr diese Beobachtungen selbst gleich weit vom Meridian abstehen. Hierauf dividire man den auf dem Limbus des Theodolits in diesen Zwischenzeiten durchlaufenen und multiplicirten Bogen mit der Zahl aller angestellten Repetitionen, und erhält dann den einfachen Bogen, d. h. das Azimuth zwischen dem Stern und dem Object, welches obiger Mittelzeit entspricht, die, da sie so wenig von der Culminationszeit des Sterns entfernt ist, auch die Reduction des beobachteten Mittelbogens auf den Meridian ganz gering ausfallen lassen wird. Diese Reduction nun erhält man durch einen ganz einfachen Proportionsansatz, bei welchem die Azimuthaländerung als Rechnungselement erforderlich ist, das aus den angestellten Beobachtungen selbst hergeleitet werden kann, und hiermit endlich auch das gesuchte Azimuth des Objects selbst.

Bei dieser Methode wirken Polhöhe, Rectascension, Declination und Durchmesser des Gestirns, so wie Refraction und Parallaxe, gar nicht auf das gesuchte Resultat ein. Nur ist zu bemerken, daß, wenn diese Methode auf die Sonne angewandt wird, man wechselsweise bald den östlichen, bald den westlichen Rand derselben, um hierdurch ihren Mittelpunkt unmittelbar zu erhalten, beobachten und repetiren muß. Der Gang und Stand der Uhr aber ist das einzige, was bei diesem Verfahren absolut genau bekannt sein muß.

Beispiel. Im Jahr 1812 wurden am 7. April auf der, von Zach errichteten, Sternwarte à la Capellette bei Marseille folgende Beobachtungen des Sirius zur Bestimmung des Azimuths eines Hauses auf dem Berg Marseille-veïrée angestellt, wobei man sich eines Chronometers von Emery bediente.

Capellette, den 7. April 1812.

Südwestliches Azimuth des Hauses auf dem Berg Marseille-veïrée durch Sirius bestimmt.

Anzahl der Repetitionen.	Zeit des Chronometers.	Multiplicirter Winkel zwischen Sirius und dem Object.
1	6h 42′ 10″.0	22° 39′ 55″
2	43 48.0	44 52 50
3	44 58.0	66 46 20
4	46 7.5	88 20 30
5	47 29.5	109 31 40
6	48 40.5	130 23 30
7	49 49.0	150 56 20
8	50 58.5	171 9 50
9	52 56.0	190 50 55
10	54 11.0	210 11 0
11	55 36.0	229 7 30
12	56 53.0	247 42 20
13	57 58.0	265 59 30
14	59 10.0	283 56 25

Kurz vorher beobachtete man, wegen Ausmittelung des Stands der Uhr, an einem $2\frac{1}{2}$füßigen Passageninstrument die Culminationen von Capella und Rigel, wie folgt:

	Zeit des Chron.	Stand d. Chron.
Culm. der Capella	5^h 16′ 27″.04	— 13′ 38″.46
„ des Rigel	5 19 8.32	— 13 38.45
„ des Sirius	6 50 31.25	
Mittel um	5^h 18′ d. Chron.	— 13′ 38″.46

Reduct. auf die Culm. des Sirius

Gang des Chron. in 1^h 32′	= + 0.87
	— 13′ 39″.33
Scheinbare AR. des Sirius	= 6^h 36 51.90
Sirius culminirt nach Chron. Zeit um	6^h 50′ 31″.23
Dessen wirkliche beobachtete Culm. Zeit	= 6 50 31.26
Mittel	= 6^h 50′ 31″.25
Obige beob. Mittelzeit aller Azimuthalbeobb.	= 6 50 46.07
Differenz zwischen der Culminationszeit und den Azimuthalbeobachtungen	= + 14″.82.

Um nun die Bogenbewegung des Azimuths für eine gewisse Zeit zu erhalten, kann die 1. und 14., 2. und 13., 3. und 12., u. s. w. Beobachtung zusammen gestellt und hieraus gedachte Bewegung für eine Zeitsekunde hergeleitet werden. Man findet so z. B.

Erste Beobachtung	6^h 42′ 10″.00	22° 39′ 55″.0
Vierzehnte Beob. im Mittel	6 50 46.07	20 16 53.2
Unterschied =	0^h 8′ 36″.07	2° 23′ 1″.8,

folglich die Proportion

$$(0^h\ 8'\ 36''.07) : (2^0\ 23'\ 1''.8) = 1'' : x^0,$$

woraus $x = 16''.628$.

Auf diese Weise erhält man:

Verbundene Beobachtungen.	Azimuthaländ. in einer Zeitsekunde.
1. und 14.	16″.628
2. „ 13.	16.634
3. „ 12.	16.643
4. „ 11.	16.640
5. „ 10.	16.618
6. „ 9.	16.614
7. „ 8.	16.627
Mittel =	16″.6291,

mit welchem Mittel dann die Mittelbeobachtung auf den Meridian zurückgeführt wird; es wird nämlich sein diese

$$\text{Reduction} = (16''.6291) \times (+14''.82) = +4'6''.44,$$

und, weil der observirte Mittelbogen des Azimuths 20° 16′ 53″.20 gefunden, das wahre Azimuth Ω von dem Hause auf dem Berg Marseille-veïrée also

$$\Omega = 20^{0}\, 20'\, 59''.64,$$

d. h. um diesen Bogen liegt gedachtes Haus vom Meridian der Sternwarte Capellette von Süden nach Westen.

Was diese Methode besonders empfiehlt, ist, daß sie das Aufsuchen des Sterns bei Tag sehr erleichtert. Denn dessen Höhe ändert sich während der Dauer der Beobachtungen nur wenig, was um so mehr als ein glücklicher Umstand anzusehen ist, da im Lauf der Beobachtungen das Fernrohr des Theodolits wechselsweise nach dem irdischen Object und nach dem Stern gerichtet werden muß. Es muß nämlich außerdem bei jeder Beobachtung das ganze Instrument, dann wegen der Repetition die Alhidadenscheibe desselben gedreht, der Appuls des Sterns am Stundenfaden observirt, und endlich der multiplicirte Bogen auf dem Limbus des Theodolits abgelesen werden, und alles dieß kann recht gut in der Zeit von 2 Minuten geschehen, wie auch die obigen Beobachtungen beweisen, aus denen man überdieß ersehen kann, wie schnell Sirius jedesmal wieder aufgefunden ward.

Anmerkung. Bei den obigen Beobachtungen wäre es eigentlich nicht nöthig gewesen, den durchlaufenen Bogen nach jeder Multiplication abzulesen, da der letzte 14mal repetirte Bogen, durch 14 dividirt, streng genommen schon der wahre verbesserte Azimuthalwinkel sein muß. Aber es wurde der durchlaufene Bogen bei **jeder** Repetition absichtlich abgelesen, blos, um den Gang der Beobachtungen beurtheilen zu können. Die folgende kleine Tabelle zeigt, wie, dem Mayer'schen Princip der Multiplication gemäß, diese Beobachtungen nach und nach auf die stehende Sekunde gekommen sind.

Anzahl der Repetition.	Multiplicirte Zeit des Chronometers.	Stunden-winkel.	Einfacher observirter Bogen.	Berechnetes Azimuth des Sirius.	Azimuth des Objects.
1	6h 42′ 10″.00	— 8′ 21″.25	22° 39′ 55″.0	—2° 19′ 4″.4	20° 20′ 50″.6
2	42 59 . 00	— 7 32 . 25	22 26 25 . 0	—2 5 29 . 1	55 . 9
3	43 38 . 67	— 6 52 . 58	22 15 26 . 7	—1 54 28 . 8	57 . 9
4	44 15 . 88	— 6 15 . 37	22 5 7 . 5	—1 44 9 . 6	57 . 9
5	44 54 . 60	— 5 36 . 65	21 54 20 . 0	—1 33 25 . 1	54 . 9
6	45 32 . 25	— 4 59 . 00	21 43 55 . 0	—1 22 58 . 3	56 . 7
7	46 8 . 93	— 4 22 . 32	21 33 45 . 7	—1 12 47 . 7	58 . 0
8	46 45 . 12	— 3 46 . 13	21 23 43 . 8	—1 2 45 . 2	58 . 6
9	47 26 . 33	— 3 4 . 92	21 12 19 . 4	—0 51 19 . 0	60 . 4
10	48 6 . 80	— 2 24 . 45	21 1 6 . 0	—0 40 5 . 3	60 . 7
11	48 47 . 64	— 1 43 . 61	20 49 46 . 4	—0 28 46 . 0	60 . 4
12	49 28 . 08	— 1 3 . 17	20 38 31 . 7	—0 17 31 . 9	59 . 8
13	50 7 . 31	— 0 23 . 94	20 27 39 . 2	—0 6 38 . 6	60 . 6
14	50 46 . 07	+ 0 14 . 82	20 16 53 . 2	+0 4 6 . 8	20 20 60 . 0.

Hieraus folgt, daß das auf diese Art berechnete Azimuth 20° 21′ 0″.0 vom obigen aus den Beobachtungen hergeleiteten nur um 0″.36 abweicht.

C) **Aus, mit einem Theodolit angestellten, Beobachtungen des Polarsterns in irgend einem Punkt seines Parallelkreises.**

§. 130. **Littrow** schlägt in seiner „Populären Astronomie" folgendes Verfahren vor. Man lasse den Polarstern zu den beliebigen Uhrzeiten t, t_1, t_2, ... t_n durch das Fernrohr des Theodolits passiren, und lese die jenen Zeiten resp. zukommenden Zahlen a, a_1, a_2, ... a_n des Azimuthalkreises am Theodolit ab. Es sei nun

$$\left.\begin{aligned} \frac{1}{n}(t+t_1+t_2+\dots+t_n) &= T \\ \frac{1}{n}(a+a_1+a_2+\dots+a_n) &= A \end{aligned}\right\} \quad 8),$$

suche mit den Unterschieden

$$\left.\begin{array}{l}\Theta = T - t \\ \Theta_1 = T - t_1 \\ \Theta_2 = T - t_2 \\ \vdots \quad\quad \vdots \\ \Theta_n = T - t_n\end{array}\right\} \quad 9)$$

in der Taf. VIII des ersten Theils die Werthe von

$$\frac{2\sin\frac{1}{2}\Theta^2}{\sin 1''}, \frac{2\sin\frac{1}{2}\Theta_1^2}{\sin 1''}, \frac{2\sin\frac{1}{2}\Theta_2^2}{\sin 1''}, \ldots \frac{2\sin\frac{1}{2}\Theta_n^2}{\sin 1''}$$

auf, die, der Reihe nach mit m, m_1, m_2, .. . m_n bezeichnet, dann die Größe M mittelst der Gleichung

$$M = \frac{1}{n}(m + m_1 + m_2 + \ldots + m_n) \quad 10)$$

geben. — Sei ferner τ die Correction der Uhr gegen Sternzeit, T' die Sternzeit und t' der Stundenwinkel des Polarsterns für die Mitte der Beobachtungszeiten, α und p die scheinbare Rectascension und scheinbare Poldistanz des Sterns, φ die Polhöhe des Beobachtungsorts, und ω und $\varDelta\omega$ zwei Hilfsgrößen; so berechne man jetzt

$$\left.\begin{array}{rl} T' = & T + \tau \\ t' = & T' - \alpha \\ \omega = & -\frac{p \sin t'}{\cos\varphi} - \frac{p^2 \operatorname{tg}\varphi \sin 2t' . \sin 1''}{2\cos\varphi} \\ 206264''.8\ \varDelta\omega = & \frac{p\sin t'}{\cos\varphi} + \frac{2p^2 \operatorname{tg}\varphi \sin 2t' . \sin 1''}{\cos\varphi} \end{array}\right\} \quad 11).$$

Dann ist das Azimuth Ω' des Sterns zur Zeit T

$$\Omega' = \omega + M . \varDelta\omega \quad 12).$$

Ist nun auch vor und nach diesen Beobachtungen das Fernrohr auf das irdische Object, dessen zu bestimmendes Azimuth Ω heißen mag, gestellt worden, und zeigte in beiden Lagen der Azimuthalkreis des Theodolits die Zahl B; so ist endlich

$$\Omega = \Omega' - A + B \quad 13).$$

Beispiel. In Mailand beobachtete man am 1. April 1817 den Polarstern mit einem Theodolit; es wurde gefunden

$$t = 6^h\,45'\,28'' \qquad a = 173^0\,6'\,11''.9$$
$$t_1 = 6\;\;50\;\;48 \qquad a_1 = 173\;\;6\;\;15.1$$
$$t_2 = 6\;\;54\;\;48, \qquad a_2 = 173\;\;6\;\;18.4;$$

folglich, da hier $n = 3$, nach 8)

$$T = 6^h\,50'\,21''.3,\;\; A = 173^0\,6'\,15''.1,$$

und nach 9)

$$\Theta = 0^h\,4'\,53''$$
$$\Theta_1 = 0\;\;0\;\;27$$
$$\Theta_2 = 0\;\;4\;\;27,$$

womit man aus Taf. VIII des ersten Theils

$$m = 46''.8$$
$$m_1 = 0.4$$
$$m_2 = 38.9,$$

und damit nach 10)

$$M = 28''.7$$

findet. Ferner war

$$\tau = -\;\;2'\,27''.0$$
$$\alpha = 0^h\,55'\,21''.1$$
$$p = 1^0\,40'\;\;3''.6 = 6003''.6$$
$$\varphi = 45^0\,28'\;\;2''.0 \text{ und } B = 115^0\,42'\,53''.3.$$

Die Rechnung steht daher so:

Erstens nach 11)

$$T = 6^h\,50'\,21''.3$$
$$\tau = -\;\;2\;\;27.0$$
$$T' = 6^h\,47'\,54''.3$$
$$\alpha = 0\;\;55\;\;21.1$$
$$t' = 0^h\,52'\,33''.2 = 88^0\;\;8'\,18''.0$$
$$\text{und } 2t' = 176\;\;16\;\;36.0;$$

$$\log p = 3.77841n$$
$$\log\sin t' = 9.99977$$
$$\text{dec.}\log\cos\varphi = 0.15408$$
$$\log(-8555.8) = 3.93226n$$

$$\begin{aligned}
\log p^2 &= 7.55682n\\
\log tg\,\varphi &= 0.00707\\
\log\sin 2t' &= 8.81250\\
\log\sin 1'' &= 4.68557\\
\text{dec.}\log 2 &= 9.69897\\
\text{dec.}\log\cos\varphi &= 0.15408\\
\hline
\log(-8.2226) &= 0.91501n,
\end{aligned}$$

daher $\omega = -8555''.8 - 8''.22 = 8564''.02 = -2^0\,22'\,44''.02$;

$$\frac{p\sin t'}{\cos\varphi} = +8555''.8$$

$$\begin{aligned}
\log 2 &= 0.30103\\
\log p^2 &= 7.55682\\
\log tg\,\varphi &= 0.00707\\
\log\sin 2t'\sin 1'' &= 3.49807\\
\text{dec.}\log\cos\varphi &= 0.15408\\
\hline
\log(32.890) &= 1.51707;
\end{aligned}$$

also $206264.8\ \Delta\omega = (+8555''.8 + 32.89)$,

daher $\Delta\omega = +\dfrac{8588.69}{206264.80} = +0.0416$;

ferner nach 12)

$$\begin{aligned}
\omega &= -2^0\,22'\,44''.02\\
M.\Delta\omega &= \qquad\;\; +\;1.19\\
\hline
\Omega' &= -2^0\,22'\,42''.83,
\end{aligned}$$

und endlich nach 13)

$$\begin{aligned}
\Omega' &= -\;\;2^0\,22'\,42''.83\\
A &= \;\;173\;\;\;6\;\;15.10\\
\hline
&\;\;-175^0\,28'\,57''.93\\
B &= \;\;115\;\;42\;\;53.30\\
\hline
\Omega &= -\;59^0\,46'\;\;4''.63,
\end{aligned}$$

wo das Minuszeichen andeutet, daß das irdische Object um $59^0\,46'\,4''.63$ von Norden nach Westen zu liegt. Es ist also das Azimuth desselben, nach der gewöhnlichen Zählungsart von Süden zu beiden Seiten aus, $180^0 - 59^0\,46'\,4''.63$, d. h. $120^0\,13'\,55''.37$ westlich.

Neuntes Capitel.

Von der Bestimmung der Schiefe der Ekliptik.

§. 131. Um die Schiefe der Ekliptik aus Beobachtungen herzuleiten, muß mehrere Tage vor und nach dem Sommer- oder Wintersolstitium die mittägige Zenithdistanz Z der Sonne an einem Kreise, und zwar auf die Weise beobachtet worden, wie im §. 102 gelehrt worden ist.

Es seien nun α und δ die wahre mittägige Rectascension und Declination der Sonne, ω die schon beinahe bekannte Schiefe der Ekliptik; ferner z die unmittelbar beobachtete Zenithdistanz des Sonnenmittelpunkts, dz die Reduction derselben auf den Meridian, c die Correction wegen Refraction und Parallaxe, r die Reduction der mittägigen Zenithdistanz der Sonne auf den Tag des Solstitiums; endlich ω' die wahre (d. h. scheinbare) und ω'' die mittlere Schiefe der Ekliptik, n die Nutation der Schiefe (nach Bessel), und φ die Polhöhe des Beobachtungsorts; so hat man erstens

$$Z = z + dz + c \qquad 1);$$

zweitens, $\vartheta = \operatorname{tg} \frac{1}{2}(90^0 - \alpha)$ gesetzt,

$$r = \vartheta^2 \sin 2\omega - \tfrac{1}{2}\vartheta^4 \sin 4\omega + \tfrac{1}{3}\vartheta^6 \sin 6\omega - \ldots. \qquad 2)$$

oder $r = \vartheta^2 \sin 2\delta + \frac{1}{2}\vartheta^4 \sin 4\delta + \frac{1}{3}\vartheta^6 \sin 6\delta + \ldots. \qquad 3);$

drittens $\omega' = \varphi - (Z + r) \qquad 4)$

für das Sommersolstitium, und

$$\omega' = (Z + r) - \varphi \qquad 5)$$

für das Wintersolstitium;

viertens

$$\left.\begin{aligned} n = &+ 8''.97707 \cos \Omega - 0''.08773 \cos 2\Omega \\ &+ 0''.57990 \cos 2\odot + 0''.08738 \cos 2☽ \end{aligned}\right\} \qquad 6),$$

wo ☊ und ☽ die Länge des aufsteigenden Mondsknotens und des Monds, ⊙ aber die Länge der Sonne bezeichnet; und endlich

$$\omega'' = \omega' + n \qquad 7).$$

Beispiel. Folgende Beobachtungen des Sommersolstitiums des Jahrs 1818 wurden auf der Ofener Sternwarte an einem dreifüßigen Kreise angestellt:

1818. Juni	12,	z = 24° 20′ 12″.38
	13	16 23.12
	14	13 2.19
	15	10 7.38
	18	3 48.31
	19	2 32.53
	20	1 33.75
	21	1 4.12
	22	1 0.18
	24	2 6.94
	27	6 51.12.

Ferner fanden sich für diese Beobachtungen:

dz	c	also dz + c
dz = — 5″.66,	c = + 21″.49;	also dz + c = + 15″.83
— 3.19	+ 21.47	+ 18.28
— 4.06	+ 21.07	+ 17.01
— 3.69	+ 20.84	+ 17.15
— 4.83	+ 20.85	+ 16.02
— 8.30	+ 20.93	+ 12.63
— 2.97	+ 20.68	+ 17.71
+ 2.97	+ 20.47	+ 23.44
+ 3.17	+ 20.28	+ 23.45
— 2.42	+ 21.02	+ 18.60
— 2.57	+ 21.32	+ 18.75;

daher nach 1):

Z = 24° 20′ 28″.21
16 41.40
13 19.20
10 24.53
4 4.33
2 45.16
1 51.46
1 27.56
1 23.63
2 25.54
7 9.87.

Nimmt man nun $\omega = 23^0\ 27'\ 54''.7$ an, so hat man, die Gleichung 2) anwendend,

$$\log \sin 2\omega = 5.1780600$$
$$\log \tfrac{1}{2} \sin 4\omega = 5.0124084$$
$$\log \tfrac{1}{3} \sin 6\omega = 4.6381232,$$

also $r = \overline{5.1780600}\,\vartheta^2 - \overline{5.0124084}\,\vartheta^4 + \overline{4.6381232}\,\vartheta^6$,

wo demnach die Zahlencoefficienten schon Logarithmen sind. Man erhält hiermit folgende Werthe nach 2) und 4), da $\varphi = 47^0\ 29'\ 12''.50$,

$r =$	$Z + r =$	$\omega' =$
$-19'\ 12''.96$	$24^0\ 1'\ 15''.25$	$23^0\ 27'\ 57''.25$
$-15\ 26.96$	$1\ 14.44$	58.06
$-12\ \ 5.38$	$1\ 13.82$	58.68
$-\ 9\ \ 8.40$	$1\ 16.13$	56.37
$-\ 2\ 45.46$	$1\ 18.87$	53.63
$-\ 1\ 27.31$	$1\ 17.85$	54.65
$-\ 0\ 33.91$	$1\ 17.55$	54.95
$-\ 0\ \ 5.30$	$1\ 22.26$	50.24
$-\ 0\ \ 1.49$	$1\ 22.14$	50.36
$-\ 1\ \ 8.25$	$1\ 17.29$	55.21
$-\ 5\ 54.01$	$1\ 15.86$	$56.64.$

Hieraus findet man im Mittel $\omega' = 23^0\ 27'\ 55''.10$; und da man nach 6)

$$n = -6''.65$$

hat, so ist zufolge 7)

$$\omega' = 23^0\ 27'\ 55''.10$$
$$n = -\qquad 6.65$$
$$\omega'' = 23^0\ 27'\ 48''.45.$$

Anmerkung. Die Schiefe der Ekliptik gehört zu den wichtigsten Hilfselementen aller astronomischen Rechnungen; auch ist ihre Bestimmung, da sie von einem nicht minder wichtigen Element, der Strahlenbrechung, abhängt, sehr schwierig. Sie erfordert daher sehr genaue mit guten Instrumenten angestellte Beobachtungen. Bisher gaben die Wintersolstitien stets eine andere Schiefe als die Sommersolstitien, wie folgende wenige Mittheilungen klar darthun. Pond brauchte die Bradley'sche Refractionstafel und fand damit

	mittl. Schiefe 1. Jan. 1813
Aus dem Sommersolstitium 1812	$23^0\ 27'\ 50''.50$
„ „ Wintersolstitium 1812	47.35
„ „ Sommersolstitium 1813	49.73;

Nicolai hingegen mit der Delambre'schen Refraction

	mittl. Schiefe 1. Jan. 1812.
Aus dem Sommersolstitium 1812	23° 27′ 50″.18
„ „ Wintersolstitium 1812	50.40.

Mit einem 25zolligen Kreise von Cary fand Bessel, seine eigene Refractionstafel anwendend:

	mittl. Schiefe 1. Jan. 1815.
Sommersolstitium 1814	23° 27′ 47″.71
Wintersolstitium 1814	47.04
Sommersolstitium 1815	47.47.

Oriani beobachtete mit einem dreifüßigen Meridiankreise von Reichenbach, von 1810—14 acht Sonnenwenden, deren Resultate sind:

	Winter-Sonnenwenden	
	scheinbare Schiefe	mittl. Schiefe 1. Jan. 1812
14täg. Beob. 1810	23° 27′ 39″.77	23° 27′ 49″.35
15 „ „ 1811	38.68	48.29
8 „ „ 1812	39.11	47.73
14 „ „ 1813	40.64	47.41
	Mittel:	23° 27′ 48″.20

und

	Sommer-Sonnenwenden	
	scheinbare Schiefe	mittl. Schiefe 1. Jan. 1812
10täg. Beob. 1811	23° 27′ 41″.17	23° 27′ 50″.90
16 „ „ 1812	41.70	50.94
16 „ „ 1813	42.83	50.63
20 „ „ 1814	45.01	50.00
	Mittel:	23° 27′ 50″.77,

wozu die Refraction nach Carlini angewandt wurde. — Diese und einige andere Beobachtungen nun mit der jährlichen Aenderung 0″.46 auf den 1. Jan. 1815 reducirt, ergiebt sich die Uebersicht:

	mittl. Schiefe 1. Jan. 1815
3 Solstitien von Pond	23° 27′ 48″.95
1 „ „ Zach	47.91
1 „ „ Piazzi	50.16
4 „ „ Arago	48.63
3 „ „ Bessel	47.41
8 „ „ Oriani	48.10
Mittel:	23° 27′ 48″.318,

bei welchem Mittel die Anzahl der beobachteten Solstitien berücksichtigt worden ist. Die wichtige Frage also, ob die Neigung der Erdbahn für Winter und Sommer die nämliche bleibt, oder irgend eine reelle Verschiedenheit hat, scheint, selbst bis auf die neuesten Zeiten, noch immer nicht, wenigstens mit völliger Bestimmtheit nicht, entschieden worden zu sein. — Jetzt aber glaubt Bessel, der früher auch einen Versuch, die von Maskelyne und Piazzi beobachteten Winter- und Sommersolstitien zu vereinigen, angestellt hatte, daß zu den sichersten Bestimmungen der Schiefe der Ekliptik für die gegenwärtige Zeit wohl diejenigen gehören möchten, welche, bei Gelegenheit der Berechnung beider Königsberger Cataloge der Fundamentalsterne, nicht aus den Solstitien allein, sondern aus Bessel's sämmtlichen Beobachtungen der Sonne abgeleitet worden sind. Die mit dem Cary'schen Kreise angestellten Observationen, die dem ersten Catalog (1815) zum Grund liegen, ergaben für 1815: 23° 27′ 47″.42; die mit dem Meridiankreise bis zum October 1824 angestellten Beobachtungen aber, worauf der zweite Catalog sich gründet, für die Epoche dieses Catalogs (1825) nur: 23° 27′ 43″.78, welche letztere Bestimmung Bessel für die vorzüglicher hält, da nicht nur das hierzu gebrauchte Instrument genauer gearbeitet, sondern auch die zu ihrer Berechnung angewandte Refraction die aus den Königsberger Observationen selbst hergeleitete ist, während die erstere die etwas kleinere aus Bradley's Beobachtungen gefolgerte Refraction voraussetzt.

Zehntes Capitel.

Von der Berechnung der Planetenbeobachtungen.

§. 132. Die Astronomen haben bei der Berechnung der beobachteten Rectascensionen und Declinationen eines Planeten hauptsächlich die Absicht, die etwa noch vorhandenen Fehler der Elemente desselben kennen zu lernen, dadurch diese Elemente selbst zu verbessern, und so die eigentliche Theorie dieses Planeten ihrer Vollkommenheit näher zu bringen. — Dieß geschieht aber, wenn man den beobachteten Ort eines Planeten mit demjenigen Ort vergleicht, der aus den Elementen oder aus den nach diesen Elementen entworfenen Tafeln desselben berechnet worden ist. — Diese Rechnungen nun sollen, da sie zu den wichtigern und schwierigern des practischen Astronomen gehören, in diesem Capitel möglichst vollständig und instructiv mitgetheilt werden.

§. 133. Die Planetentafeln, deren Kenntniß und Gebrauch hier vorausgesetzt werden muß, sind gewöhnlich für den Pariser Meridian entworfen; daher man zuerst die mittlere Zeit T′ der Beobachtung an seinem Ort auf die ihr entsprechende Pariser mittlere Zeit T zurückführen muß, für welche man dann aus den Sonnentafeln die wahre Länge ☉ der Sonne und deren Entfernung R von der Erde, und die wahre von der Aberration befreite Länge L der Erde sucht, so wie aus den Tafeln des observirten Planeten das Argument u der Breite und die Entfernung r desselben von der Sonne herleitet.

Es seien also (für gedachte Zeit T) n die gegebene Neigung der Planetenbahn gegen die Ekliptik, k die Länge des aufsteigenden Knotens derselben, l und b die heliocentrische Länge und Breite, ferner λ und β die geocentrische Länge und Breite, λ' und β' die scheinbare geocentrische Länge und Breite des Planeten, r, dessen Entfernung von der Erde, endlich α und δ die beobachtete Rectascension und Declination des Planeten; so hat man erstlich folgende Rechnungen anzustellen:

$$\left.\begin{aligned} L &= \odot + 180^0\, 0'\, 20''.25 \\ \operatorname{tg}(l-k) &= \cos n \operatorname{tg} u \\ \sin b &= \sin n \sin u \end{aligned}\right\} \quad 1),$$

$$\left.\begin{aligned} \operatorname{tg}\{\lambda - \tfrac{1}{2}(l+L)\} &= \frac{(r\cos b + R)\operatorname{tg}\frac{1}{2}(l-L)}{r\cos b - R} \\ \operatorname{tg}\beta &= \frac{r\sin b \sin\{\lambda - \frac{1}{2}(l+L)\}}{(r\cos b + R)\sin\frac{1}{2}(l-L)} \end{aligned}\right\} \quad 2),$$

$$r_{,} = \frac{(r\cos b + R)\sin\frac{1}{2}(l-L)}{\sin\{\lambda - \frac{1}{2}(l+L)\}\cos\beta} \quad 3);$$

ferner, wenn $\varDelta\lambda$ und $\varDelta\beta$ die in Sekunden ausgedrückte tägliche Aenderung von λ und β bedeuten, und ☊☾ die Länge des aufsteigenden Mondsknotens:

$$\left.\begin{aligned} \lambda' &= \lambda - 16''.8 \sin ☊☾ - 0.00576\, r_{,} \cos\beta \,.\, \varDelta\lambda \\ \beta' &= \beta - 0.00576\, r_{,} \cos\beta \,.\, \varDelta\beta \end{aligned}\right\} \quad 4),$$

wo $\varDelta\lambda$ und $\varDelta\beta$ negativ genommen werden müssen, wenn λ und β abnehmen. Uebrigens ist zu bemerken, daß λ die von dem mittlern nur durch die Präcession afficirten Frühlingspunkt aus, und λ' die von dem wahren gegenwärtigen Frühlingspunkt aus, gezählte geocentrische Länge ist.

Hierauf müssen die blos von Refraction befreieten Größen α und δ, da hinsichtlich der Aberration und Nutation schon bei den Größen λ' und β' Rücksicht genommen worden, noch von der Parallaxe befreiet werden. Wird nämlich die in Grade verwandelte Sternzeit der Beobachtung durch ϑ, die Horizontalparallaxe des Planeten durch π und die Polhöhe des Beobachtungsorts durch φ bezeichnet; so hat man dann, ψ einen Hilfswinkel bedeutend, zur Berechnung der von der Parallaxe befreiten Rectascension α' und Declination δ' die Gleichungen

$$\left.\begin{aligned} \alpha' &= \alpha - \frac{\pi \cos\varphi \sin(\alpha - \vartheta)}{\cos\delta} \\ \delta' &= \delta - \frac{\pi \sin\varphi \sin(\delta - \psi)}{\sin\psi} \\ \text{wo } \operatorname{tg}\psi &= \operatorname{tg}\varphi \sec(\alpha - \vartheta) \end{aligned}\right\} \quad 5),$$

welche Gleichungen aber für den Fall, wo, wie es am häufigsten statt findet, die Beobachtungen im Meridian selbst angestellt worden sind, in die weit einfachern Ausdrücke

$$\left.\begin{aligned} \alpha' &= \alpha \\ \delta' &= \delta + \pi \sin(\varphi - \delta) \end{aligned}\right\} \quad 6),$$

übergehen.

Endlich ist noch diese beobachtete Rectascension α' und Declination δ' auf die (gleichsam ebenfalls beobachtete) Länge λ'' und Breite β'' mittelst der Gleichungen

$$\left.\begin{aligned} \operatorname{tg} x &= \sin\alpha' \cot\delta' \\ \operatorname{tg}\lambda'' &= \frac{\operatorname{tg}\alpha' \sin(e + x)}{\sin x} \\ \operatorname{tg}\beta'' &= \frac{\sin\delta' \cos(e + x)}{\cos x} \end{aligned}\right\} \quad 7)$$

zurückzuführen, in welchen Gleichungen x ein Hilfswinkel und e die von der Nutation gestörte Schiefe der Ekliptik ist, so daß also

$$e = 23^0\ 27'\ 57'' - 0''.521\,(T - 1800) + 9''.0 \cos \Omega\,☾ \quad 8).$$

Diese Größen λ'' und β'' sind es nun, die man mit den, aus den Tafeln des Planeten hergeleiteten, Größen λ' und β' zu vergleichen hat, um die hinsichtlich ihrer Bezeichnung leicht zu verstehenden Correctionen $d\lambda$ und $d\beta$ in Länge und Breite zu erhalten, welche die Tafeln des Planeten erleiden müssen. Man hat nämlich

$$\left.\begin{aligned} d\lambda &= \lambda'' - \lambda' \\ d\beta &= \beta'' - \beta' \end{aligned}\right\} \quad 9).$$

§. 134. Als Beispiel diene die Berechnung einer Ceresbeobachtung zu Wien, am 30. März 1810; es war nämlich:

$$T' = 8^h\,29'\,16''.4$$

$$\left.\begin{array}{l}\alpha = 54^0\,16'\,10''.3\\ \delta = +\,17\;\;59\;\;50.6\end{array}\right\}$$ blos von der Refraction befreit;

mithin $T = 7^h\,33'\,6''.4$,

für welche Zeit sich also findet

$$\odot = 9^0\,26'\,22''.6$$
$$R = 0.9996534$$
$$u = 350^0\,53'\,39''.7$$
$$r = 2.695299$$
$$n = 10^0\,37'\,29''.3$$
$$k = 80\;\;53\;\;47.6;$$

mit diesen gegebenen Elementen steht nun die Rechnung, wie folgt:

Nach 1)

$$\odot = 9^0\,26'\,22''.6$$
$$+\,180\;\;0\;\;20.25$$
$$L = 189^0\,26'\,42''.85$$

$$\log\cos n = 9.9924895 \qquad \log\sin n = 9.2657064$$
$$\log tg\, u = 9.2048657n \qquad \log\sin u = 9.1993581n$$
$$\log tg(l-k) = 9.1973552n \qquad \log\sin b = 8.4650645n$$
$$b = -\,1^0\,40'\,19''.4\,,$$

$$l-k = -\;8^0\,57'\;\;7''.5$$
$$k = 80\;\;53\;\;47.6$$
$$l = 71^0\,56'\,40''.1, \qquad \tfrac{1}{2}(l+L) = 310^0\,41'\,41''.47$$
$$\tfrac{1}{2}(l-L) = 121\;\;14\;\;58.62;$$

ferner nach 2)

$$\log r = 0.4306071 \qquad r\cos b = 2.694152$$
$$\log\cos b = 9.9998150 \qquad R = 0.999653$$
$$\log r\cos b = 0.4304221 \qquad r\cos b + R = 3.693805$$
$$r\cos b - R = 1.694499$$

$$\log(r\cos b + R) = 0.5674740$$
$$\log tg\,\tfrac{1}{2}(l-L) = 0.2169515n$$
$$\text{dec.}\log(r\cos b - R) = 9.7709584$$
$$\log tg\{\lambda - \tfrac{1}{2}(l+L)\} = 0.5553839n$$
$$\lambda - \tfrac{1}{2}(l+L) = 105^0\,33'\,19''.41$$
$$\tfrac{1}{2}(l+L) = 310\;\;41\;\;41.47$$
$$\lambda = 56^0\,15'\;\;0''.88$$

$$\log r = 0.4306071$$
$$\log \sin b = 8.4650645n$$
$$\log \sin \{\lambda - \tfrac{1}{2}(l+L)\} = 9.9837938$$
$$\text{dec.} \log (r \cos b + R) = 9.4325260$$
$$\text{dec.} \log \sin \tfrac{1}{2}(l-L) = 0.0680769$$
$$\log \operatorname{tg} \beta = 8.3800683n$$
$$\beta = -1^{0}\ 22'\ 27''.77;$$

ferner nach 3):

$$\log (r \cos b + R) = 0.5674740$$
$$\log \sin \tfrac{1}{2}(l-L) = 9.9319231$$
$$\text{dec.} \log \sin \{\lambda - \tfrac{1}{2}(l+L)\} = 0.0162062$$
$$\text{dec.} \log \cos \beta = 0.0001250$$
$$\log r_{,} = 0.5157283, \quad r_{,} = 3.278901.$$

Es ist ferner

$$\Delta\lambda = +353'' \qquad ☊☾ = 195^{0}\ 10',$$
$$\Delta\beta = -473,$$

also nach 4):

$$\log (16''.8) = 1.2253 \qquad \log (0.00576) = 7.7604$$
$$\log \sin ☊☾ = 9.4177n \qquad \log r_{,} = 0.5157$$
$$\log (-4''.27) = 0.6430n, \qquad \log \cos \beta = 9.9999$$
$$8.2760$$
$$\log \Delta\lambda = 2.5478$$
$$\log (0.00576\, r_{,} \cos \beta . \Delta\lambda) = 0.8238$$
$$0.00576\, r_{,} \cos \beta . \Delta\lambda = 6''.67$$
$$\log \Delta\beta = 2.6749n$$
$$\log (0.00576\, r_{,} \cos \beta . \Delta\beta) = 0.9509n$$
$$0.00576\, r_{,} \cos \beta . \Delta\beta = -8''.93$$

folglich

$$\lambda = 56^{0}\ 15''\ 0''.88$$
$$-16''.8 \sin ☊☾ = +4.27$$
$$-0.00576\, r_{,} \cos \beta . \Delta\lambda = -6.67$$
$$\lambda' = 56^{0}\ 14'\ 58''.48$$
$$\beta = -1\ \ 22\ \ 27.77$$
$$-0.00576\, r_{,} \cos \beta . \Delta\beta = +8.93$$
$$\beta' = -1^{0}\ 22'\ 18''.84;$$

es ist ferner $\pi = 2''.6, \quad \varphi = 48^{0}\ 12',$

also da die Beobachtung im Meridian angestellt wurde. nach 6)

$$\alpha' = \alpha = 54^0\ 6'10''.30$$

$$\varphi = 48^0\ 12' \qquad \log\pi = 0.4150$$

$$\delta = 18\ \ 0 \qquad \log\sin(\varphi-\delta) = 9.7016$$

$$\varphi-\delta = 30^0\ 12', \qquad \log\pi\sin(\varphi-\delta) = 0.1166$$

$$\delta = +\ 17^0\ 59'\ 50''.60$$

$$\pi\sin(\varphi-\delta) = +\ \qquad 1.31$$

$$\delta' = +\ 17^0\ 59'\ 51''.91.$$

Ferner hat man nach 8)

$$T - 1800 = 10.25$$

$$0''.521\,(T-1800) = 0.534$$

$$\log 9''.0 = 0.9542$$

$$\log\cos ☊ ☾ = 9.9846n$$

$$\log(9''.0\cos ☊ ☾) = 0.9388n$$

$$9''.0\cos ☊ ☾ = -\ 8''.69$$

$$23^0\ 27'\ 57'' = 23^0\ 27'\ 57''.00$$

$$-0''.521\,(T-1800) = \qquad -\ \ 5.34$$

$$+9''.0\cos ☊ ☾ = \qquad -\ \ 8.69$$

$$e = 23^0\ 27'\ 42''.97,$$

daher nach 7)

$$\log\sin\alpha' = 9.9094347$$

$$\log\cot\delta' = 0.4882819$$

$$\log tg\, x = 0.3977266$$

$$x = 68^0\ 11'\ 20''.00$$

$$e = 23\ \ 27\ \ 42.97$$

$$e+x = 91^0\ 39'\ \ 2''.97$$

$$\log tg\,\alpha' = 0.1430418$$

$$\log\sin(e+x) = 9.9998197$$

$$\text{dec.}\log\sin x = 0.0322584$$

$$\log tg\,\lambda'' = 0.1751199$$

$$\lambda'' = 56^0\ 15''\ 2''.74$$

$$\log\sin\delta' = 9.4899300$$

$$\log\cos(e+x) = 8.4595183n$$

$$\text{dec.}\log\cos x = 0.4299852$$

$$\log tg\,\beta'' = 8.3794335n$$

$$\beta'' = -\ 1^0\ 22'\ 20''.55.$$

 Es ist endlich nach 9)

$$\lambda'' = 56^0\ 15'\ 2''.74 \qquad \beta'' = -\ 1^0\ 22'\ 20.55$$
$$\lambda' = 56\ \ 14\ 58.48 \qquad \beta' = -\ 1\ \ 22\ 18\ 84$$
$$d\lambda = \ +\ 4''.26, \qquad d\beta = \ +\ 1''.71;$$

d. h. die Correctionen der Tafeln der Ceres sind:

in Länge $+ 4''.26$, und in Breite $+ 1''.71$.

§. 135. Wenn die Elemente einer Planetenbahn noch großer Verbesserungen bedürfen, so würde das öftere Entwerfen neuer Tafeln sehr zeitraubend sein. In diesem Fall ist es dann zweckmäßiger, die Werthe von u und r unmittelbar aus den Elementen abzuleiten, was gewöhnlich auf folgende Art geschiehet.

Man suche aus diesen Elementen für die Beobachtungszeit die mittlere Länge l, des Planeten, und berechne dann

die mittlere Anomalie m
die Hilfsgroöße ω } des Planeten
die wahre Anomalie v

durch folgende Gleichungen:

$$\left.\begin{array}{r} m = l, - p \\ \omega - \frac{\varepsilon}{\sin 1''} \sin \omega = m \end{array}\right\} \qquad 10)$$

wo ε die Excentricität der Planetenbahn bezeichnet,

$$tg \tfrac{1}{2} v = tg \tfrac{1}{2} \omega \sqrt{\frac{1+\varepsilon}{1-\varepsilon}} \qquad 11);$$

so hat man endlich

$$r = \frac{(1-\varepsilon^2)a}{1+\varepsilon \cos v} \qquad 12),$$

wo a die halbe große Axe der Planetenbahn bezeichnet, und

$$u = v + p - k \qquad 13).$$

Mit diesen gefundenen Werthen von r und u sind nachher die Werthe von l, b, λ, β und r, nach 1), 2) und 3) zu berechnen.

§. 136. Als Beispiel werde die im §. 134 berechnete Beobachtung gewählt.

Für den Anfang des Jahrs 1809 und für den Göttinger Meridian, d. h. für den mittlern Mittag Göttingens den 31. Dec. 1808, hat man als Elemente der Ceres:

Mittlere Länge	$343^0\ 2'\ 33''.4$
mittlere trop. Bewegung in 365	$78\ \ 9\ \ 46.9$
in einem Tag	$0\ \ 12\ \ 50.923$
Länge des Perihels	$146\ \ 42\ \ 10.7$
jährliche Bewegung des Perihels	$+\ 0\ \ 2\ \ 1.3$
Excentricität	0.078485
deren jährliche Abnahme	0.0000058
halbe große Axe	2.767251
Länge des aufsteigenden Knotens	$80^0\ 53'\ 45''.7$
dessen jährliche Bewegung	$+\ 0\ \ 0\ \ 1.5$
Neigung der Bahn	$10\ \ 37\ \ 29.9$
deren jährliche Abnahme	$0\ \ 0\ \ 0.4.$

Die Göttinger Zeit der Beobachtung nun ist, da Göttingen $0^h\ 25'\ 49''$ westlich von Wien liegt,

$$8^h\ 29'\ 16''.4 - 0^h\ 25'\ 49''.0 = 8^h\ 3'\ 27''.4;$$

von dem Mittag des 31. Dec. 1808 aber bis zu dem Mittag des 31. Dec. 1809 sind 365 Tage und von da an bis zum 30. März $8^h\ 3'\ 27''.4$ noch $89^t\ 8^h\ 3'\ 27''.4 = 89^t.33573$ verstrichen. Man hat daher, weil der Ceres

mittl. trop. Bew. in 365^t	$78^0\ \ 9'\ 46''.9$	ist,
in $89^t.33573$	$19\ \ 7\ \ 51.0$	
	$97^0\ 17'\ 37''.9$	
Epoche für 1809	$343\ \ 2\ \ 33.4$	
$l, =$	$80^0\ 20'\ 11''.3,$	

und folglich die Rechnung nach 10)

$$l, = 80^0\ 20'\ 11''.3$$

für dieselbe Zeit $p = 146\ \ 44\ \ 41.7$

$$m = 293^0\ 35'\ 29''.6$$

und mit dem Werth $\varepsilon = 0.078478$

$$\log \varepsilon = 8.8947479$$

$$\log \sin 1'' = 4.6855749$$

$$\log \frac{\varepsilon}{\sin 1''} = 4.2091730$$

$$\frac{\varepsilon}{\sin 1''} = 16187.25,$$

also $\omega - 16187.25 \sin \omega = 293^0\ 35'\ 29''.6.$

Um aus dieser in Bezug auf die Größe ω transcendenten Gleichung ω zu bestimmen, muß man Versuche machen. Zu diesem Zweck nehme man für ω irgend einen beliebigen Werth $\omega = a$, setze diesen in die gegebene Gleichung, und man finde den Fehler α dieser Hypothese. Ein zweiter Werth $\omega = a'$ gebe eben so den Fehler α' für diese zweite Hypothese. Dann ist der genäherte Werth von ω

$$\omega = a - \alpha\left(\frac{a - a'}{\alpha - \alpha'}\right) \qquad 14)$$

der, in die gegebene Gleichung gesetzt, den Fehler dieser dritten Hypothese geben wird. Die Betrachtung der drei gefundenen Fehler wird nun leicht zeigen, zwischen welchen beiden der drei Werthe von ω dessen wahrer Werth liegen müsse, und dann kann man zwei neue Hypothesen machen, die nebst ihren Fehlern, nach der Formel 14) behandelt, die Größe ω als der Wahrheit bedeutend genäherter geben werden. Auf diese Weise kann man so lange fortfahren, bis man den letzten gefundenen Fehler für unbedeutend genug, also als verschwindend ansehen kann.

Sei also in obiger Gleichung

$$\omega = a = 280^0,$$

so hat man, da log(16187.25) = 4.2091730,

$$\alpha = -9^0.65;$$

sei $\omega = a' = 285^0$

dieß giebt $\alpha' = -4^0.35$,

also nach 14) $\omega = 289^0.5$;

sei also $a = 289^0\ 30'$

dieß giebt $\alpha = +0^0.15$,

und $a' = 285^0$ mit $\alpha' = -4^0.35$,

daher nach 14) $\omega = 289^0\ 21'$;

sei folglich $a = 289^0\ 21'$

dieß giebt $\alpha = +0^0.0008$,

und $a' = 289^0\ 30'$ mit $\alpha' = +0^0.15$,

also nach 14) $\omega = 289^0\ 20'\ 57''$;

sei endlich $a = 289^0\ 20'\ 57''$

dieß giebt $\alpha = + 0^{0}.00008$

und $a' = 289^{0}\ 21'$ mit $\alpha = + 0^{0}.0008$

daher nach 14) der wahre Werth von

$$\omega = 289^{0}\ 20'\ 56''.66,$$

folglich $\frac{1}{2}\omega = 144^{0}\ 40'\ 28''.33.$

Ferner steht die Rechnung nach 11)

$$1 + \varepsilon = 1.078478$$
$$1 - \varepsilon = 0.921522$$
$$\log(1 + \varepsilon) = 0.0328121$$
$$\log(1 - \varepsilon) = 9.9645057$$
$$0.0683064$$
$$\log\sqrt{\frac{1+\varepsilon}{1-\varepsilon}} = 0.0341532$$
$$\log \operatorname{tg} \tfrac{1}{2}\omega = 9.8504667n$$
$$\log \operatorname{tg} \tfrac{1}{2}v = 9.8846199n$$

folglich $\frac{1}{2}v = 142^{0}\ 31'\ 22''.71,$

$$v = 285\quad 2\ 45.42.$$

Endlich, mit $a = 2.767251$, nach 12)

$$\log(1 - \varepsilon^2) = 9.9973178$$
$$\log a = 0.4420486$$
$$\log(1 - \varepsilon^2)a = 0.4393664$$
$$\log \varepsilon = 8.8947479$$
$$\log \cos v = 9.4142940$$
$$\log \varepsilon \cos v = 8.3090419$$
$$\varepsilon \cos v = 0.0203724$$

also $1 + \varepsilon \cos v = 1.0203724$

$$\log(1 - \varepsilon^2)a = 0.4393664$$
$$\log(1 + \varepsilon \cos v) = 0.0087585$$
$$\log r = 0.4306079$$

daher $r = 2.695305,$

und nach 13)

$$v = 285^{0}\ 2'\ 45''.42$$
$$p = 146\ \ 44\ \ 41.70$$
$$v + p = 71^{0}\ 47'\ 27''.12$$
$$k = 80\ \ 53\ \ 45.70$$
$$u = 350^{0}\ 53'\ 41''.42.$$

§. 137. Das vorhergehende Verfahren, den beobachteten Ort eines Planeten mit dem aus seinen Elementen berechneten oder mit dem tabellarischen Ort desselben zu vergleichen, ist au vorzüglich dann anwendbar, wenn die zu vergleichenden Beobachtungen zur Zeit der Opposition angestellt w rden sind, da, wenn der Planet in Opposition steht, seine geocentrische Länge bekanntlich seiner heliocentrischen Länge gleich ist.

Littrow nun giebt zur sehr genauen Auffindung der heliocentrischen Länge folgendes Verfahren. Nachdem die unmittelbar beobachtete Rectascension und Declination des Planeten wegen der Refraction und Parallaxe corrigirt, und mittelst der scheinbaren Schiefe auf die geocentrische Länge und Breite gebracht worden ist, bei welchen Rechnungen die Formeln 6), 7) und 8) gebraucht werden; suche man aus den Tafeln des Planeten oder dessen Elementen die heliocentrischen und geocentrischen Längen und Breiten des Planeten mittelst der Gleichungen 1) bis 4). Nachher finden sich die gesuchten Correctionen $d\lambda$ und $d\beta$ nach 9), die aber, wegen der unvermeidlichen Beobachtungsfehler, nicht aus einer Beobachtung, sondern aus mehrern vor und nach der Opposition angestellten Beobachtungen einzeln herzuleiten, und aus diesen endlich im Mittel zu bestimmen sind. Da man aus den mehrtägigen Beobachtungen sogleich abnehmen kann, auf welchen Tag die Opposition gefallen; so suche man ferner für die beiden, den Oppositionstag einschließenden, Tage t und t', die diesen Zeiten zukommenden Werthe von $'\lambda$, $'\lambda'$; $'\beta$, $'\beta'$; $'L$, $'L'$, und setze, der Kürze wegen,

$$\frac{t'-t}{('L'-'L)-('\lambda'-'\lambda)}=\vartheta \qquad 15).$$

Bedeutet nun T die gesuchte Oppositionszeit, so hat man

$$T=t+('\lambda-'L)\vartheta=t'-('L'-'\lambda)\vartheta \qquad 16),$$

und für diese Zeit T

als verbess. tabell. helioc. oder geoc. Länge

$$'\lambda+(T-t)\left(\frac{'\lambda'-'\lambda}{t'-t}\right)='\lambda'-(t'-T)\left(\frac{'\lambda'-'\lambda}{t'-t}\right) \qquad 17)$$

und als verbess. tabell. geoc. Breite

$$'\beta + (T-t)\left(\frac{'\beta' - '\beta}{t'-t}\right) = '\beta' - (t'-T)\left(\frac{'\beta' - '\beta}{t'-t}\right) \quad 18),$$

in welchen Ausdrücken 15) bis 18) die Größen $'\lambda$, $'\lambda'$, $'\beta$ und $'\beta'$ die mit den im Mittel bestimmten Werthen von $d\lambda$, $d\beta$ verbesserten tabellarischen geoc. Längen und Breiten, $'L$ und $'L'$ aber die für die Zeiten t und t' bestimmten Längen der Erde sind. Endlich müssen auch noch die bei diesen Rechnungen gebrauchten Hilfsgrößen, namentlich scheinbare Schiefe der Ekliptik, so wie des Planeten Höhenparallaxe, Aberration und Nutation in Länge, und Aberration der Breite, den berechneten Resultaten selbst beigefügt werden.

§. 138. Als Beispiel giebt Littrow die Berechnung folgender Pallasbeobachtungen:

1804.	Mailand mittlere Zeit.	Beobachtete Rectascension.	Beobachtete Declination.	Anmerkung.
Aug. 27	$11^h\ 50'\ 59''$	$333^\circ 42'\ 44''.3$	$+5^\circ 33'\ 39''.1$	Diese Beobachtungen sind blos von der Refraction u. den Fehlern des Instruments befreit.
28	11 46 17	333 31 20.6	+5 22 10.4	
29	11 41 35	333 19 58.1	+5 10 29.9	
30	11 36 54	333 8 35.9	+4 58 42.7	
31	11 32 13	332 57 17.7	+4 46 45.7	

Für diese 5 Tage findet sich nun

$d\lambda$	$d\beta$
$d\lambda = +7'\ 24''.2$	$d\beta = -2'\ 16''.3$
$+7\ 27.7$	$-2\ 11.8$
$+7\ 29.1$	$-2\ 13.5$
$+7\ 29.9$	$-2\ 13.9$
$+7\ 30.1$	$-2\ 18.1$
mittleres $d\lambda = +7'\ 28''.3$	$d\beta = -2'\ 14''.7.$

Aus obigen Beobachtungen aber ersieht man sogleich, daß die Opposition der Pallas auf den 30. August und zwar nahe gegen 5 Uhr eingefallen war; man hat daher

$t = 29.$ August $11^h\ 41'\ 35''$
$t' = 30.$ „ $11\ 36\ 54,$
$'\lambda = 337^\circ\ 11'\ 46''.8$
$'\lambda' = 336\ 56\ 22.2,$
$'\beta = +15\ 6\ 40.1$
$'\beta' = +14\ 59\ 53.3,$
$'L = 336\ 18\ 54.1$
$'L' = 337\ 16\ 49.3,$

$t' - t = 23^h\ 55'\ 19''.0;$
$= 23^h.92194$
$'\lambda' - '\lambda = -0^\circ\ 15'\ 24''.6;$
$= -0^\circ.25683$
$'\beta' - '\beta = -0^\circ\ 6'\ 46''.8;$
$= -0^\circ.11300$
$'L' - 'L = +0^\circ\ 57'\ 55''.2;$
$= +0^\circ.96533$

und folglich nach 15)

$$
\begin{aligned}
'L' - 'L &= + 0^{0}.96533 \\
'\lambda' - '\lambda &= - 0.25683 \\
('L' - 'L) - ('\lambda' - '\lambda) &= + 1.22216,
\end{aligned}
$$

$$\vartheta = \frac{23.92194}{1.22216} = 19.57349;$$

ferner nach 16)

$$
\begin{aligned}
'\lambda &= 337^{0}\ 11'\ 46''.8 & 'L' &= 337^{0}\ 16'\ 49''.3 \\
'L &= 336\ \ 18\ \ 54.1, & '\lambda' &= 336\ \ 56\ \ 22.2 \\
'\lambda - 'L &= + 0^{0}\ 52'\ 52''.7, & 'L' - '\lambda' &= + 0^{0}\ 20'\ 27''.1 \\
&= + 0^{0}.88131 & &= + 0^{0}.34086
\end{aligned}
$$

$$
\begin{aligned}
('\lambda - 'L)\vartheta &= + 17^{h}.25031 = + \quad 17^{h}\ 15'\ \ 1''.12 \\
t &= 29.\ \text{Aug.}\ 11\ \ 41\ \ 35.00 \\
T &= 30.\ \text{Aug.}\ \ 4^{h}\ 56'\ 36''.12 \\
('L' - '\lambda')\vartheta &= + 6^{h}.67182 = + \quad 6^{h}\ 40'\ 18''.55 \\
t' &= 30.\ \text{Aug.}\ 11\ \ 36\ \ 54.00 \\
T &= 30.\ \text{Aug.}\ \ 4^{h}\ 56'\ 35''.45,
\end{aligned}
$$

$$
\begin{aligned}
\text{also}\ T &= 30.\ \text{Aug.}\ 4^{h}\ 56'\ 36''.12 \\
T &= 30.\ \text{Aug.}\ 4\ \ 56\ \ 35.45 \\
\text{im Mittel}\ T &= 30.\ \text{Aug.}\ 4^{h}\ 56'\ 35''.78.
\end{aligned}
$$

Ferner hat man für diese Zeit T, nach 17)

$$
\begin{aligned}
T &= 30^{t}\ \ 4^{h}\ 56'\ 35''.78 & t' &= 30^{t}\ 11^{h}\ 36'\ 54''.00 \\
t &= 29\ \ 11\ \ 41\ \ 35.00 & T &= 30\ \ \ 4\ \ 56\ \ 35.78 \\
T - t &= + 0^{t}\ 17^{h}\ 15'\ \ 0''.78, & t' - T &= + 0^{t}\ \ 6^{h}\ 40'\ 18''.22 \\
&= + \quad 17^{h}.25022 & &= + \quad 6^{h}.67173
\end{aligned}
$$

$$\frac{'\lambda' - '\lambda}{t' - t} = \frac{-\ 0.25683}{+\ 23.92194} = -\ 0.01074;$$

$$(T - t)\left(\frac{'\lambda' - '\lambda}{t' - t}\right) = -\ 0^{0}.18527 = -0^{0}\ 11'\ \ 6''.96$$

$$
\begin{aligned}
'\lambda &= 337\ \ 11\ \ 46.80 \\
&\ 337^{0}\ \ 0'\ 39''.84
\end{aligned}
$$

$$(t' - T)\left(\frac{'\lambda' - '\lambda}{t' - t}\right) = -\ 0^{0}.06745 = -\ 0^{0}\ \ 4'\ 17''.96$$

$$
\begin{aligned}
'\lambda' &= 336\ \ 56\ \ 22.20 \\
&\ 337^{0}\ \ 0'\ 40''.16,
\end{aligned}
$$

$$\begin{array}{lrrr} \text{also} & 337^0 & 0' & 39''.84 \\ & 337 & 0 & 40.16 \\ \hline \text{im Mittel die verbess. tab. hel. od. geoc. Länge} = & 337^0 & 0' & 40''.00. \end{array}$$

Endlich ist die Rechnung nach 18)

$$\frac{'\beta' - '\beta}{t' - t} = \frac{-0.11300}{+23.92194} = -0.00473;$$

$$(T - t)\left(\frac{'\beta' - '\beta}{t' - t}\right) = -0^0.08159 = -\ 0^0\ \ 4'\ 53''.72$$

$$\begin{array}{rrrr} '\beta = & +15 & 6 & 40.10 \\ \hline & +15^0 & 1' & 46''.38 \end{array}$$

$$(t' - T)\left(\frac{'\beta' - '\beta}{t' - t}\right) = -0^0.03156 = -\ 0^0\ \ 1'\ 53''.62$$

$$\begin{array}{rrrr} '\beta' = & +14 & 59 & 53.30 \\ \hline & +15^0 & 1' & 46''.92, \\ \text{also} & +15^0 & 1' & 46''.38 \\ & +15 & 1 & 46.92 \\ \hline \text{im Mittel die verbess. tabell. geoc. Breite} = & +15^0 & 1' & 46''.65. \end{array}$$

Bei diesen Rechnungen wurden angewandt:

der Pallas	scheinbare Schiefe		23° 27′ 55″.5
	Höhenparallaxe		+ 2.4
	in Länge	Aberration	— 12.4
		Nutation	— 13.7
	in Breite Aberration		— 5.2.

§. 139. Die zur Zeit der Opposition angestellten Planetenbeobachtungen benutzt man jedoch gewöhnlich nicht zur Auffindung der Fehler $d\lambda$ und $d\beta$ der Tafeln des Planeten allein, sondern auch, was der eigentliche Hauptzweck ist, zur Bestimmung der Fehler der Elemente in der Bahn dieses Planeten, worauf dessen Tafeln gegründet worden sind. Dieser Elemente sind bekanntlich sechs:

1) A die Epoche (oder die mittlere Länge) des Planeten;
2) f dessen mittlere, in Sekunden ausgedrückte, siderische Bewegung in einem Tage;
3) p sein Perihel;
4) $\varepsilon = \sin\varphi$ die Excentricität der Planetenbahn;
5) k die Länge des aufsteigenden Knotens, und
6) n die Neigung der Bahn.

Wenn nun die Correctionen dieser Elemente der Reihe nach durch dA, df, dp, $d\varphi$, dk und dn bezeichnet werden; so hat man nach Anleitung der Art. 15, 16, 52 der Theoria motus corp. coelest. etc. von Gauß, sobald man, der bequemern Uebersicht bei den Rechnungen wegen,

$$\left.\begin{aligned}
&\frac{a^2\cos\varphi\cos n}{r^2\cos b}=\mathfrak{A},\quad \frac{\cos n}{\cos^2 b}=\mathfrak{B}\\
&(2-\varepsilon\cos E-\varepsilon^2)\sin E=\mathfrak{C},\quad -\operatorname{tg} b\cos(\lambda-k)=\mathfrak{D}\\
&\frac{\alpha\sin\beta\sin(\beta-b)}{r\sin b}=\mathfrak{K},\quad -\mathfrak{K}\operatorname{tg}\varphi\sin v=\mathfrak{E}\\
&\frac{2\sin\beta\sin(\beta-b)}{3f\sin b}=\mathfrak{F},\quad \mathfrak{K}\cos\varphi\cos v=\mathfrak{G}\\
&\frac{2\sin\beta\sin(\beta-b)\cos b}{\sin 2n}=\mathfrak{I},\quad -\sin\beta\cos(\beta-b)\cos b\cot(\lambda-k)=\mathfrak{H}
\end{aligned}\right\}19)$$

setzt, dann die Bedingungsgleichungen:

$$\left.\begin{aligned}
d\lambda = {}& \mathfrak{A}.dA + t\mathfrak{A}.df\\
&+\left(\mathfrak{B}-\frac{\mathfrak{A}}{\cos b}\right).dp+\left(\frac{a}{r}\right)^2\mathfrak{B}\mathfrak{C}.d\varphi\\
&+(1-\mathfrak{B}).dk+\mathfrak{D}.dn\\
d\beta = {}& \mathfrak{E}.dA+(\mathfrak{F}+t\mathfrak{E}).df\\
&-\mathfrak{E}.dp+\mathfrak{G}.d\varphi\\
&+\mathfrak{H}.dk+\mathfrak{I}.dn
\end{aligned}\right\}\quad 20),$$

aus denen endlich mittelst der Methode der kleinsten Quadrate (am bequemsten nach dem im §. 10 mitgetheilten Verfahren) die gesuchten Correctionen dA, df, dp, $d\varphi$, dk und dn der Elemente A, f, p, $\sin\varphi=\varepsilon$, k und n, der Bahn des Planeten abzuleiten sind. — In 19) bedeuten, in Bezug auf den Planeten, r den Radius Vector, b die elementarische heliocentrische Breite, E die excentrische Anomalie, λ die elementarische und beobachtete heliocentrische oder geocentrische Länge, β die elementarische geocentrische Breite, und v die wahre Anomalie, so wie a die halbe große Axe der Bahn.

§. 140. Als Beispiel mögen folgende 6 Pallas-Oppositionen, so wie sie sich aus den Reductionen von Gauß ergeben, dienen.

Jahr und Tag.	Mittlere Göttinger Zeit.	Zahl der Tage von Anf. 1803.	Helioc. Länge der Pallas.	Geocent. Breite der Pallas.
1803 Juni 30	0^h 7′ 32″	181.019120	277° 39′ 24″.0	+ 46° 26′ 36″.0
1804 Aug. 30	4 58 27	608.207257	337 0 36.1	+ 15 1 49.8
1805 Nov. 29	11 15 4	1064.468796	67 20 42.9	− 54 30 54.9
1807 Mai 4	14 37 41	1585.609502	223 37 27.7	+ 42 11 25.6
1808 Juli 26	21 17 32	2034.887176	304 2 59.7	+ 37 43 53.7
1809 Sept. 22	16 10 20	2457.673843	359 40 4.4	− 7 22 10.1

Legt man folgende Elemente

$$A = 221^0\ 34'\ 56''.7$$
$$f = 770''.4467$$
$$p = 121^0\ 5'\ 22''.1$$
$$\varepsilon = 0.2447624$$
$$k = 172^0\ 28'\ 46''.8$$
$$n = 34^0\ 37'\ 31''.5$$

zum Grund, und nimmt $\log a = 0.4422276$ an *); so erhält man mittelst der Ausdrücke 19):

Für die Opposition von 1803

$$\mathfrak{A} = +\ 0.79363 \qquad t\mathfrak{A} = +\ 143.66$$
$$\left(\mathfrak{B} - \frac{\mathfrak{A}}{\cos b}\right) = +\ 0.39493 \qquad \left(\frac{a}{r}\right)^2 \mathfrak{B}\mathfrak{C} = +\ 0.95920$$
$$(1 - \mathfrak{B}) = -\ 0.18856 \qquad \mathfrak{D} = +\ 0.17387$$
$$\mathfrak{E} = -\ 0.02658 \qquad (\mathfrak{F} + t\mathfrak{E}) = +\ 46.71$$
$$-\ \mathfrak{E} = +\ 0.02658 \qquad \mathfrak{G} = -\ 0.20858$$
$$\mathfrak{H} = +\ 0.15946 \qquad \mathfrak{J} = +\ 1.25782,$$

für die Opposition von 1804

$$\mathfrak{A} = +\ 0.58880 \qquad t\mathfrak{A} = +\ 358.12$$
$$\left(\mathfrak{B} - \frac{\mathfrak{A}}{\cos b}\right) = +\ 0.26208 \qquad \left(\frac{a}{r}\right)^2 \mathfrak{B}\mathfrak{C} = -\ 0.85234$$
$$(1 - \mathfrak{B}) = +\ 0.14912 \qquad \mathfrak{D} = +\ 0.17775$$
$$\mathfrak{E} = +\ 0.01318 \qquad (\mathfrak{F} + t\mathfrak{E}) = +\ 28.39$$
$$-\ \mathfrak{E} = -\ 0.01318 \qquad \mathfrak{G} = -\ 0.07861$$
$$\mathfrak{H} = +\ 0.91704 \qquad \mathfrak{J} = +\ 0.54365,$$

*) Mon. Corresp. v. Zach, XX. B. 589. S.

für die Opposition von 1805:

$$\mathfrak{A} = +1.73436 \qquad t\mathfrak{A} = +1846.17$$
$$\left(\mathfrak{B} - \frac{\mathfrak{A}}{\cos b}\right) = -0.54603 \qquad \left(\frac{a}{r}\right)^2 \mathfrak{B}\mathfrak{C} = -2.05662$$
$$(1-\mathfrak{B}) = -0.18833 \qquad \mathfrak{D} = -0.17445$$
$$\mathfrak{E} = -0.12606 \qquad (\mathfrak{F} + t\mathfrak{E}) = -227.42$$
$$-\mathfrak{E} = +0.12606 \qquad \mathfrak{G} = -0.38939$$
$$\mathfrak{H} = +0.17176 \qquad \mathfrak{J} = -1.35441,$$

für die Opposition von 1807:

$$\mathfrak{A} = +0.99584 \qquad t\mathfrak{A} = +1579.03$$
$$\left(\mathfrak{B} - \frac{\mathfrak{A}}{\cos b}\right) = +0.06456 \qquad \left(\frac{a}{r}\right)^2 \mathfrak{B}\mathfrak{C} = +1.99545$$
$$(1-\mathfrak{B}) = -0.06040 \qquad \mathfrak{D} = -0.33750$$
$$\mathfrak{E} = -0.08089 \qquad (\mathfrak{F} + t\mathfrak{E}) = -67.22$$
$$-\mathfrak{E} = +0.08089 \qquad \mathfrak{G} = -0.09970$$
$$\mathfrak{H} = -0.46359 \qquad \mathfrak{J} = +1.22803,$$

für die Opposition von 1808:

$$\mathfrak{A} = +0.65311 \qquad t\mathfrak{A} = +1329.09$$
$$\left(\mathfrak{B} - \frac{\mathfrak{A}}{\cos b}\right) = +0.38994 \qquad \left(\frac{a}{r}\right)^2 \mathfrak{B}\mathfrak{C} = -0.08439$$
$$(1-\mathfrak{B}) = -0.04305 \qquad \mathfrak{D} = +0.34268$$
$$\mathfrak{E} = -0.00218 \qquad (\mathfrak{F} + t\mathfrak{E}) = +38.47$$
$$-\mathfrak{E} = +0.00218 \qquad \mathfrak{G} = -0.18710$$
$$\mathfrak{H} = +0.47301 \qquad \mathfrak{J} = -1.14371,$$

und für die Opposition von 1809:

$$\mathfrak{A} = +0.69957 \qquad t\mathfrak{A} = +1719.32$$
$$\left(\mathfrak{B} - \frac{\mathfrak{A}}{\cos b}\right) = +0.12913 \qquad \left(\frac{a}{r}\right)^2 \mathfrak{B}\mathfrak{C} = -1.38787$$
$$(1-\mathfrak{B}) = +0.17130 \qquad \mathfrak{D} = +0.08360$$
$$\mathfrak{E} = -0.01315 \qquad (\mathfrak{F} + t\mathfrak{E}) = -43.84$$
$$-\mathfrak{E} = +0.01315 \qquad \mathfrak{G} = +0.02929$$
$$\mathfrak{H} = +1.02138 \qquad \mathfrak{J} = -0.27187$$

Also hat man dann, da für diese sechs Oppositionen

$$d\lambda = +183''.93 \qquad d\beta = +\ \ 6''.81$$
$$+\ \ 0.06 \qquad\qquad +\ \ 3.09$$
$$+\ \ 0.02 \qquad\qquad +\ \ 8.98$$
$$+\ \ 2.31 \qquad\qquad -\ \ 2.47$$
$$-\ \ 0.01 \qquad\qquad -\ 38.12$$
$$+317.73 \qquad\qquad -117.97$$

gefunden wird, nach 20):

$$+183.93 = +0.79363\,dA + 143.66\,df + 0.39493\,dp + 0.95920\,d\varphi - 0.18856\,dk + 0.17387\,dn$$
$$+\ 6.81 = -0.02658\,dA + 46.71\,df + 0.02658\,dp - 0.20858\,d\varphi + 0.15946\,dk + 1.25782\,dn$$
$$+\ 0.06 = +0.58880\,dA + 358.12\,df + 0.26208\,dp - 0.85234\,d\varphi + 0.14912\,dk + 0.17775\,dn$$
$$+\ 3.09 = +0.01318\,dA + 28.39\,df - 0.01318\,dp - 0.07861\,d\varphi + 0.91704\,dk + 0.54365\,dn$$
$$+\ 0.02 = +1.73436\,dA + 1846.17\,df - 0.54603\,dp - 2.05662\,d\varphi - 0.18833\,dk - 0.17445\,dn$$
$$+\ 8.98 = -0.12606\,dA - 227.42\,df + 0.12606\,dp - 0.38939\,d\varphi + 0.17176\,dk - 1.35441\,dn$$
$$+\ 2.31 = +0.99584\,dA + 1579.03\,df + 0.06456\,dp + 1.99545\,d\varphi - 0.06040\,dk - 0.33750\,dn$$
$$-\ 2.47 = -0.08089\,dA - 67.22\,df + 0.08089\,dp - 0.09970\,d\varphi - 0.46359\,dk + 1.22803\,dn$$
$$-\ 0.01 = +0.65311\,dA + 1329.09\,df + 0.38994\,dp - 0.08439\,d\varphi - 0.04305\,dk + 0.34268\,dn$$
$$-\ 38.12 = -0.00218\,dA + 38.47\,df + 0.00218\,dp - 0.18710\,d\varphi + 0.47301\,dk - 1.14371\,dn$$
$$+317.73 = +0.69957\,dA + 1719.32\,df + 0.12913\,dp - 1.38787\,d\varphi + 0.17130\,dk - 0.08360\,dn$$
$$-117.97 = -0.01315\,dA - 43.84\,df + 0.01315\,dp + 0.02929\,d\varphi + 1.02138\,dk - 0.27187\,dn.$$

Diese 12 Bedingungsgleichungen nach dem im §. 10. mitgetheilten Verfahren behandelt, werden, wenn man die daselbst befindlichen Correctionen z, z_1, z_2, z_3, z_4 und z_5 mit den jetzigen Bezeichnungen dA, df, dp, $d\varphi$, dk und dn vertauscht, und die

Systeme 14) bis 19) numerisch gebildet hat, endlich nach 21) und 20) des zweiten Capitels geben:

$$S = 96364 \text{ Sekunden};$$

$$\begin{array}{l}
+\ 5.42383\,dn = -\ 17''.11 \\
-\ 0.37765\,dn + 2.22346\,dk = -\ 75.23 \\
-\ 0.57384\,dn - 0.36175\,dk + 9.29213\,d\varphi = -\ 25.66 \\
+\ 0.25868\,dn - 0.06392\,dk + 1.11063\,d\varphi + 0.71612\,dp = +\ 115.81 \\
+73.45000\,dn + 213.84000\,dk - 510.58000\,d\varphi + 62.13000\,dp + 24582.25\,df = +13854.00 \\
-\ 0.18194\,dn - 0.34664\,dk - 2.28516\,d\varphi - 0.00344\,dp + 7203.91\,df \\
\qquad + 5.91569\,dA = +\ 371.09\,.
\end{array}$$

Aus diesen Gleichungen folgt nun:

$$\begin{array}{ll|ll}
dn & = -\ 3''.155 & dp & = +\ 168''.122 \\
dk & = -\ 34.371 & df & = +\ 0.003 \\
d\varphi & = -\ 5.371 & dA & = +\ 54.987\,.
\end{array}$$

Schlußbemerkung. Von einigen andern Berechnungen der Planetenbeobachtungen, so wie von denen der Kometenbeobachtungen überhaupt, wird in dem Capitel von den Bahnbestimmungen der Kometen ausführlicher die Rede sein.

Eilftes Capitel.

Von der Bestimmung des geocentrischen Orts eines Planeten oder Kometen aus dessen heliocentrischem Ort und umgekehrt.

§. 141. In diesem Capitel sollen durchgängig folgende Bezeichnungen

α geocentrische Rectascension,
δ „ Declination,
λ „ Länge,
β „ Breite — des Planeten,

ϱ die wahre, ϱ' die curtirte — Entfernung des Planeten von der Erde,

l heliocentrische Länge, b „ Breite — des Planeten,

r die wahre, r' die curtirte — Entfernung des Planeten von der Sonne,

k Länge des ☊ der Planetenbahn in der Ekliptik,

n Neigung der Planetenbahn gegen die Ekliptik,
v heliocentr. Länge des Planeten in seiner Bahn,
u das Argument der Breite des Planeten,
γ Winkel der Commutation } des Planeten,
η Elongation
π jährliche Parallaxe
L heliocentrische Länge } der Erde,
B „ Breite
R die wahre } Entfernung der Erde von der Sonne;
R' die curtirte

angewandt, und das Capitel selbst in zwei Haupttheile zerlegt werden:

I. den geocentrischen Ort aus dem heliocentrischen, und
II. den heliocentrischen Ort aus dem geocentrischen herzuleiten,

wobei noch ein für allemal erinnert wird, daß

$$\left.\begin{aligned} \varrho' &= \varrho \cos\beta \\ r' &= r \cos b \\ R' &= R \cos B \\ u &= v - k \end{aligned}\right\} \quad 1)$$

ist.

I. Den geocentrischen Ort aus dem heliocentrischen herzuleiten.

§. 142. Wenn x, y, z die Lage des Planeten in Bezug auf den Aequator bestimmen, so daß x in der Nachtgleichenlinie, und x und y im Aequator liegen; so berechne man zuerst die Hilfsgrößen A, a, ψ, B, b, C, c durch die Gleichungen

$$\left.\begin{aligned} \operatorname{tg} A &= -\frac{\cot k}{\cos n} \\ \sin a &= \frac{\cos k}{\sin A} \\ \operatorname{tg}\psi &= \frac{\operatorname{tg} n}{\cos k} \end{aligned}\right\} \quad 2)$$

$$\left.\begin{aligned} \operatorname{tg} B &= \frac{\sin k \cos e \sin \psi}{\sin n \cos(\psi + e)} \\ \sin b &= \frac{\cos e \sin k}{\sin B} \end{aligned}\right\} \quad 3)$$

$$\left.\begin{aligned} \operatorname{tg} C &= \frac{\sin k \sin e \sin \psi}{\sin n \sin(\psi + e)} \\ \sin c &= \frac{\sin e \sin k}{\sin C} \end{aligned}\right\} \quad 4),$$

wo e die Schiefe der Ekliptik bezeichnet, und dann hat man

$$\left.\begin{aligned} x &= r \sin a \sin(A + u) \\ y &= r \sin b \sin(B + u) \\ z &= r \sin c \sin(C + u) \end{aligned}\right\} \quad 5).$$

Wenn ferner X, Y, Z die Lage der Erde in Bezug auf den Aequator bestimmen, so daß X in der Nachtgleichenlinie, und X und Y in der Ebene des Aequators liegen; so hat man

$$\left.\begin{aligned} X &= R \cos B \cos L \\ Y &= R \cos B \sin L \cos e - R \sin B \sin e \\ Z &= R \cos B \sin L \sin e + R \sin B \cos e \end{aligned}\right\} \quad 6),$$

welche Coordinaten dem Punkt der Oberfläche der Erde angehören, von dem aus der Beobachter die Länge S der Sonne gleich $L - 180^0$ gesehen hat. Bestimmen dagegen X, Y, Z die Lage des Erdmittelpunkts in Bezug auf den Aequator; so hat man

$$\left.\begin{aligned} X &= R(\cos B \cos L) + p \cos \varphi \cos M \\ Y &= R(\cos B \sin L \cos e - \sin B \sin e) + p \cos \varphi \sin M \\ Z &= R(\cos B \sin L \sin e + \sin B \cos e) + p \sin \varphi \end{aligned}\right\} \quad 7),$$

wo p die Distanz des Beobachtungsorts vom Erdmittelpunkt, M die gerade Aufsteigung des Zeniths, und φ die geocentrische Polhöhe des Beobachtungsorts bezeichnet.

Anmerkung. Um für X, Y, Z Ausdrücke, denen in 5) analog, zu erhalten, darf nur $A' = a' = 90^0$, $B' = C' = 0$, $b' = 90^0 - e$ und $c' = e$ gesetzt werden; so ist dann

$$\begin{aligned} X &= R \cos U \\ Y &= R \sin U \cos e \\ Z &= R \sin U \sin e. \end{aligned}$$

Sind auf diese Weise die Größen x, y, z und X, Y, Z bestimmt; so kann man nun die Größen α, δ und ϱ aus den Gleichungen

$$\left.\begin{array}{l}\varrho\cos\delta\cos\alpha = x - X\\ \varrho\cos\delta\sin\alpha = y - Y\\ \varrho\sin\delta \qquad\quad = z - Z\end{array}\right\} \qquad 8)$$

leicht herleiten; doch ist hierbei zu erinnern, daß die durch die Formeln 2), 3) und 4) zu bestimmenden Größen A, a, B, b, C und c säcularen Aenderungen unterworfen sind, weil die Elemente n, k und e selbst säculare Aenderungen erleiden. Doch weil diese ohnedieß geringen Aenderungen der Zeit sehr nahe proportional vor sich gehen, so thut man am besten, die mittlern Werthe von n, k und e für einige nicht sehr weit von einander, doch gleichweit aus einander liegende Jahre anzunehmen, und aus ihnen für diese Epochen die Größen A, a, B, b, C und c zu berechnen und in eine kleine Tafel zu bringen.

Eine solche, die Anwendung obiger Ausdrücke sehr erleichternde Tafel ist die beifolgende, welche die Werthe der 6 Größen A, B, C, log sin a, log sin b und log sin c für die sechs alten Planeten giebt. Die Elemente, die ihr zum Grund liegen, sammt ihren Aenderungen, sind für die drei erstern Planeten aus Lindenau's, für die drei letztern aber aus Bouvard's Tafeln entnommen. Die Tafel selbst gilt für das Jahr 1840, kann aber auch, da in ihr die jährlichen Aenderungen mit angegeben, wohl 20 Jahre vor und nach 1840 gebraucht werden. Der Factor t bezeichnet die Anzahl der seit 1840 verflossenen Jahre, und ist vor dieser Epoche negativ.

Planeten.		Constanten für 1840 sammt ihren jährlichen Aenderungen.		
Merkur	A	89° 47′ 5″ + 0″.35t	log sin a	9.99826 — 0.000 0005t
	B	2 30 37 + 0.75t	log sin b	9.94520 + 0.000 0620t
	C	350 28 18 — 8.30t	log sin c	9.68159 — 0.000 0100t
Venus	A	89 58 30 + 0.33t	log sin a	9.99928 + 0.000 0022t
	B	1 27 20 + 0.50t	log sin b	9.95977 + 0.000 0018t
	C	352 45 40 — 1.83t	log sin c	9.61826 — 0.000 0100t
Mars	A	89 59 12 — 0.50t	log sin a	9.99989 — 0.000 0012t
	B	0 37 12 — 0.50t	log sin b	9.95839 + 0.000 0020t
	C	356 59 2 — 1.83t	log sin c	9.62176 — 0.000 0080t
Jupiter	A	90 0 8 + 0.00t	log sin a	9.99982 + 0.000 0008t
	B	0 33 33 — 0.17t	log sin b	9.96320 + 0.000 0012t
	C	356 59 23 + 0.98t	log sin c	9.59709 — 0.000 0063t
Saturn	A	90 1 9 + 0.00t	log sin a	9.99965 + 0.000 0001t
	B	0 58 29 — 0.45t	log sin b	9.96563 + 0.000 0013t
	C	354 28 29 + 2.00t	log sin c	9.58515 — 0.000 0081t
Uranus	A	89 59 57 — 0.03t	log sin a	9.99998 — 0.000 0002t
	B	0 19 18 + 0.13t	log sin b	9.96180 + 0.000 0005t
	C	358 18 32 — 0.15t	log sin c	9.60410 + 0.000 0035t

§. 143. Um das gezeigte Verfahren, welches von Gauß angegeben ist, durch ein Beispiel zu erläutern, hat man für den Planeten Merkur am Anfang des Jahrs 1800

$$\left.\begin{array}{l} k = 45^0\ 56'\ 48''.0 \text{ mit } + 43''.3000 \\ n = 7\quad 0\quad 8.9\ \text{„}\ +\ 0.0178 \\ e = 23\quad 27\quad 57.0\ \text{„}\ -\ 0.5200 \end{array}\right\} \text{jährl. trop. Aenderung.}$$

Also für den Anfang des Jahrs

	1800.	1810.	1820.
k =	45° 56′ 48″.00	46° 4′ 1″.00	46° 11′ 14″.00
n =	7 0 8.90	7 0 9.08	7 0 9.26
e =	23 27 57.00	23 27 51.80	23 27 46.60
A =	135 43 56.2	135 51 9.2	135 58 22.4
B =	48 26 19.3	48 33 37.4	48 41 15.5
C =	36 30 28.5	36 36 18.9	36 42 9.5
log sin a =	9.9983267	9.9983197	9.9983129
log sin b =	9.9450091	9.9450591	9.9451093
log sin c =	9.6821782	9.6820388	9.6818994

Nun sei für 1808 den 8. Oct. $11^h\,45'\,41''$ mittl. Par. Zeit die mittlere geoc. Rectascension α und Declination δ des Planeten Merkur zu bestimmen. Für diese Zeit folgt aus obiger Tabelle

$$A = 135^0\ 50'\ 16''.1 \qquad \log\sin a = 9.9983206$$
$$B = \ \ 48\ \ 32\ \ 52.4 \qquad \log\sin b = 9.9450529$$
$$C = \ \ 36\ \ 35\ \ 35.9, \qquad \log\sin c = 9.6820559;$$

ferner für dieselbe Zeit aus den Merkurtafeln

$$u = 212^0\ 13'\ 26''.9, \quad \log r = 9.6687470,$$

und nach den Sonnentafeln

$$L = 15^0\ 59'\ 35''.9, \quad \log R = 9.9990770,$$

folglich hat man

$x = -0.0961018$	$y = -0.4056417$	$z = -0.2091323$
$X = +0.9592530$	$Y = +0.2522046$	$Z = +0.1094761$
$x - X = -1.0553548$	$y - Y = -0.6578463$	$z - Z = -0.3186084$

und nach 8)

$$\varrho\cos\delta\cos\alpha = -\ 1.0553548$$
$$\varrho\cos\delta\sin\alpha = -\ 0.6578463$$
$$\varrho\sin\delta = -\ 0.3186084,$$

woraus folgt:

$$\alpha = \ \ 211^0\ 56'\ 13''.2$$
$$\delta = -\ 14\ \ 22\ \ 12.1$$
$$\varrho = \ \ 1.2837618,$$

welche Größen die mittlere geoc. Rectascension und Declination des Merkur, so wie dessen Entfernung von der Erde zur Zeit 1808 den 8. Oct. $11^h\,45'\,41''$ sind.

Anmerkung. Will man die Hilfswinkel a, b, c selbst kennen, so bestimme man noch

$$\cos a = \sin n \sin k$$
$$\operatorname{tg} f = \operatorname{tg} n \cos k$$
$$\cos b = -\frac{\cos n \sin(f+e)}{\cos f}$$
$$\cos c = \frac{\cos n \cos(f+e)}{\cos f},$$

und es werden dann die Cosinus dienen, die Zweideutigkeiten, welche die Sinus allein übrig lassen, völlig zu entscheiden. Auch geben sie, wenn die Sinus der Einheit näher als der Null liegen, eine schärfere Bestimmung und zugleich eine Controlle für die Richtigkeit der Rechnung, in welcher Hinsicht auch noch der Umstand zu statten kommt, daß

$$\frac{\cos n}{\cos f} = \pm \sin a$$

ist, wo das obere Zeichen gilt, wenn f mit a zugleich in den beiden ersten oder zugleich in den beiden letzten Quadranten liegt, das untere aber, wenn f in einer andern Hälfte des Kreises als A angenommen wurde.

§. 144. Wenn eine große Reihe geocentrischer Rectascensionen und Declinationen bestimmt, oder Ephemeriden für einen Planeten (oder Kometen) wegen künftiger Beobachtungen entworfen werden sollen; so ist es hinreichend, α und δ nur in Minuten, so wie ϱ nur in Hunderttheilen der Einheit zu erhalten, wozu folgendes Verfahren, da es weder den Radius Vector r noch die wahre Anomalie v als gegeben voraussetzt, wegen der Menge seiner Constanten sehr zweckdienlich ist.

Nachdem man A, a, B, b, C und c mittelst der Gleichungen 2), 3) und 4) bestimmt hat, berechne man noch die Hilfsgrößen M, m, N, n, P und p mittelst folgender Ausdrücke:

$$\left.\begin{aligned} \operatorname{tg} M &= \frac{\operatorname{tg}(A+h)}{\sqrt{1-\varepsilon^2}} \\ m &= \frac{f \sin a \sin(A+h)}{\sin M} \\ \operatorname{tg} N &= \frac{\operatorname{tg}(B+h)}{\sqrt{1-\varepsilon^2}} \\ n &= \frac{f \sin b \sin(B+h)}{\sin N} \\ \operatorname{tg} P &= \frac{\operatorname{tg}(C+h)}{\sqrt{1-\varepsilon^2}} \\ p &= \frac{f \sin c \sin(C+h)}{\sin P} \end{aligned}\right\} \quad 9)$$

wo h die Elongation des Perihels vom ☊, f die halbe große Axe der Bahn und ε die Excentricität der Bahn bezeichnen, so wie auch die Hilfsgrößen μ, ν und π aus den Gleichungen

$$\left.\begin{aligned} \mu &= -\, m\varepsilon \sin M \\ \nu &= -\, n\varepsilon \sin N \\ \pi &= -\, p\varepsilon \sin P \end{aligned}\right\} \quad 10).$$

Dann ist

$$\left.\begin{aligned} x &= m \sin(M+e) + \mu \\ y &= n \sin(N+e) + \nu \\ z &= p \sin(P+e) + \pi \end{aligned}\right\} \quad 11).$$

Beispiel. Es mögen folgende Elemente der Pallas gegeben sein.

Epoche: 1808 Meridian von Göttingen	$252^0\ 32'\ 28''.5$
$\log f =$	0.4423149
$\varepsilon =$	0.2450198
Länge des Perihels 1803	$121^0\ \ 3'\ 11''.4$
Dessen jährliche Aenderung	$+106.2$
Länge des ☊ 1803	$172\ \ 28\ \ 56.9$
Dessen jährliche Aenderung	-7.2
Neigung der Bahn	$34\ \ 37\ \ 41.0$
Deren jährliche Aenderung	$+0.8$
Tägliche trop. Bewegung	$0^0.2139484$
Schiefe der Ekliptik 1812	$23^0\ 27'\ 51''.0.$

Sei nun der gegebene Beobachtungsort Kasan, so ist mit der Meridiandifferenz $+\ 2^h\ 37'\ 52''$ dieses Orts von Göttingen

$$0^0.023454$$

die Reduction der Epoche auf den Kasaner Meridian, mithin

$$205^0.096468$$

die für Kasan geltende Epoche Anfang des Jahrs 1812, für welche Zeit man dann hat

Neigung der Pallasbahn	$34^0\ 37'\ 44''$
Länge ihres ☊	$172\ \ 27\ \ 52,$

ferner nach 2), 3) und 4)

$$A = 263^0\ 47'\ 16''.6$$
$$B = 172\ \ 57\ \ 47.2$$
$$C = 14\ \ 53\ \ 4.5$$
$$\log a = 9.9987906$$
$$\log b = 9.9920900$$
$$\log c = 9.3080963,$$

ferner nach 9)

$$M = 213^0\ 27'\ 10''.4$$
$$N = 121\ \ 1\ \ 41.8$$
$$P = 142\ \ 53\ \ 21.0$$
$$\log m = 0.4316594$$
$$\log n = 0.4307508$$
$$\log p = 9.7417654n$$

und endlich nach 10)

$$\mu = +0.3649303$$
$$\nu = -0.5660940$$
$$\pi = +0\ 0815722$$

und nach 11)

$$x = \overline{0.4316594}\ \sin(213^\circ\ 27'\ 10''.4 + e) + 0.3649303$$
$$y = \overline{0.4307508}\ \sin(121\quad 1\ 41.8 + e) - 0.5660940$$
$$z = \overline{9.7417654n}\ \sin(142\quad 53\ 21.0 + e) + 0.0815722\ ,$$

wo die überstrichenen Zahlencoefficienten schon Logarithmen sind.

Eben so erhält man für den Anfang des Jahrs 1822:

$$x = \overline{0.4317175}\sin(213^\circ\ 45'\ 18''.2 + e) + 0.3678873$$
$$y = \overline{0.4306919}\sin(121\quad 19\ 17.8 + e) - 0.5642668$$
$$z = \overline{9.7419200}\sin(143\quad 14\ 18.4 + e) + 0.0809422.$$

Werden nun hieraus die Werthe von $\log R$, x, y, z, X, Y, Z, α, δ und ρ für die mittlere Mitternacht Kasans des 30. Aprils, 8., 16. und 24. Mai, und des 1. Juni 1811 gesucht; so erhält man folgendes Tableau:

	30. April.	8. Mai.	16. Mai.	24. Mai.	1. Juni.
Mittl. An. ⚴ vom Perihel =	31°.2728	32°.9837	34°.6946	36°.4055	38°.1164
$e =$	40.3646	42.4605	44.5412	46.6064	48.6556
Länge ♁ + 20″ =	219° 34′	227° 18′	235° 1′	242° 43′	250° 23′
$\log R =$	0.00353	0.00435	0.00510	0.00574	0.00628
$x =$	−2.2298	−2.2556	−2.2778	−2.2964	−2.3114
$y =$	+0.2950	+0.2009	+0.1065	+0.0120	−0.0826
$z =$	+0.1127	+0.1327	+0.1527	+0.1724	+0.1918
$X =$	−0.7772	−0.6850	−0.5801	−0.4645	−0.3406
$Y =$	−0.5891	−0.6809	−0.7603	−0.8261	−0.8767
$Z =$	−0.2557	−0.2956	−0.3300	−0.3586	−0.3805
$\alpha =$	148° 41′	150° 41′	152° 57′	155° 25′	158° 3′
$\delta =$	+12 14	+13 23	+14 13	+14 46	+15 5
$\rho =$	1.74	1.85	1.96	2.08	2.20 .

§. 145. Ein anderes Verfahren, wobei man zugleich die heliocentrische Rectascension **a** und Declination **d** des Planeten, so wie die heliocentrische Rectascension **A** und Declination **D** der Erde bestimmen kann, hat Littrow angegeben.

Man berechne nämlich die Hilfsgrößen N, O und K durch folgende Gleichungen

$$\left.\begin{aligned} \sin\tfrac{1}{2}N\sin\tfrac{1}{2}(O-K) &= \sin\tfrac{1}{2}k\sin\tfrac{1}{2}(e-n) \\ \sin\tfrac{1}{2}N\cos\tfrac{1}{2}(O-K) &= \cos\tfrac{1}{2}k\sin\tfrac{1}{2}(e+n) \\ \cos\tfrac{1}{2}N\sin\tfrac{1}{2}(O+K) &= \sin\tfrac{1}{2}k\cos\tfrac{1}{2}(e-n) \\ \cos\tfrac{1}{2}N\cos\tfrac{1}{2}(O+K) &= \cos\tfrac{1}{2}k\cos\tfrac{1}{2}(e+n) \end{aligned}\right\} \quad 12),$$

wo e wieder, wie anfangs, die Schiefe der Ekliptik bedeutet; ferner a und d aus den Ausdrücken

$$\left.\begin{aligned} \operatorname{tg}(a-K) &= \cos N\operatorname{tg}\{(O-k)+v+p\} \\ \sin d &= \sin N\sin\{(O-k)+v+p\} \end{aligned}\right\} \quad 13);$$

ferner

$$\left.\begin{aligned} x &= r\cos d\cos a \\ y &= r\cos d\sin a \\ z &= r\sin d \end{aligned}\right\} \quad 14),$$

$$\left.\begin{aligned} X &= R\cos D\cos A \\ Y &= R\cos D\sin A \\ Z &= R\sin D \end{aligned}\right\} \quad 15);$$

so folgen endlich, wie vorher, die Größen α, δ und ϱ aus den Gleichungen

$$\left.\begin{aligned} \varrho\cos\delta\cos\alpha &= x-X \\ \varrho\cos\delta\sin\alpha &= y-Y \\ \varrho\sin\delta &= z-Z \end{aligned}\right\} \quad 16).$$

§. 146. Will man von den, durch die Tafeln oder Elemente unmittelbar gegebenen, Größen l und b ausgehen, was in der That am bequemsten ist; so berechne man erst l und b mittelst der Formeln

$$\left.\begin{aligned} \operatorname{tg}(l-k) &= \cos n\operatorname{tg}u \\ \operatorname{tg}b &= \operatorname{tg}n\sin(l-k) \\ \text{oder } \sin b &= \sin n\sin u \end{aligned}\right\} \quad 17);$$

ferner die Hilfsgrößen τ, φ, φ', χ und χ' aus den Gleichungen

$$\left.\begin{aligned} \tau &= \cos b\sin l \\ \varphi &= \tau\cos e \\ \varphi' &= \tau\sin e \\ \chi &= -\sin b\sin e \\ \chi' &= \sin b\cos e \end{aligned}\right\} \quad 18);$$

endlich
$$\left.\begin{aligned} x &= r\cos b\cos l \\ y &= r(\varphi+\chi) \\ z &= r(\varphi'+\chi') \end{aligned}\right\} \quad 19)$$

und
$$\left.\begin{aligned} X &= R\cos L \\ Y &= R\cos e\sin L \\ Z &= R\sin e\sin L \end{aligned}\right\} \quad 20);$$

wo die Gleichungen 20) die abgekürzten der Gleichungen 6) sind, wenn man in letztern die sehr kleine Größe $B=0$ setzt. — Dann ist, wie vorher

$$\left.\begin{aligned} \varrho\cos\delta\cos\alpha &= x-X \\ \varrho\cos\delta\sin\alpha &= y-Y \\ \varrho\sin\delta &= z-Z \end{aligned}\right\} \quad 21).$$

Beispiel. Im §. 143 hatte man

$$\begin{aligned} n &= 7^0\ 0'\ 9'' \\ k &= 46\ \ 3\ \ 8 \\ u &= 212\ 13\ 27; \end{aligned}$$

also ist nach 17)

$$\begin{aligned} \log\cos n &= 9.99675 \\ \log tg\, u &= 9.79957n \\ \hline \log tg(l-k) &= 9.79632n, \quad l-k = 212^0\ 1'\ 55'' \\ & \qquad\qquad\qquad\qquad k = 46\ \ 3\ \ 8 \\ & \qquad\qquad\qquad\qquad l = 258^0\ 5'\ 3'' \end{aligned}$$

$$\begin{aligned} \log tg\, n &= 9.08929 & \log\sin n &= 9.08605 \\ \log\sin(l-k) &= 9.72460n & \log\sin u &= 9.72692n \\ \hline \log tg\, b &= 8.81389n & \log\sin b &= 8.81297n \\ b &= -3^0\,43'\,38'', & b &= -3^0\,43'\,38''; \end{aligned}$$

ferner, mit $e = 23^0\ 27'\ 52''$, nach 18)

$$\begin{aligned} \log\cos b &= 9.99908 \\ \log\sin l &= 9.99054n \\ \hline \log\tau &= 9.98962n \end{aligned}$$

$$\begin{aligned} \log\tau &= 9.98962n & \log(-\sin b) &= 8.81297 \\ \log\cos e &= 9.96251 & \log\sin e &= 9.60008 \\ \hline \log\varphi &= 9.95213n & \log\chi &= 8.41305 \\ \varphi &= -0.89563, & \chi &= +0.02588 \end{aligned}$$

$$\varphi+\chi = -0.86975,$$

$$\begin{array}{rlrl} \log \tau = & 9.98962n & \log \sin b = & 8.81297n \\ \log \sin e = & 9.60008 & \log \cos e = & 9.96251 \\ \hline \log \varphi' = & 9.58970n & \log \chi' = & 8.77548n \\ \varphi' = & -0.38878, & \chi' = & -0.05963 \end{array}$$

$$\varphi' + \chi' = -0.44841;$$

ferner, mit $\log r = 9.66875$, nach 19)

$$\begin{array}{rl|rl|rl} \log r = & 9.66875 & & & & \\ \mathrm{l.}\cos b = & 9.99908 & \log r = & 9.66875 & \log r = & 9.66875 \\ \mathrm{l.}\cos l = & 9.31487n & \mathrm{l.}(\varphi+\chi) = & 9.93939n & \mathrm{l.}(\varphi'+\chi') = & 9.65168n \\ \hline \log x = & 8.98270n & \log y = & 9.60814n & \log z = & 9.32043n \\ x = & -0.09610 & y = & -0.40564 & z = & -0.20914, \end{array}$$

wie in §. 143; ferner ist, mit $L = 15^0\ 59'\ 36''$ und $\log R = 9.99908$, nach 20):

$$\begin{array}{rl|rl|rl} & & \log R = & 9.99908 & \log R = & 9.99908 \\ \log R = & 9.99908 & \log \cos e = & 9.96251 & \log \sin e = & 9.60008 \\ \log \cos L = & 9.98285 & \log \sin L = & 9.44016 & \log \sin L = & 9.44016 \\ \hline \log X = & 9.98193 & \log Y = & 9.40175 & \log Z = & 9.03932 \\ X = & +0.95925 & Y = & +0.25220 & Z = & +0.10948 \end{array}$$

eben so wie in §. 143.

Anmerkung. Die folgenden nach den Gleichungen 20) berechneten Tafeln für die Sonnencoordinaten **X, Y, Z** kürzen diese Rechnungen, sobald nicht eine bis auf die einzelne Sekunde gehende Schärfe gefordert wird, ungemein ab. Diese Tafeln haben nämlich die, von Gauß angegebene, sehr bequeme Einrichtung, daß sie **X, Y** und **Z** unmittelbar durch die gegebene Zeit, nämlich für den mittlern Pariser Mittag eines jeden Tags im Jahr geben, wenn man zuerst von diesem Tag die entsprechende Zahl der dieser Tafel voranstehenden kleinen Tabelle subtrahirt hat.

1831	$1^t.059$	1841	$0^t.418$	1851	$0^t.904$
1832	0.301	1842	0.724	1852	0.146
1833	0.583	1843	0.966	1853	0.389
1834	0.825	1844	0.208	1854	0.631
1835	0.028	1845	0.450	1855	0.873
1836	0.270	1846	0.693	1856	0.115
1837	0.512	1847	0.935	1857	0.358
1838	0.755	1848	0.177	1858	0.600
1839	0.997	1849	0.419	1859	0.842
1840	0.239	1850	0.662	1860	0.084

Für einen s Stunden östlich von Paris gelegenen Ort muß man die Größe 0.0417.s zu den obigen Argumenten addiren, für westliche Orte aber subtrahiren. Uebrigens muß man in den Tafeln für **X, Y** und **Z** in den Monaten Januar und Februar, sobald das Jahr ein Schaltjahr ist, den gegebenen Tag um einen Tag kleiner nehmen.

Tage.	Januar X +	Januar Y −	Januar Z −	Februar X +	Februar Y −	Februar Z −
0	0.1786	0.8869	0.3850	0.6598	0.6718	0.2916
1	0.1958	0.8839	0.3836	0.6727	0.6611	0.2869
2	0.2129	0.8805	0.3822	0.6855	0.6502	0.2822
3	0.2300	0.8769	0.3806	0.6980	0.6391	0.2774
4	0.2469	0.8731	0.3789	0.7104	0.6277	0.2725
5	0.2638	0.8689	0.3771	0.7225	0.6162	0.2675
6	0.2806	0.8645	0.3752	0.7344	0.6045	0.2624
7	0.2974	0.8598	0.3732	0.7460	0.5927	0.2572
8	0.3140	0.8549	0.3711	0.7574	0.5806	0.2520
9	0.3306	0.8497	0.3688	0.7686	0.5683	0.2467
10	0.3470	0.8442	0.3664	0.7796	0.5559	0.2413
11	0.3633	0.8384	0.3639	0.7903	0.5433	0.2358
12	0.3795	0.8324	0.3613	0.8008	0.5306	0.2303
13	0.3956	0.8262	0.3586	0.8111	0.5177	0.2247
14	0.4116	0.8196	0.3558	0.8210	0.5046	0.2190
15	0.4275	0.8129	0.3528	0.8308	0.4913	0.2133
16	0.4432	0.8058	0.3498	0.8403	0.4780	0.2075
17	0.4587	0.7986	0.3466	0.8495	0.4644	0.2016
18	0.4742	0.7910	0.3433	0.8584	0.4508	0.1956
19	0.4895	0.7833	0.3400	0.8671	0.4369	0.1897
20	0.5046	0.7752	0.3365	0.8756	0.4230	0.1836
21	0.5196	0.7670	0.3329	0.8837	0.4089	0.1775
22	0.5344	0.7585	0.3292	0.8916	0.3948	0.1713
23	0.5490	0.7498	0.3254	0.8993	0.3804	0.1651
24	0.5635	0.7408	0.3215	0.9066	0.3660	0.1588
25	0.5778	0.7316	0.3175	0.9137	0.3514	0.1525
26	0.5920	0.7222	0.3135	0.9205	0.3368	0.1462
27	0.6059	0.7125	0.3093	0.9270	0.3220	0.1398
28	0.6197	0.7027	0.3050	0.9332	0.3072	0.1333
29	0.6332	0.6926	0.3006			
30	0.6466	0.6823	0.2962			
31	0.6598	0.6718	0.2916			

Tage.	März X +	Y ∓	Z ∓	April X +	Y +	Z +
1	0.9392	0.2922	0.1268	0.9783	0.1928	0.0832
2	0.9449	0.2772	0.1203	0.9748	0.2072	0.0899
3	0.9503	0.2621	0.1137	0.9711	0.2226	0.0966
4	0.9553	0.2469	0.1072	0.9671	0.2379	0.1033
5	0.9602	0.2316	0.1005	0.9627	0.2532	0.1099
6	0.9647	0.2163	0.0939	0.9581	0.2684	0.1165
7	0.9689	0.2008	0.0872	0.9533	0.2835	0.1230
8	0.9728	0.1854	0.0805	0.9481	0.2985	0.1296
9	0.9765	0.1699	0.0737	0.9427	0.3134	0.1360
10	0.9798	0.1543	0.0670	0.9369	0.3283	0.1425
11	0.9828	0.1387	0.0602	0.9310	0.3430	0.1489
12	0.9856	0.1230	0.0534	0.9247	0.3576	0.1552
13	0.9881	0.1073	0.0466	0.9182	0.3722	0.1615
14	0.9902	0.0916	0.0397	0.9114	0.3866	0.1678
15	0.9921	0.0758	0.0329	0.9043	0.4009	0.1740
16	0.9936	0.0600	0.0260	0.8969	0.4151	0.1802
17	0.9949	0.0442	0.0192	0.8894	0.4292	0.1863
18	0.9959	0.0284	0.0123	0.8815	0.4431	0.1923
19	0.9965	0.0126	0.0055	0.8734	0.4569	0.1983
20	0.9969	0.0033	0.0014	0.8650	0.4706	0.2043
21	0.9970	0.0191	0.0083	0.8564	0.4842	0.2102
22	0.9968	0.0349	0.0152	0.8475	0.4976	0.2160
23	0.9962	0.0507	0.0220	0.8384	0.5109	0.2217
24	0.9954	0.0665	0.0289	0.8291	0.5240	0.2274
25	0.9943	0.0823	0.0357	0.8195	0.5369	0.2331
26	0.9929	0.0980	0.0426	0.8096	0.5498	0.2386
27	0.9912	0.1138	0.0494	0.7996	0.5624	0.2441
28	0.9892	0.1295	0.0562	0.7893	0.5749	0.2495
29	0.9869	0.1451	0.0630	0.7787	0.5872	0.2549
30	0.9843	0.1607	0.0698	0.7680	0.5994	0.2601
31	0.9814	0.1763	0.0765			

Tage.	Mai X +	Mai Y +	Mai Z +	Juni X ±	Juni Y +	Juni Z +
1	0.7570	0.6113	0.2653	0.3271	0.8811	0.3824
2	0.7458	0.6231	0.2705	0.3110	0.8861	0.3846
3	0.7344	0.6348	0.2755	0.2949	0.8909	0.3867
4	0.7228	0.6462	0.2805	0.2787	0.8954	0.3886
5	0.7110	0.6575	0.2854	0.2624	0.8996	0.3905
6	0.6990	0.6685	0.2902	0.2460	0.9036	0.3922
7	0.6867	0.6794	0.2949	0.2295	0.9074	0.3938
8	0.6743	0.6901	0.2995	0.2130	0.9108	0.3953
9	0.6616	0.7006	0.3041	0.1965	0.9141	0.3967
10	0.6488	0.7108	0.3085	0.1798	0.9170	0.3980
11	0.6358	0.7209	0.3129	0.1632	0.9197	0.2992
12	0.6226	0.7308	0.3172	0.1464	0.9222	0.4003
13	0.6093	0.7404	0.3214	0.1297	0.9244	0.4012
14	0.5958	0.7499	0.3255	0.1129	0.9263	0.4021
15	0.5821	0.7591	0.3295	0.0961	0.9280	0.4028
16	0.5682	0.7681	0.3334	0.0792	0.9294	0.4034
17	0.5541	0.7769	0.3372	0.0623	0.9305	0.4039
18	0.5400	0.7855	0.3409	0.0454	0.9314	0.4043
19	0.5256	0.7939	0.3446	0.0285	0.9320	0.4045
20	0.5111	0.8020	0.3481	0.0116	0.9324	0.4047
21	0.4965	0.8099	0.3515	0.0053	0.9325	0.4047
22	0.4817	0.8175	0.3548	0.0222	0.9323	0.4047
23	0.4668	0.8250	0.3581	0.0391	0.9319	0.4045
24	0.4517	0.8322	0.3612	0.0560	0.9312	0.4042
25	0.4365	0.8391	0.3642	0.0729	0.9302	0.4038
26	0.4212	0.8459	0.3671	0.0898	0.9290	0.4032
27	0.4058	0.8523	0.3700	0.1066	0.9275	0.4026
28	0.3903	0.8586	0.3727	0.1235	0.9258	0.4018
29	0.3746	0.8646	0.3753	0.1402	0.9238	0.4010
30	0.3589	0.8703	0.3778	0.1570	0.9215	0.4000
31	0.3430	0.8758	0.3802			

Tage.	Juli			August		
	X −	Y +	Z +	X −	Y +	Z +
1	0.1737	0.9190	0.3989	0.6443	0.7188	0.3120
2	0.1903	0.9162	0.3977	0.6573	0.7088	0.3076
3	0.2069	0.9132	0.3964	0.6700	0.6985	0.3032
4	0.2234	0.9099	0.3949	0.6825	0.6880	0.2986
5	0.2399	0.9063	0.3934	0.6949	0.6773	0.2940
6	0.2563	0.9025	0.3917	0.7070	0 6665	0.2893
7	0.2726	0.8985	0.3900	0.7189	0.6554	0.2845
8	0.2889	0.8942	0.3881	0.7307	0.6442	0.2796
9	0.3050	0.8896	0.3861	0.7422	0.6327	0.2746
10	0.3211	0.8848	0.3840	0.7535	0.6211	0.2669
11	0.3371	0.8797	0.3818	0.7647	0.6094	0.2645
12	0.3530	0.8744	0.3795	0.7755	0.5974	0.2593
13	0.3688	0.8689	0.3771	0.7862	0.5853	0.2540
14	0.3845	0.8631	0.3746	0.7967	0.5730	0.2487
15	0.4001	0.8570	0.3720	0.8069	0.5605	0.2433
16	0.4156	0.8507	0.3692	0.8169	0.5479	0.2378
17	0.4309	0.8442	0.3664	0.8266	0.5351	0.2323
18	0.4462	0.8374	0.3635	0.8361	0.5222	0.2267
19	0.4613	0.8304	0.3604	0.8454	0.5091	0.2210
20	0.4762	0.8232	0.3573	0.8544	0.4959	0.2153
21	0.4911	0.8157	0.3541	0.8632	0.4826	0.2095
22	0.5058	0.8080	0.3507	0.8718	0 4691	0.2036
23	0.5204	0.8001	0.3473	0.8801	0.4554	0.1977
24	0.5348	0.7919	0.3437	0.8881	0.4417	0.1917
25	0.5490	0.7836	0.3401	0.8959	0.4278	0.1857
26	0.5635	0.7750	0.3364	0.9034	0.4137	0.1796
27	0.5771	0.7661	0.3325	0.9107	0.3916	0.1735
28	0.5909	0.7571	0.3286	0.9177	0.3854	0.1673
29	0.6045	0.7479	0.3246	0.9245	0.3710	0.1610
30	0.6180	0.7384	0.3205	0.9309	0.3565	0.1548
31	0.6312	0.7287	0.3163	0.9371	0.3420	0.1484

Tage.	September X	September Y	September Z	October X	October Y	October Z
	−	±	±	−	−	−
1	0.9431	0.3273	0.1421	0.9889	0.1370	0.0595
2	0.9488	0.3125	0.1357	0.9859	0.1526	0.0662
3	0.9541	9.2977	0.1292	0.9826	0.1681	0.0729
4	0.9593	0.2827	0.1227	0.9790	0.1835	0.0796
5	0.9641	0.2677	0.1162	0.9751	0.1989	0.0863
6	0.9687	0.2526	0.1097	0.9710	0.2142	0.0930
7	0.9729	0.2375	0.1031	0.9665	0.2295	0.0996
8	0.9769	0.2222	0.0965	0.9610	0.2447	0.1062
9	0.9807	0.2069	0.0898	0.9567	0.2598	0.1128
10	0.9841	0.1915	0.0831	0.9514	0.2749	0.1193
11	0.9872	0.1761	0.0764	0.9458	0.2898	0.1258
12	0.9901	0.1606	0.0697	0.9400	0.3047	0.1323
13	0.9927	0.1451	0.0630	0.9338	0.3195	0.1387
14	0.9949	0.1295	0.0562	0.9274	0.3342	0.1451
15	0.9969	0.1140	0.0495	0.9206	0.3488	0.1514
16	0.9986	0.0983	0.0427	0.9137	0.3633	0.1577
17	1.0000	0.0827	0.0359	0.9064	0.3777	0.1639
18	1.0011	0.0670	0.0291	0.8989	0.3919	0.1701
19	1.0020	0.0513	0.0223	0.8911	0.4061	0.1763
20	1.0025	0.0356	0.0154	0.8830	0.4201	0.1823
21	1.0027	0.0198	0.0086	0.8746	0.4340	0.1884
22	1.0027	0.0041	0.0018	0.8660	0.4478	0.1944
23	1.0023	0.0116	0.0050	0.8572	0.4614	0.2003
24	1.0017	0.0274	0.0119	0.8481	0.4749	0.2061
25	1.0007	0.0431	0.0187	0.8387	0.4883	0.2119
26	0.9995	0.0588	0.0255	0.8290	0.5015	0.2177
27	0.9979	0.0745	0.0323	0.8192	0.5145	0.2233
28	0.9961	0.0902	0.0391	0.8090	0.5274	0.2289
29	0.9940	0.1058	0.0459	0.7987	0.5402	0.2344
30	0.9916	0.1214	0.0527	0.7881	0.5527	0.2399
31				0.7772	0.5651	0.2453

Tage.	November			December		
	X −	Y −	Z −	X − +	Y −	Z −
1	0.7661	0.5774	0.2506	0.3422	0.8477	0.3679
2	0.7548	0.5894	0.2558	0.3257	0.8530	0.3702
3	0.7432	0.6013	0.2610	0.3091	0.8580	0.3724
4	0.7315	0.6130	0.2661	0.2925	0.8628	0.3745
5	0.7195	0.6245	0.2711	0.2757	0.8673	0.3765
6	0.7072	0.6358	0.2760	0.2589	0.8716	0.3783
7	0.6948	0.6470	0.2808	0.2419	0.8755	0.3800
8	0.6822	0.6579	0.2856	0.2249	0.8792	0.3816
9	0.6693	0.6686	0.2902	0.2079	0.8826	0.3831
10	0.6562	0.6792	0.2948	0.1907	0.8858	0.3845
11	0.6430	0.6895	0.2993	0.1735	0.8887	0.3857
12	0.6295	0.6916	0.3037	0.1563	0.8913	0.3869
13	0 6159	0.7095	0.3079	0.1390	0.8936	0.3879
14	0.6020	0.7192	0.3121	0.1217	0.8956	0.3887
15	0.5880	0.7286	0.3163	0.1043	0.8974	0 3895
16	0.5738	0.7379	0.3203	0.0869	0.8989	0 3902
17	0.5594	0.7469	0.3242	0.0694	0.9001	0.3907
18	0.5449	0.7556	0.3280	0.0520	0.9010	0.3911
19	0 5302	0.7642	0.3317	0.0345	0.9017	0.3914
20	0.5153	0.7725	0.3353	0.0170	0.9020	0.3915
21	0.5002	0.7806	0.3388	0.0005	0.9021	0.3916
22	0.4851	0.7884	0.3422	0.0180	0.9019	0 3915
23	0.4697	0.7960	0.3455	0.0354	0.9015	0.3913
24	0.4542	0.8033	0.3487	0.0529	0.9007	0.3910
25	0.4386	0.8104	0.3518	0.0704	0.8997	0.3905
26	0.4228	0.8173	0.3547	0.0878	0.8984	0.3899
27	0.4069	0.8239	0.3576	0.1052	0.8968	0.3892
28	0.3909	0.8302	0.3604	0.1226	0.8949	0.3884
29	0.3748	0.8363	0.3630	0.1399	0.8927	0.3875
30	0.3585	0.8421	0.3655	0.1572	0.8903	0.3864
31				0.1744	0.8876	0.3853

§. 147. Endlich kann auch der Fall vorkommen, aus der heliocentrischen Länge und Breite die geocentrische Länge und Breite herzuleiten.

Diese Herleitung ist durch die Gleichungen

$$\varrho' \cos(\lambda - N) = r' \cos(l - N) - R' \cos(L - N)$$
$$\varrho' \sin(\lambda - N) = r' \sin(l - N) - R' \sin(L - N)$$
$$\varrho' \operatorname{tg} \beta = r' \operatorname{tg} b - R' \operatorname{tg} B$$

unmittelbar gegeben. Es kann aber, wenn man für ϱ', r', R' ihre durch die Gleichungen 1) angegebenen Werthe setzt, dieses System von Gleichungen auch so ausgedrückt werden:

$$\left.\begin{aligned}\varrho\cos\beta\cos(\lambda-N) &= r\cos b\cos(l-N) - R\cos B\cos(L-N)\\ \varrho\cos\beta\sin(\lambda-N) &= r\cos b\sin(l-N) - R\cos B\sin(L-N)\\ \varrho\sin\beta &= r\sin b \qquad\qquad - R\sin B\end{aligned}\right\} \quad 22),$$

in welchen Gleichungen B wegen seiner Kleinheit gleich Null, und die willkürliche Größe N entweder

$$N = 0$$
$$\text{oder } N = l$$
$$\text{oder } N = L$$

gesetzt werden kann, für welche 3 Fälle man also haben wird:

$$\left.\begin{aligned}\varrho\cos\beta\cos\lambda &= r\cos b\cos l - R\cos L\\ \varrho\cos\beta\sin\lambda &= r\cos b\sin l - R\sin L\\ \varrho\sin\beta &= r\sin b\end{aligned}\right\} \quad 23),$$

$$\left.\begin{aligned}\varrho\cos\beta\cos(\lambda-l) &= r\cos b - R\cos(L-l)\\ \varrho\cos\beta\sin(\lambda-l) &= \qquad\quad - R\sin(L-l)\\ \varrho\sin\beta &= r\sin b\end{aligned}\right\} \quad 24),$$

$$\left.\begin{aligned}\varrho\cos\beta\cos(\lambda-L) &= r\cos b\cos(l-L) - R\\ \varrho\cos\beta\sin(\lambda-L) &= r\cos b\sin(l-L)\\ \varrho\sin\beta &= r\sin b\end{aligned}\right\} \quad 25).$$

Beispiel. Aus §. 143. findet sich

$$l = 258^0\ 5'\ 3''$$
$$b = -3\ 43\ 38$$
$$\log r = 9.66875;$$

folglich, wenn man das System 23) wählt,

$$\begin{aligned}\log r &= 9.66875 & &\\ \log\cos b &= 9.99908 & \log R &= 9.99908\\ \log\cos l &= 9.31487n & \log\cos L &= 9.98285\\ \log(-0.09610) &= 8.98270n & \log(+0.95925) &= 9.98193\end{aligned}$$

$$\begin{aligned} & -0.09610\\ & +0.95925\\ r\cos b\cos l - R\cos L = & -1.05535\end{aligned}$$

$$\log r \cos b = 9.66783 \qquad \log R = 9.99908$$
$$\log \sin l = 9.99054n \qquad \log \sin L = 9.44016$$
$$\log(-0.45538) = 9.65837n \qquad \log(+0.27494) = 9.43924$$
$$\begin{array}{r} -0.45538 \\ +0.95925 \end{array}$$
$$r \cos b \sin l - R \sin L = -0.73032$$

$$\log r = 9.66875$$
$$\log \sin b = 8.81297n$$
$$\log r \sin b = 8.48172n,$$

daher

$$\log \varrho \cos\beta \cos\lambda = 0.02340n$$
$$\log \varrho \cos\beta \sin\lambda = 9.86351n$$
$$\log \varrho \sin\beta = 8.48172n,$$

woraus $\log tg\lambda = 9.84011, \quad \lambda = 214^0\ 41'\ 0''$

$$\log \varrho \cos\beta \cos\lambda = 0.02340n$$
$$\log \cos\lambda = 9.91504n$$
$$\log \varrho \cos\beta = 0.10836$$
$$\log \varrho \sin\beta = 8.48172n$$
$$\log tg\beta = 8.37336n, \quad \beta = -1^0\ 21'\ 12'',$$

endlich $\log \varrho \cos\beta = 0.10836$

$$\log \cos\beta = 9.99988$$
$$\log \varrho = 0.10848, \quad \varrho = 1.2838.$$

§. 148. Hat man so die geocentrische Länge λ und geocentrische Breite β gefunden, so kann man, wenn es erforderlich sein sollte, dieselben auf die geocentrische Rectascension α und geocentrische Declination δ mittelst folgender Gleichungen bringen:

$$\left.\begin{aligned} tg\,x &= \cot\beta \sin\lambda \\ tg\,\alpha &= \frac{tg\,\lambda \sin(x-e)}{\sin x} \\ \sin\delta &= \frac{\sin\beta \cos(x-e)}{\cos x} \end{aligned}\right\} \qquad 26).$$

Folglich hat man für voriges Beispiel, wo

$$\begin{aligned} \beta &= -\ 1^0\ 21'\ 12'' \\ \lambda &= 214\ \ 41\ \ 0 \\ e &= 23\ \ 27\ \ 52 \end{aligned}$$

ist, folgende Rechnung:

$$\log\cot\beta = 1.62664n$$
$$\log\sin\lambda = 9.75514n$$
$$\log tg\, x = 1.38178,$$

$$x = 87^0\ 37'\ 21''$$
$$e = 23\ \ 27\ \ 52$$
$$x - e = 64^0\ \ 9'\ 29''$$

$$\log tg\,\lambda = 9.84011$$
$$\log\sin(x - e) = 9.95424$$
$$\text{dec.}\log\sin x = 0.00037$$
$$\log tg\,\alpha = 9.79472$$
$$\alpha = 211^0\ 56'\ 12'',$$

$$\log\sin\beta = 8.37324n$$
$$\log\cos(x - e) = 9.63937$$
$$\text{dec.}\log\cos x = 1.38213$$
$$\log\sin\delta = 9.39474n$$
$$\delta = -\ 14^0\ 22'\ 10''.$$

II. Den heliocentrischen Ort aus dem geocentrischen herzuleiten.

§. 149. Da die Beobachtungen eines Planeten (oder Kometen) unmittelbar dessen geocentrischen Ort geben; so muß man auch aus diesem den heliocentrischen Ort des Planeten herzuleiten wissen.

Hierzu hat Gauß ebenfalls sehr bequeme Vorschriften gegeben, welche des Planeten heliocentrische Länge v in der Bahn, wahren Abstand r von der Sonne und wahre Entfernung ϱ von der Erde zu finden lehren, wenn die geocentrische Länge λ und geocentrische Breite β gegeben sind. Bedeuten nämlich **A, B, C, D, E, F, H, J, L** und **M** Hilfswinkel, $\odot$ aber die Länge der Sonne; so berechne man zuerst irgend eine der Größen **A, B, C, D,** aus den Gleichungen

$$\left.\begin{aligned} \operatorname{tg} A &= \frac{\cos(\odot - k)\operatorname{tg}\beta}{\sin(\odot - \lambda)} \\ \operatorname{tg} B &= \frac{\sin(\odot - \lambda)\operatorname{tg} n}{\cos(\odot - k)} \\ \operatorname{tg} C &= \frac{\sin(\odot - k)\operatorname{tg}\beta\cot n}{\sin(\odot - \lambda)} \\ \operatorname{tg} D &= \frac{\cos(\odot - k)\operatorname{tg}\beta\cot n}{\cos(\odot - \lambda)} \end{aligned}\right\} \quad 27);$$

ferner irgend eine der Größen E, F, H, nach den Formeln

$$\left.\begin{aligned} \operatorname{tg} E &= \frac{\operatorname{tg}\beta}{\sin(\lambda - k)} \\ \operatorname{tg} F &= \frac{\sin(\lambda - k)}{\cot n} \\ \operatorname{tg} H &= \frac{\operatorname{tg}(\lambda - k)}{\cos i} \end{aligned}\right\} \quad 28);$$

ferner irgend einer der Größen J, L, M aus den Gleichungen

$$\left.\begin{aligned} \operatorname{tg} J &= \frac{\operatorname{tg}\beta}{\sin n\cos(\lambda - k)} \\ \operatorname{tg} L &= \frac{\sin C\sin(\odot - \lambda)\cot(\odot - k)}{\cos(C + \odot - \lambda)\cos n} \\ \operatorname{tg} M &= \frac{\sin D\cos(\odot - k)}{\cos n\cos(D + \odot - k)} \end{aligned}\right\} \quad 29);$$

so hat man endlich v aus irgend einem der Ausdrücke

$$\left.\begin{aligned} \operatorname{tg}(v - k) &= \frac{\sin A\operatorname{tg}(\odot - k)}{\sin(A + n)} \\ &= \frac{\cos B\sin\beta\operatorname{tg}(\odot - k)}{\cos n\sin(B + \beta)} \\ &= \frac{\sin C\sin(\odot - k)}{\cos n\sin(C + \odot - k)} \\ &= \frac{\sin D\cos(\odot - \lambda)\operatorname{tg}(\odot - k)}{\cos n\sin(D + \odot - \lambda)} \end{aligned}\right\} \quad 30),$$

r aus irgend einer der Gleichungen

$$\left.\begin{aligned} r &= \frac{R \sin E \sin(\odot - k)}{\sin(n - E)\sin(v - k)} \\ &= \frac{R \cos F \sin\beta \sin(\odot - k)}{\cos n \sin(F - \beta)\sin(v - k)} \\ &= \frac{R \sin H \sin(\odot - \lambda)}{\sin(\lambda - k)\sin\{H - (v - k)\}} \\ &= \frac{R \sin J \cos(\odot - k)}{\sin(v - k - J)} \\ &= \frac{R \sin L}{\sin(v - k - L)\cos(\odot - k)} \\ &= \frac{R \sin M}{\sin(v - k - M)\cos(\odot - k)} \end{aligned}\right\} \quad 31)$$

und ϱ aus irgend einer der Formeln

$$\left.\begin{aligned} \varrho &= \frac{r \sin n \sin(v - k)}{\sin\beta} \\ &= \frac{R \sin n \sin E \sin(\odot - k)}{\sin\beta \sin(n - E)} \\ &= \frac{R \sin n \cos E \sin(\odot - k)}{\cos\beta \sin(n - E)\sin(\lambda - k)} \\ &= \frac{R \cos F \sin(\odot - k)}{\cot n \sin(F - \beta)} \\ &= \frac{R \sin F \sin(\lambda - k)\sin(\odot - k)}{\sin(F - \beta)} \end{aligned}\right\} \quad 32)$$

zu bestimmen. Die heliocentrische Breite b kann man dann aus der Gleichung

$$\sin b = \sin n \sin(v - k) \qquad 33)$$

finden. Es sind nun aber noch zwei Bemerkungen zu machen. Zur Prüfung der Rechnung nämlich wird man am besten thun, wenn man wenigstens zwei der in jedem System 27) bis 32) enthaltenen Gleichungen numerisch entwickelt, um so die Uebereinstimmung der gefundenen Resultate zu erfahren. Zweitens kann man die Hilfswinkel A, B, ... L und M zwar in einem beliebigen Quadranten annehmen, muß jedoch auf die Zeichen $\pm$ recht Acht haben. In dem folgenden Beispiel sind sie stets zwischen -90^0 und $+90^0$ genommen worden. Der Winkel $v-k$ muß stets zwischen 0^0 und 180^0, wenn β positiv, d. h. nördlich, zwischen

180^0 und 360^0 aber genommen werden, wenn β negativ, d. h. südlich ist. Ist endlich $\beta = 0$, so ist der Planet im ☊ oder ☋, je nachdem $\sin(\odot - \lambda)$ und $\sin(\lambda - k)$ gleiche oder entgegengesetzte Zeichen haben.

Als Beispiel mögen folgende Angaben von Gauß zum Grund liegen.

$$\begin{aligned} \text{Sei } k &= 80^0\ 59'\ 12'' \\ \odot &= 281\ \ \ 1\ \ 35 \\ \lambda &= 53\ \ 23\ \ \ 2 \\ n &= 10\ \ 37\ \ 10 \\ \beta &= -3\ \ \ 6\ \ 34 \\ \log R &= 9.99262; \end{aligned}$$

so hat man nach den beiden ersten Gleichungen in 27)

$$\begin{aligned} \odot - k &= 200^0\ \ 2'\ 23'' \\ \odot - \lambda &= 227\ \ 38\ \ 33, \end{aligned}$$

$$\begin{aligned} \log\cos(\odot - k) &= 9.97288n \\ \log tg\,\beta &= 8.73497n \\ \text{dec.}\log\sin(\odot - \lambda) &= 0.13138n \\ \hline \log tg\,A &= 8.83923n \\ A &= -3^0\ 57'\ 2'' \\ A + n &= \ \ 6\ \ 40\ \ 7 \end{aligned}$$

$$\begin{aligned} \log\sin(\odot - \lambda) &= 9.86862n \\ \log tg\,n &= 9.27299 \\ \text{dec.}\log\cos(\odot - k) &= 0.02712n \\ \hline \log tg\,B &= 9.16873 \\ B &= 8^0\ 23'\ 22'' \\ B + \beta &= 5\ \ 16\ \ 48; \end{aligned}$$

ferner nach den beiden ersten Gleichungen in 28)

$$\begin{aligned} \lambda - k &= -27^0\ 36'\ 10'', \\ \log tg\,\beta &= 8.73497n \\ \text{dec.}\log\sin(\lambda - k) &= 0.33410n \\ \hline \log tg\,E &= 9.06907 \\ E &= 6^0\ 41'\ 12'' \\ n - E &= 3\ \ 55\ \ 57 \end{aligned}$$

$$\begin{aligned} \log\sin(\lambda - k) &= 9.66590n \\ \text{dec.}\log tg\,n &= 9.27299 \\ \hline \log tg\,F &= 8.93889n \\ F &= -4^0\ 57'\ 54'' \\ F - \beta &= -1\ \ 51\ \ 20; \end{aligned}$$

ferner nach den beiden ersten Gleichungen in 30)

$$\begin{aligned} \log\sin A &= 8.83820n \\ \log tg(\odot - k) &= 9.56200 \\ \text{dec.}\log\sin(A+n) &= 0.93506 \\ \hline \log tg(v - k) &= 9.33526n \\ v - k &= -12^0\ 12'\ 38'' \\ \text{also } v &= \ \ 68\ \ 46\ \ 34 \end{aligned}$$

$$\begin{aligned} \log\cos B &= 9.99533 \\ \log\sin\beta &= 8.73433n \\ \log tg(\odot - k) &= 9.56200 \\ \text{dec.}\log\cos n &= 0.00750 \\ \text{dec.}\log\sin(B+\beta) &= 1.03610 \\ \hline \log tg(v - k) &= 9.33526n \end{aligned}$$

wie vorher;

ferner nach den beiden ersten Gleichungen in 31)

$\log R = 9.99262$	$\log R = 9.99262$
$\log\sin E = 9.06611$	$\log\cos F = 9.99837$
$\log\sin(\odot - k) = 9.53488n$	$\log\sin\beta = 8.73433n$
$\text{dec.}\log\sin(n - E) = 1.16379$	$\log\sin(\odot - k) = 9.53488n$
$\text{dec.}\log\sin(v - k) = 0.67468n$	$\text{dec.}\log\cos n = 0.00750$
$\log r = 0.43208$	$\text{dec.}\log\sin(F - \beta) = 1.48970n$
	$\text{dec.}\log\sin(v - k) = 0.67468n$
	$\log r = 0.43208$
	wie vorher;

und endlich nach den beiden ersten Gleichungen in 32)

$\log r = 0.43208$	$\log R = 9.99262$
$\log\sin n = 9.26548$	$\log\sin n = 9.26548$
$\log\sin(v - k) = 9.32532n$	$\log\sin E = 9.06611$
$\text{dec.}\log\sin\beta = 1.26567n$	$\log\sin(\odot - k) = 9.53488n$
$\log\varrho = 0.28855$	$\text{dec.}\log\sin\beta = 1.26567n$
	$\text{dec.}\log\sin(n - E) = 1.16379$
	$\log\varrho = 0.28855$
	wie zuvor.

Nun hat man noch nach 33)

$$\begin{aligned}\log\sin n &= 9.26548\\ \log\sin(v-k) &= 9.32532n\\ \hline \log\sin b &= 8.59080n\\ b &= -\,2^0\ 14'\ 2''.\end{aligned}$$

Die gewöhnliche heliocentrische Länge, oder die von der Sonne aus gesehene Länge l, die durch die Gleichung

$$\operatorname{tg}(l-k) = \cos n \operatorname{tg}(v-k) \qquad 34)$$

bestimmt wird, ist, da

$$\begin{aligned}\log\cos n &= 9.99250\\ \log\operatorname{tg}(v-k) &= 9.33526n\\ \hline \log\operatorname{tg}(l-k) &= 9.32776n \text{ ist,}\\ l-k &= -\,12^0\ \ 0'\ 28''\\ k &= \ \ \ 80\ \ 59\ \ 12\\ \hline l &= \ \ \ 67^0\ 58'\ 44''.\end{aligned}$$

§. 150. Um die Größen ϱ', r', R' und u zu finden, dienen die einfachen Gleichungen 1), die Größen π, γ und η aber finden sich durch die Ausdrücke

$$\left.\begin{array}{lll} \pi = \lambda - l & \text{oder} & \pi = l - \lambda \\ \gamma = l - L & \text{oder} & \gamma = L - l \\ \eta = 180^0 - (\lambda - L) & \text{oder} & \eta = 180^0 - (L - \lambda) \end{array}\right\} \quad 35).$$

Für obiges Beispiel steht die Rechnung wie folgt:

Nach 1)

$$\begin{aligned} \log \varrho &= 0.28855 \\ \log \cos \beta &= 9.99936 \\ \hline \log \varrho' &= 0.28791 \end{aligned}$$

$$\begin{aligned} \log r &= 0.43208 \\ \log \cos b &= 9.99967 \\ \hline \log r' &= 0.43175 \end{aligned}$$

$$\begin{aligned} \log R &= 9.99262 \\ \log \cos B &= 9.99999 \\ \hline \log R' &= 9.99261 \end{aligned}$$

$$u = v - k = 347^0\ 47'\ 22'',$$

und nach 35)

$$\begin{aligned} l &= 67^0\ 58'\ 44'' \\ \lambda &= 53\ \ 23\ \ 2 \\ \hline \pi &= 14^0\ 25'\ 42'' \end{aligned}$$

$$\begin{aligned} L &= 101^0\ \ 1'\ 55'' \\ l &= 67\ \ 58\ \ 44 \\ \hline \gamma &= 33^0\ \ 3'\ 11'' \end{aligned}$$

$$\begin{aligned} L &= 101^0\ \ 1'\ 55'' \\ \lambda &= 53\ \ 23\ \ 2 \\ \hline L - \lambda &= 47^0\ 38'\ 53'' \\ \text{also } \eta &= 132^0\ 21'\ \ 7''. \end{aligned}$$

§. 151. Wenn aus der beobachteten geocentrischen Rectascension α und Declination δ unmittelbar dessen heliocentrische Rectascension a und Declination d, so wie dessen wahre Entfernungen r und ϱ von der Sonne und der Erde hergeleitet werden sollen; so wird freilich diese Herleitung zusammengesetzter als die vorige, wo man aus der gegebenen geocentrischen Länge λ und Breite β die heliocentrische Länge l und Breite b zu bestimmen hatte.

Nachdem man nämlich die Hilfswinkel K und N aus den Gleichungen 12) gefunden hat; berechne man dann die Größen

$$\left.\begin{aligned} X &= R\cos D\cos(A-K) \\ Y &= R\cos D\sin(A-K) \\ Z &= R\sin D \end{aligned}\right\} \quad 36),$$

so wie die Größen

$$\left.\begin{aligned} P &= \sin(\alpha-K)-\cot N\,\mathrm{tg}\,\delta \\ Q &= \frac{Z\sin(\alpha-K)-Y\,\mathrm{tg}\,\delta}{P} \end{aligned}\right\} \quad 37),$$

und endlich die Größen

$$\left.\begin{aligned} x &= X+\frac{(Z\cot N-Y)\cos(\alpha-K)}{P} \\ y &= Q\cot N \\ z &= Q \end{aligned}\right\} \quad 38).$$

Nun lassen sich die gesuchten Größen a, d, r und ϱ durch folgende Ausdrücke bestimmen:

$$\left.\begin{aligned} \mathrm{tg}\,(a-K) &= \frac{y}{z} \\ \mathrm{tg}\,d &= \mathrm{tg}\,N\sin(a-K) \\ r &= \frac{z}{\sin d} \\ \varrho &= \frac{Q-Z}{\sin\delta} \end{aligned}\right\} \quad 39).$$

Zwölftes Capitel.

Von der Bestimmung der Elemente eines Kometen aus geocentrischen Beobachtungen.

§. 152. Da die meisten Kometen in ihrem Lauf sehr excentrische Ellipsen beschreiben, und man sie gewöhnlich erst dann sieht, wenn sie sich der Erde nähern; so ist es erlaubt, die weitläufigere Berechnung der elliptischen Bahn dadurch abzukürzen, daß man wenigstens in einer ersten Näherung die Bahn des Kometen als parabolisch voraussetzt. Denn dann fällt das erste Element, die große Axe der Bahn, die hier unendlich wird, weg.

Jede einzelne Beobachtung einer Rectascension nun oder einer Declination des Kometen, läßt zwar die Bestimmung der übrigen fünf Elemente der Bahn, aber nur mittelst einer solchen Gleichung zu, daß es fast unmöglich sein würde, diese Gleichungen auf eine der gewöhnlichen Arten aufzulösen. — Man hat daher auf Abkürzungen und Hilfsmittel gedacht, jene Auflösung, ohne dabei der Genauigkeit wesentlichen Abbruch zuzufügen, zu erleichtern. Gauß und Olbers haben sich in dieser Hinsicht sehr ausgezeichnet, und die meisten der folgenden Methoden sind daher aus den bekannten Anweisungen dieser berühmten Männer so ausgezogen und mitgetheilt, als es für den, welcher sich mit Berechnung der Kometenbahnen nützlich beschäftigen will, wegen einer bequemen Uebersicht und leicht verständlichen Anleitung am zweckmäßigsten zu sein scheint.

Das ganze Geschäft zerfällt aber in zwei Abschnitte.

I. Von der Bestimmung der vorläufigen und verbesserten parabolischen Elemente einer Kometenbahn, und

II. von der Bestimmung der vorläufigen und verbesserten elliptischen Elemente einer Kometenbahn.

Der erste dieser Abschnitte zerfällt wieder in vier Unterabtheilungen, nämlich:

α) Bestimmung der vorläufigen parabolischen Elemente.

β) Prüfung der vorläufigen parabolischen Elemente durch die sogenannte mittlere Beobachtung.

γ) Erste Verbesserung der parabolischen Elemente durch drei Hypothesen.

δ) Bestimmung der Coordinaten in Bezug auf den Aequator.

ε) Zweite Verbesserung der durch drei Hypothesen corrigirten Elemente.

Bei der anerkannten Wichtigkeit dieser so nützlichen Berechnungen scheint es nicht ganz unzweckmäßig zu sein, zur Erläuterung derselben im gehörigen Detail ausgeführte numerische Beispiele mitzutheilen.

I. Von der Bestimmung der vorläufigen und verbesserten parabolischen Elemente einer Kometenbahn.

α) Bestimmung der vorläufigen parabolischen Elemente.

§. 153. Man bezeichne für drei gewählte Beobachtungen durch

t, t', t'' die Beobachtungszeiten,

$\odot, \odot' \odot''$ die Sonnenlängen,

L, L', L'' die Längen der Erde,

R, R', R'' die Entfernungen der Erde von der Sonne,

$\left.\begin{matrix}\alpha, \alpha', \alpha'' \\ \delta, \delta', \delta''\end{matrix}\right\}$ die beob. geoc. $\left\{\begin{matrix}\text{Längen} \\ \text{Breiten}\end{matrix}\right.$

$\left.\begin{matrix}\lambda, \lambda', \lambda'' \\ \beta, \beta', \beta''\end{matrix}\right\}$ die helioc. $\left\{\begin{matrix}\text{Längen} \\ \text{Breiten}\end{matrix}\right.$

v, v', v'' die Längen in der Bahn

r, r', r'' die Entfernungen von der Sonne

$\varrho, \varrho', \varrho''$ die curtirten Abstände von der Erde

T die Zeit des Durchgangs durch das Perihel

ω die Länge des Perihels

☊ die Länge des aufsteigenden Knotens

i die Neigung der Bahn (nach der gewöhnlichen Unterscheidung der recht- und rückläufigen Kometen stets kleiner als 90°)

q den Abstand im Perihel

μ die mittlere tägliche Bewegung

(des Kometen;)

so berechne man dann die Größen $M, g, G, h, \zeta, H, \varphi, \psi, \psi''$, A, B, B'', b, b'', c und c aus den Formeln

$$M = \left(\frac{t''-t'}{t'-t}\right)\left\{\frac{\operatorname{tg}\delta'\sin(\alpha-\odot')-\operatorname{tg}\delta\sin(\alpha'-\odot')}{\operatorname{tg}\delta''\sin(\alpha'-\odot')-\operatorname{tg}\delta'\sin(\alpha''-\odot')}\right\} \quad 1),$$

$$\left.\begin{aligned} g\cos(G-\odot) &= R''\cos(\odot''-\odot)-R \\ g\sin(G-\odot) &= R''\sin(\odot''-\odot)\end{aligned}\right\} \quad 2),$$

$$\left.\begin{aligned} h\cos\zeta\cos(H-\alpha'') &= M-\cos(\alpha''-\alpha) \\ h\cos\zeta\sin(H-\alpha'') &= \sin(\alpha''-\alpha) \\ h\sin\zeta &= M\operatorname{tg}\delta''-\operatorname{tg}\delta\end{aligned}\right\} \quad 3),$$

$$\left.\begin{aligned}\cos\varphi &= \cos\zeta\cos(G-H)\\ \cos\psi &= \cos\delta\cos(\alpha-\odot)\\ \cos\psi'' &= \cos\delta''\cos(\alpha''-\odot'')\end{aligned}\right\}\quad 4),$$

$$\left.\begin{aligned}A &= g\sin\varphi\\ B &= R\sin\psi\\ B'' &= R''\sin\psi''\end{aligned}\right\}\quad 5),$$

$$\left.\begin{aligned}b &= h\cos\delta\\ b'' &= \frac{h\cos\delta''}{M}\\ c &= g\cos\varphi - bR\cos\psi\\ c'' &= g\cos\varphi - b''R''\cos\psi''\end{aligned}\right\}\quad 6),$$

ferner

$$\left.\begin{aligned}r &= \sqrt{\left(\frac{u+c}{b}\right)^2 + B^2}\\ r'' &= \sqrt{\left(\frac{u+c''}{b''}\right)^2 + B''^2}\\ k &= \sqrt{u^2+A^2}\end{aligned}\right\}\quad 7);$$

hier muß der Werth von u so bestimmt werden, daß

$$\sqrt{(r+r''+k)^3} - \sqrt{(r+r''-k)^3} = \frac{t''-t}{m}\left(\begin{aligned}\text{wo } m &= 9{,}6887401^t\\ \log m &= 0.9862673\end{aligned}\right)$$

wird. Dieß kann am bequemsten so geschehen. Da $r+r''$ selten oder nie <1 und ebenfalls selten >3 sein wird, so berechne man anfangs mit $r+r'' = 2$ den Werth von

$\log\sin\Theta = 8.1106421 + \log(t''-t)$

$k = \overline{0.7525700}\sin\frac{1}{3}\Theta\sqrt{\cos\frac{2}{3}\Theta}$ und $u = \sqrt{(k+A)(k-A)}$,

wo der überstrichene Zahlencoefficient schon der Logarithmus ist, bestimme mit u aus 7) r und r'', dann $r+r''$, und verbessere mit diesem gefundenen Werth von $r+r''$ und dem angenommenen $r+r''=2$ nach dem im §. 136 S. 234 gezeigten Verfahren den Werth von $r+r''$, bestimme dann auf's neue die Größen Θ, k, u aus den Gleichungen

$$\left.\begin{aligned}\log\sin\Theta &= 8.5621876 + \log(t''-t) - \tfrac{3}{2}\log(r+r'')\\ k &= \overline{0.4515450}(r+r'')\sin\tfrac{1}{3}\Theta\sqrt{\cos\tfrac{2}{3}\Theta}\\ u^2 &= (k+A)(k-A)\end{aligned}\right\}\quad 8),$$

wo der überstrichene Zahlencoefficient schon der Logarithmus ist, berechne ferner mit dem gefundenen Werth von u aus 7) die Werthe von r und r''; so wird die Uebereinstimmung des neuen r + r'' mit dem vorausgesetzten über die Richtigkeit entscheiden lassen. Man kann diesen neuen Werth wiederum anwenden, und so fortfahren, bis eine Uebereinstimmung und somit auch obige Bedingungsgleichung

$$\sqrt{(r+r''+k)^3} - \sqrt{(r+r''-k)^3} = \frac{t'-t}{m}$$

erfüllt wird.

Ist u gefunden, so berechnet man nach einander

$$\left.\begin{aligned} \varrho &= \frac{u + g\cos\varphi}{h} \\ \varrho'' &= M\varrho \end{aligned}\right\} \quad 9),$$

$$\left.\begin{aligned} r\cos\beta\cos(\lambda - \odot) &= \varrho\cos(\alpha - \odot) - R \\ r\cos\beta\sin(\lambda - \odot) &= \varrho\sin(\alpha - \odot) \\ r\sin\beta &= \varrho\,\mathrm{tg}\,\delta \\ r''\cos\beta''\cos(\lambda'' - \odot'') &= \varrho''\cos(\alpha'' - \odot'') - R'' \\ r''\cos\beta''\sin(\lambda'' - \odot'') &= \varrho''\sin(\alpha'' - \odot'') \\ r''\sin\beta'' &= \varrho''\,\mathrm{tg}\,\delta'' \end{aligned}\right\} \quad 10).$$

Die Uebereinstimmung der jetzt gefundenen r und r'' mit den aus den Versuchen erhaltenen ist die erste Prüfung der bis hierher geführten Rechnung. Der Komet ist

rechtläufig, wenn $\lambda'' > \lambda$
rückläufig, wenn $\lambda'' < \lambda$ } ist.

Hierauf folgt die Bestimmung von ☊ und i durch die Ausdrücke

$$\left.\begin{aligned} \mathrm{tg}\,i\sin(\lambda - ☊) &= \pm\,\mathrm{tg}\,\beta \\ \mathrm{tg}\,i\cos(\lambda - ☊) &= \pm\,\frac{\mathrm{tg}\,\beta'' - \mathrm{tg}\,\beta\cos(\lambda'' - \lambda)}{\sin(\lambda'' - \lambda)} \end{aligned}\right\} \quad 11),$$

oder durch die Formeln

$$\left.\begin{aligned} \mathrm{tg}\,i\sin\{\tfrac{1}{2}(\lambda + \lambda'') - ☊\} &= \pm\,\frac{\sin(\beta'' + \beta)}{2\cos\beta\cos\beta''\cos\frac{1}{2}(\lambda'' - \lambda)} \\ \mathrm{tg}\,i\cos\{\tfrac{1}{2}(\lambda + \lambda'') - ☊\} &= \pm\,\frac{\sin(\beta'' - \beta)}{2\cos\beta\cos\beta''\sin\frac{1}{2}(\lambda'' - \lambda)} \end{aligned}\right\} \quad 12),$$

wo die obern auf rechtläufige, die untern Zeichen auf rückläufige Kometen sich beziehen.

Dann erhält man v, v'' aus

$$\left.\begin{aligned} \mathrm{tg}(v - \Omega) &= \frac{\mathrm{tg}(\lambda - \Omega)}{\cos i} \\ \mathrm{tg}(v'' - \Omega) &= \frac{\mathrm{tg}(\lambda'' - \Omega)}{\cos i} \end{aligned}\right\} \quad 13),$$

wo $v - \Omega$, $v'' - \Omega$, in demselben Quadranten genommen werden müssen, in welchen $\lambda - \Omega$, $\lambda'' - \Omega$ sind, und zur Prüfung der bis hierher geführten Rechnung ist

$$k = \sqrt{r'' - r\cos(v'' - v)^2 + r^2 \sin(v'' - v)^2},$$

wo der Werth von k identisch mit dem obigen heraus kommen muß.

Ferner hat man zur Berechnung von ω und q'' die Ausdrücke

$$\left.\begin{aligned} \mathrm{tg}(45^0 + \omega') &= \sqrt[4]{\frac{r''}{r}} \\ \omega'' \sin F &= \frac{\mathrm{tg}\, 2\omega'}{\sqrt[4]{rr''} \,.\, \sin\frac{1}{4}(v'' - v)} \\ \omega'' \cos F &= \frac{1}{\sqrt[4]{rr''} \,.\, \cos 2\omega' \cos\frac{1}{4}(v'' - v)} \end{aligned}\right\} \quad 14),$$

$$\left.\begin{aligned} \omega &= \tfrac{1}{2}(v'' + v) - 2F \\ q &= \frac{1}{\omega''^2} \end{aligned}\right\} \quad 15),$$

wo jedoch zur Bestimmung von ω' Logarithmentafeln von 7 Decimalen angewandt werden müssen, was auch von der Bestimmung von φ, ψ und ψ'' aus 4) gilt.

Endlich entlehnt man aus der Barkerschen Tafel die mittlern Bewegungen M und M'', welche den wahren Anomalien

$$v - \omega,\ v'' - \omega \text{ oder } \omega - v,\ \omega - v''$$

entsprechen, so erhält man

$$\log\mu = 9.9601283 - \tfrac{3}{2}\log q \quad 16),$$

$$T = t \mp \frac{M}{\mu} \text{ oder } T = t'' \mp \frac{M''}{\mu} \quad 17),$$

wo die obern Zeichen gelten, wenn bei rechtläufiger Bewegung

$$v > \omega, \quad v'' > \omega$$

oder bei rückläufiger Bewegung

$$v < \omega, \quad v'' < \omega$$

ist, die untern Zeichen aber in den entgegengesetzten Fällen gelten. Die Uebereinstimmung beider Werthe von T ist eine Bestätigung der Richtigkeit der ganzen Rechnung.

Anmerkung 1). In Ermangelung der Barkerschen Tafel bediene man sich zur Berechnung der Größen M und M'' der Formeln

$$M_1 = \overline{1.4378123}\sqrt{q^3}\,(3\,\mathrm{tg}\,\tfrac{1}{2}V + \mathrm{tg}^3\,\tfrac{1}{2}V)$$
$$M_1'' = \overline{1.4378123}\sqrt{q^3}\,(3\,\mathrm{tg}\,\tfrac{1}{2}V'' + \mathrm{tg}^3\,\tfrac{1}{2}V''),$$

wo die überstrichenen Zahlencoefficienten schon Logarithmen, und V, V'' die Differenzen von v und ω, v'' und ω'' sind. Dann ist $T = t \mp M_1 = t \mp M_1''$.

Anmerkung 2). Wenn der Werth von M wegen der Kleinheit seines Zählers und Nenners zu unbestimmt erscheint, so wählt man statt der Formel 1) entweder

$$M_1 = \left(\frac{t''-t'}{t'-t}\right)\frac{\sin(\alpha'-\alpha)}{\sin(\alpha''-\alpha')}$$

oder

$$M_2 = \left(\frac{t''-t'}{t'-t}\right)\left\{\frac{\mathrm{tg}\,\delta'\cos(\alpha-\odot')-\mathrm{tg}\,\delta\cos(\alpha'-\odot')}{\mathrm{tg}\,\delta''\cos(\alpha'-\odot')-\mathrm{tg}\,\delta'\cos(\alpha''-\odot')}\right\},$$

je nachdem die Unterschiede der geocentrischen Längen oder Breiten die bedeutendern sind, und folglich dem Einfluß der möglichen Beobachtungsfehler eine kleinere Einwirkung gestatten. Man führt dann mit M die Rechnung bis zur Vollendung der Versuche, wodurch ein genähertes r und r'' bekannt wird, ganz wie oben. Dann aber interpolirt man sich zufolge der Zwischenzeiten den Werth von r', und berechnet, wenn (ϱ) der neu erhaltene Werth von ϱ ist, die Größe

$$C_1 = 1 - \frac{\frac{1}{2}K^2\,(t'-t)(t''-t)\sin(\alpha'-\odot').R'}{(\varrho)\sin(\alpha'-\alpha)}\left(\frac{1}{r'^3}-\frac{1}{R'^3}\right)$$

oder die Größe

$$C_2 = 1 - \frac{\frac{1}{2}K^2\,(t'-t)(t''-t)\,\mathrm{tg}\,\delta'.R'}{(\varrho)\,\mathrm{tg}\,\delta'\cos(\alpha-\odot')-\mathrm{tg}\,\delta\cos(\alpha'-\odot')}\left(\frac{1}{r'^3}-\frac{1}{R'^3}\right),$$

je nachdem man M_1 oder M_2 berechnet hat. Dann ist der verbesserte Werth M_3 von M

$$M_3 = M_1 + C_1 \text{ oder } M_3 = M_2 + C_2 .$$

Diese Correctionsrechnungen werden aber nur da nöthig werden, wenn die drei geocentrischen Oerter des Kometen scheinbar in einem größten Kreise mit dem mittlern Sonnenort liegen, oder einem solchen sich zu sehr nähern.

Anmerkung 3). Nicolai giebt eine Hilfstafel (wovon die folgende Tabelle ein Auszug ist), mit welcher die in den Gleichungen 7) vorkommende Größe u bequem gefunden werden kann. — Man berechne nämlich zuerst

$$u^0 = \sqrt{\left(\frac{t''-t}{41}\right)^2 - A^2}, \quad (\log 41 = 1.61278)$$

substituire das gefundene u^0 für u in den Gleichungen 7), bestimme durch diese r und r'', so wie auch k; berechne dann

$$u' = \sqrt{\frac{(t''-t)^2}{844.83\,(r+r'')} - A^2}\,,\ (\log 844.83 = 2.92677),$$

wiederhole mit u = u' die Bestimmung von r, r, k, und dann ist berechnetes

$$t''-t = m\left(\sqrt{(r+r''+k)^3} - \sqrt{(r+r''-k)^3}\right),$$

wo m = 9 68874 Tage und log m = 0.98627.

Sei jetzt $\varDelta$ der gefundene Unterschied der berechneten Zwischenzeit t'' -- t von der beobachteten (t'' — t), so hat man endlich für die Correction du' der Größe u' den Ausdruck

$$du' = \frac{\varDelta}{\left(\frac{u'+c}{rb^2} + \frac{u'+c''}{r''b''^2} + \frac{\lambda u'}{k}\right)\mu\sqrt{r+r''}}$$

wo $\log\lambda$ und $\log\mu$ aus der Hilfstafel mit dem Argument $\log\frac{k}{r+r''}$ genommen werden. Das zu berechnende t'' — t findet sich noch bequemer als oben mittelst des Ausdrucks

$$t''-t = fk\sqrt{r+r''},$$

wo log f ebenfalls mit dem Argument $\log\frac{k}{r+r''}$ aus der Hilfstafel entnommen wird. — Das ganze Verfahren wird dann so oft wiederholt, als die berechnete Zwischenzeit mit der beobachteten noch nicht ganz übereinkommt.

$\log\frac{k}{r+r''}$	log f	$\log\lambda$	$\log\mu$	$\log\frac{k}{r+r''}$	log f	$\log\lambda$	$\log\mu$
7.00	1.463389	3.010	8.1624	8.90	1.463274	1.4003	0.0627
7.50	1.463388	2.8010	8.6624	8.95	1.463245	1.3502	0.1128
8.00	1.463387	2.3010	9.1624	9.000	1.463207	1.2999	0.1629
8.05	1.463386	2.2510	9.2124	9.005	1.463203	1.2949	0.1679
8.10	1.463386	2.2010	9.2624	9.010	1.463199	1.2899	0.1729
8.15	1.463385	2.1510	9.3124	9.015	1.463194	1.2849	0.1779
8.20	1.463384	2.1010	9.3624	9.020	1.463190	1.2798	0.1830
8.25	1.463383	2.0510	9.4124	9.025	1.463185	1.2748	0.1880
8.30	1.463381	2.0010	9.4624	9.030	1.463180	1.2698	0.1930
8.35	1.463379	1.9510	9.5124	9.035	1.463175	1.2647	0.1980
8.40	1.463377	1.9010	9 5624	9.040	1.463170	1.2597	0.2030
8.45	1.463374	1.8509	9.6124	9.045	1.463165	1.2547	0.2080
8.50	1.463370	1.8009	9.6624	9.050	1.463160	1.2497	0.2130
8.55	1.463366	1.7509	9.7124	9.055	1.463155	1.2446	0.2181
8.60	1.463360	1.7009	9.7624	9.060	1.463149	1.2396	0.2231
8.65	1.463352	1.6508	9.8125	9.065	1.463144	1.2346	0.2281
8.70	1.463343	1.6008	9.8625	9.070	1.463138	1.2295	0.2331
8.75	1.463331	1.5507	9.9125	9.075	1.463132	1.2245	0.2381
8.80	1.463316	1.5006	9.9626	9.080	1.463126	1.2195	0.2431
8.85	1.463298	1.4505	0.0126	9.085	1.463120	1.2144	0.2482

log $\frac{k}{r+r''}$	log f	log λ	log μ	log $\frac{k}{r+r''}$	log f	log λ	log μ
9.090	1.463114	1.2094	0.2532	9.310	1.462628	0.9864	0.4747
9.095	1.463107	1.2043	0.2582	9.315	1.462610	0.9813	0.4797
9.100	1.463101	1.1993	0.2632	9.320	1.462591	0.9762	0.4848
9.105	1.463094	1.1943	0.2682	9.325	1.462573	0.9711	0.4898
9.110	1.463087	1.1892	0.2733	9.330	1.462553	9.9660	0.4949
9.115	1.463080	1.1842	0.2783	9.335	1.462534	0.9609	0.4999
9.120	1.463073	1.1791	0.2833	9.340	1.462514	0.9557	0.5050
9.125	1.463066	1.1741	0.2883	9.345	1.462493	0.9506	0.5101
9.130	1.463058	1.1690	0.2934	9.350	1.462472	0.9455	0.5151
9.135	1.463050	1.1640	0.2948	9.355	1.462450	0.9404	0.5202
9.140	1.463042	1.1589	0.3034	9.360	1.462428	0.9352	0 5253
9.145	1.463034	1.1539	0.3084	9.365	1.462406	0.9301	0.5303
9.150	1.463026	1.1488	0.3134	9.370	1.462382	0.9249	0.5354
9.155	1.463017	1.1438	0.3185	9.375	1.462359	0.9198	0.5405
9.160	1.463009	1.1387	0.3235	9.380	1.462334	0.9146	0.5456
9.165	1.463000	1.1337	0.3285	9.385	1.462310	0.9095	0.5506
9.170	1.462991	1.1286	0.3336	9 390	1.462284	0.9043	0.5557
9.175	1.462981	1.1236	0.3386	9.395	1.462258	0.8992	0.5608
9.180	1,462972	1.1185	0.3436	9.400	1.462231	0.8940	0.5659
9.185	1.462962	1.1135	0.3486	9.405	1.462204	0.8888	0.5710
9.190	1.462952	1.1084	0.3537	9.410	1.462176	0.8837	0.5760
9.195	1.462942	1.1033	0.3587	9.415	1.462147	0.8785	0.5811
9.200	1.462932	1.0983	0.3637	9.420	1.462118	0.8733	0.5862
9.205	1.462921	1.0932	0.3688	9.425	1.462088	0.8681	0.5913
9.210	1.462910	1.0881	0.3738	9.430	1.462057	0.8629	0.5964
9.215	1.462899	1.0831	0.3788	9.435	1.462026	0.8577	0.6015
9.220	1.462887	1.0780	0.3839	9.440	1.461994	0.8525	0.6066
9.225	1.462875	1.0729	0.3899	9.445	1.461916	0.8473	0.6117
9.230	1.462863	1.0679	0.3939	9.450	1.461927	0.8421	0.6168
9.235	1.462851	1.0628	0.3990	9.455	1.461892	0.8369	0.6219
9.240	1.462839	1.0577	0.4040	9.460	1.461856	0.8317	0.6270
9.245	1.462826	1.0526	0.4091	9.465	1.461820	0.8265	0.6321
9.250	1.462813	1.0476	0.4141	9.470	1.461783	0.8212	0.6372
9.255	1.462799	1.0425	0.4191	9.475	1.461745	0.8160	0 6424
9.260	1.462785	1.0374	0.4242	9.480	1.461706	0.8108	0.6475
9.265	1.462771	1.0323	0.4292	9.485	1.461666	0.8055	0.6526
9.270	1.462757	1.0272	0.4343	9.490	1.461625	0.8003	0.6577
9.275	1.462742	1.0221	0.4393	9.495	1.461583	0.7950	0.6629
9.280	1.462727	1.0170	0.4444	9.500	1.461540	0.7897	0.6680
9.285	1.462711	1.0119	0.4494	9.505	1.461496	0.7845	0.6731
9.290	1.462695	1.0068	0.4545	9.510	1.461451	0.7792	0.6783
9.295	1.462679	1.0017	0.4595	9.515	1.461404	0.7739	0.6834
9.300	1.462662	0.9966	0.4646	9.520	1.461357	0.7686	0.6886
9.305	1.462645	0.9915	0.4696	9.525	1.461309	0.7633	0.6937

$\log \frac{k}{r+r''}$	log f	log λ	log μ	$\log \frac{k}{r+r''}$	log f	log λ	log μ
9.530	1.461259	0.7580	0.6989	9.720	1.458084	0.5475	0.8991
9.535	1.461208	0.7527	0.7040	9.725	1.457952	0.5416	0.9046
9.540	1.461156	0.7473	0.7092	9.730	1.457816	0.5357	0.9100
9.545	1.461102	0.7420	0.7144	9.735	1.457677	0.5297	0.9155
9.550	1.461048	0.7367	0.7195	9.740	1.457534	0.5237	0.9210
9.555	1.460992	0.7313	0.7247	9.745	1.457387	0.5177	0.9265
9.560	1.460934	0.7260	0.7299	9.750	1.457236	0.5117	0.9320
9.565	1.460875	0.7206	0.7351	9.755	1.457080	0.5057	0.9375
9.570	1.460815	0.7152	0.7403	9.760	1.456921	0.4996	0.9431
9.575	1.460753	0.7098	0.7455	9.765	1.456757	0.4934	0.9487
9.580	1.460690	0.7044	0.7507	9.770	1.456589	0.4873	0.9542
9.585	1.460625	0.6990	0.7559	9.775	1.456416	0.4811	0.9598
9.590	1.460558	0.6936	0.7611	9.780	1.456238	0.4748	0.9655
9.595	1.460490	0.6881	0.7663	9.785	1.456055	0.4685	0.9711
9.600	1.460420	0.6827	0.7715	9.790	1.455866	0.4622	0.9768
9.605	1.460348	0.6772	0.7768	9.795	1.455673	0.4558	0.9825
9.610	1.460274	0.6718	0.7820	9.800	1.455474	0.4494	0.9882
9.615	1.460199	0.6663	0.7872	9.805	1.455269	0.4429	0.9939
9.620	1.460122	0.6608	0.7925	9.810	1.455058	0.4364	0.9997
9.625	1.460043	0.6553	0.7977	9.815	1.454842	0.4298	1.0055
9.630	1.459961	0.6498	0.8030	9.820	1.454618	0.4232	1.0113
9.635	1.459878	0.6442	0.8083	9.825	1.454388	0.4165	1.0171
9.640	1.459793	0.6387	0.8135	9.830	1.454151	0.4098	1.0230
9.645	1.459705	0.6331	0.8188	9.835	1.453907	0.4029	1.0289
9.650	1.459615	0.6275	0.8241	9.840	1.453656	0.3960	1.0348
9.655	1.459523	0.6219	0.8294	9.845	1.453397	0.3891	1.0408
9.660	1.459429	0.6163	0.8347	9.850	1.453129	0.3820	1.0469
9.665	1.459332	0.6107	0.8400	9.855	1.452854	0.3749	1.0529
9.670	1.459232	0.6051	0.8453	9.860	1.452570	0.6677	1.0590
9.675	1.459130	0.5994	0.8507	9.865	1.452276	0.3604	1.0652
9.680	1.459026	0.5937	0.8560	9.870	1.451973	0.3530	1.0714
9.685	1.458918	0.5880	0.8614	9.875	1.451660	0.3455	1.0776
9.690	1.458808	0.5823	0.8667	9.880	1.451337	0.3379	1.0839
9.695	1.458695	0.5765	0.8721	9.885	1.451003	0.3302	1.0903
9.700	1.458579	0.5708	0.8775	9.890	1.450658	0.3223	1.0967
9.705	1.458460	0.5650	0.8829	9.895	1.450301	0.3143	1.1032
9.710	1.458338	0.5592	0.8883	9.900	1.449931	0.3061	1.1098
9.715	1.458213	0.5533	0.8937				

§. 154. Als Beispiel sind die 3 Beobachtungen des großen Kometen von 1811 vom 19., 26. Septbr. und 6. Octbr. gewählt, die in Zach's Mon. Corresp. B. 27. S. 361 Taf. I. vorkommen. — Man hat:

$$\left.\begin{array}{l} t = 19.29985 \\ t' = 26.28539 \\ t'' = 36.30137 \end{array}\right\}$$ Septbr. Mittlere Zeit zu Palermo;

$$\begin{array}{llll} \alpha = 155^0\ 12'\ 42'' & & \delta = +\ 40^0\ 19'\ 55'' \\ \alpha' = 163\ \ 29\ \ 3 & & \delta' = +\ 47\ \ 12\ \ 9 \\ \alpha'' = 183\ \ 14\ \ 1, & & \delta'' = +\ 57\ \ 0\ \ 20; \\ \odot = 175\ \ 52\ \ 31 & & L = 355\ \ 52\ \ 51 \\ \odot' = 182\ \ 43\ \ 21 & & L' = 2\ \ 43\ \ 41 \\ \odot'' = 192\ \ 34\ \ 57, & & L'' = 12\ \ 35\ \ 17; \end{array}$$

$$\log R = 0.00165, \quad R = 1.0038$$
$$\log R' = 0.00077, \quad R' = 1.0018$$
$$\log R'' = 9.99951, \quad R'' = 0.9989.$$

Mit diesen Datis steht die Rechnung also:

Nach 1)

$$\log (t'' - t') \{ tg\,\delta' \sin (\alpha - \odot') - tg\,\delta \sin (\alpha' - \odot') \} = 0.34139n$$
$$\log (t' - t) \{ tg\,\delta'' \sin (\alpha' - \odot') - tg\,\delta' \sin (\alpha'' - \odot') \} = 0.55780n$$
$$\log M = 9.78359$$
$$M = 0.60756;$$

nach 2)

$$\log g \cos (G - \odot) = 8.67302n$$
$$\log g \sin (G - \odot) = 9.45812$$

woraus $G = 275^0\ 11'\ 24''$, $\log g = 9.46388$;

nach 3)

$$\log h \cos \zeta \cos (H - \alpha'') = 9.43968n$$
$$\log h \cos \zeta \sin (H - \alpha'') = 9.67192$$
$$\log h \sin \zeta = 8.93817,$$

woraus $H = 303^0\ 35'\ 46''$

$\zeta = 9\ \ 2\ \ 35$, $\log h = 9.74142$;

nach 4)

$$\log \cos \zeta = 9.99457$$
$$\log \cos (G - H) = 9.94429$$
$$\log \cos \varphi = 9.93886, \quad \varphi = 29^0\ 41'\ 40'',$$
$$\log \cos \delta = 9.88213$$
$$\log \cos (\alpha - \odot) = 9.97112$$
$$\log \cos \psi = 9.85325, \quad \psi = 44^0\ 30'\ 0'',$$

$$\log\cos\delta'' = 9.73604$$
$$\log\cos(\alpha'' - \odot'') = \underline{9.99419}$$
$$\log\cos\psi'' = 9.73023;\ \psi'' = 57^\circ\ 30'\ 0'';$$

ferner nach 5)

$\log g = 9.46388$	$\log R = 0.00165$	$\log R'' = 9.99951$
$\log\sin\varphi = \underline{9.69492}$	$\log\sin\psi = \underline{9.84565}$	$\mathrm{l.}\sin\psi'' = \underline{9.92602}$
$\log A = 9.15880$	$\log B = 9.84730$	$\log B'' = 9.92553$
$\log A^2 = 8.31760$	$\log B^2 = 9.69460$	$\log B''^2 = 9.85106$
$A^2 = 0.02078$	$B^2 = 0.49500$	$B''^2 = 0.70968;$

nach 6)

$$\log h = 9.74142 \qquad \log h = 9.74142$$
$$\log\cos\delta = \underline{9.88213} \qquad \log\cos\delta'' = 9.73604$$
$$\log b = 9.62355 \qquad \mathrm{dec.}\log M = \underline{0.21641}$$
$$\log b'' = 9.69387,$$

$$g\cos\varphi = 0.25278 \qquad g\cos\varphi = 0.25278$$
$$bR\cos\psi = \underline{0.30092} \qquad b''R''\cos\varphi'' = \underline{0.26522}$$
$$c = -0.04814, \qquad c'' = -0.01244.$$

Ferner fand sich nach einem vorläufigen Versuch

$$u = 0.3719$$
$$r = 1.0433$$
$$r'' = 1.1135 \qquad r + r'' = 2.1568,$$
$$k = 0.3989,$$

daher ist nach 8)

$$t'' = 36.30137 \qquad \log(r + r'') = 0.33381$$
$$t = \underline{19.29985} \qquad \tfrac{3}{2}\log(r + r'') = 0.50071$$
$$t'' - t = 17.00152,$$

$$8.56219$$
$$\log(t'' - t) = 1.23049$$
$$\mathrm{dec.}\tfrac{3}{2}\log(r + r'') = \underline{9.49929}$$
$$\log\sin\Theta = 9.29197, \qquad \Theta = 11^\circ\ 17'\ 43''$$
$$\tfrac{1}{3}\Theta = 3\ \ 45\ \ 54$$
$$\tfrac{2}{3}\Theta = 7\ \ 31\ \ 48;$$

$$\begin{aligned}
& \quad\; 0.45154 \\
\log(r+r'') &= 0.33381 \\
\log\sin\tfrac{1}{3}\Theta &= 8.81733 \\
\log\sqrt{\cos\tfrac{2}{3}\Theta} &= 9.99812 \\
\log k &= 9.60080, \qquad k = 0.39885
\end{aligned}$$

$$\begin{aligned}
A &= 0.14415 \\
k+A &= 0.54300 \\
k-A &= 0.25470,
\end{aligned}$$

$$\begin{aligned}
\log(k+A) &= 9.73480 \\
\log(k-A) &= 9.40603 \\
\log u^2 &= 9.14083, \quad u = 0.37189,
\end{aligned}$$

also nach 7)

$$u+c = 0.32375, \quad u+c'' = 0.35945,$$

$$\begin{aligned}
\log(u+c) &= 9.51021 & \log(u+c'') &= 9.55564 \\
\log b &= 9.62355 & \log b'' &= 9.69387 \\
& \quad\; 9.88666 & & \quad\; 9.86177 \\
\log\left(\frac{u+c}{b}\right)^2 &= 9.77332, & \log\left(\frac{u+c''}{b''}\right)^2 &= 9.72354 \\
\left(\frac{u+c}{b}\right)^2 &= 0.59336 & \left(\frac{u+c''}{b''}\right)^2 &= 0.52910 \\
B^2 &= 0.49500 & B''^2 &= 0.70968 \\
r^2 &= 1.08836 & r''^2 &= 1.23878 \\
\log r &= 0.01839 & \log r'' &= 0.04650 \\
r &= 1.04325, & r'' &= 1.11300;
\end{aligned}$$

$$r+r'' = 2.15625, \quad r+r''+k = 2.55510, \quad r+r''-k = 1.75740$$

$$\begin{aligned}
\sqrt{(r+r''+k)^3} &= 4.0842 \\
\sqrt{(r+r''-k)^3} &= 2.3297 \\
& \quad\; 1.7545 \\
\frac{t''-t}{m} &= 1.7547
\end{aligned}$$

also -0.0002 als Fehler.

Nun hat man nach 9)

$$u = 0.37189$$
$$g\cos\varphi = 0.25278$$
$$u + g\cos\varphi = 0.62467,\quad \log(u + g\cos\varphi) = 9.79565$$
$$\log h = 9.74142$$
$$\log\varrho = 0.05423$$
$$\log M = 9.78359$$
$$\log\varrho'' = 9.83782;$$

ferner nach 10)

$$\log r\cos\beta\cos(\lambda - \odot) = 8.75051$$
$$\log r\cos\beta\sin(\lambda - \odot) = 9.60185n$$
$$\log r\sin\beta = 9.98315,$$

woraus $\log tg(\lambda - \odot) = 0.85134n$

$$\lambda - \odot = -81^\circ\, 59'\, 4''$$
$$\lambda = 93\;\; 53\;\; 33$$
$$\log r\cos\beta\sin(\lambda - \odot) = 9.60185n$$
$$\log\sin(\lambda - \odot) = 9.99574n$$
$$\log r\cos\beta = 9.60611$$
$$\log r\sin\beta = 9.98315,$$

woraus $\log tg\beta = 0.37704$

$$\beta = +67^\circ\, 13'\, 52''$$
$$\log r\sin\beta = 9.98315$$
$$\log\sin\beta = 9.96476$$
$$\log r = 0.01839;$$

$$\log r''\cos\beta''\cos(\lambda'' - \odot'') = 9.50472n$$
$$\log r''\cos\beta''\sin(\lambda'' - \odot'') = 9.04853n$$
$$\log r''\sin\beta'' = 0.02539,$$

woraus $\log tg(\lambda'' - \odot'') = 9.54381$

$$\lambda'' - \odot'' = 199^\circ\, 16'\, 42''$$
$$\lambda'' = 31\;\; 51\;\; 39$$
$$\log r''\cos\beta''\cos(\lambda'' - \odot'') = 9.50472n$$
$$\log\cos(\lambda'' - \odot'') = 9.97494n$$
$$\log r''\cos\beta'' = 9.52978$$
$$\log r''\sin\beta'' = 0.02539,$$

woraus $\log tg\beta'' = 0.49561$

$$\beta'' = +72^\circ\, 17'\, 4''$$
$$\log r''\sin\beta'' = 0.02539$$
$$\log\sin\beta'' = 9.97890$$
$$\log r'' = 0.04649.$$

Da diese gefundenen Werthe von $\log r$ und $\log r''$ mit denen aus u abgeleiteten übereinstimmen, so ist die Rechnung bis jetzt richtig geführt worden.

Der Komet ist, wegen $\lambda'' < \lambda$, rückläufig.

Ferner ist nach 11)

$$tg\beta'' = 3.1305 \qquad \log tg\beta = 0.37704$$
$$\lambda'' - \lambda = -62^\circ\, 1'\, 54'',\quad \log\cos(\lambda'' - \lambda) = 9.67115 \qquad tg\beta'' = 3.13050$$
$$\log tg\beta\cos(\lambda'' - \lambda) = 0.04819,\quad tg\beta\cos(\lambda'' - \lambda) = 1.11735$$
$$tg\beta'' - tg\beta\cos(\lambda'' - \lambda) = 2.01315$$

$$\log 2.01315 = 0.30388 \qquad \log tg\, i\sin(\lambda - \Omega) = 0.37704n$$
$$\log\sin(\lambda'' - \lambda) = 9.94606n \qquad \log tg\, i\cos(\lambda - \Omega) = 0.35782$$
$$0.35782n, \qquad \log tg(\lambda - \Omega) = 0.01922n$$
$$\lambda - \Omega = -46^\circ\, 16'\, 2''$$
$$\lambda = 93\;\; 53\;\; 33$$
$$\Omega = 140^\circ\;\; 9'\, 35''$$

$$\log tg\, i\sin(\lambda - \Omega) = 0.37704n$$
$$\log\sin(\lambda - \Omega) = 9.85888n$$
$$\log tg\, i = 0.51816$$
$$i = 73^\circ\, 7'\, 43'',$$

oder nach 12) $\beta'' = +\ 72^{0}\ 17'\ 4''$

$\beta = +\ 67\ \ 13\ \ 52$

$\beta'' + \beta = \ 139\ \ 30\ \ 56$

$\beta'' - \beta = \ 5\ \ 3\ \ 12$

$\tfrac{1}{2}(\lambda'' - \lambda) = -\ 31\ \ 0\ \ 57$

$\tfrac{1}{2}(\lambda'' + \lambda) = \ 62\ \ 52\ \ 36,$

$\log\sin(\beta'' + \beta) = 9.81241$	$\log\sin(\beta'' - \beta) = 8.94489$
$\text{dec.}\log 2 = 9.69897$	$\text{dec.}\log 2 = 9.69897$
$\text{dec.}\log\cos\beta = 0.41227$	$\text{dec.}\log\cos\beta = 0.41227$
$\text{dec.}\log\cos\beta'' = 0.51672$	$\text{dec.}\log\cos\beta'' = 0.51672$
$\text{dec.}\log\cos\tfrac{1}{2}(\lambda'' - \lambda) = 0.06701$	$\text{dec.}\log\sin\tfrac{1}{2}(\lambda'' - \lambda) = 0.28796n$
$\text{l.tg}i\sin\{\tfrac{1}{2}(\lambda + \lambda'') - \Omega\} = 0.50738n$	$\text{l.tg}i\cos\{\tfrac{1}{2}(\lambda + \lambda'') - \Omega\} = 9.86081$

$\log\text{tg}\{\tfrac{1}{2}(\lambda + \lambda'') - \Omega\} = 0.64657n$

$\tfrac{1}{2}(\lambda + \lambda'') - \Omega = -77^{0}\ 17'\ \ 4''$

$\tfrac{1}{2}(\lambda'' + \lambda) = \ \ 62\ \ 52\ \ 36$

$\Omega = 140^{0}\ \ 9'\ 40'',$

also im Mittel $\Omega = 140^{0}\ \ 9'\ 37'';$

$\log\text{tg}\,i\sin\{\tfrac{1}{2}(\lambda'' + \lambda) - \Omega\} = 0.50738n$

$\log\sin\{\tfrac{1}{2}(\lambda'' + \lambda) - \Omega\} = 9.98921n$

$\log\text{tg}\,i = 0.51817$

$i = 73^{0}\ 7'\ 44''.$

Hierauf hat man nach 13)

$\lambda - \Omega = -\ 46^{0}\ 16'\ 4'', \quad \lambda'' - \Omega = 251^{0}\ 42'\ 2'';$

$\log\text{tg}(l - \Omega) = 0.01923n$	$\log\text{tg}(\lambda'' - \Omega) = 0.48055$
$\log\cos i = 9.46273$	$\log\cos i = 9.46273$
$\log\text{tg}(v - \Omega) = 0.55650n$	$\log\text{tg}(v'' - \Omega) = 1.01782$
$v - \Omega = -74^{0}\ 28'\ 58''$	$v'' - \Omega = 264^{0}\ 31'\ \ 3''$
$v = \ \ 65\ \ 40\ \ 39$	$v'' = \ \ 44\ \ 40\ \ 40;$
$v'' - v = -20\ \ 59\ \ 59$	$\tfrac{1}{4}(v'' - v) = -\ 5\ \ 15\ \ 0.$

Ferner ist nach 14) $\log r'' = 0.0464952$

$\log r = 0.0183884$

$\log\frac{r''}{r} = 0.0281068$

$\log\text{tg}(45^{0} + \omega') = 0.0070267, \quad 45^{0} + \omega' = 45^{0}\ 27'\ 49''$

$\omega' = 0\ \ 27\ \ 49$

$2\omega' = 0\ \ 55\ \ 38;$

$$\log \sqrt[4]{rr''} = 0.0162209,$$

$$\begin{array}{rl|rl}
\log tg\, 2\omega' & = 8.20910 & \log \sqrt[4]{rr''} & = 0.01622 \\
dec.\log \sqrt[4]{rr''} & = 9.98378 & \log\cos 2\omega' & = 9.99994 \\
dec.\log\sin \frac{1}{4}(v''-v) & = 1.03857n & \log\cos\frac{1}{4}(v''-v) & = 9.99817 \\
\log \omega''\sin F & = 9.23145n & & \ 0.01433 \\
 & & \log\omega''\cos F & = 9.98567
\end{array}$$

$$\begin{array}{rlrl}
\log tg F & = 9.24578n, & F & = -\ 9^0\ 59'\ 16'' \\
\log\omega''\cos F & = 9.98567 & v+v'' & = \ 110\ \ 21\ \ 19 \\
\log\cos F & = 9.99337 & & \\
\log\omega'' & = 9.99230, & &
\end{array}$$

alſo nach 15)

$$\begin{array}{rlrl}
\frac{1}{2}(v+v'') & = \ 55^0\ 10'\ 39'' & \log\omega''^2 & = 9.98460 \\
2F & = -19\ \ 58\ \ 32 & \log q & = 0.01540; \\
\omega & = \ 75^0\ \ 9'\ 11'', & &
\end{array}$$

dann hat man nach 16)

$$\begin{array}{rl}
\log Const & = 9.96013 \\
\log \sqrt{q^3} & = 0.02310 \\
\log \mu & = 9.93703.
\end{array}$$

Endlich hat man, ohne die Barker'ſche Tafel zu gebrauchen zufolge den für M_1 und M_1'' gegebenen Ausdrücken in Anmerkung 1) des vorhergehenden §.

$$\tfrac{1}{2}V = 4^0\ 44'\ 16'', \quad \tfrac{1}{2}V'' = 15^0\ 14'\ 15'';$$

$$\begin{array}{rl|rl}
\log 3 & = 0.47712 & \log 3 & = 0.47712 \\
\log tg\frac{1}{2}V & = 8.91844 & \log tg^3\frac{1}{2}V'' & = 9.43520 \\
 & \ 9.39556 & & \ 9.91232 \\
\log tg^3\frac{1}{2}V & = 6.75532 & \log tg^3\frac{1}{2}V'' & = 8.30560 \\
 & \ 0.24863 & & \ 0.81719 \\
 & \ 0.00057 & & \ 0.02021 \\
 & \ 0.24920 & & \ 0.83740
\end{array}$$

$$\begin{array}{rl|rl}
\log Const & = 1.43781 & \log Const & = 1.43781 \\
\log\sqrt{q^3} & = 0.02310 & \log\sqrt{q^3} & = 0.02310 \\
\log(3 tg\frac{1}{2}V + tg^3\frac{1}{2}V) & = 9.39655 & \log(3 tg\frac{1}{2}V'' + tg^3\frac{1}{2}V'') & = 9.92293 \\
\log M_1 & = 0.85746 & \log M_1'' & = 1.38384; \\
M_1 & = 7.20210 & M_1'' & = 24.20100.
\end{array}$$

Da nun v und $v'' < \omega$ ist, so hat man

$$\begin{array}{llll} t = & 19.29985 & t'' = & 36.30137 \\ M_1 = & -\ 7.20210 & M_1'' = & -24.20100 \\ \hline T = & 12.09775, & T = & 12.10037, \end{array}$$

also im Mittel $T = 12.0991$.

Man hat daher folgende Elemente:

Durchgangszeit durchs Perihel, Palermo 1811 d. 12.0991 Sept. M. Z.	
Länge des Perihels	75° 9′ 11″
Länge des aufsteigenden Knotens	140 9 38
Neigung der Bahn	73 7 43
Logarithmus des kürzesten Abstands	0.01540
Logarithmus der mittlern täglichen Bewegung . .	9.93703
Bewegung	rückläufig.

Anmerkung. Olbers hat in neuester Zeit seine vortreffliche Methode gerade an einer Stelle nun ergänzt, wo eine größere Erleichterung und schnellere Annäherung zur Wahrheit durch zweckmäßig geleitete Versuche von vielen Benutzern derselben gewünscht wurde. — In Olbers Methode nämlich werden drei Gleichungen von der Form

$$\begin{aligned} r^2 &= A + B\varrho + C\varrho^2 \\ r''^2 &= A'' + B''\varrho + C\varrho^2 \\ K^2 &= F + G\varrho + H\varrho^2 \end{aligned}$$

numerisch gebildet, in welchen dann ϱ so angenommen werden muß, daß dadurch obiger Bedingungsgleichung

$$(r + r'' + K)^{\frac{3}{2}} - (r + r'' - K)^{\frac{3}{2}} = \frac{1}{m}(t'' - t)$$

genügt werde. Olbers giebt nun hierzu folgende Anleitung. Sobald aus der ersten Annahme

$$F' = F \text{ oder } = \tfrac{2}{3}F,$$

ϱ durch die Formeln

$$\operatorname{tg}\psi = 2H\sqrt{\frac{F'}{H}}, \quad \varrho = \operatorname{tg}\tfrac{1}{2}\psi\sqrt{\frac{F'}{H}}$$

gefunden ist, bestimme man dadurch r und r″ anfangs nur in einigen Decimalstellen, substituire dieselben in die Gleichung

$$F' = \frac{4F}{r + r''} - F,$$

so wird dann ein genauerer Werth von F′ und ϱ erhalten. Aus diesem zweiten Werth von ϱ berechnet man jetzt r und r″ genauer, setze $4m(t'' - t) = \Theta$ (wo $\log 4m = 8.5366114$), und berechne

$$A' = \frac{\Theta^2}{r + r''}, \quad B' = \frac{A'^2}{12(r + r'')^2}, \quad C = \frac{4B'^2}{A'},$$

so ist endlich

$$F' = A' + B' + C' - F.$$

Aus diesem F' wird wieder ϱ berechnet, das bereits dem wahren Werth schon sehr nahe kommen muß. Eine nochmalige Wiederholung der Rechnung für F' und ϱ aus dem zuletzt gefundenen Werth von ϱ giebt letzteres endlich so genau, daß man das Uebrige durch Interpolation vollends nachholen kann.

β) Prüfung der vorläufigen parabolischen Elemente durch die sogenannte mittlere Beobachtung.

§. 155. Um den Grad der Genauigkeit der gefundenen Elemente zu erfahren, berechne man aus ihnen den scheinbaren geocentrischen Ort des Kometen für die Zeit der mittlern Beobachtung auf folgende Weise.

Wenn T — t' die Zwischenzeit zwischen der Zeit des Perihels und der mittlern Beobachtung ist, und zwar positiv genommen, wenn t' später als T einfällt; so berechne man zuerst zwei Hilfsgrößen x und y mittelst der Ausdrücke:

$$\operatorname{tg} x = \frac{\chi\sqrt{q^3}}{T - t'}, \quad \operatorname{tg} y = \sqrt[3]{\operatorname{tg}\tfrac{1}{2}x} \qquad 18);$$

$$\text{wo } \log\chi = 1.7388423$$

ferner die wahre Anomalie V', das Argument U' der Breite und r' durch die Gleichungen

$$\left.\begin{aligned} \operatorname{tg}\tfrac{1}{2}V' &= 2\cot 2y \\ U' &= \mp V' + \omega - \Omega \\ r' &= \frac{q}{\cos^2\frac{1}{2}V'} \end{aligned}\right\} \qquad 19),$$

wo das obere Zeichen sich auf Beobachtungen vor, das untere nach dem Perihel bezieht, was bei rückläufigen Kometen jedoch umgekehrt der Fall ist; endlich λ' und β' aus

$$\left.\begin{aligned} \operatorname{tg}(\lambda' - \Omega) &= \cos i \operatorname{tg} U' \\ \sin\beta' &= \pm \sin i \sin U' \end{aligned}\right\} \qquad 20),$$

wo $\lambda' - \Omega$ in demselben Quadranten genommen werden muß, in welchem U' liegt, und in der zweiten Gleichung das obere Zeichen sich auf rechtläufige, das untere auf rückläufige Kometen bezieht.

Dann hat man zur Bestimmung von α', δ' und der wahren Entfernung r_1' des Kometen von der Erde die Ausdrücke

$$\left.\begin{aligned} \operatorname{tg}\{\alpha'-\tfrac{1}{2}(\lambda'+L')\} &= \frac{(r'\cos\beta'+R')\operatorname{tg}\frac{1}{2}(\lambda'-L')}{r'\cos\beta'-R'} \\ \operatorname{tg}\delta' &= \frac{r'\sin\beta'\sin\{\alpha'-\frac{1}{2}(\lambda'+L')\}}{(r'\cos\beta'+R')\sin\frac{1}{2}(\lambda'-L')} \\ r_1' &= \frac{(r'\cos\beta'+R')\sin\frac{1}{2}(\lambda'-L')}{\cos\delta'\sin\{\alpha'-\frac{1}{2}(\lambda'+L')\}} \end{aligned}\right\} \quad 21);$$

ferner, wenn $\Delta\alpha'$ und $\Delta\delta'$ die in Sekunden ausgedrückte tägliche Aenderung von α' und δ' bezeichnen, ☊☾ aber die Länge des aufsteigenden Mondsknotens:

scheinb. geoc. Länge $= \alpha' - 16.8 \sin$ ☊☾ $- 0.00576 r_1' \cos\delta' . \Delta\alpha'$
scheinb. geoc. Breite $= \delta' - 0.00576 r_1' \cos\delta' . \Delta\delta'$,

wo übrigens $\Delta\alpha'$ und $\Delta\delta'$ negativ zu nehmen sind, wenn α' und δ' abnehmen.

§. 156. Beispiel. Für obige gegebene mittlere Beobachtung hat man folgende Rechnung:

Nach 18)

$T = 12.0991$ $\qquad \log\chi = 1.73884$
$t' = 26.2854$ $\qquad \log\sqrt{q^3} = 0.02310 \qquad x = 76^0\ 12'\ 20''$
$T - t' = 14.1863$, $\quad$ dec. $\log(T - t') = 8.84814 \qquad \frac{1}{2}x = 38\ \ 6\ 20$;
$\log\operatorname{tg} x = 0.61008$,

$\log\operatorname{tg}\frac{1}{2}x = 9.89446 \qquad y = 42^0\ 41'\ 0''$
$\log\operatorname{tg} y = 9.96482, \qquad 2y = 85\ \ 22\ \ 0$;

ferner nach 19)

$\log 2 = 0.30103 \qquad \frac{1}{2}V' = -\ \ 9^0\ 12'\ 25''$
$\log\cot 2y = 8.90872 \qquad V' = -\ 18\ \ 24\ \ 54$
$\log\operatorname{tg}\frac{1}{2}V' = 9.20975, \qquad \omega = 75\ \ 9\ \ 11$
$V' + \omega = 56^0\ 44'\ 17''$
☊ $= 140\ \ 9\ \ 35$
$U' = -\ 83^0\ 25'\ 18''$

$\log q = 0.01540$
$\log\cos^2\frac{1}{2}V' = 9.98874$
$\log r' = 0.02666$;

endlich nach 20)

$$\log\cos i = 9.46273 \qquad \log\sin i = 9.98089$$

$$\log tg\, U' = 0.93809n \qquad \log\sin U' = 9.99713n$$

$$\log tg(\lambda' - \Omega) = 0.40082n \qquad \log\sin\beta' = 9.97802$$

$$\lambda' - \Omega = -68^0\, 19'\, 44'' \qquad \beta' = +71^0\, 55'\, 30''.$$

$$\lambda' = 71\;\; 49\;\; 51,$$

Dann hat man nach 21)

$$\log r' = 0.02666 \qquad r'\cos\beta' = 0.32991$$

$$\log\cos\beta' = 9.49173 \qquad R' = 1.00180$$

$$\log r'\cos\beta' = 9.51839, \qquad r'\cos\beta' + R' = 1.33171$$

$$r'\cos\beta' - R' = -0.67189,$$

$$\log r' = 0.02666$$

$$\log\sin\beta' = 9.97802$$

$$\log r'\sin\beta' = 0.00468,$$

$$\lambda' = 71^0\, 49'\, 51''$$

$$L' = 2\;\; 43\;\; 41$$

$$\lambda' - L' = 69^0\;\; 6'\, 10''$$

$$\lambda' + L' = 74\;\; 33\;\; 32$$

$$\tfrac{1}{2}(\lambda - L') = 34^0\, 34'\;\; 5''$$

$$\tfrac{1}{2}(\lambda' + L') = 37\;\; 16\;\; 46;$$

$$\log(r'\cos\beta' + R') = 0.12444$$

$$\log tg\,\tfrac{1}{2}(\lambda' - L') = 9.83824$$

$$\text{dec.}\log(r'\cos\beta' - R') = 0.17270n$$

$$\log tg\,\{\alpha' - \tfrac{1}{2}(\lambda' + L')\} = 0.13538n$$

$$\alpha' - \tfrac{1}{2}(\lambda' + L') = -53^0\, 47'\, 20''$$

$$\alpha' = 163\;\; 29\;\; 26;$$

$$\log r'\sin\beta' = 0.00468$$

$$\log\sin\{\alpha' - \tfrac{1}{2}(\lambda' + L')\} = 9.90679$$

$$\text{dec.}\log(r'\cos\beta' + R') = 9.87556$$

$$\text{dec.}\log\sin\tfrac{1}{2}(\lambda' - L') = 0.24613$$

$$\log tg\,\delta' = 0.03316$$

$$\delta' = +47^0\, 11'\, 7''.$$

Verwandelt man nun mittelst Aberration und Nutation die Größen α' und δ' in die scheinbaren; so erhält man endlich:

Berechnetes $\alpha' = 163^0\, 28'\, 11''$

Beobachtetes $\alpha' = 163\;\; 29\;\; 3$

Fehler $= -\;\; 0'\, 52''$; und

$$\begin{array}{rl} \text{berechnetes } \delta' & = +\ 47^0\ 10'\ 45'' \\ \text{beobachtetes } \delta' & = +\ 47\ \ 12\ \ \ 9 \\ \hline \text{Fehler} & = -\ \ 0^0\ \ 1'\ 24''. \end{array}$$

γ) Verbesserung der parabolischen Elemente.

§. 157. Fast immer wird der Fall eintreten, daß man die gefundenen Elemente noch verbessern muß. Die von Olbers angegebene Verbesserungsmethode ist die bequemste, und kann stets gebraucht werden. Sie dient zugleich, die ersten genäherten elliptischen Elemente zu finden, wie man weiter unten sehen wird.

Man wähle nämlich drei, ziemlich weit von einander entfernt liegende, Beobachtungen, berechne aus den vorläufig gefundenen Elementen für die Zeit einer jeder der ersten und dritten Beobachtung die Größen ϱ, ϱ'' und mache die drei Hypothesen:

	I. Hypothese.	II. Hypothese.	III. Hypothese.	Wahre Bahn.
	ϱ	$\varrho + m$	ϱ	$\varrho + x$
	ϱ''	ϱ''	$\varrho'' + n$	$\varrho'' + y$
τ	Berechnete Zeit zwischen der ersten und dritten Beobachtung.	$\tau + p$	$\tau + q$	$t'' - t$ beob. Zeit
$\mathfrak{A}$	Länge oder Breite in der mittlern Beobachtung.	$\mathfrak{A} + r$	$\mathfrak{A} + s$	α' oder δ'

Nun finden sich die Größen l, b, r; l'', b'', r'' aus den Ausdrücken:

$$\left.\begin{array}{ll} \sin(\lambda-\alpha) = \dfrac{R\sin(L-\alpha)}{\varrho}, & \sin(\lambda''-\alpha'') = \dfrac{R''\sin(L''-\alpha'')}{\varrho} \\ \operatorname{tg}\beta = \dfrac{\operatorname{tg}\delta\sin(L-\lambda)}{\sin(L-\alpha)}, & \operatorname{tg}\beta'' = \dfrac{\operatorname{tg}\delta''\sin(L''-\lambda'')}{\sin(L''-\alpha'')} \\ r = \dfrac{\varrho}{\cos\beta}, & r'' = \dfrac{\varrho''}{\cos\beta''} \end{array}\right\} 22),$$

und endlich die gesuchten Verbesserungen

x und y

aus den Correctionsgleichungen

$$\left.\begin{aligned} \frac{p}{m}x + \frac{q}{n}y &= (t'' - t) - \tau \\ \frac{r}{m}x + \frac{s}{m}y &= (\alpha' \text{ oder } \delta') - \mathfrak{A} \end{aligned}\right\} \qquad 23).$$

Wenn hier x und y noch zu groß gefunden werden sollten, so muß die Verbesserungsrechnung nach obigem Schema und nach den Gleichungen 15) und 16) wiederholt werden.

§. 158. Beispiel. Für die Verbesserung der Elemente sind die Beobachtungen vom 19. Septbr., 6. und 21. October gewählt worden. Man hat

$$\left.\begin{array}{l} 19.29985 \\ 36.30137 \\ 51.28237 \end{array}\right\} \text{Septbr. Mittlere Zeit Palermo} \left\{\begin{array}{l} \odot \;\; = 175^0\; 52'\; 51'' \\ \odot' \; = 192\;\; 35\;\; 17 \\ \odot'' = 207\;\; 27\;\;\; 4, \end{array}\right.$$

$$\begin{array}{ll} L \;\; = 355^0\; 52'\; 51'' & \log R \;\; = 0.0016515 \\ L' \; = 372\;\; 37\;\; 17 & \log R' \; = 9.9995148 \\ L'' = 387\;\; 27\;\;\; 4, & \log R'' = 9.9976826, \end{array}$$

$$\begin{array}{ll} \alpha \;\; = 155^0\; 12'\; 42'' & \delta \;\; = +\; 40^0\; 19'\; 55'' \\ \alpha' \; = 183\;\; 14\;\;\; 1 & \delta' \; = +\; 57\;\;\; 0\;\; 20 \\ \alpha'' = 235\;\; 58\;\; 31, & \delta'' = +\; 61\;\; 38\;\; 46, \end{array}$$

und beiläufig $\varrho = 0.40378 \qquad \log\varrho = 9.60615$

$\varrho = 0.55236, \qquad \log\varrho'' = 9.74222.$

Nun folgt die Rechnung.

Erste Hypothese.

$$\begin{array}{rlrl} \log R \sin(L - \alpha) &= 9.54939n & \log R'' \sin(L'' - \alpha'') &= 9.67669 \\ \log\varrho &= 9.60615 & \log\varrho'' &= 9.74222 \\ \hline \log\sin(\lambda - \alpha) &= 9.94324n & \log\sin(\lambda'' - \alpha'') &= 9.93447 \end{array}$$

$$\begin{array}{rlrl} \lambda - \alpha &= -\;61^0\; 20'\; 27'' & \lambda'' - \alpha'' &= 120^0\; 41'\; 22'' \\ \alpha &= \;\;155\;\;\; 12\;\; 42 & \alpha'' &= 235\;\; 58\;\; 31 \\ \hline \lambda &= \;\;\;93^0\; 52'\; 15'' & \lambda'' &= 356\;\; 39\;\; 53; \end{array}$$

$$\begin{array}{rlrl} \log\dfrac{tg\,\delta}{\sin(L - \alpha)} &= 0.38118n & \log\dfrac{tg\,\delta''}{\sin(L'' - \alpha'')} &= 0.58987 \\ \log\sin(L - \lambda) &= 9.99576n & \log\sin(L'' - \lambda'') &= 9.70914 \\ \hline \log tg\,\beta &= 0.37694 & \log tg\,\beta'' &= 0.29901 \end{array}$$

$\beta = 67^0\; 13'\; 36'', \qquad \beta'' = 63^0\; 19'\; 41'';$

$$\log \varrho = 9.60615 \qquad \log \varrho'' = 9.74222$$
$$\log \cos \beta = 9.58781 \qquad \log \cos \beta = 9.65213$$
$$\log r = 0.01834 \qquad \log r'' = 0.09009$$

$$\log \mathrm{tg}\, i \sin(\lambda - \Omega) = 0.37694n$$
$$\log \mathrm{tg}\, i \cos(\lambda - \Omega) = 0.36318$$
$$\log \mathrm{tg}(\lambda - \Omega) = 0.01376n$$
$$\lambda - \Omega = -45^0\ 54'\ 27'',$$

$$\lambda - \Omega = -45^0\ 54'\ 27''$$
$$\lambda = 93\ \ 52\ \ 15$$
$$\Omega = 139^0\ 46'\ 42'',$$

$$0.37694n$$
$$\log \sin(\lambda - \Omega) = 9.85625n$$
$$\log \mathrm{tg}\, i = 0.52069, \quad i = 73^0\ 13'\ 16'',$$

$$\log \mathrm{tg}(\lambda - \Omega) = 0.01376n \qquad \log \mathrm{tg}(\lambda'' - \Omega) = 9.87532$$
$$\log \cos i = 9.46042 \qquad \log \cos i = 9.46042$$
$$\log \mathrm{tg}(v - \Omega) = 0.55334n \qquad \log \mathrm{tg}(v'' - \Omega) = 0.41490,$$

$$v - \Omega = -74^0\ 22'\ 29'' \qquad v'' - \Omega = 248^0\ 57'\ 33''$$
$$\Omega = 139\ \ 46\ \ 42 \qquad \Omega = 139\ \ 46\ \ 42$$
$$v = 65^0\ 24'\ 13'' \qquad v'' = 28^0\ 44'\ 15'',$$

$$\omega = 75^0\ 45'\ 23'', \quad \log q = 0.01468;$$
$$\log \mu = 9.93811,$$
$$T = 11.3650 \text{ Sept.}, \quad \tau = 32.1635.$$

Für die mittlere Beobachtung findet man daraus:

$$\log r = 0.04768, \quad \log \mathrm{tg}(\lambda - \Omega) = 0.48493,$$
$$\lambda - \Omega = 251^0\ 52'\ 20'' \qquad \log \sin \beta = 9.97918$$
$$\Omega = 139\ \ 46\ \ 42 \qquad \beta = 72^0\ 24'\ 0'';$$
$$\lambda = 31^0\ 39'\ \ 2'',$$

$$\log r = 0.04768 \qquad \log(\varrho + R) = 0.12591$$
$$\log \cos \beta = 9.48054 \qquad \text{dec.} \log(\varrho - R) = 0.17954n$$
$$\log \varrho = 9.52822 \qquad \log \mathrm{tg} \tfrac{1}{2}(\lambda - L) = 9.22505$$
$$\varrho + R = 1.3363 \qquad \log \mathrm{tg} \{\alpha - \tfrac{1}{2}(\lambda + L)\} = 9.53050n,$$
$$\varrho - R = -0.6614, \qquad \alpha - \tfrac{1}{2}(\lambda + L) = -18^0\ 44'\ 20''$$
$$\tfrac{1}{2}(\lambda - L) = 9^0\ 31'\ 52'' \qquad \text{folglich } \alpha = 183\ \ 22\ \ 49$$
$$\tfrac{1}{2}(\lambda + L) = 202\ \ 7\ \ 9, \qquad \text{Aberr. u. Nut.} = -\ \ 0\ \ 1\ \ 15$$
$$\mathfrak{A} = 183^0\ 21'\ 34''.$$

Zweite Hypothese.

$$\varrho + m = 0.40500, \quad \log(\varrho + m) = 9.60745,$$
$$\varrho'' = 0.55236, \quad \log \varrho'' = 9.74222;$$
$$\lambda'' = 356^0\ 39'\ 53''$$
$$\beta'' = 63\ \ 19\ \ 41,$$
$$\log tg \beta'' = 0.29901, \quad \log r'' = 0.09009,$$

$$\begin{array}{lll}
\log R \sin(L-\alpha) = 9.54939n & \lambda - \alpha = -\ 61^0\ \ 1'\ 40'' & L = 355^0\ 52'\ 51'' \\
\log(\varrho + m) = 9.60745 & \alpha = \ \ 155\ \ 12\ \ 42 & \lambda = \ \ 94\ \ 11\ \ \ 2 \\
\hline
\log \sin(\lambda - \alpha) = 9.94194n & \lambda = \ \ 94^0\ 11'\ \ 2'', & L - \lambda = 261^0\ 41'\ 49'',
\end{array}$$

$$\log \frac{tg\,\delta}{\sin(L-\alpha)} = 0.38118n \qquad \beta = 67^0\ 12'\ 38'';$$

$$\begin{array}{ll}
\log \sin(L-\lambda) = 9.99542n & \log(\varrho + m) = 9.60745 \\
\log tg \beta = 0.37660, & \log \cos \beta = 9.58810 \\
 & \log r = 0.01935,
\end{array}$$

$$\log tg\, i \sin(\lambda - \Omega) = 0.37660n$$
$$\log tg\, i \cos(\lambda - \Omega) = 0.36589$$
$$\log tg(\lambda - \Omega) = 0.01072n,$$

$$\lambda - \Omega = -45^0\ 42'\ 25''$$
$$\lambda = \ \ 94\ \ 11\ \ \ 2$$
$$i = 73^0\ 15'\ 42'', \qquad \Omega = 139^0\ 53'\ 27''$$
$$\log tg\, i = 0.52182, \quad \lambda'' - \Omega = 216\ \ 46\ \ 26;$$

$$\begin{array}{ll}
\log tg(\lambda - \Omega) = 0.01072n & \log tg(\lambda'' - \Omega) = 9.87196 \\
\log \cos i = 9.45939 & \log \cos i = 9.45939 \\
\log tg(v - \Omega) = 0.56133n & \log tg(v'' - \Omega) = 0.41257,
\end{array}$$

$$\begin{array}{ll}
v - \Omega = -74^0\ 18'\ 21'' & v'' - \Omega = 248^0\ 51'\ 21'' \\
v = \ \ 65\ \ 35\ \ \ 6, & v'' = \ \ 28\ \ 26\ \ 27,
\end{array}$$

$$\omega = 74^0\ 57'\ 40'', \quad \log q = 0.01643, \quad \log \mu = 9.93549.$$

Zuletzt $T = 11.8636$ Sept., $\tau + p = 32.5529$.

Darnach folgt für die mittlere Beobachtung:

$$\log r = 0.04787, \quad \log tg(\lambda - \Omega) = 0.46987,$$

$$\begin{array}{ll}
\lambda - \Omega = 251^0\ 16'\ 26'' & \\
\Omega = 139\ \ 53\ \ 27 & \log \sin \beta = 9.97914, \\
\lambda = \ \ 31^0\ \ 9'\ 53'' &
\end{array}$$

$$\beta = 72^\circ\ 23'\ 0'' \qquad \log r = 0.04787$$
$$\varrho + R = 1.3368 \qquad \log\cos\beta = 9.48094$$
$$\varrho - R = -0.6610 \qquad \log\varrho = 9.52881,$$
$$\tfrac{1}{2}(\lambda - L) = 9^\circ\ 17'\ 18'' \qquad \log(\varrho + R) = 0.12606$$
$$\tfrac{1}{2}(\lambda + L) = 201\ \ 52\ \ 35 \qquad \text{dec.}\log(\varrho - R) = 0.17980n$$

$$\log tg\tfrac{1}{2}(\lambda - L) = 9.21364$$
$$\log tg\{\alpha - \tfrac{1}{2}(\lambda + L)\} = 9.51950n,$$
$$\alpha - \tfrac{1}{2}(\lambda + L) = -18^\circ\ 18'\ \ 6''$$
$$\tfrac{1}{2}(\lambda + L) = 201\ \ 52\ \ 35$$
$$\alpha = 183^\circ\ 34'\ 29''$$
$$\text{Aberr. und Nut.} = -\ 0\ \ \ 1\ \ 15$$
$$\mathfrak{A} + \mathfrak{r} = 183^\circ\ 33'\ 14''.$$

Dritte Hypothese.

$$\varrho'' + n = 0.55400,\ \log(\varrho'' + n) = 9.74351,\ \lambda = 93^\circ\ 52'\ 15''$$
$$\varrho = 0.40378,\qquad \log\varrho = 9.60615,\ \beta = 67\ \ 13\ \ 36.$$

$$\log tg\beta = 0.37694$$
$$\log R''\sin(L'' - \alpha'') = 9.67669$$
$$\log(\varrho'' + n) = 9.74351$$
$$\log\sin(\lambda'' - \alpha'') = 9.93318,$$

$$\lambda'' - \alpha'' = 120^\circ\ 58'\ 30'',\ \text{also}\ \lambda'' = 356^\circ\ 57'\ 1''\ \text{u.}\ L'' - \lambda'' = 30^\circ\ 31'\ 3'',$$

$$\log\frac{tg\,\delta''}{\sin(L'' - \alpha'')} = 0.58987 \qquad \log(\varrho'' + n) = 9.74351$$
$$\log\sin(L'' - \lambda'') = 9.70547 \qquad \log\cos\beta'' = 9.65586$$
$$0.29434 \qquad \log r'' = 0.08765$$

$$\log r = 0.01834,\ \lambda'' - \lambda = -96^\circ\ 55'\ 14'',\ \beta'' = 63^\circ\ 4'\ 48'',$$
$$\log tg\,i\sin(\lambda - \Omega) = 0.37694n$$
$$\log tg\,i\cos(\lambda - \Omega) = 0.35647$$
$$\log tg(\lambda - \Omega) = 0.02047n;$$

$$\lambda - \Omega = -\ 46^\circ\ 21'\ 0'',\quad \text{also}\ \Omega = 140^\circ\ 13'\ 15'',$$
$$\log tg\,i = 0.51746 \qquad i = 73^\circ\ \ 6'\ 11''$$
$$\log\sin i = 9.98083 \qquad \lambda'' - \Omega = 216\ \ 43\ \ 46$$
$$\log\cos i = 9.46336$$

$$\log tg(\lambda - \Omega) = 0.02047n \qquad \log tg(\lambda'' - \Omega) = 9.87284$$
$$\log\cos i = 9.46336 \qquad \log\cos i = 9.46336$$
$$\log tg(v - \Omega) = 0.55711n \qquad \log tg(v'' - \Omega) = 0.40948,$$

$$v - \Omega = -74^0\,30'\,12'' \qquad v'' - \Omega = 248^0\,43'\,8''$$
$$\Omega = \underline{140\;\;13\;\;15} \qquad \Omega = \underline{140\;\;13\;\;15}$$
$$v = 65^0\,43'\,3'' \qquad v'' = 28^0\,56'\,23''$$

$\omega = 75^0\,0'\,6''$, $\log q = 0.01548$, $\log \mu = 9.93691$.

Zuletzt $T = 12.2180$, $\tau + q = 32.032$.

Hieraus folgt für die mittlere Beobachtung:

$\log r = 0.04628$, $\log tg(\lambda - \Omega) = 0.47574$,

$\lambda - \Omega = 251^0\,30'\,37''$, folglich $\lambda = 391^0\,43'\,52''$,

$\log \sin \beta = 9.97879$ $\qquad \log r = 0.04628$

$\beta = 72^0\,14'\,20''$ $\qquad \log \cos \beta = \underline{9.48437}$

$\frac{1}{2}(\lambda - L) = \;\;9\;\;34\;\;17$ $\qquad \log \varrho = 9.53065$

$\frac{1}{2}(\lambda + L) = 202\;\;\;9\;\;34$, $\quad \varrho + R = 1.3382$, $\quad \varrho - R = -0.6595$,

$\log(\varrho + R) = 0.12652$ $\qquad \alpha - \frac{1}{2}(\lambda + L) = -18^0\,53'\,20''$

dec. $\log(\varrho - R) = 9.18079n$ $\qquad$ also $\alpha = 183\;\;16\;\;14$

$\log tg \frac{1}{2}(\lambda - L) = \underline{9.22692}$ $\qquad$ Aberr. u. Nut. $= \underline{-\;\;0\;\;\;1\;\;15}$

$\log tg\{\alpha - \frac{1}{2}(\lambda + L)\} = 9.53423n$ $\qquad \mathfrak{A} + s = 183^0\,14'\,59''$.

Aus diesen drei Hypothesen folgen nach 16) die beiden Correctionsgleichungen:

$$336.066\,x - 67.683\,y = -0.1610$$
$$\underline{159.156\,x - 66.902\,y = -0.1260}$$
$$x - 0.2014\,y = -0.0005$$
$$\underline{x - 0.4204\,y = -0.0008}$$
$$0.2190\,y = -0.0003$$

d. h. $y = +0.00141$

und daraus $x = -0.00020$,

$$\varrho = 0.40378 \qquad \varrho'' = 0.55236$$
$$x = \underline{-0.00020} \qquad y = \underline{+0.00141}$$
$$\varrho + x = 0.40358, \qquad \varrho'' + y = 0.55377.$$

Da hier x und y, in Beziehung auf m und n, noch zu groß gefunden worden sind, so müssen noch einmal drei neue Hypothesen, wo m und n etwas kleinere Werthe erhalten können, gemacht und damit die Verbesserungsrechnung wiederholt werden. Dießmal sollen statt der Längen die Breiten zur Vergleichung gewählt werden.

§. 159. Sei also

Erste Hypothese.

$\varrho = 0.40358$, $\log \varrho = 9.60593$; $\varrho'' = 0.55377$, $\log \varrho'' = 9.74333$,

$\log R \sin(L-\alpha) = 9.54939n$ $\quad \log R'' \sin(L''-\alpha'') = 9.67669$

$$\begin{array}{rl} \log \varrho = & 9.60539 \\ \log \sin(\lambda-\alpha) = & 9.94346n \end{array} \qquad \begin{array}{rl} \log \varrho'' = & 9.74333 \\ \log \sin(\lambda''-\alpha'') = & 9.93336, \end{array}$$

$$\begin{array}{rl} \lambda - \alpha = & -61^0\ 23'\ 40'' \\ \text{also } \lambda = & 93\ \ 49\ \ 2 \end{array} \qquad \begin{array}{rl} \lambda'' - \alpha'' = & 120^0\ 56'\ 10'' \\ \text{folglich } \lambda'' = & 356\ \ 54\ \ 41; \end{array}$$

$$\begin{array}{rl} \log \frac{\operatorname{tg} \delta}{\sin(L-\alpha)} = & 0.38118n \\ \log \sin(L-\lambda) = & 9.99582n \\ \log \operatorname{tg} \beta = & 0.37700 \\ \beta = & 67^0\ 13'\ 45'' \end{array} \qquad \begin{array}{rl} \log \frac{\operatorname{tg} \delta''}{\sin(L''-\alpha'')} = & 0.58987 \\ \log \sin(L''-\lambda'') = & 9.70598 \\ \log \operatorname{tg} \beta'' = & 0.29585, \\ \beta'' = & 63^0\ 9'\ 39''; \end{array}$$

$$\begin{array}{rl} \log \varrho = & 9.60593 \\ \log \cos \beta = & 9.58776 \\ & 0.01817 \end{array} \qquad \begin{array}{rl} \log \varrho'' = & 9.74333 \\ \log \cos \beta'' = & 9.65465 \\ \log r'' = & 0.08868, \end{array}$$

$$\begin{array}{rl} \log \operatorname{tg} i \sin(\lambda - \Omega) = & 0.37700n \\ \log \operatorname{tg} i \cos(\lambda - \Omega) = & 0.35778 \\ \log \operatorname{tg}(\lambda - \Omega) = & 0.01922n, \end{array}$$

$$\begin{array}{rl} \lambda - \Omega = & -46^0\ 16'\ 2'' \\ \text{also } \Omega = & 140\ \ 5\ \ 4; \end{array}$$

$$\begin{array}{rl} \log \operatorname{tg} i = & 0.51812 \\ \log \sin i = & 9.98089n \\ \log \cos i = & 9.46276 \end{array} \qquad \begin{array}{rl} i = & 73^0\ \ 7'\ 38'' \\ \lambda'' - \Omega = & 216\ \ 49\ \ 37, \end{array}$$

$$\begin{array}{rl} \log \operatorname{tg}(\lambda - \Omega) = & 0.01922n \\ \log \cos i = & 9.46276 \\ \log \operatorname{tg}(v - \Omega) = & 0.55646n \\ v - \Omega = & -74^0\ 28'\ 52'' \\ v = & 65\ \ 36\ \ 12 \end{array} \qquad \begin{array}{rl} \log \operatorname{tg}(\lambda'' - \Omega) = & 9.87438 \\ \log \cos i = & 9.46276 \\ \log \operatorname{tg}(v'' - \Omega) = & 0.41162, \\ v'' - \Omega = & 248^0\ 48'\ 50'' \\ v'' = & 28\ \ 53\ \ 54, \end{array}$$

$\omega = 75^0\ 27'\ 18''$, $\log q = 0.01494$, $\log \mu = 9.93772$;

$T = 11.7820$ Sept., $\tau = 32.0598$.

Hiernach erhält man für die mittlere Beobachtung:

$\log r = 0.04688$, $\log \operatorname{tg}(\lambda - \Omega) = 0.47815$,

$\lambda - \Omega = 251^0\ 36'\ 20''$, folglich $\lambda = 31^0\ 41'\ 24''$,

$$\log \sin\beta = 9.97888 \quad \begin{aligned} \log r &= 0.04668 \\ \log\cos\beta &= 9.48351 \\ \log\varrho &= 9.53039, \end{aligned}$$

$$\beta = 72^0\ 16'\ 30'',\ \varrho + R = 1.3380,\ \varrho - R = -0.6597,$$
$$\tfrac{1}{2}(\lambda - L) = 9^0\ 33'\ 33'',\ \tfrac{1}{2}(\lambda + L) = 202^0\ 8'\ 20''.$$

$$\begin{aligned} \log(\varrho + R) &= 0.12646 \\ \text{dec.}\log(\varrho - R) &= 0.18184n \\ \log tg \tfrac{1}{2}(\lambda - L) &= 9.22596 \\ \log tg \{\alpha - \tfrac{1}{2}(\lambda + L)\} &= 9.53426, \end{aligned}$$

$$\begin{aligned} \alpha - \tfrac{1}{2}(\lambda + L) &= -18^0\ 53'\ 24'' \\ \tfrac{1}{2}(\lambda + L) &= 202\ \ \ 8\ \ 20 \\ \alpha &= 183^0\ 14'\ 56'', \end{aligned}$$

$$\begin{aligned} \delta &= 57^0\ 7'\ 38'' \\ \text{Aberration} &= -\ \ 0\ \ 22 \\ \mathfrak{A} &= 57^0\ 7'\ 16''. \end{aligned}$$

Zweite Hypothese.

$$\varrho + m = 0.40440,\ \log(\varrho + m) = 9.60681;\ \varrho'' = 0.55377,$$
$$\log\varrho'' = 9.74333,\ \lambda'' = 356^0\ 54'\ 41'',\ \beta'' = 63^0\ 9'\ 39'',$$
$$\log tg\beta'' = 0.29585.$$

$$\begin{aligned} \log R \sin(L - \alpha) &= 9.54939n \\ \log(\varrho + m) &= 9.60681 \\ \log\sin(\lambda - \alpha) &= 9.94258, \end{aligned}$$

$$\log\frac{tg\delta}{\sin(L - \alpha)} = 0.38118n \quad \lambda - \alpha = -61^0\ 10'\ 50''$$
$$\log\sin(L - \lambda) = 9.99559n \quad \text{also}\ \lambda = \ \ 94\ \ \ 1\ \ 52$$
$$\log tg\beta = 0.67677 \quad \lambda'' - \lambda = \ \ 97\ \ \ 7\ \ 11$$
$$\beta = 67^0\ 13'\ 7'';$$

$$\begin{aligned} \log tg\, i \sin(\lambda - \Omega) &= 0.37677n \\ \log tg\, i \cos(\lambda - \Omega) &= 0.35966 \\ \log tg(\lambda - \Omega) &= 0.01711n \end{aligned}$$

$$\lambda - \Omega = -\ 46^0\ 7'\ 42'',\ \text{folglich}\ \Omega = 140^0\ 9'\ 34'';$$

$$\begin{aligned} \log tg\, i &= 0.51890 \\ \log\sin i &= 9.98096n \\ \log\cos i &= 9.46206 \end{aligned} \quad \begin{aligned} i &= 73^0\ \ 9'\ 20'' \\ \lambda'' - \Omega &= 216\ \ 45\ \ \ 7, \end{aligned}$$

$$\log(\varrho+m) = 9.60681$$
$$\log\cos\beta = 9.58769$$
$$\log r = 0.01885, \quad \log r'' = 0.08868,$$

$$\log tg(\lambda - \Omega) = 0.01711n \qquad \log tg(\lambda'' - \Omega) = 9.87320$$
$$\log\cos n = 9.46206 \qquad \log\cos n = 9.46206$$
$$\log tg(v - \Omega) = 0.55505n \qquad \log tg(v'' - \Omega) = 0.41114;$$

$$v - \Omega = -74^0\,26'\,0'' \qquad v'' - \Omega = 248^0\,47'\,33''$$

mithin $v = 65\;43\;34$ $\qquad v'' = 28\;57\;7$, also

$\omega = 75^0\,12'\,6''$, $\log q = 0.01586$, $\log\mu = 9.93634$.

Zuletzt $T = 12.0147$, $\tau + p = 32.1272$.

Also hat man für die mittlere Beobachtung:

$$\log r = 0.04706,$$

$$\lambda - \Omega = 251^0\,39'\,36'' \qquad \beta = 72^0\,18'\,50''$$
$$\lambda = 31\;49\;10 \qquad \log r = 0.04706$$
$$\tfrac{1}{2}(\lambda - L) = 9\;36\;56 \qquad \log\cos\beta = 9.48259$$
$$\log\varrho = 9.52965,$$

$\varrho + R = 1.3374$, $\varrho - R = -0.6603$; $\frac{1}{2}(\lambda + L) = 202^0\,12'\,13''$;

$$\lambda = 183^0\,15'\,59'' \qquad \beta = 57^0\,2'\,38''$$
$$\log(\Delta + R) = 0.12626 \qquad \text{Aberration} = -\;0\;22$$
$$\mathfrak{A} + r = 57^0\,2'\,16''.$$

Dritte Hypothese.

$\varrho = 0.40358$, $l.\varrho = 9.60593$; $\varrho'' + n = 0.55500$, $l.(\varrho'' + n = 9.74429$,

$$\lambda = 93^0\,49'\,2'' \qquad \log R''\sin(L'' - \alpha'') = 9.67669$$
$$\beta = 67\;13\;43 \qquad \log(\varrho'' + n) = 9.74429$$
$$\log\sin(\lambda'' - \alpha'') = 9.93240,$$

$$\log tg\beta = 0.37700 \qquad \lambda'' - \alpha'' = 121^0\,8'\,45''$$
$$\log r = 0.01817 \qquad \text{mithin } \lambda'' = 357\;7\;16$$
$$L'' - \lambda'' = 30\;19\;48$$
$$\lambda'' - \lambda = -96\;41\;46,$$

$$\log\frac{tg\,\delta''}{\sin(L'' - \alpha'')} = 0.58987$$
$$\log\sin(L'' - \lambda'') = 9.70327 \qquad \beta'' = 63^0\,0'\,59'',$$
$$\log tg\beta'' = 0.29314$$

$$\log(\varrho''+n) = 9.74429 \qquad \log tg\, i \sin(\lambda - \Omega) = 0.37700n$$
$$\log\cos\beta'' = 9.65680 \qquad \log tg\, i\cos(\lambda - \Omega) = 0.35357$$
$$\log r'' = 0.08749 \qquad \log tg(\lambda - \Omega) = 0.02343,$$

$\lambda - \Omega = -46^0\,32'\,41''$, also $\Omega = 140^0\,21'\,43''$; $\lambda'' - \Omega = 216^0\,45'\,33''$,

$$\log tg\, i = 0.51612,\quad i = 73^0\,3'\,14'',\quad \log\sin i = 9.98072n,$$
$$\log tg(\lambda - \Omega) = 0.02343n \qquad \log tg(\lambda'' - \Omega) = 9.87331$$
$$\log\cos i = 9.46460 \qquad \log\cos i = 9.46460$$
$$\log tg(v - \Omega) = 0.55883n \qquad \log tg(v'' - \Omega) = 0.40871,$$

$$v - \Omega = -74^0\,33'\,42'' \qquad v'' - \Omega = 248^0\,41'\,3''$$
$$v = 65\quad 48\quad 1 \qquad v'' = 29\quad 2\quad 46,$$

also $\omega = 75^0\,7'\,45''$, $\log q = 0.01528$, $\log\mu = 9.93721$.

Zuletzt $T = 12.2018$ Sept., $\tau + q = 31.9913$.

Daher kommt für die mittlere Beobachtung:

$$\log r = 0.04616,$$

$$\lambda - \Omega = 251^0\,23'\,51'' \qquad \beta = 72^0\,10'\,40''$$
$$\lambda = 31\quad 45\quad 34 \qquad \log r = 0.04616$$
$$\tfrac{1}{2}(\lambda - L) = 9\quad 35\quad 8 \qquad \log\cos\beta = 9.48581$$
$$\tfrac{1}{2}(\lambda + L) = 202\quad 10\quad 52 \qquad \log\varrho = 9.53197,$$

$$\varrho + R = 1.3393,\quad \varrho - R = -0.6585,$$

also $\lambda = 183^0\,13'\,29''$ und $\beta = 57^0\,2'\,16''$

$$\text{Aberration} = -\;0\;22$$
$$\mathfrak{A} + s = 57^0\,1'\,54''.$$

Mittelst dieser 3 neuen Hypothesen erfolgen nach 16) die beiden Correctionsgleichungen:

$$+\;82.195x - 48.374y = -0.0773$$
$$-101.622x - 72.716y = -0.1156$$
$$+x - 0.5885y = -0.0009$$
$$-x - 0.7156y = -0.0011$$
$$-1.3041y = -0.0021,$$

woraus $y = +0.00160$

$$x = +0.00000,$$

also $\varrho = 0.40358 \qquad \varrho'' = 0.55377$

$$x = +0.00000 \qquad y = +0.00160$$
$$\varrho + x = 0.40358 \qquad \varrho'' + y = 0.55537.$$

§. 160. Da hier $x=0$ und y nur etwas größer als n ist, so braucht man nun die Verbesserungsrechnung mittelst drei neuer Hypothesen nicht noch einmal vorzunehmen, sondern mit den gefundenen verbesserten curtirten Distanzen $\varrho=0.40358$, $\varrho''=0.55537$ gleich die parabolische Bahn nach den Formeln

$$\sin(\lambda-\alpha)=\frac{R\sin(L-\alpha)}{\varrho} \qquad \sin(\lambda''-\alpha'')=\frac{R''\sin(L''-\alpha'')}{\varrho''}$$

$$\operatorname{tg}\beta=\frac{\operatorname{tg}\delta}{\sin(L-\alpha)}.\sin(L-\lambda) \qquad \operatorname{tg}\beta''=\frac{\operatorname{tg}\delta''}{\sin(L''-\alpha'')}\sin(L''-\lambda'')$$

$$r=\frac{\varrho}{\cos\beta}, \qquad r''=\frac{\varrho''}{\cos\beta''};$$

$$\left.\begin{array}{l}\operatorname{tg}i\sin(\lambda-\Omega)\\ \operatorname{tg}i\cos(\lambda-\Omega)\end{array}\right\} \text{ wie in 11) oder 12)},$$

$$\operatorname{tg}(v-\Omega)=\frac{\operatorname{tg}(\lambda-\Omega)}{\cos i} \qquad \operatorname{tg}(v''-\Omega)=\frac{\operatorname{tg}(\lambda''-\Omega)}{\cos i}$$

und die Größen ω, q und $\log\mu$ nach den Gleichungen 14) bis 17) zu bestimmen, wie folgt:

$$\begin{array}{rl} \log R\sin(L-\alpha) &= 9.5493910n \\ \log\varrho &= 9.6059296 \\ \hline \log\sin(\lambda-\alpha) &= 9.9434614n \end{array} \qquad \begin{array}{rl} \lambda-\alpha &= -61^0\ 23'\ 28''.4 \\ \alpha &= 155\ \ 12\ \ 42.0 \\ \hline \lambda &= 93^0\ 49'\ 13''.6 \\ L-\lambda &= 262\ \ \ 3\ \ 37.4, \end{array}$$

$$\begin{array}{rl} \log\frac{\operatorname{tg}\delta}{\sin(L-\alpha)} &= 0.3811805n \\ \log\sin(L-\lambda) &= 9.9958168n \\ \hline \log\operatorname{tg}\beta &= 0.3769973 \\ \beta &= 67^0\ 13'\ 45''.1, \end{array} \qquad \begin{array}{rl} \log R''\sin(L''-\alpha'') &= 9.6766904 \\ \log\varrho'' &= 9.7445824 \\ \hline \log\sin(\lambda''-\alpha'') &= 9.9321080 \end{array}$$

$$\begin{array}{rl} \lambda''-\alpha'' &= 121^0\ 12'\ 33''.8 \\ \alpha'' &= 235\ \ 58\ \ 31.0 \\ \hline \lambda'' &= 357^0\ 11'\ \ 4''.8 \end{array} \qquad \begin{array}{rl} L''-\lambda'' &= 30^0\ 15'\ 59''.2 \\ \lambda''-\lambda &= -96\ \ 38\ \ \ 8.8, \end{array}$$

$$\begin{array}{rl} \log\frac{\operatorname{tg}\delta}{\sin(L''-\alpha)} &= 0.5898733 \\ \log\sin(L''-\lambda'') &= 9.7024494 \\ \hline \log\operatorname{tg}\beta'' &= 0.2923227 \\ \beta'' &= 62^0\ 58'\ 21''.7, \end{array} \qquad \begin{array}{rl} \log\varrho &= 9.6059296 \\ \log\cos\beta &= 9.5877624 \\ \hline \log r &= 0.0181672 \end{array}$$

$$\log \varrho'' = 9.7445824$$
$$\log \cos \beta = 9.6574527$$
$$\log r'' = 0.0871297,$$

$$\log tg\, i \sin(\lambda - \Omega) = 0.3769973n \quad \lambda - \Omega = -46^0\ 37'\ 38''.8$$
$$\log tg\, i \cos(\lambda - \Omega) = 0.3523122 \quad \lambda = 93\ 49\ 13.6$$
$$\Omega = 140^0\ 26'\ 52''.4,$$

$$0.3769973n \qquad 0.3523122$$
$$\log \sin(\lambda - \Omega) = 9.8614769n \quad \log \cos(\lambda - \Omega) = 9.8367920$$
$$\log tg\, i = 0.5155204 \quad \log tg\, i = 0.5155202.$$

Daher im Mittel $\log tg\, i = 0.5155203$,

$$i = 73^0\ 1'\ 54''.0, \quad \log \sin i = 9.9806697n,$$
$$\log \cos v = 9.4651495, \quad \lambda'' - \Omega = 216^0\ 44'\ 12''.4;$$

$$\log tg(\lambda - \Omega) = 0.0246851n \quad \log tg(\lambda'' - \Omega) = 9.8729577$$
$$\log \cos i = 9.4651495 \quad \log \cos i = 9.4651495$$
$$\log tg(v - \Omega) = 0.5595356n \quad \log tg(v'' - \Omega) = 0.4078082,$$

$$v - \Omega = -74^0\ 35'\ 7''.9 \quad v'' - \Omega = 248^0\ 38'\ 37''.7$$
$$v = 65\ 51\ 44.5 \quad v'' = 29\ 5\ 30.1,$$

folgl. $\omega = 75^0\ 1'\ 42''.1$, $\log q = 0.0153892$, $\log \mu = 9.9370445$.

Zuletzt hat man $t = 19.299850 \quad t'' = 51.28237$

$$M_1 = 6.964702 \quad M_1'' = 38.92422$$
$$T = 12.335148, \quad T = 12.35815.$$

Daher im Mittel $T = 12.34665$ Septbr.

$$t'' = 51.28237 \qquad M_1'' = 38.924220$$
$$t = 19.29985 \qquad M_1 = 6.964702$$
$$t'' - t = 31.98252 \qquad 31.959518$$
$$31.95952$$
$$-0.02300 \text{ als Fehler.}$$

Also sind die verbesserten Elemente:

Durchgangszeit durchs Perihel den	12.34665. Septbr. M. Z. Pal.
Länge des Perihels	75⁰ 1′ 42″
Länge des aufsteigenden Knotens	140 26 52
Neigung der Bahn	73 1 54
Logarithmus des kürzesten Abstandes	0.0153892
Logarithmus der mittl. tägl. Beweg.	9.9370445
Bewegung	rückläufig.

δ) Bestimmung der Coordinaten in Beziehung auf den Aequator.

§. 161. Man berechne zuerst die Constanten **A**, **B** und **C** mittelst folgender Gleichungen:

$$\left.\begin{aligned}
\operatorname{tg} A &= -\frac{\cot \Omega}{\cos i}\\
\operatorname{tg} \psi &= \frac{\operatorname{tg} i}{\cos \Omega}\\
\operatorname{tg} B &= \frac{\sin \Omega \cos e \sin \psi}{\sin i \cos(\psi + e)}\\
\operatorname{tg} C &= \frac{\sin \Omega \sin e \sin \psi}{\sin i \sin(\psi + e)}
\end{aligned}\right\} \quad 24),$$

so wie die Logarithmen der Constanten

$$\left.\begin{aligned}
a &= \frac{q \cos \Omega}{\sin A}\\
b &= \frac{q \cos e \sin \Omega}{\sin B}\\
c &= \frac{q \sin e \sin \Omega}{\sin C}
\end{aligned}\right\} \quad 25),$$

in welchen beiden Systemen von Gleichungen e die scheinbare Schiefe der Ekliptik bezeichnet. Dann sind die gesuchten Coordinaten x, y, z:

$$\left.\begin{aligned}
x &= \frac{a \sin(A + U)}{\cos^2 \frac{1}{2} V}\\
y &= \frac{b \sin(B + U)}{\cos^2 \frac{1}{2} V}\\
z &= \frac{c \sin(C + U)}{\cos^2 \frac{1}{2} V}
\end{aligned}\right\} \quad 26),$$

oder auch, da $U = \mp V + \omega - \Omega$ ist,

$$\left.\begin{aligned}
x &= \frac{a \sin\{(A + \omega - \Omega) \mp V\}}{\cos^2 \frac{1}{2} V}\\
y &= \frac{b \sin\{(B + \omega - \Omega) \mp V\}}{\cos^2 \frac{1}{2} V}\\
z &= \frac{c \sin\{(C + \omega - \Omega) \mp V\}}{\cos^2 \frac{1}{2} V}
\end{aligned}\right\} \quad 27),$$

wo die obern Zeichen sich auf Beobachtungen **vor**, die untern auf die **nach** dem Perihel beziehen. Für rückläufige Kometen findet das Umgekehrte statt.

Die Sonnencoordinaten **X, Y, Z** sind

$$\left.\begin{aligned} X &= R\cos L \\ Y &= R\sin L\cos e \\ Z &= R\sin L\sin e \end{aligned}\right\} \qquad 28).$$

Endlich hat man zur Bestimmung der geocentrischen Rectascension $\mathfrak{A}$ und Declination **D** des Kometen, so wie der wahren Entfernung r_1 desselben von der Erde die Ausdrücke:

$$\left.\begin{aligned} r_1\cos D\cos\mathfrak{A} &= x - X \\ r_1\cos D\sin\mathfrak{A} &= y - Y \\ r_1\sin D &= z - Z \end{aligned}\right\} \qquad 29).$$

§. 162. Als ein **Beispiel** diene diese Berechnung für den Kometen von 1811 nach den im §. 160 gefundenen corrigirten Elementen.

$$\begin{aligned} \text{Mit } e &= 23^0\ 27'\ 51'' \\ \Omega &= 140\ \ 26\ \ 52 \\ i &= 73\ \ \ 1\ \ 54 \\ \log q &= 0.0153892 \end{aligned}$$

steht die Rechnung nach 24)

$$\begin{aligned} \log\cot\Omega &= 0.0830892n \\ \log\cos i &= 9.4651495 \\ \log tg A &= 0.6179397n, \quad A = 76^0\ 26'\ 56''; \\ \log tg i &= 0.5155203 \\ \log\cos\Omega &= 9.8870785 \\ \log tg\psi &= 0.6284418 \qquad \psi = 76^0\ 45'\ 40''; \\ & \qquad\qquad\qquad \psi + e = 100\ \ 13\ \ 31; \end{aligned}$$

$$\begin{aligned} \log\sin\Omega &= 9.8039893 \\ \log\cos e &= 9.9625158 \\ \log\sin\psi &= 9.9883019 \\ \text{dec.}\log\sin i &= 0.0193303 \\ \text{dec.}\log\cos(\psi+e) &= 0.7507553n \\ \log tg B &= 0.5248926, \quad B = 105^0\ 37'\ 35''; \end{aligned}$$

$$\begin{aligned} \log\sin\Omega &= 9.8039893 \\ \log\sin c &= 9.6000744 \\ \log\sin\psi &= 9.9883019 \\ \text{dec.}\log\sin i &= 0.0193303 \\ \text{dec.}\log\sin(\psi + e) &= \underline{0.0969531} \\ \log\operatorname{tg} C &= 9.5086490, \quad C = 14^\circ\, 41'\, 34''. \end{aligned}$$

Ferner nach 25)

$$\begin{aligned} \log q &= 0.0153892 \\ \log\cos\Omega &= 9.8870785n \\ \text{dec.}\log\sin A &= \underline{0.0122616n} \\ \log a &= 9.9147293, \end{aligned}$$

$$\begin{aligned} \log q &= 0.0153892 & \log q &= 0.0153892 \\ \log\cos e &= 9.9625158 & \log\sin e &= 9.6000744 \\ \log\sin\Omega &= 9.8039893 & \log\sin\Omega &= 9.8039893 \\ \text{dec.}\log\sin B &= \underline{0.0163563} & \text{dec.}\log\sin C &= \underline{0.5957891} \\ \log b &= 9.7982506 & \log c &= 0.0152420, \end{aligned}$$

also nach 26)

$$x = \frac{\overline{9.9147293}\sin(283^\circ\, 31'\, 4'' + U)}{\cos^2 \frac{1}{2}V}$$

$$y = \frac{\overline{9.7982506}\sin(105^\circ\, 37'\, 35'' + U)}{\cos^2 \frac{1}{2}V}$$

$$z = \frac{\overline{0.0152420}\sin(14^\circ\, 41'\, 34'' + U)}{\cos^2 \frac{1}{2}V}$$

oder, da

$$-\omega + \Omega = 65^\circ\, 25'\, 10'',$$

nach 27)

$$x = \frac{\overline{9.9147293}\sin(348^\circ\, 58'\, 14'' \pm V)}{\cos^2 \frac{1}{2}V}$$

$$y = \frac{\overline{9.7982506}\sin(17^\circ\, 2'\, 45'' \pm V)}{\cos^2 \frac{1}{2}V}$$

$$z = \frac{\overline{0.0152420}\sin(80^\circ\, 6'\, 44'' \pm V)}{\cos^2 \frac{1}{2}V}$$

§. 163. Zur Verbesserung der genäherten parabolischen Elemente eines Kometen durch eine beliebige Anzahl von Beobachtungen, hat man folgende leicht zu verstehende Differentialausdrücke:

$$\left.\begin{aligned}
d\psi &= \frac{\sin 2\psi}{\sin 2i} di + tg\,\psi\, tg\,\Omega\,.\,d\Omega \\
dA &= \tfrac{1}{2}\sin 2A\, tg\, i\,.\,di - \frac{\sin 2A}{\sin 2\Omega}\,.\,d\Omega \\
dB &= \tfrac{1}{2}\sin 2B\, tg\,\Omega\, d\Omega + \frac{\sin 2B\cos e}{2\sin\psi\cos(\psi+e)}.d\psi - \tfrac{1}{2}\sin 2B\cot i.di \\
dC &= \tfrac{1}{2}\sin 2C\, tg\,\Omega\, d\Omega + \frac{\sin 2C\sin e}{2\sin\psi\sin(\psi+e)}.d\psi - \tfrac{1}{2}\sin 2C\cot i.di
\end{aligned}\right\} \quad 30),$$

ferner

$$\left.\begin{aligned}
da &= a\left(\frac{1}{q}.\,dq + tg\,\Omega\,.\,d\Omega - \cot A\,.\,dA\right) \\
db &= b\left(\frac{1}{q}.\,dq + \cot\Omega\,.\,d\Omega - \cot B\,.\,dB\right) \\
dc &= c\left(\frac{1}{q}.\,dq + \cot\Omega\,.\,d\Omega - \cot C\,.\,dC\right)
\end{aligned}\right\} \quad 31),$$

ferner

$$\left.\begin{aligned}
dx &= \frac{x}{a}\left\{da + \cot\{(A+\omega-\Omega)\mp V\}.(dA+dk)\right\} \\
dy &= \frac{y}{b}\left\{db + \cot\{(B+\omega-\Omega)\mp V\}.(dB+dk)\right\} \\
dz &= \frac{z}{c}\left\{dc + \cot\{(C+\omega-\Omega)\mp V\}.(dC+dk)\right\}
\end{aligned}\right\} \quad 32),$$

wo, der Kürze wegen, $d\omega - d\Omega = dk$ gesetzt worden ist; endlich:

$$\left.\begin{aligned}
d\mathfrak{A} &= -\frac{\sin\mathfrak{A}}{r_1\cos D}.\,dx + \frac{\cos\mathfrak{A}}{r_1\cos D}.\,dy \\
dD &= \frac{\cos D}{r_1}.\,dz - \frac{\sin D}{r_1\sin\mathfrak{A}}.\,dy + \frac{\sin D\cos D^2}{tg\,\mathfrak{A}}.\,d\mathfrak{A}
\end{aligned}\right\} \quad 33).$$

Substituirt man nun hier die numerischen Werthe successive in einander, so erhält man endlich für die Correctionen $d\mathfrak{A}$ und dD Gleichungen von der Form:

$$\left.\begin{aligned}
d\mathfrak{A} &= \mathfrak{E}.\,di + \mathfrak{F}.\,d\Omega + \mathfrak{G}.\,dq + \mathfrak{H}.\,d\omega \\
dD &= \mathfrak{E}'.di + \mathfrak{F}'.\,d\Omega + \mathfrak{G}'.\,dq + \mathfrak{H}'.\,d\omega
\end{aligned}\right\} \quad 34).$$

Entwickelt man daher für jede der gegebenen Beobachtungen diese beiden Gleichungen, und setzt $d\mathfrak{A}$, dD gleich Null, so wird man doppelt so viele Bedingungsgleichungen erhalten, als vollständige Beobachtungen vorhanden sind, die dann nach der Methode der kleinsten Quadrate behandelt werden müssen, um die gesuchten Correctionen di, d☊, dq und dω der Elemente i, ☊, q und ω zu bestimmen.

Beispiel. Für den Kometen von 1811 steht nach dem Vorigen die Rechnung, wie folgt.

Nach 30)

$$d\psi = 0.799\,di - 3.510\,d☊$$
$$dA = 0.746\,di + 0.464\,d☊$$
$$dB = 0.214\,d☊ + 1.377\,d\psi + 0.079\,di$$
$$dC = -0.203\,d☊ + 0.125\,d\psi - 0.075\,di,$$

nach 31)

$$da = 0.793\,dq - 0.679\,d☊ + 0.198\,dA$$
$$db = 0.606\,dq - 0.761\,d☊ - 0.188\,dB$$
$$dc = 0.831\,dq - 1.043\,d☊ - 2.670\,dC;$$

oder nach erfolgter successiver Substitution:

$$d\psi = 0.799\,di - 3.510\,d☊$$
$$dA = 0.746\,di + 0.464\,d☊$$
$$dB = 1.179\,di - 4.630\,d☊$$
$$dC = 0.025\,di - 0.642\,d☊$$
$$da = 0.793\,dq + 0.149\,di - 0.586\,d☊$$
$$db = 0.606\,dq - 0.236\,di + 0.165\,d☊$$
$$dc = 0.831\,dq - 0.067\,di + 0.685\,d☊;$$

ferner, da

$$A + \omega - ☊ = 348^0\ 58'$$
$$B + \omega - ☊ = 17\quad 3$$
$$C + \omega - ☊ = 89\quad 7,$$ und der Komet rückläufig ist,

nach 32)

$$dx = \frac{x}{0.8217}\left\{da + \cot(348^0\ 58' \pm V)(dA + d\omega - d☊)\right\}$$

$$dy = \frac{y}{0.6284}\left\{db + \cot(317^0\ \ 3' \pm V)(dB + d\omega - d☊)\right\}$$

$$dz = \frac{z}{1.0357}\left\{dc + \cot(\ 80^0\ \ 7' \pm V)(dC + d\omega - d☊)\right\}.$$

§. 164. Sind jetzt i', ☊', q' und ω' die auf diese Weise corrigirten i, ☊, q und ω, so daß also

$$\left.\begin{aligned} i' &= i + di \\ ☊' &= ☊ + d☊ \\ q' &= q + dq \\ \omega' &= \omega + d\omega \end{aligned}\right\} \quad 35)$$

ist; so findet man den verbesserten Logarithmus ($\log \mu'$) der täglichen Bewegung und die verbesserte Durchgangszeit T' durch das Perihel auf folgende Art.

Man berechne erstens $\frac{3}{2} \log q'$, so ist

$$\log \mu' = 9.9601283 - \tfrac{3}{2} \log q' \qquad 36),$$

zweitens, wenn für irgend eine Zeit t die geocentrische Länge α und Breite δ gegeben,

$$\operatorname{tg} \mathfrak{M} = \frac{\operatorname{tg} \delta \cos(\odot - ☊')}{\sin(\odot - \alpha)}$$

oder

$$\operatorname{tg} \mathfrak{N} = \frac{\operatorname{tg} i' \sin(\odot - \alpha)}{\cos(\odot - ☊')} \qquad 37),$$

$$\operatorname{tg}(v - ☊') = \frac{\sin \mathfrak{M} \operatorname{tg}(\odot - ☊')}{\sin(\mathfrak{M} + i')}$$

oder

$$\operatorname{tg}(v - ☊') = \frac{\cos \mathfrak{M} \sin \delta \operatorname{tg}(\odot - ☊')}{\cos i' \sin(\mathfrak{N} + \delta)} \qquad 38);$$

drittens

$$M_1 = \overline{1.4378123}\, q^{\frac{3}{2}} \{3 \operatorname{tg} \tfrac{1}{2}(v - \omega') + \operatorname{tg}^3 \tfrac{1}{2}(v - \omega')\} \qquad 38^*),$$

wo die Differenz $v - \omega'$ stets positiv zu nehmen ist, und endlich

$$T' = t \mp M_1 \qquad 39),$$

wo in 38*) der überstrichene Zahlencoefficient schon der Logarithmus, und in 39) das obere Zeichen gilt, wenn bei rechtläufigen Kometen $v > \omega'$, oder bei rückläufigen Kometen $v < \omega'$ ist. — Zur Prüfung des gefundenen Werths von T' berechne man

$$\operatorname{tg} \mathfrak{P} = \frac{\operatorname{tg} \delta}{\sin(\alpha - ☊')}$$

oder

$$\operatorname{tg} \mathfrak{Q} = \sin(\alpha - ☊') \operatorname{tg} i' \qquad 39^*),$$

ferner

$$\left.\begin{aligned} r &= \frac{R \sin \mathfrak{P} \sin(\odot - ☊')}{\sin(i' - \mathfrak{P}) \sin(v - ☊)} \\ \text{oder} \quad r &= \frac{R \cos \mathfrak{Q} \sin \delta \sin(\odot - ☊')}{\cos i' \sin(\mathfrak{Q} - \delta) \sin(v - ☊')} \end{aligned}\right\} \quad 40),$$

so hat man dann

$$\cos \tfrac{1}{2}V = \sqrt{\frac{q}{r}}$$
$$\cot 2y = \tfrac{1}{2} \operatorname{tg} \tfrac{1}{2}V$$
$$\operatorname{tg} \tfrac{1}{2}x = \operatorname{tg}^3 y$$
$$T' - t = 1.738843\, q^{\frac{3}{2}} \cot x ,$$

wo $T' - t$ positiv, wenn t nach dem Perihel folgt, und übrigens

$$-V \text{ oder } +V$$

zu nehmen ist, wenn t vor oder nach dem Perihel folgt. Bei rückläufiger Bewegung ist resp. $+V$ oder $-V$ zu nehmen. Wenn nun der aus $T' - t$ abgeleitete Werth von T' mit dem durch die Gleichung 39) bestimmten genau übereinkommt; so ist die ganze Rechnung richtig.

Endlich sind die Coordinaten in Bezug auf den Aequator mit den verbesserten Werthen $A + dA$, $B + dB$, u. s. w. auf's neue zu bestimmen, und mit deren Hilfe nun sämmtliche vorhandene Beobachtungen mit den verbesserten Elementen zu vergleichen, um die größere oder geringere Uebereinstimmung der letztern mit den erstern zu erfahren.

II. Von der Bestimmung der vorläufigen und verbesserten elliptischen Elemente einer Kometenbahn.

§. 165. Wenn die, auf die zuletzt gezeigte Weise gefundenen, parabolischen Elemente mit sämmtlichen vorhandenen Beobachtungen verglichen und die Differenzen nicht nur bedeutend, sondern auch zugleich sprungweise gefunden worden sind; so ist es entschieden, daß der Komet sich in einer elliptischen Bahn bewege, die auf folgende Art am sichersten erforscht werden kann.

Aus den parabolischen Elementen berechne man für zwei Fundamentalbeobachtungen zwei genäherte curtirte Abstände des Kometen von der Sonne, die beide um eine beliebige kleine Größe zu ändern sind, um in der Folge nicht zu nahe auf die Parabel, aus der sie abgeleitet waren, wieder zurück zu kommen. Durch die Verbindung dieser curtirten Abstände mit den beobachteten geocentrischen Oertern des Kometen und mit den Längen der Sonne nebst deren Entfernungen von der Erde, erhält man jetzt nach den früher dafür gegebenen Formeln die heliocentrischen Längen und Breiten nebst den Radiis Vectoribus. Jene geben sodann die Länge des aufsteigenden Knotens, die Neigung der Bahn und die Argumente der Breite, folglich auch die Differenz der beiden wahren Anomalien. Jetzt hat man alle Data, die elliptischen Elemente nach dem, in der dritten Section des ersten Buchs in der Theoria von Gauß gelehrten, Verfahren bestimmen zu können.

§. 166. Mit der Beibehaltung der frühern Zeichen mögen V und V′ die wahren, M und M′ die mittlern, und E und E′ die excentrischen Anomalien, ferner t die Zwischenzeit und M_1 die während derselben geschehene Bewegung, r und r′ die Radii Vectores, p den halben Parameter, endlich $e = \sin\varphi$ die Excentricität, a die halbe große und b die halbe kleine Axe bezeichnen; so berechne man

$$\left.\begin{aligned} \operatorname{tg}(45^0 + \omega_1) &= \sqrt[4]{\frac{r'}{r}} \\ f &= \tfrac{1}{2}(V' - V) \end{aligned}\right\} \quad 41),$$

wo die Größen r′, r und V′ — V bekannt sind; ferner

$$\left.\begin{aligned} l &= \frac{\sin^2 \frac{1}{2} f + \operatorname{tg}^2 \frac{1}{2}\omega_1}{\cos f} \\ \text{und zur Probe} \quad l &= \frac{\sqrt{\sqrt{\frac{r'}{r}} + \sqrt{\frac{r}{r'}}}}{4 \cos f} - \tfrac{1}{2} \\ m &= \frac{\overline{7.7840464\, t}}{\sqrt{\cos^3 f . \sqrt[4]{(rr')^3}}} \end{aligned}\right\} \quad 42).$$

Man berechne ferner

$$\left.\begin{aligned} h &= \frac{m^2}{\frac{5}{6}+l} \\ y \text{ aus } h &= \frac{m^2}{y^2} - l \\ \text{so wie } \xi \text{ aus } \xi &= \cfrac{\frac{2}{35}x^2}{1-\frac{18}{35}x-\cfrac{\frac{4}{63}x}{1-\frac{40}{99}x}} \end{aligned}\right\} \quad 43),$$

und dann wiederhole man das ganze Verfahren nach denselben Ausdrücken (mit Ausnahme des ersten, indem jetzt $h = \frac{m^2}{\frac{5}{6}+l+\xi}$ berechnet wird) so lange, bis der neue Werth von **x** von dem unmittelbar vorher gefundenen nicht mehr verschieden ist.

Anmerkung 1). Die in Gauß Theoria gegebenen Hilfstafeln kürzen diese Rechnungen ungemein ab. Die eine Tafel giebt für jeden Werth von h sogleich den $\log y^2$ auf 7 Decimalstellen, und die zweite mit dem Argument x den Anfangs außer Acht gelassenen Werth von ξ ebenfalls auf 7 Decimalstellen genau, mit dem nachher die Berechnung von h, y und x zu wiederholen ist, was jedoch, da die dadurch erhaltenen Aenderungen ganz unmerklich sind, meistens unnöthig sein wird.

Dann berechne man

$$\sin \tfrac{1}{2}g = \sqrt{x} \qquad \mathbf{44)},$$

so wie

$$\left.\begin{aligned} a &= \frac{2m^2\sqrt{rr'}\,.\cos f}{y^2 \sin^2 g} \quad \text{oder } a = \frac{k^2 t^2}{4y^2 rr' \cos f \sin^2 g} \\ \text{wo } \log k &= 8.2355814, \\ b &= \frac{\sqrt{rr'}\,.\sin f}{\sin g} \\ tg^2 \tfrac{1}{2}\varphi &= \frac{\sin^2 \frac{1}{2}(f-g) + tg^2 2\omega_1}{\sin^2 \frac{1}{2}(f+g) + tg^2 2\omega_1} \end{aligned}\right\} \quad 45),$$

und zur Prüfung $b = a \cos \varphi$;

ferner

$$\left.\begin{aligned} K &= \cos \tfrac{1}{2}\varphi \sin g \sqrt[4]{\frac{a^2}{rr'}} \\ K' &= \sin \tfrac{1}{2}\varphi \sin g \sqrt[4]{\frac{a^2}{rr'}} \end{aligned}\right\} \quad 46),$$

$$\left.\begin{aligned} \text{und}\quad \sin\tfrac{1}{2}(F-G) &= \frac{\operatorname{tg}2\omega_1 \cos\frac{1}{2}(f+g)}{K} \\ \cos\tfrac{1}{2}(F-G) &= \frac{\sin\frac{1}{2}(f+g)}{K\cos 2\omega_1} \\ \sin\tfrac{1}{2}(F+G) &= \frac{\operatorname{tg}2\omega_1 \cos\frac{1}{2}(f-g)}{K'} \\ \cos\tfrac{1}{2}(F+G) &= \frac{\sin\frac{1}{2}(f-g)}{H'\cos 2\omega_1} \end{aligned}\right\} \quad 47),$$

woraus F und G bestimmt werden. Dann findet sich weiter

$$\left.\begin{aligned} V &= F-f \\ V' &= F+f \\ E &= G-g \\ E' &= G+g \\ M &= E+e\sin E \\ M' &= E'+e\sin E' \\ M_1 &= M'-M \end{aligned}\right\} \quad 48).$$

Zur Prüfung der Rechnung hat man

$$M_1 = 2g - 2e\cos G\sin g.$$

Anmerkung 2). Der Fall, wo $V'-V>180^\circ$ ist, d. h. wo $\cos f$ negativ, wird von Gauß besonders berücksichtigt, hier jedoch ganz weggelassen, da er nur selten vorkommt.

Anmerkung 3). In den Fällen, wo $f-g$ sehr klein ausfällt, haben kleine Aenderungen in den gegebenen Größen großen Einfluß auf die gesuchten elliptischen Elemente.

Ferner finden sich p und q aus folgenden Ausdrücken:

$$\left.\begin{aligned} p &= b\cos\psi \\ q &= \frac{p}{1+e} \\ \omega &= V+v = V'+v' \\ &\text{und zur Prüfung} \\ p &= \frac{(\cos f+e\cos F)\sqrt{rr'}}{\cos g} \\ q &= \frac{r(1+e\cos V)}{1+e} = \frac{r'(1+e\cos V')}{1+e} \end{aligned}\right\} \quad 49).$$

Man berechne ferner λ und β aus

$$\left.\begin{aligned} \cot\beta\cos(\lambda-\odot) &= \cot\delta\cos(\alpha-\odot)-R \\ \cot\beta\sin(\lambda-\odot) &= \cot\delta\sin(\alpha-\odot) \\ \cot\beta'\cos(\lambda'-\odot) &= \cot\delta'\cos(\alpha'-\odot)-R' \\ \cot\beta'\sin(\lambda'-\odot) &= \cot\delta'\sin(\alpha'-\odot) \end{aligned}\right\} \quad 50),$$

so wie i und ☊ aus

$$\left.\begin{aligned} \operatorname{tg} i \sin\{\tfrac{1}{2}(\lambda-\lambda')-☊\} &= \pm\frac{\sin(\beta'+\beta)}{2\cos\beta\cos\beta'\cos\frac{1}{2}(\lambda'-\lambda)} \\ \operatorname{tg} i \cos\{\tfrac{1}{2}(\lambda+\lambda')-☊\} &= \pm\frac{\sin(\beta'-\beta)}{2\cos\beta\cos\beta'\sin\frac{1}{2}(\lambda'-\lambda)} \end{aligned}\right\} \quad 51),$$

und zur Prüfung

$$\operatorname{tg}(v-☊) = \frac{\operatorname{tg}(\lambda-☊)}{\cos i}, \quad \operatorname{tg}(v'-☊) = \frac{\operatorname{tg}(\lambda'-☊)}{\cos i}$$

so wie für die Coordinaten in Bezug auf den Aequator die Größen A, B, C aus den Gleichungen 24), die Coefficienten 'a, 'b und 'c aber aus den Gleichungen

$$\left.\begin{aligned} 'a &= \frac{(1+e)q\cos ☊}{\sin A} \\ 'b &= \frac{(1+e)q\cos e'\sin ☊}{\sin B} \\ 'c &= \frac{(1+e)q\sin e'\sin ☊}{\sin C} \end{aligned}\right\} \quad 52),$$

wo e' die Schiefe der Ekliptik bezeichnet, d. h. also

$$\left.\begin{aligned} 'a &= (1+e)a' \\ 'b &= (1+e)b' \\ 'c &= (1+e)c' \end{aligned}\right\} \quad 53),$$

wo a', b' und c' die in der parabolischen Bahn bereits gefundenen analogen Coordinaten (s. §. 25) bedeuten. Die Größen A, B und C aber bleiben unverändert.

§. 167. Wenn für den Kometen von 1811 aus den vorher gefundenen verbesserten Elementen entlehnt wird

$$\log r = 0.0181672, \quad t = 31.98252$$
$$\log r' = 0.0871297, \quad f = 18^0\ 23'\ 7'';$$

so hat man nach 41)

$$\log \frac{r'}{r} = 0.0689625$$

$$\log tg(45^0 + \omega_1) = 0.0172406$$

$$45^0 + \omega_1 = 46^0 \quad 8' \; 13''$$

$$\omega_1 = 1 \quad 8 \quad 13 \qquad \tfrac{1}{2}f = 9^0 \; 11' \; 33'';$$

$$2\omega = 2 \quad 16 \quad 26$$

nach 42)

$$\sin^2 \tfrac{1}{2}f = 0.0255207$$

$$tg^2 2\omega = \underline{0.0015767}$$

$$\log 0.0270974 = 8.4329276$$

$$\log \cos f = \underline{9.9772466}$$

$$\log l = 8.4556810, \quad l = 0.0285549,$$

und zur Probe

$$\sqrt{\frac{r'}{r}} = 1.08263$$

$$\sqrt{\frac{r}{r'}} = 0.92367$$

$$\log 2.00630 = 0.3023959$$

$$\text{dec.} \log 4 = 9.3979400$$

$$\text{dec.} \log \cos f = \underline{0.0227534}$$

$$9.7230893 = \log 0.528554$$

$$\underline{0.500000}$$

$$l = 0.028554,$$

also im Mittel $l = 0.0285544$;

$$\log \text{const} = 7.7840464$$

$$\log t = 1.5049127$$

$$\text{dec.} \log \sqrt{\cos^3 f} = 0.0341301$$

$$\text{dec.} \log \sqrt[4]{(rr')^3} = \underline{9.9210273}$$

$$\log m = 9.2441164, \quad \tfrac{5}{6} + l = 0.8618877.$$

Ferner nach 43)

$$\log m^2 = 8.4882330$$

$$\log(\tfrac{5}{6} + l) = \underline{9.9354508}$$

$$\log h = 8.5527822, \quad h = 0.035710,$$

und also

$$y^3 - y^2 - 0.035710y - 0.003857 = 0.$$

Um diese cubische Gleichung bequem auflösen zu können, setze man $y = z + \frac{1}{3}$, so kommt

$$z^3 - 0.369043z - 0.089834 = 0;$$

sei ferner $0.369043 = p$, $0.089834 = q$,

und $\sin B = \frac{p}{3q} \cdot z\sqrt{\frac{1}{3}p}$, $\operatorname{tg} A = \sqrt[3]{\operatorname{tg} \frac{1}{2}B}$,

so hat man $z = \frac{2\sqrt{\frac{1}{3}p}}{\sin 2A}$;

nämlich

$$\begin{aligned} \log p &= 9.5670734 \\ \text{dec.}\log 3q &= 0.5710557 \\ \log 2\sqrt{\tfrac{1}{3}p} &= 9.8460061 \\ \log \sin B &= 9.9841352, \\ B &= 74^0\ 36'\ 25'' \end{aligned} \qquad \begin{aligned} \log \operatorname{tg} \tfrac{1}{2}B &= 9.8818911 \\ \text{also } \log \operatorname{tg} A &= 9.9606304 \\ A &= 42^0\ 24'\ 25''; \end{aligned}$$

$$\begin{aligned} \log z\sqrt{\tfrac{1}{3}p} &= 9.8460061 \\ \text{dec.}\log \sin 2A &= 0.0017815 \\ \log z &= 9.8477876, \quad z = 0.704348 \end{aligned}$$

folglich $y = 1.037681$;

mithin nach 43)

$$\begin{aligned} \log m^2 &= 8.4882330 \\ \log y^2 &= 0.0321268 \\ \log \frac{m^2}{y^2} &= 8.4561062, \quad \frac{m^2}{y^2} = 0.028583 \\ 1 &= 0.028554 \\ x &= 0.000029, \end{aligned}$$

daher kann $\xi = 0.000000$

gesetzt, und die Rechnung braucht nicht wiederholt zu werden.

Weiter ist nach 44)

$$\log x = 5.4623980,$$

also $\log \sin \frac{1}{2}g = 7.7311990$, $\frac{1}{2}g = 0^0\ 18'\ 30''.7$

$$\begin{aligned} g &= 0\ \ 37\ \ 1.4 \\ \tfrac{1}{2}(f+g) &= 9\ \ 30\ \ 4.0 \\ \tfrac{1}{2}(f-g) &= 8\ \ 53\ \ 3.0; \end{aligned}$$

nach 45)

$$\begin{aligned} \log 2 &= 0.3010300 \\ \log m^2 &= 8.4882330 \\ \log \sqrt{rr'} &= 0.0526484 \\ \log\cos f &= 9.9772466 \\ \text{dec.}\log y^2 &= 9.9678732 \\ \text{dec.}\log\sin^2 g &= 3.9357548 \\ \log a &= 2.7227860, \end{aligned}$$

$$\begin{aligned} \log \sqrt{rr'} &= 0.0526484 \\ \log\sin f &= 9.4988689 \\ \text{dec.}\log\sin g &= 1.9678774 \\ \log b &= 1.5193947, \end{aligned}$$

$$\begin{aligned} \sin^2\tfrac{1}{2}(f-g) &= 0.023851 \\ tg^2\tfrac{1}{2}\omega &= 0.001577 \\ \log 0.025428 &= 8.4053122, \end{aligned}$$

$$\begin{aligned} \sin^2\tfrac{1}{2}(f+g) &= 0.027247 \\ tg^2\tfrac{1}{2}\omega &= 0.001577 \\ \log 0.028824 &= 8.4597542 \\ \log tg^2\tfrac{1}{2}\varphi &= 9.9455580 \\ \log tg\tfrac{1}{2}\varphi &= 9.9727790 \\ \tfrac{1}{2}\varphi &= 43^0\ 12'\ 20'' \\ \varphi &= 86\ \ 24\ \ 40 \\ \log e = \log\sin\varphi &= 9.9991475 \\ e &= 0.998039, \end{aligned}$$

und zur Prüfung

$$\begin{aligned} \log a &= 2.7227860 \\ \log\cos\psi &= 8.7965534 \\ \log b &= 1.5193394, \end{aligned}$$

daher im Mittel $\log b = 1.5193670$.

Ferner nach 47),

da
$$tg\tfrac{1}{2}(F-G) = \sin 2\omega_1 \cot\tfrac{1}{2}(f+g)$$
$$tg\tfrac{1}{2}(F+G) = \sin 2\omega_1 \cot\tfrac{1}{2}(f-g) \text{ ist,}$$

$$\begin{aligned} \log\sin 2\omega &= 8.5985326 \\ \log\cot\tfrac{1}{2}(f+g) &= 0.7763417 \\ \log tg\tfrac{1}{2}(F-G) &= 9.3748743, \quad \tfrac{1}{2}(F-G) = 13^0\ 20'\ 12''.6 \\ & \qquad F-G = 26\ \ 20\ \ 25.2, \end{aligned}$$

$$\begin{aligned} \log\sin 2\omega_1 &= 8.5985326 \\ \log\cot\tfrac{1}{2}(f-g) &= 0.8060057 \\ \log tg\tfrac{1}{2}(F+G) &= 9.4045383, \quad \tfrac{1}{2}(F+G) = 14^0\ 14'\ 32''.8 \\ & \qquad F+G = 28\ \ 29\ \ \ 5.6; \end{aligned}$$

also

$$F = 27^0\ 24'\ 45''.4$$
$$G = 1\ \ 4\ 20.2.$$

Nach 48)

$$V = 9^0\ 1'\ 38''.4 \qquad E = 0^0\ 27'\ 18''.8$$
$$V' = 45\ \ 47\ \ 52.4, \qquad E' = 1\ \ 41\ \ 21.6;$$

$\log e =$	9.9991475	$\log e =$	9.9991475
$\log \sin 1'' =$	4.6855749	$\log \sin 1'' =$	4.6855749
	5.3135726		5.3135726
$\log \sin E =$	7.9000963	$\log \sin E' =$	8.4695226
	3.2136689,		3.7830952,
$= 1635''.6 =$	$0^0\ 27'\ 15''.6$	$= 6068''.7 =$	$1^0\ 41\ \ 8''.7$
$E =$	0 27 18.8	$E' =$	1 41 21.6
$M =$	$0^0\ 54'\ 34''.4$	$M' =$	$3^0\ 22'\ 30''.3$,

$$M' = 3^0\ 22'\ 30''.3$$
$$M = 0\ \ 54\ \ 34.4$$
$$M_1 = 2^0\ 27'\ 55''.9 = 8875''.9$$

und zur Prüfung

$2g =$	$1^0\ 14'\ \ 2''.8$	$\log 2 =$	0.3010300
$2e \cos G \sin g =$	1 13 52.5	$\log e =$	9.9991475
$M_1 =$	$2^0\ 27'\ 55''.3$	$\log \cos G =$	9.9999230
		$\log \sin g =$	8.0321226
			8.3322231
		$\log \sin 1'' =$	4.6855749
		$\log (4432''.5) =$	3.6466482.

Ferner nach 49)

$\log b =$	1.5193670	$\log p =$	0.3159204
$\log \cos \psi =$	8.7965534	$\log (1 + e) =$	0.3006042
$\log p =$	0.3159204	$\log q =$	0.0153162,

und zur Prüfung

$$\cos f = 0.948957$$
$$e \cos F = 0.885974$$
$$\log 1.834931 = 0.2636197 \qquad \tfrac{1}{2}V' = 22^0\ 53'\ 56''.2$$
$$\log \sqrt{rr'} = 0.0526484$$
$$\text{dec.}\log \cos g = 0.0000252$$
$$\log p = 0.3162933,$$

$$\log r = 0.0181672 \qquad \log V' = 0.0871297$$

$$\log(1+e\cos V) = 0.2979180 \qquad \log(1+e\cos V') = 0.2293797$$

$$\text{dec.}\log(1+e) = \underline{9.6993958} \qquad \text{dec.}\log(1+e) = \underline{9.6993958}$$

$$\log q = 0.0154810 \qquad \log q = 0.0159052$$

daher im Mittel $\log p = 0.3161063$

$$\log q = 0.0153986,$$

also $\log \sqrt{q^3} = 0.0230979$

$$\log const = \underline{1.4378123}$$

$$1.4609102,$$

$$\log 3 = 0.4771212$$

$$\log tg\tfrac{1}{2}V = \underline{8.8973012} \qquad \log tg^3\tfrac{1}{2}V = 6.6919036$$

$$\log 3 tg\tfrac{1}{2}V = 9.3744224 \qquad tg^3\tfrac{1}{2}V = 0.0004919$$

$$= 0.236822$$

$$= \underline{0.0004919}$$

$$\log 0.2373139 = 9.3753230$$

$$\underline{1.4609102}$$

$$\log 6.8586 = 0.8362332, \quad t = 19.29985$$

$$\underline{-6.8586}$$

$$T = 12.44125,$$

$$\log 3 = 0.4771212$$

$$\log tg\tfrac{1}{2}V' = \underline{9.6257174} \qquad \log tg^3\tfrac{1}{2}V' = 8.8771522$$

$$\log 3 tg\tfrac{1}{2}V' = 0.1028386 \qquad tg^3\tfrac{1}{2}V' = 0.075362$$

$$= 1.26718$$

$$= \underline{0.075362}$$

$$\log 1.382542 = 0.1406777$$

$$\underline{1.4609102}$$

$$\log 39.9565 = 1.6015879, \quad t' = 51.28237$$

$$\underline{-39.95650}$$

$$T = 12.32587,$$

daher im Mittel $T = 12.38351$ Sept.,

ferner $V = 9^0\ 1'\ 38''.4 \qquad V' = 45^0\ 47'\ 52''.4$

$$v = \underline{65\ \ 51\ \ 44.5} \qquad v' = \underline{29\ \ 5\ \ 30.1}$$

$$\omega = 74^0\ 53'\ 22''.9, \qquad \omega = 74^0\ 53'\ 22''.5,$$

daher im Mittel $\omega = 74^0\ 53'\ 22''.5$.

Die übrige Rechnung für i, ☊, A, B, C, 'a, 'b und 'c erfolgt ganz nach 50) bis 53).

Anmerkung. Gauß hat noch drei andere Methoden gegeben, aus zwei Längen v, v' in der Bahn, den Abständen r, r' von der Sonne und den zugehörigen Zeiten t, t' die elliptischen Elemente annähernd zu bestimmen.

Nämlich

α) Man nehme ω (etwa aus der gefundenen parabolischen Bahn) als bekannt an, berechne

$$\operatorname{tg}\zeta = \left(\frac{r' + r}{r' - r}\right) \operatorname{tg}\tfrac{1}{2}(v' - v),$$

$$e = \frac{\cos\zeta}{\cos\tfrac{1}{2}(v' - v)\cos\{\omega - \tfrac{1}{2}(v + v') - \zeta\}}$$

$$K = r\{1 - e\cos(v - \omega)\} = r'\{1 - e\cos(v' - \omega)\}$$

und $a = \frac{K}{\cos\varphi^2}$, wenn $e = \sin\psi$ gesetzt worden.

Hierauf berechne man aus den wahren Anomalien die excentrischen und mittlern Anomalien und Längen, und hieraus, so wie aus der durch a gegebenen mittlern Bewegung auf doppelte Art die mittlere Länge für eine beliebige Epoche. Stimmen beide Längen überein, so ist ω richtig. Im entgegengesetzten Fall muß mit dem etwas geänderten ω die Rechnung wiederholt, und der wahre Werth von ω dann interpolirt werden. Dagegen müssen die übrigen Elemente aus dem corrigirten Werth von ω durch neue Rechnung gefunden werden.

β) Man nehme e als bekannt an, und bestimme

$$\operatorname{tg}\zeta = \left(\frac{r' + r}{r' - r}\right) \operatorname{tg}\tfrac{1}{2}(v' - v)$$

und ω aus

$$\cos\{\omega - \tfrac{1}{2}(v + v') - \zeta\} = \frac{\cos\zeta}{e\cos\tfrac{1}{2}(v' - v)},$$

wo, weil der Cosinus zweideutig ist, ω bereits beiläufig bekannt sein muß. — Die Methoden α) und β) sind nur vortheilhaft zu gebrauchen, sobald der vom Kometen durchlaufene Bogen schon sehr groß ist.

γ) Man bestimme ω und e aus den Gleichungen

$$\frac{e}{k}\sin\{\tfrac{1}{2}(v + v') - \omega\} = \frac{r - r'}{2rr'\sin\tfrac{1}{2}(v' - v)}$$

$$\frac{e}{k}\cos\{\tfrac{1}{2}(v + v') - \omega\} = \frac{2rr' - rk - r'k}{2rr'k\cos\tfrac{1}{2}(v' - v)},$$

wo

$$\gamma k = \left(\frac{v' - v}{M' - M}\right) \cdot \tfrac{1}{2}(r^2 + r'^2)$$

ist, in welcher Gleichung man $v' - v$ in Sekunden ausdrückt, und

$$\log(M' - M) = 3.5500073 + \log(t' - t)$$

setzt. Um hier k noch zu verbessern, bestimme man r' aus der Gleichung

$$\frac{1}{{}'r} = \tfrac{1}{2}\left(\frac{r + r'}{rr'}\right) + \left\{\tfrac{1}{2}\left(\frac{r + r'}{r'}\right) - \frac{1}{k}\right\} \frac{2\sin^2\tfrac{1}{2}(v' - v)}{\cos\tfrac{1}{2}(v' - v)}$$

und dann findet man den verbesserten Werth von

$$k = k\left\{1 + \frac{\tfrac{2}{3}[{}'r^2 - \tfrac{1}{2}(r^2 + r'^2)]}{r^2 + r'^2}\right\}^2.$$

Diese Methode ist sehr zweckmäßig in dem Fall anzuwenden, wenn $v' - v$ nicht zu groß ist. Alle übrige Rechnungen sind bei den Methoden β) und γ) die nämlichen, wie bei der Methode α).

§. 168. Wenn man die jetzt so erhaltene Bahn mit der Länge und Breite eines der übrigen Fundamentalörter des Kometen vergleicht; so zeigt sich dann, ob die der ganzen Bahnbestimmung zum Grund gelegten curtirten Abstände richtig waren, oder, was wohl am meisten der Fall sein wird, noch einiger Correctionen bedürfen.

Ist nun aber das Letztere der Fall, so bilde man, um die anzubringenden Correctionen auszumitteln, noch zwei Systeme von Elementen, und zwar ganz auf dieselbe Weise, wie es bei der ersten Verbesserung der gefundenen vorläufigen parabolischen Elemente geschah, und bestimme dann die verbesserte Bahn, wie in den §§. 163 und 164 gelehrt worden ist. So erhält man die erste vorläufig verbesserte elliptische Bahn, die nun dazu dient, diejenige Bahn zu erforschen, welche alle Fundamentalbeobachtungen so genau als möglich darstellt.

§. 169. Um dieß zu erreichen, hat sich Nicolai folgender Methode bedient.

Sei irgend eine der Fundamentalbeobachtungen in der nach dem Perihel erfolgten Zeit t angestellt worden; so berechne man die dazu gehörige Anomalie V nach folgenden Ausdrücken:

$$\alpha = \tfrac{75}{2}k\sqrt{\frac{1+9e}{5q^3}},\quad \beta = \frac{5(1-e)}{1+9e},\quad \gamma = \sqrt{\frac{5(1+e)}{1+9e}} \qquad 54),$$

welche Größen nur einmal zu berechnen, und wo $\log \tfrac{75}{2}k = 9.8096127$ ist;

$$\left.\begin{aligned} 75\,\mathrm{tg}\,\tfrac{1}{2}v + 25\,\mathrm{tg}\,v^3\,\tfrac{1}{2} &= \alpha t \\ A &= \beta\,\mathrm{tg}^2\,\tfrac{1}{2}v \\ \mathrm{tg}\,\tfrac{1}{2}v &= \frac{\gamma\,\mathrm{tg}\,\tfrac{1}{2}v}{\sqrt{1-\tfrac{4}{5}A}} \end{aligned}\right\} \qquad 55).$$

Hierauf bestimme man die Constanten

$$\left.\begin{aligned} K' &= \frac{\alpha t\cos^2\tfrac{1}{2}v}{75(1-\tfrac{4}{5}A)\,\mathrm{tg}\,\tfrac{1}{2}v}, & L' &= \frac{3}{2q} \\ M' &= \frac{9}{2(1+9e)}, & N' &= \frac{4}{(1+e)(1+9e)} \\ O' &= \frac{\tfrac{2}{5}A}{1-\tfrac{4}{5}A}, & P' &= \frac{10}{(1-e)(1+9e)} \\ Q' &= K'M' - N' - O'P' \end{aligned}\right\} \qquad 56),$$

so wie für jede einzelne Fundamentalbeobachtung

$$\left.\begin{aligned} G'' &= \frac{r}{q} - \frac{er^2 K' L' \sin^2 V}{p} \\ H'' &= \frac{2r^2 \sin^2 \frac{1}{2} V}{(1+e)p} + \frac{er^2 Q' \sin^2 V}{p} \\ J'' &= \frac{er^2 K' \sin^2 V}{pt} \end{aligned}\right\} \quad 57),$$

wo r, wie bisher, den Radius Vector des Kometen bezeichnet; ferner

$$\left.\begin{aligned} tg\,\varphi' &= \frac{tg(\alpha - \Omega)}{\cos i} \\ tg\,\psi' &= \sin(\alpha - \Omega)\,tg\,i \\ a' &= -\frac{\sin(\alpha - \Omega)\sin(\varphi' - u)}{\varrho \sin\varphi' \cos\delta} \\ b' &= \frac{r\sin(\alpha - \Omega)\cos(\varphi' - u)}{\varrho \sin\varphi' \cos\delta} \\ F' &= -\frac{r \sin i \sin u \sin(\alpha - \Omega)}{\varrho \cos\delta} \\ d' &= 1 + \frac{R\cos(L - \alpha)}{\varrho\cos\delta} \end{aligned}\right\} \quad 58),$$

und

$$\left.\begin{aligned} a'' &= -\frac{R \sin\delta \cos(L - \alpha)}{r\varrho} \\ b'' &= \frac{r}{\varrho} \sin i \cos(\alpha - \Omega)\cos(\varphi' - u)\cos(\psi' - \delta) \\ &\quad + \frac{r}{\varrho}\sin(\varphi' - u)\sin(\psi' - \delta) \\ F'' &= \frac{r \cos i \sin u \cos(\varphi' - \delta)}{\varrho \cos\psi'} \\ d'' &= \frac{R}{\varrho}\sin\delta\sin(L - \alpha) \end{aligned}\right\} \quad 59),$$

wo α, δ die geocentrische Länge und Breite, $u = \pm V + \omega - \Omega$ das Argument der Breite, und ϱ die Entfernung des Kometen von der Erde bedeuten.

Endlich berechne man auch

$$\left.\begin{aligned}
\mathfrak{A} &= -\left(a'J'' \mp \frac{b'K'\sin V}{t}\right)\\
\mathfrak{B} &= (a'G'' \pm b'K'L'\sin V)\\
\mathfrak{C} &= (a'H'' \mp b'Q'\sin V)\\
\mathfrak{A}' &= -\left(a''J'' \mp \frac{b''K'\sin V}{t}\right)\\
\mathfrak{B}' &= (a''G'' \pm b''K'L'\sin V)\\
\mathfrak{C}' &= (a''H'' \mp b''Q'\sin V)
\end{aligned}\right\} \quad 60),$$

so sind nun

$$\left.\begin{aligned}
d\alpha &= \mathfrak{A}.dT + \mathfrak{B}.dq + \mathfrak{C}.de + b'.d\omega + (d'-b').d\Omega + F'.di\\
d\delta &= \mathfrak{A}'.dT + \mathfrak{B}'.dq + \mathfrak{C}'.de + b''.d\omega + (d''-b'').d\Omega + F''.di
\end{aligned}\right\} \quad 61)$$

die für jeden Fundamentalort des Kometen entwickelten Bedingungsgleichungen, die nun, wenn man $d\alpha = 0$, $d\delta = 0$ gesetzt hat, nach der Methode der kleinsten Quadrate behandelt werden müssen, um aus ihnen die wahrscheinlichsten Correctionen dT, dq, de, $d\omega$, $d\Omega$ und di der elliptischen Elemente T, q, $e = \sin\varphi$, ω, Ω und i bestimmen zu können.

Hat man auf diese Weise die verbesserten Elemente erhalten, so bestimme man nun

$$\left.\begin{aligned}
\operatorname{tg} A &= -\frac{\cot\Omega}{\cos i}\\
a' &= \frac{\cos\Omega}{\sin A}\\
\operatorname{tg}\sigma &= \frac{\operatorname{tg} i}{\cos\Omega}\\
\operatorname{tg} B &= \frac{\sin\Omega\cos e'\sin\sigma}{\sin i\cos(\sigma+e')}\\
b' &= \frac{\cos e'\sin\Omega}{\sin B}\\
\operatorname{tg} C &= \frac{\sin\Omega\sin e'\sin\sigma}{\sin i\sin(\sigma+e')}\\
c' &= \frac{\sin e'\sin\Omega}{\sin C}
\end{aligned}\right\} \quad 62),$$

wo e' die Schiefe der Ekliptik bezeichnet, und man hat dann die verbesserten Coordinaten in Bezug auf den Aequator, sobald der Kürze wegen,

$$\left.\begin{array}{l}(1+e)\,a' = {}'a \\ (1+e)\,b' = {}'b \\ (1+e)\,c' = {}'c\end{array}\right\} \quad 63)$$

gesetzt worden,

$$\left.\begin{array}{l} x = \dfrac{{}'a \sin\{(A+\omega-\Omega)\mp V\}}{1+e\cos V} \\[2ex] y = \dfrac{{}'b \sin\{(B+\omega-\Omega)\mp V\}}{1+c\cos V} \\[2ex] z = \dfrac{{}'c \sin\{(C+\omega-\Omega)\mp V\}}{1+e\cos V} \end{array}\right\} \quad 64).$$

Als Beispiel ist Nicolai's Bahnbestimmung des zweiten Kometen von 1811 gewählt worden, das in Zach's Mon. Corr. B. XXVII. S. 204 ff. vorkommt.

Fünf Fundamentalorte waren gegeben:

Mittlere Zeit Göttingen.	Des Kometen scheinbare Rectascension.	Des Kometen scheinbare Declination.	Des Kometen scheinbare Länge.	Des Kometen scheinbare Breite.	☉	log R.
1811 Nov. 20.4311	66° 56′ 0″.0	−24° 18′ 10″.9	59° 27′ 51″.1	−45° 20′ 49″.8	237° 43′ 46″.2	9.9945063
Dec. 11.4361	63 33 7.2	− 8 39 41.0	59 39 1.2	−29 22 34.6	259 1 55.8	9.9931236
Dec. 29.4208	62 26 31.2	+ 6 11 19.8	61 37 18.3	−14 35 47.7	277 21 10.0	9.9926372
1812 Jan. 14.3685	63 48 2.3	+16 57 52.3	64 56 51.5	− 4 14 43.3	293 36 21.4	9.9928720
Febr. 6.9232	69 20 0.3	+27 22 43.6	71 39 25.4	+ 5 13 29.8	316 55 26.1	9.9941132

Hieraus fand Nicolai mittelst der Methode der kleinsten Quadrate folgende Parabel, die alle 5 Fundamentalorte so genau als möglich darstellte.

Epoche = 1811 Nov. 11.20868 Göttinger Mittl. Zeit
log q = 0.2009477
ω = 47° 31′ 59″.6
☊ = 92 54 32.6
i = 31 30 57.4.

Die sorgfältige Vergleichung dieser Elemente mit den obigen 5 Fundamentalorten gab folgende Differenzen:

	Länge.	Breite.
1811 Nov. 20	− 61″.2	+ 3″.4
Dec. 11	+ 6.4	+ 6.3
Dec. 29	+ 30.1	− 9.9
1812 Jan. 14	− 0.9	− 7.4
Febr. 6	− 96.2	+ 58.0.

Diese Differenzen zeigen, daß der Komet sich in einer Ellipse bewege, für welche Nicolai folgende Elemente fand:

Zeit des Perihels = 1811 Nov. 10.99807 M. Z. Göttingen
log q = 0.1991050
e = 0.9812054
ω = 47° 26′ 59″.2
☊ = 93 2 37.2
i = 31 15 47.2,

welche, mit obigen 5 Fundamentalörtern verglichen, folgende Differenzen gaben:

	Länge.	Breite.
1811 Nov. 20	+ 18″.4	+ 13″.0
Dec. 11	− 10.6	+ 9.9
Dec. 29	0.0	0.0
1812 Jan. 14	+ 2.9	− 16.5
Febr. 6	0.0	0.0.

Nicolai entwickelte nun für die 5 Fundamentalörter folgende Bedingungsgleichungen:

$$
\begin{aligned}
0 &= +\ 9''.2 - 3477''.7dT - 34935''dq + 8232''de + 1''.39586d\omega + 0''.06724d\Omega + 0''.42162di\\
0 &= +\ 6.5 - 1141.6dT + 52584\,dq + 2872\,de + 0.43031d\omega - 0.41565d\Omega - 0.55165di\\
0 &= -10.6 - 5559.2dT - 93144\,dq + 42579\,de + 2.27011d\omega + 0.19756d\Omega + 0.46993di\\
0 &= +\ 9.9 - 2242.2dT + 17089\,dq + 18652\,de + 0.83960d\omega - 1.06029d\Omega - 0.83648di\\
0 &= \quad 0.0 - 4255.2dT - 101779\,dq + 52328\,de + 1.77838d\omega + 0.21970d\Omega + 0.22223di\\
0 &= \quad 0.0 - 2056.7dT - 62712\,dq + 24396\,de + 0.88905d\omega - 1.06415d\Omega - 0.43480di\\
0 &= +\ 2.9 - 3309.3dT - 104873\,dq + 54230\,de + 1.43327d\omega + 0.22222d\Omega + 0.06556di\\
0 &= -16.5 - 1758.2dT - 101025\,dq + 23697\,de + 0.89026d\omega - 0.94531d\Omega - 0.12431di\\
0 &= \quad 0.0 - 1169.6dT - 52841\,dq + 25462\,de + 0.55168d\omega + 0.10383d\Omega - 0.04257di\\
0 &= \quad 0.0 - 651.5dT - 55795\,dq + 9040\,de + 0.40568d\omega - 0.37507d\Omega + 0.07317di,
\end{aligned}
$$

welche 10 Bedingungsgleichungen nach der Methode der kleinsten Quadrate behandelt, folgende 6 Finalgleichungen geben:

$$
\begin{aligned}
+0.00717di &= +\ 0''.60125\\
+1.32522di + 2.48763d\Omega &= -\ 1.098\\
-0.06510di - 0.11397d\Omega + 0.01357d\omega &= +\ 0.06216\\
-2.0141di - 0.16760d\Omega - 0.02017d\omega + 94928de &= -\ 18.99\\
-6.1335di - 0.4125d\Omega - 3.284d\omega - 400150de + 2031440dq &= -220.99\\
+1.6210di - 3.8231d\Omega + 36.4624d\omega + 840090de - 1725870dq - 87503dT &= +\ 16.73,
\end{aligned}
$$

aus welchen folgt

$$
\begin{aligned}
di &= +83''.86\\
d\Omega &= -45.11\\
d\omega &= +27.96\\
de &= +\ 0.00150543
\end{aligned}
$$

$$dq = +0.0004770$$
$$dT = +0.020030.$$

Man hat daher

Zeit des Perihels = 1811 Nov. 11.018105 M. Z. Göttingen

$$\log q' = 0.1992359$$
$$e = \sin 79^{\circ}\ 19'\ 49''.1 = 0.9827109$$
$$\omega' = 47^{\circ}\ 27'\ 27''.1$$
$$☊' = 93\ \ 1\ \ 52.1$$
$$i' = 31\ \ 17\ \ 11.0$$
$$a = 91.509.$$

Werden diese wahren elliptischen Elemente mit den 5 Fundamentalörtern vergleichen, so erhält man folgende Differenzen:

	Länge.	Breite.
1811 Nov. 20	+ 6″.6	− 2″.4
Dec. 11	− 8.3	+ 2.4
Dec. 29	+ 3.4	+ 2.0
1812 Jan. 14	+ 3.8	− 7.1
Febr. 6	− 3.1	+ 8.3,

wobei nur noch zu bemerken ist, daß die Fehler im ersten und letzten Fundamentalort in dem Verhältnisse des Werths dieser beiden Beobachtungen genommen sind.

Die Coordinaten in Beziehung auf den Aequator sind:

$$x = \frac{\overline{0.4284729}(137^{\circ}\ 58'\ 12''.8 \mp V)}{1 + e\cos V}$$

$$y = \frac{\overline{0.4737944}\sin(59^{\circ}\ 35'\ 9''.1 \mp V)}{1 + e\cos V}$$

$$z = \frac{\overline{0.2795364}\sin(355^{\circ}\ 21'\ 42''.6 \mp V)}{1 + e\cos V}$$

und die Constanten

$$\log\alpha = 9.6578685$$
$$\log\beta = 7.9435537$$
$$\log\gamma = 0.0015201.$$

§. 170. Weit vortheilhafter ist es jedoch, statt der Correctionen $d\alpha$ und $d\delta$ der geocentrischen Längen und Breiten unmittelbar die Correctionen der geocentrischen Rectascensionen und Declinationen zu gebrauchen; indem dieses Verfahren vor dem vorigen darin einen Vorzug hat, daß man auch unvollständige Beobachtungen, z. B. bloße Rectascensionen zur Correction der Elemente mit aufnehmen kann, und daß ein Beobachtungsfehler in der geocentrischen Rectascension oder Declination leichter entdeckt wird, anstatt daß dieser Fehler in der aus ihnen abgeleiteten geocentrischen Länge und Breite sich unter diese letztern vertheilt und folglich unbrauchbar macht.

Wenn die geocentrische Länge und Breite des Kometen mit $\overset{0}{\alpha}$ und $\overset{0}{\delta}$ bezeichnet wird; so berechne man der Reihe nach die Constanten

$$\left.\begin{aligned}
d\sigma &= \frac{\sin 2\sigma}{\sin i} \,.\, di + tg\,\sigma\, tg\,\sigma\, tg\,\Omega \,.\, d\Omega \\
dA &= \tfrac{1}{2}\sin 2A\, tg\, i \,.\, di - \sin 2A \,\mathrm{cosec}\, 2\Omega \,.\, d\Omega \\
dB &= \tfrac{1}{2}\sin 2B \cot\Omega + \tfrac{1}{2}\sin 2B \cos e' \,\mathrm{cosec}\,\sigma \sec(\sigma + e') \,.\, d\sigma \\
&\qquad - \tfrac{1}{2}\sin 2B \cot i \,.\, di \\
dC &= \tfrac{1}{2}\sin 2C \cot\Omega + \tfrac{1}{2}\sin 2C \sin e' \,\mathrm{cosec}\,\sigma \,\mathrm{cosec}(\sigma + e') \,.\, d\sigma \\
&\qquad - \tfrac{1}{2}\sin 2C \cot i \,.\, di \\
da' &= \frac{a'}{q} \,.\, \left(dq - tg\,\Omega \,.\, d\Omega - \cot A \,.\, dA\right) \\
db' &= \frac{b'}{q} \,.\, \left(dq + \cot\Omega \,.\, d\Omega - \cot B \,.\, dB\right) \\
dc' &= \frac{c'}{q} \,.\, \left(dq + \cot\Omega \,.\, d\Omega - \cot C \,.\, dC\right) \\
d'a &= a' \,.\, de + (1+e) \,.\, da' \\
d'b &= b' \,.\, de + (1+e) \,.\, db' \\
d'c &= c' \,.\, de + (1+e) \,.\, dc'
\end{aligned}\right\} 65),$$

wo σ, A, B, C, a', b', c', 'a, 'b und 'c, so wie e', die bereits in 62) und 63) vorgekommenen Größen bedeuten. Nachdem man nun in 65) die Größen $d\sigma$, dA, dB u. s. w. successive stets in die folgenden sie enthaltenden Gleichungen substituirt hat, so erhält man dann für die für d'a, d'b und d'c gegebenen Ausdrücke die Form

$$d'a = \mathfrak{A}_{,} \cdot di + \mathfrak{B}_{,} \cdot d\Omega + \mathfrak{C}_{,} \cdot dq + D_{,} \cdot de$$
$$d'b = \mathfrak{A}_{,,} \cdot di + \mathfrak{B}_{,,} \cdot d\Omega + \mathfrak{C}_{,,} \cdot dq + D_{,,} \cdot de$$
$$d'c = \mathfrak{A}_{,,,} \cdot di + \mathfrak{B}_{,,,} \cdot d\Omega + \mathfrak{C}_{,,,} \cdot dq + D_{,,,} \cdot de.$$

Sind also diese 3 letzten Gleichungen wirklich entwickelt, so berechne man jetzt

$$dV = \left(\frac{K'}{t} \cdot dt - K'L' \cdot dq + Q' \cdot de\right) \sin v \qquad 66),$$

wo K', L' und Q' die schon in 56) vorgekommenen Größen sind. Ist so dV bekannt, so bestimme man noch dx, dy und dz durch die Formeln

$$\left.\begin{aligned} dx &= \frac{x}{a} \cdot d'a + x \cot\{(A+\omega-\Omega) \mp V\} \cdot (dA + d\omega - d\Omega \mp dV) \\ &\quad - \frac{x}{e} tg \tfrac{1}{2}V \cot V \cdot de + x \, tg \tfrac{1}{2}V \cdot dV \\ dy &= \frac{y}{b} \cdot d'b + y \cot\{(B+\omega-\Omega) \mp V\} \cdot (dB + d\omega - d\Omega \mp dV) \\ &\quad - \frac{y}{e} tg \tfrac{1}{2}V \cot V \cdot de + y \, tg \tfrac{1}{2}V \cdot dV \\ dz &= \frac{z}{c} \cdot d'c + z \cot\{(C+\omega-\Omega) \mp V\} \cdot (dC + d\omega - d\Omega \mp dV) \\ &\quad - \frac{z}{e} tg \tfrac{1}{2}V \cot V \cdot de + z \, tg \tfrac{1}{2}V \cdot dV \end{aligned}\right\} 67).$$

Hat man diese für dx, dy, dz gegebenen Formeln so numerisch entwickelt, daß in ihnen die Werthe der Größen d'a, d'b, d'c und dV aus 65) und 66) substituirt sind; so setze man nachher die so gefundenen Werthe von dx, dy und dz in die beiden Gleichungen

$$\left.\begin{aligned} d\overset{0}{\alpha} &= \frac{\cos \overset{0}{\alpha}}{\varrho \cos \overset{0}{\delta}} \cdot dy - \frac{\sin \overset{0}{\alpha}}{\varrho \cos \overset{0}{\delta}} \cdot dx \\ d\overset{0}{\delta} &= \frac{\cos \overset{0}{\delta}}{\varrho} \cdot dz - \frac{\sin \overset{0}{\alpha} \sin \overset{0}{\delta}}{\varrho} \cdot dy - \frac{\cos \overset{0}{\alpha} \sin \overset{0}{\delta}}{\varrho} \cdot dx \end{aligned}\right\} 68),$$

welche Gleichungen dann dieselbe Form, wie die in 61), erhalten und ebenfalls die Correctionen dT, dq, de, dω, dΩ und di enthalten werden. Um diese Correctionen bestimmen zu können, müssen d$\overset{0}{\alpha}$ und d$\overset{0}{\delta}$ gleich Null, und alle so gebildete Bedingungsgleichungen nach der Methode der kleinsten Quadrate behandelt werden.

Anmerkung. Bisweilen wird sich der Fall ereignen, daß am Ende aller dieser Rechnungen die Differenzen der beobachteten und der berechneten elliptischen Oerter des Kometen dennoch eben so ungewöhnlich groß und sprungweise bleiben, als es bei der parabolischen Bahn der Fall war. Dann ist es nicht unwahrscheinlich, daß der Komet sich in einer Hyperbel bewege. Für diesen, freilich sehr seltenen, Fall ist in Bezug auf die Hyperbel die Berechnung so einfach nach Gauß's Vorschrift, daß diese kleine Mühe nicht abzuschrecken braucht. Sie läßt sich überdem bei einer nur geringen Excentricität noch beträchtlich abkürzen. Es ist nämlich mit den von Gauß gewählten Zeichen in aller Strenge

$$\sin\tfrac{1}{2}v = \frac{\gamma \sin\frac{1}{2}\omega}{\sqrt{(1 + C\cos\frac{1}{2}\omega^2)}},$$

$$\cos\tfrac{1}{2}v = \sqrt{\left\{\frac{1 + \frac{4}{5}A + C}{1 + C\cos\frac{1}{2}\omega^2}\right\}}\cos\tfrac{1}{2}\omega,$$

woraus sogleich folgt

$$\sin\tfrac{1}{2}(v - \omega) = \tfrac{1}{2}\sin\omega\left\{\frac{\gamma - \sqrt{(1 + \frac{4}{5}A + C)}}{\sqrt{(1 + C\cos\frac{1}{2}\omega^2)}}\right\},$$

$$\operatorname{tg}\tfrac{1}{2}(v - \omega) = \frac{-\frac{4}{5}\beta\operatorname{tg}\frac{1}{2}\omega - \frac{1}{2}C\sin\omega}{1 + \gamma\sqrt{(1 + \frac{4}{5}A + C)} + C\cos\frac{1}{2}\omega^2}.$$

Da ω z. B. bei dem merkwürdigen Kometen von 1824 kaum über 90° geht, so wird es erlaubt sein, die höhern Potenzen von **A**, und um so mehr **B** und **C**, zu vernachläßigen. Hieraus erhält man

$$v = \omega - \tfrac{4}{5}\beta\operatorname{tg}\omega.$$

Streng entwickelt würde das nächste Glied sein

$$-\beta^2\sin\omega\left\{\frac{14 - 10\operatorname{tg}\frac{1}{2}\omega^2}{175}\right\},$$

wo der Coefficient von β^2 im ersten Quadranten einen größten Werth hat, wenn $\omega = 63^\circ\ 6'\ 30''$. Er wird dann in Secunden ausgedrückt = 13222. Dieselbe Größe erreicht er erst wieder, wenn $\omega = 103^\circ\ 8'\ 10''$, und wächst späterhin immer. Bei der nach Encke angenommenen Excentricität beträgt dieser größte Werth $0''.1195$ der wahren Anomalie, und $\omega = 103^\circ\ 8'\ 10''$ entspricht einer Zeit von 170 Tagen. Erlaubt man sich sogleich diese unbedeutende Vernachlässigung, so braucht man nur zu der mit α, dessen log = 9.9286990, als Log. der täglichen Bewegung aus Barker's Tafel gefundenen wahren Anomalie

$$-\ 496''.13\ \operatorname{tg}\tfrac{1}{2}\omega$$

hinzuzufügen, um die hyperbolische Anomalie zu erhalten.

Noch genauer und eben so leicht erhält man den Radius Vector. Es ist nach Gauß

$$r = \frac{1 + \frac{4}{5}A + C}{1 - \frac{1}{5}A + C}\cdot\frac{q}{\cos\frac{1}{2}v^2},$$

$$= \frac{1 + C\cos\frac{1}{2}\omega^2}{1 - \frac{1}{5}A + C}\cdot\frac{q}{\cos\frac{1}{2}\omega^2},$$

oder

$$\log r = \log\frac{q}{\cos\frac{1}{2}\omega^2} + \tfrac{1}{5}\beta\operatorname{tg}\tfrac{1}{2}\omega^2 - \frac{9 - 16\cos\frac{1}{2}\omega^2}{350}\beta^2\operatorname{tg}\tfrac{1}{2}\omega^4.$$

Der Coefficient von β^2 hat, absolut genommen, ein Maximum, wenn $\omega = 69^\circ\ 41'$; indessen steigt sein Werth, noch ehe $\omega = 90^\circ$ wird, wiederum höher, und für die obige Grenze von $\omega = 103^\circ\ 8'\ 10''$ wird sein Werth für den briggischen Logarithmus in Einheiten der siebenten Decimale = 89974. Für den gegenwärtigen Werth von β beträgt der Fehler bis dahin höchstens 0.813, oder noch keine volle Einheit. Man erhält also den Logarithmus des hyperbolischen Radius Vector, wenn man zu dem Logar. des parabolischen von ω legt

$$+ 2611 \text{ tg } \tfrac{1}{2}\omega^2$$

Einheiten der siebenten Decimale.

Um die Zeiten, in welchen Parabel und Hyperbel am stärksten sich trennen, bemerklich zu machen, fügte Encke der folgenden kleinen, in der Hyperbel berechneten, Ephemeride die beiläufigen Differenzen der Parabel hinzu.

Seeberg $9^h\ 16'$.		AR Kom.		Decl Kom.		log Δ.	Differenz der Parabel AR.			Declination.		
October	1	227°	27'	53°	1'	9.9751	—	1'	15"	—	'	25"
	5	225	51	54	19	9.9752	—	1	34	—	0	32
	9	224	11	55	38	9.9738	—	2	4	—	0	45
	13	222	25	56	59	9.9710	—	2	47	—	1	4
	17	220	33	58	23	9.9666	—	3	39	—	1	32
	21	218	30	59	52	9.9609	—	4	36	—	1	57
	25	216	14	61	25	9.9538	—	5	39	—	2	22
	29	213	39	63	5	9.9454	—	6	46	—	3	3
Novbr.	2	210	37	64	54	9.9361	—	8	4	—	3	46
	6	206	55	66	51	9.9258	—	9	32	—	4	40
	10	202	14	68	57	9.9150	—	11	3	—	5	41
	14	196	0	71	8	9.9040	—	12	28	—	6	39
	18	187	24	73	18	9.8931	—	12	5	—	7	38
	22	175	22	75	13	9.8831	—	8	40	—	8	49
	26	158	59	76	27	9.8745	—	1	50	—	9	50
	30	139	27	76	25	9.8683	+	8	32	—	10	15
Decbr.	4	120	47	74	48	9.8652	+	17	44	—	10	40
	8	106	6	71	48	9.8658	+	21	6	—	10	33
	2	95	45	67	51	9.8709	+	20	44	—	10	26
	16	88	38	63	24	9.8806	+	19	20	—	11	10
	20	83	42	58	47	9.8949	+	16	49	—	11	54
	24	80	14	54	12	9.8131	+	15	6	—	12	50
	28	77	47	49	50	9.9351	+	13	32	—	13	45
Januar	1	76	4	45	46	9.9596	+	12	0	—	14	40.

§. 171. Wie die Originalbeobachtungen eines Kometen am ausführlichsten und zweckmäßigsten nieder zu schreiben, und in systematischer Reihenfolge zu ordnen sind; kann man aus folgenden zwei mitgetheilten Bruchstücken aus den Tagebüchern der Altonaer und Wiener Sternwarte zur Genüge ersehen.

Beobachtungen des Kometen von 1824 am Kreismikrometer auf der Sternwarte in Altona.

Das Fernrohr, mit dem diese Beobachtungen gemacht sind, ist von Fraunhofer. Das Kreismikrometer mit zwei Ringen ist gebraucht; man hat nur noch Ein- und Austritt in den äußern Rand eines jeden Ringes beobachtet, wodurch bei der langsamen Bewegung des Kometen bedeutend an Zeit gewonnen ward, da in derselben Zeit doppelt so viel Beobachtungen erhalten wurden, als wenn man nur den innern Rand beobachtet hätte. Freilich garantirt Fraunhofer nur die vollkommen runde Gestalt des innern Ringes; doch sind die Fehler, die man bei dem äußern Rande, wegen des Mangels der Kreisgestalt, begehen kann, geringer als die, welche man wegen der unbestimmten Gestalt des Kometen ausgesetzt ist.

1824 November 22.

Die zu den heutigen Kometenbeobachtungen gebrauchte Uhr war Arnold 97. Stand um

$23^h\,30' \ldots -15'\,43''.8$
$3\;\;40 \ldots -15\;\;44.3$ } gegen Sternzeit.

Erste Beobachtung.

	Aeußerer Ring		Innerer Ring	
	äuß. Rand.	inner. Rand.	äuß. Rand.	inner. Rand.
Stern (1)	—	—	$1^h\,17'\;\;2''.0$	$1^h\,18'\;\;0''.0$
	—	—	20 0.0	19 1.0
Komet	—	—	1 21 45.5	1 23 1.2::
	—	—	26 48.8	25 38.0

Stern (1) nördlich. Komet nördlich.

Zweite Beobachtung.

Komet	$1^h\,28'\;\;1''.7$	$1^h\,29'\;\;8''.5$	—	—
	35 41.0	34 25.8	—	—
Stern b	1 29 17.0	1 29 38.5	$1^h\,32'\;\;2''.2$	$1^h\,32'\,26''.0$
	39 35.0	39 12.5	36 52.5	36 28.3

Komet nördlich. Stern b nördlich.

Dritte Beobachtung.

Komet	$1^h\,40'\,22''.3$	$1^h\,41'\;\;2''.9$	$1^h\,42'\,59''.5$	$1^h\,43'\,43''.9$
	51 28.0	50 45.2	48 53.6	48 10.0
Stern a	1 45 49.2	1 46 49.0	—	—
	50 39.5	49 38.8	—	—

Komet etwas nördlich. Stern ganz nördlich.

Vierte Beobachtung.

	Aeußerer Ring		Innerer Ring	
	äuß. Rand.	inner. Rand.	äuß. Rand.	inner. Rand.
Komet	2^h 31′ 21″.0	2^h 32′ 2″.4	2^h 34′ 13″.8	2^h 34′ 57″.5
	42 5.0	41 5.2	39 12.4	38 19.5
Stern a	2 34 57.5	2 35 26.2	———	———
	43 52.5	43 23.7	———	———
Stern b	2 36 23.7	2 36 58.5	———	———
	43 23.7	42 49.7	———	———

Komet südlich. Stern a nördlich. Stern b nördlich.

Fünfte Beobachtung.

	Aeußerer Ring		Innerer Ring	
	äuß. Rand.	inner. Rand.	äuß. Rand.	inner. Rand.
Komet	3^h 1′ 9″.7	3^h 1′ 51*″.5::	3^h 4′ 0″.8	3^h 4′ 32″.2
	12 4**″.5::	11 11.0	9 10.9	8 23.2
Stern a	3 5 32.5	3 6 2.4	———	———
	13 41.5	13 10.5	———	———
Stern b	3 7 14.5	3 7 59.5	———	———
	12 55.2	12 10.5	———	———

Komet südlich. Stern a nördlich. Stern b nördlich.

Sechste Beobachtung.

	Aeußerer Ring		Innerer Ring	
	äuß. Rand.	inner. Rand.	äuß. Rand.	inner. Rand.
Stern (1)	3^h 15′ 9″.0	3^h 15′ 31″.9	3^h 17′ 45″.8	3^h 18′ 7″.8
	25 58.5	25 34.4	23 24.0	23 2.4
Komet	3 19 49.0	3 20 26.5	3 22 51.0	3 23 9.5
	30 35.2	29 41.5	27 45.7	26 58.2
Stern a	3 24 19.3	3 24 50.5	———	———
	32 33.0	32 2.9	———	———
Stern b	———	3 26 44.3	———	———
	———	31 6.0	———	———

Stern (1) durch die Mitte sehr wenig südlich.
Stern a nördlich. Stern b nördlich.

Hansen hat daraus berechnet:

*) 2″ zu spät.
**) 2″ zu spät.

M. Z.	AR des Kometen.		
9h 1′ 31″.6	=(1)+1° 26′ 54″.4		
9 9 1.6		=b—39′ 17″.2	
9 23 5.6			=a—34′ 36″.0
10 13 44.8		=b—47 41.3	=a—40 25.2
10 43 31.1		=b—52 39.0	=a—45 34.5
11 2 3.5		=b—56 19.5	=a—49 9.0.

Declination des Kometen.

9h 1′ 31″.8	= (1) + 1′ 16″.8		
10 13 44.8		=b+22′ 30″.4	=a+18′ 17″.1
10 43 31.1		=b+23 30.0	=a+19 14.9
11 2 3.5		=b+23 21.6	=a+19 7.6.

Aus Beobachtungen am Meridiankreise am 24. und 27. November fand man die mittlern Orte der 3 zur Vergleichung gebrauchten Sterne für den Anfang von 1824:

	AR.	δ
(1)	173° 55′ 34″.4	75° 3′ 5″.5
a	175 53 41.1	74 48 30.5
b	176 0 51.6	74 44 23.4,

woraus für die Zeit der Kometenbeobachtung die scheinbaren Oerter folgen:

(1)	173° 56′ 11″.6	75° 2′ 24″.7
a	175 54 13.6	74 47 50.0
b	176 1 24.1	74 43 42.9.

Also die Resultate:

M. Z.	AR. des Kom.	δ des Kom.
9h 1′ 31″.8	175° 23′ 6″.0	75° 3′ 40″.5
9 9 1.6	175 22 6.9	
9 23 5.6	175 19 37.6	
10 13 44.8	175 13 42.8	75 6 13.3
10 13 44.8	48.4	7.1
10 43 31.1	175 8 45.1	75 7 12.9
10 43 31.1	39.1	4.9
11 2 3.5	175 5 5.6	75 7 4.5
11 2 3.5	4.6	6 57.6
	4.6	

Beobachtungen des Kometen von 1824 in Wien.

Tag. 1824.	Mittlere Zeit.	Verglich. Sterne.	Diff. in AR.	Diff. in Declin.	Des Kometen scheinb. AR.	Des Kometen scheinb. Decl.	Anmerkungen.
August 28	9h 59′ 58″.65	XV. n. 8	+ 0h 14′ 11″.9	+ 23′ 5″.60	16h 5′ 31″.27	40° 35′ 58″.01	Die beiden Sterne sind aus Bode's Uran., aus folg. aus Piazzi.
		XV. n. 13	+ 9 37.0	+ 4 31.50	5 34.73	35 36.59	
29	9 59 4.93	XIV. n. 259	+ 1 8 13.0	— 2 31.30	16 3 33.28	41 2 51.95	n. 147 ist für d. Decl. nicht taugl. weil er bein. central durchging.
		XV. n. 147	+ 0 32 1.7		3 33.97		
30	9 20 32.12	XV. n. 108	+ 37 1.6	+ 4 29.30	16 1 39.58	41 30 46.61	
		XV. n. 112	+ 36 8.9	— 1 6.00	1 39.61	29 2.07	
Septbr. 1	8 46 46.58	XVI. n. 105	— 24 57.4	+ 1 30.70	15 57 56.15	42 18 3.98	
	9 21 14.63	XVI. n. 105	— 24 59.6	+ 1 59.00	57 53.95	18 32.28	
2	8 47 14.13	XV. n. 211 et 226	+ 9 29.60	— 13 46.38	15 56 5.43	42 43 13.43	
			+ 6 29.80	— 21 47.41	56 6.54	43 16.32	
	9 20 1.95	XV. n. 211 et 226	+ 9 26.20	— 13 47.48	56 2.03	43 12.33	
			+ 6 26.70	— 21 55.31	56 3.44	43 8.42	
3	9 29 29.59	XV. n. 211 et 226	+ 7 38.4	+ 11 28.53	15 54 14.20	43 8 28.34	Der Komet war sehr schwach.
			+ 4 38.0	+ 3 18.24	54 14.71	8 21.97	
	40 15.12	XV. n. 211 et 226	+ 7 38.0	+ 11 34.83	54 13.80	8 34.64	
			+ 4 37.1	+ 3 30.04	54 13.81	8 33.77	
	51 34.57	XV. n. 211 et 226	+ 7 37.1	+ 12 12.83	54 12.90	9 12.64	
			+ 4 35.6	+ 4 12.34	54 12.31	9 16.07	
4	10 3 0.44	XV. n. 211 et B	+ 3 39.2	— 4 35.50	15 52 26.30	43 34 49.63	5″ in Zeit östlich, und 10″ nördlich ein Stern XIIter Größe noch im Barte des Kometen.
			— 0 10.2	— 8 43.30	52 26.77	34 36.47	
	10 31.40	XV. n. 211 et B	+ 3 37.8	— 4 53.50	52 25.00	34 31.63	
			— 0 11.8	— 8 49.20	52 25.17	34 30.57	
	18 4.46	XV. n. 211 et B	+ 3 37.2	— 4 4.10	52 24.40	35 21.03	
			— 0 12.2	— 7 59.00	52 24.77	35 20.77	

§. 172. Viel einfacher werden alle vorhergehende Rechnungen, wenn man die Bahn des entdeckten Himmelskörpers entweder kreisförmig oder geradlinig annimmt, Voraussetzungen, von denen die erstere bei Bahnen mit geringer Excentricität, die letztere aber überhaupt für eine vorläufige rohe Bestimmung aus zwei- oder dreitägigen Beobachtungen nach der Entdeckung oft gute Dienste leisten werden, wäre es auch nur, um das Gestirn nach trüber Witterung leichter wieder aufsuchen zu können.

Setzt man die Bahn als kreisförmig voraus, so berechne man, wenn alle frühern Bezeichnungen auch hier beibehalten werden, und zwei Beobachtungen vorhanden sind, erstlich die Hilfsgrößen

$$\left.\begin{aligned} A &= R\cos\delta\cos(L-\alpha) \\ A' &= R'\cos\delta'\cos(L'-\alpha') \\ B &= 2R'\cos\delta\cos(L-\alpha) \\ B' &= 2R\cos\delta'\cos(L'-\alpha') \\ \operatorname{tg} C &= \cos(\alpha-\alpha')\cot\delta \end{aligned}\right\} \quad 69),$$

ferner

$$\left.\begin{aligned} \sin m &= \frac{1}{a}\sqrt{(R+A)(R-A)} \\ \varrho &= a\cos m - A \\ \sin m' &= \frac{1}{a}\sqrt{(R'+A')(R'-A')} \\ \varrho' &= a\cos m' - A' \\ k^2 &= 2a^2 - 2\varrho\varrho\sin\delta\sin(C+\delta')\sec C \\ &\quad - B\varrho - B'\varrho' - 2RR'\cos(L-L') \end{aligned}\right\} \quad 70),$$

und

$$-\tfrac{1}{2}\frac{k}{a} - \sin\frac{\tfrac{1}{2}\mu t}{a\sqrt{a}} = 0 \qquad 71);$$

wo $\mu = 3548''.19$ und t die Zwischenzeit der beiden Beobachtungen ist, welche letzte Gleichung die Bedingungsgleichung ist, und zeigen wird, ob man in den Ausdrücken 70) den willkürlichen Werth von a richtig angenommen hat oder nicht. Im letztern Fall mache man einige neue Hypothesen für a, wiederhole die Rechnung nach 70) und 71) so lange, bis die Bedingungsgleichung 71) wirklich erfüllt wird, wobei man sich des S. 234 und 235 (§. 136) aufgestellten Verfahrens mit großem Vortheil bedienen kann.

Hat man so a, ϱ und ϱ', dann ist, wenn μ' die tägliche Bewegung des Himmelskörpers in Sekunden ausgedrückt bezeichnet,

$$\mu' = \frac{\mu}{a\sqrt{a}}$$

ferner

$$\left.\begin{aligned} \sin\beta &= \frac{\varrho}{r}\sin\delta \\ \sin(L-\lambda) &= \frac{\varrho\cos\delta\sin(L-\alpha)}{r\cos\beta} \\ \sin\beta' &= \frac{\varrho'}{r'}\sin\delta' \\ \sin(L'-\lambda') &= \frac{\varrho'\cos\delta'\sin(L'-\alpha')}{r'\cos\beta'} \end{aligned}\right\} \quad 72),$$

und endlich

$$\left.\begin{aligned} \sin i &= \frac{\sin\beta}{\sin u} \\ tg(\lambda-\Omega) &= \cos i\, tg\, u \end{aligned}\right\} \quad 73),$$

wo u das Argument der Breite ist, oder i und ☊ finden sich durch die Ausdrücke

$$\left.\begin{aligned} tg\, i \sin(\lambda-\Omega) &= \pm\, tg\beta \\ tg\, i\cos(\lambda-\Omega) &= \pm\frac{tg\beta' - tg\beta\cos(\lambda'-\lambda)}{\sin(\lambda'-\lambda)} \end{aligned}\right\} \quad 74),$$

wo die untern Zeichen gelten, sobald die Bewegung des Gestirns retrograd, d. h. sobald $\lambda' < \lambda$ ist.

Beispiel. Man beobachtete die Vesta

1807	α	δ
24. Apr. 9^h 5′ 16″.5 mittl. Zeit Paris	174° 7′ 33″.2	+11° 37′ 24″.1
29. „ 8 43 42.2 „ „ „	173 44 21.3	+11 19 42.6.

Für diese beiden Zeiten hat man

$L = 213^\circ\ 42'\ 55''.5 \qquad \log R = 0.0028540$

$L' = 218\ \ 33\ \ 22.4 \qquad \log R' = 0.0034240;$

also nach 69)

$$t = 4.9850197$$
$$\log A = 9.8807012$$
$$\log A' = 9.8457471$$
$$\log B = 0.1492157$$
$$\log B' = 0.1797447$$
$$C = 78^0\ 22'\ 34''.97,$$

und nach 70)

$$\log \sqrt{(R+A)(R-A)} = 9.8197078$$
$$\log \sqrt{(R'+A')(R'-A')} = 9.8598422$$
$$\log 2 \frac{\sin \delta \sin (C+\delta')}{\cos C} = 0.3010147$$
$$2RR' \cos(L-L') = 0.0218832.$$

Sei nun in einer ersten Hypothese $a = 2$, so erhält man

$$m = 19^0\ 16'\ 34''.8$$
$$m' = 21\ \ 13\ \ 42.2$$
$$\log \varrho = 0.0523367$$
$$\log \varrho' = 0.0656700$$
$$k^2 = 0.0035973$$
$$\log \frac{k}{2a} = 8.1759283$$
$$\log \sin \frac{\mu t}{2a\sqrt{a}} = 8.1806569, \text{ folglich}$$
$$\text{der Fehler} = 0.0047286.$$

Sei daher in einer zweiten Hypothese $a = 2.2$, so erhält man

$$m = 17^0\ 27'\ 51''.85$$
$$m' = 19\ \ 13\ \ 6.14$$
$$\log \varrho = 0.1267106$$
$$\log \varrho' = 0.1387286$$
$$k^2 = 0.0033423$$
$$\log \frac{k}{2a} = 8.1185700$$
$$\log \sin \frac{\mu t}{2a\sqrt{a}} = 8.1185717, \text{ folglich}$$
$$\text{der Fehler} = 0.0000017.$$

Damit erhält man das

verbesserte $a = 2.2000755$, $\log a = 0.3424376$,

und damit

$$\log \varrho = 0.1267373$$
$$\log \varrho' = 0.1387549.$$

Endlich erhält man nach 72) bis 74)

$$\begin{aligned}
\lambda &= 191^0\ 12'\ 39''.1 \\
\lambda' &= 192\ \ 43\ \ 38.9 \\
\beta &= +7\ \ 2\ \ 33.9 \\
\beta' &= +7\ \ 3\ \ 33.1 \\
i &= 7\ \ 4\ \ 45.0 \\
\Omega &= 107\ \ 3\ \ 17.8.
\end{aligned}$$

§. 173. Setzt man die Bahn als geradlinig voraus, so berechne man, wenn drei Beobachtungen vorhanden sind, zuerst die Hilfsgrößen

$$\left.\begin{aligned}
A &= \operatorname{tg}\delta\sin(\alpha''-\alpha') - \operatorname{tg}\delta'\sin(\alpha''-\alpha) + \operatorname{tg}\delta''\sin(\alpha'-\alpha) \\
B &= \operatorname{tg}\delta'\sin(L-\alpha'') - \operatorname{tg}\delta''\sin(L-\alpha') \\
C &= \operatorname{tg}\delta'\sin(L'-\alpha'') - \operatorname{tg}\delta''\sin(L'-\alpha') \\
D &= \operatorname{tg}\delta'\sin(L''-\alpha'') - \operatorname{tg}\delta''\sin(L''-\alpha') \\
E &= \operatorname{tg}\delta\sin(L'-\alpha') - \operatorname{tg}\delta'\sin(L'-\alpha) \\
\delta_1 &= \left(\frac{t''-t}{t''-t'}\right)\frac{CR'}{A} - \left(\frac{t'-t}{t''-t'}\right)\frac{DR''}{A} - \frac{BR}{A} \\
\delta_1'' &= \delta\left(\frac{t''-t'}{t'-t}\right)\frac{E}{C}
\end{aligned}\right\}\ 75).$$

Dann finden sich die Größen r, λ und β für die erste und dritte Beobachtung durch die Gleichungen

$$\left.\begin{aligned}
r\cos\beta\cos\lambda &= \delta_1\cos\alpha + R\cos L \\
r\cos\beta\sin\lambda &= \delta_1\sin\alpha + R\sin L \\
r\sin\beta &= \delta_1\operatorname{tg}\delta \\
r''\cos\beta''\cos\lambda'' &= \delta_1''\cos\alpha'' + R''\cos L'' \\
r''\cos\beta''\sin\lambda'' &= \delta_1''\sin\alpha'' + R''\sin L'' \\
r''\sin\beta'' &= \delta_1''\operatorname{tg}\delta''
\end{aligned}\right\}\ 76),$$

so wie die Größen i und Ω durch die Formeln 74).

Ein Beispiel ist, wegen der Einfachheit dieser Ausdrücke, überflüssig.

Dreizehntes Capitel.

Von der Vorausberechnung der Sternbedeckungen vom Monde.

§. 174. Da die Beobachtungen der Sternbedeckungen vorzüglich dienen, die geographische Länge eines Orts oder den Mittagsunterschied zweier Orte genau zu bestimmen; so muß auch die Aufnahme eines Verzeichnisses aller, in einem gewissen Jahr vorfallenden, Sternbedeckungen in die astronomischen Ephemeriden, z. B. in das Berliner Jahrbuch, auf eben dieses gewisse Jahr allen beobachtenden Astronomen sehr erwünscht sein. Indeß ist ein solches Verzeichniß nur für diejenigen Beobachter unmittelbar brauchbar, welche in oder nahe bei dem Ort, für welchen jenes Verzeichniß jährlich entworfen wird, ihre Beobachtungen machen; denn für entferntere Gegenden stellen sich die Sternbedeckungen, da sie nur scheinbare Phänomene sind, mehr oder weniger anders dar. Es muß folglich jeder practische Astronom von einer künftig eintretenden Sternbedeckung die Zeiten des Ein- und Austritts, so wie die Punkte des Mondsrands, an denen jene erfolgen, für seinen Ort näherungsweise schon voraus wissen, damit seine Aufmerksamkeit nicht durch zu langes Warten geschwächt und durch Unsicherheit über den Ort vertheilt werde.

§. 175. Zur leichten Erreichung dieses Zwecks nun hat Bessel eine bequeme Vorschrift zur Vorausberechnung von Sternbedeckungen gegeben, nach welcher man nicht nur für irgend eine Ephemeride einen Catalog von sich ereignenden Sternbedeckungen leicht und sicher entwerfen, sondern diesen Catalog auch zugleich so einrichten kann, daß mit Anwendung desselben alsdann jeder Beobachter an einem andern Ort alle, in jenen Catalog aufgenommene, Sternbedeckungen für seinen Horizont voraus leicht zu berechnen im Stande sein wird. — Bessel's Rechnungsvorschrift besteht in Folgendem.

§. 176. Da die Bedeckung eines Fixsterns, dessen Rectascension mit A und scheinbare Declination mit D bezeichnet worden, vom Monde, dessen wahre Rectascension α und wahre Declination δ heißen mag, auf denjenigen Tag natürlich fallen muß, an welchem α nahe gleich A ist, so berechne man, um die der Mitte der Bedeckung nächste volle Stunde T (mittlerer Zeit) des Orts, für den die Ephemeride entworfen ist, leicht durch den Ueberblick finden zu können, mittelst Interpolation aus der Ephemeride für mehrere volle Stunden des Tags T die Größe α. Hat man diese Stunde T gefunden, so berechne man die dieser Zeit zugehörige Declination δ, Aequatorealparallaxe π, so wie die stündlichen Veränderungen $\Delta\alpha$ und $\Delta\delta$ der Rectascension und Declination des Monds. Nun berechne man, wenn e die Excentricität der Erdmeridiane, φ die Polhöhe des Orts, für den die Ephemeride entworfen ist, und μ' die zu T gehörige in Bogentheilen ausgedrückte Sternzeit bedeutet, die Hilfsgrößen $\mathfrak{A}$, $\mathfrak{B}$, p, q, p′, q′, a, b, c, u, v, u′ und v′ nach folgenden Ausdrücken:

$$\mathfrak{A} = \frac{\cos\varphi}{\sqrt{1 - e^2 \sin\varphi^2}}, \quad \mathfrak{B} = \frac{(1 - e^2)\sin\varphi}{\sqrt{1 - e^2 \sin\varphi^2}} \qquad 1),$$

$$\left.\begin{aligned} p &= \frac{(\alpha - A)\cos\delta}{\pi}, & p' &= \frac{\Delta\alpha \cdot \cos\delta}{\pi} \\ q &= \frac{\delta - D}{\pi}, & q' &= \frac{\Delta\delta}{\pi} \end{aligned}\right\} \qquad 2),$$

$$\left.\begin{aligned} a &= \mathfrak{A}\sin(\mu' - A) \\ b &= \mathfrak{A}\cos(\mu' - A) \\ c &= \mathfrak{B}\cos D \end{aligned}\right\} \qquad 3),$$

$$\left.\begin{aligned} u &= a \\ v &= c - b\sin D \\ u' &= \lambda b \\ v' &= \lambda a \sin D \end{aligned}\right\} \qquad 4),$$

wo λ eine constante Größe und deren Logarithmus 9.4192 ist. Ferner berechne man die Hilfswinkel M, N, ψ und die Hilfslogarithmen m, n mittelst der Formeln

$$\left.\begin{aligned} m\sin M &= p - u \\ m\cos M &= q - v \end{aligned}\right\} \qquad 5),$$

$$\left.\begin{aligned} n \sin N &= p' - u' \\ n \cos N &= q' - v' \end{aligned}\right\} \quad 6),$$

$$\cos \psi = \frac{m \sin (M - N)}{k} \quad 7),$$

wo k eine Constante und deren Logarithmus 9.4354 ist. Ist endlich $T \mp t$ die Zeit des Ein- und Austritts des Sterns, so hat man zur Bestimmung der in Decimaltheilen der Stunde ausgedrückten Größe t die Gleichung

$$t = -\frac{m \cos (M - N)}{n} \mp \frac{k \sin \psi}{n} \quad 8),$$

wo das obere Zeichen für den Eintritt, das untere für den Austritt gilt, vorausgesetzt, daß man, was stets möglich ist, $\psi < 180^0$ genommen hat.

Anmerkung. Sollte man jedoch $\cos \psi > 1$ finden, so erfolgt keine Bedeckung, sondern der Mond geht bei dem Stern nur vorbei, ohne ihn zu bedekken. Natürlich ist dieses nur bei vollendeter Annäherung wahr; auch kann ein Fehler in N eine Bedeckung als nicht statt findend erscheinen lassen, welche wirklich sich ereignet und umgekehrt. Hat man also $\cos \psi > 1$ gefunden, so wird sich dennoch t durch den Ausdruck $t = -\frac{m \cos (M - N)}{n}$ bestimmen, und hiermit die Annäherung fortsetzen lassen, wodurch es sich erst bestimmt entscheiden wird, ob $\cos \psi$ wirklich größer als 1 ist. Eben so kann ein, in einer frühern Annäherung möglich erscheinendes, ψ bei einer spätern weiter getriebenen sich als unmöglich zeigen. Alle diese Fälle werden indeß, sobald T nicht gar zu entfernt von der Zeit der Bedeckung ist, nur bei Bedeckungen vorkommen, bei denen der Stern dem Mondrand sehr nahe bleibt. — Ueberhaupt gilt die vorgetragene Berechnungsmethode nur in dem fast stets erlaubten Fall, daß t nicht über eine Stunde, oder wenigstens nicht viel darüber betrage. Sollte sich daher diese Voraussetzung am Ende der Rechnung nicht rechtfertigen, oder sollte man aus andern Gründen eine etwas größere Genauigkeit wünschen; so wird man dieselbe schon durch die zweite Annäherung für u' und v', ohne p' und q' zu ändern, gewiß erhalten.

Um nun noch den Ort des Ein- und Austritts anzugeben, so ist der Winkel Q, den die vom Mittelpunkt des Monds nach dem Stern und dem Nordpol gezogenen größten Kreise einschließen, von Norden links herum gezählt, sehr nahe

$$Q = N \pm \psi - 90^0 \quad 9).$$

§. 177. Als erläuterndes Beispiel diene die von Bessel und Encke angeführte Bedeckung von 82 Leon. 5. April 1830.

Zuerst hat man für 82 Leon. $A = 169^\circ\ 14'.11$
$D = +4\ \ 14.08$;

ferner aus dem Berliner Jahrbuch von 1830:

Apr. 4	0^h	$\alpha = 153^\circ\ 41'\ 31''.8$	$5^\circ\ 50'\ 21''.1$			
	12	159 31 52.9	5 45 55.8	$-4'\ 25''.3$		
5	0	165 17 48.7	5 42 26.0	$-3\ 29.8$	$+55''.5$	$+1''.7$
	12	171 0 14.7	5 39 53.4	$-2\ 32.6$	$+57.2$	-0.1
6	0	176 40 8.1	5 38 17.9	$-1\ 35.5$	$+57.1$	
	12	182 18 26.0				

und hieraus durch Interpolation

		α	δ	π
April 5	5^h	$167^\circ\ 40'\ 51''.76$	$+5^\circ\ 2'\ 8''.09$	$54'\ 13''.00$
	6	168 9 24.37	+4 54 4.69	54 12.43
	7	168 37 55.72	+4 44 0.22	54 11.84
	8	169 6 25.83	+4 34 54.73	54 11.23
	9	169 34 54.75	+4 25 48.24	54 10.62.

Man kann also $T = 7^h$ annehmen, für welche Zeit dann

$$\alpha = 168^\circ\ 37'.93 \qquad \alpha - A = -36'.18$$
$$\delta = +4^\circ\ 44'.00 \qquad \log \pi = 1.7338$$
$$\pi = 54'.19 \qquad \mu' - A = -50^\circ\ 42'$$
$$\Delta\alpha = 28'.50 \qquad \delta - D = +29'.92$$
$$\Delta\pi = -\ 9'.09 \qquad \log\cos\delta = 9.9985$$
$$\log\cos D = 9.9988$$

ist. Nimmt man die Abplattung $= \frac{1}{302.78}$, die Polhöhe von Berlin $\varphi = 52^\circ\ 31'\ 15''$ an, so hat man nach 1)

$$\log \mathfrak{A} = 9.7850, \quad \log \mathfrak{B} = 9.8975; \text{ nach 2)}$$

$$\log(\alpha - A) = 1.5585n$$
$$\log\cos\delta = 9.9985 \qquad \log(\delta - D) = 1.4760$$
$$\text{dec.}\log\pi = 8.2662 \qquad \text{dec.}\log\pi = 8.2662$$
$$\log p = 9.8232n \qquad \log q = 9.7422$$
$$p = -0.6656, \qquad q = +0.5523,$$
$$\log\Delta\alpha = 1.4548$$
$$\log\cos\delta = 9.9985 \qquad \log\Delta\delta = 0.9481n$$
$$\text{dec.}\log\pi = 8.2662 \qquad \text{dec.}\log\pi = 8.2662$$
$$\log p' = 9.7195 \qquad \log q' = 9.2143n$$
$$p' = +0.5242, \qquad q' = -0.1638;$$

die Rechnung nach 3) ist:

$$\begin{array}{rl|rl|rl}
\log \mathfrak{A} = & 9.7850 & \log \mathfrak{A} = & 9.7850 & \log \mathfrak{B} = & 9.8975 \\
\text{l.}\sin(\mu'-A) = & 9.8887n & \text{l.}\cos(\mu-A) = & 9.8017 & \text{l.}\cos D = & 9.9988 \\
\hline
\log a = & 9.6737n & \log b = & 9.5867 & \log c = & 9.8963 \\
a = & -0.4717, & b = & +0.3861, & c = & +0.7876,
\end{array}$$

ferner nach 4)

$$\begin{array}{rl}
u = & -0.4717,
\end{array}
\qquad
\begin{array}{rl}
\log b = & 9.5867 \\
\log \sin D = & 8.8683 \\
\hline
\log b \sin D = & 8.4550, \\
 & \\
b \sin D = & +0.02851 \\
c = & +0.78760 \\
\hline
v = & +0.75909,
\end{array}$$

$$\begin{array}{rl}
\log \lambda = & 9.4192 \\
\log b = & 9.5867 \\
\hline
\log u' = & 9.0059 \\
 & \\
u' = & +0.1014,
\end{array}
\qquad
\begin{array}{rl}
\log \lambda = & 9.4192 \\
\log a = & 9.6737n \\
\log \sin D = & 8.8683 \\
\hline
\log v' = & 7.9612n \\
v' = & -0.00915;
\end{array}$$

daher

$$\begin{array}{rl}
p - u = & -0.1939 \\
q - v = & -0.2068
\end{array}
\qquad
\begin{array}{rl}
p' - u' = & +0.4228 \\
q' - v' = & -0.1546,
\end{array}$$

$$\begin{array}{rl}
\log m \sin M = & 9.2876n \\
\log m \cos M = & 9.3156n \\
\hline
\log tg M = & 9.9720 \\
M = & 223^0\ 9'
\end{array}
\qquad
\begin{array}{rl}
\log n \sin N = & 9.6261 \\
\log n \cos N = & 9.1892n \\
\hline
\log tg N = & 0.4369n \\
N = & 110^0\ 5'
\end{array}$$

$$M - N = 113^0\ 4'$$

$$\begin{array}{rl}
\log m \sin M = & 9.2876n \\
\log \sin M = & 9.8350n \\
\hline
\log m = & 9.4526
\end{array}
\qquad
\begin{array}{rl}
\log n \sin N = & 9.6261 \\
\log \sin N = & 9.9728 \\
\hline
\log n = & 9.6533;
\end{array}$$

endlich nach 8)

$$\begin{array}{rl}
\log m = & 9.4526 \\
\log \sin(M - N) = & 9.9638 \\
\text{dec.} \log k = & 0.5646 \\
\hline
\log \cos \psi = & 9.9810 \\
\psi = & 16^0\ 49'
\end{array}
\qquad
\begin{array}{rl}
\log m = & 9.4526n \\
\log \cos(M - n) = & 9.5931n \\
\text{dec.} \log n = & 0.3467 \\
\hline
\log 0.2468 = & 9.3924
\end{array}$$

$$\log k = 9.4354$$
$$\log \sin \psi = 9.4614$$
$$\text{dec.} \log n = 0.3467$$
$$\log 0.1752 = 9.2435\,;$$

daher

$$\begin{array}{rrrrr} & +0.2468 & & & +0.2468 \\ & -0.1752 & & & +0.1752 \\ t = & +0.^{h}0716, & & t = & +0.^{h}4220, \\ T = & 7.0000 & & T = & 7.0000 \\ \text{Zeit des Eintr.} = & 7^{h}.0716, & & \text{Zeit des Austr.} = & 7^{h}.4220 \\ = & 7^{h}\,4'.3 & & = & 7^{h}\,25'.3. \end{array}$$

Für Q hat man nach 9)

$$\begin{array}{rrrr} N = & 110^{0}\;\;5' & N = & 110^{0}\;\;5' \\ +(\psi-90^{0}) = & -\;73\;\;11 & -(\psi-90^{0}) = & +\;73\;\;11 \\ Q = & 36^{0}\;54', & Q = & 3^{0}\;16'. \end{array}$$

§. 178. Nach der in den vorigen §§. gezeigten Methode lassen sich also alle in einem gewissen zukünftigen Jahr vorfallenden Sternbedeckungen leicht und genau genug berechnen, und in ein Verzeichniß zusammen stellen. Aber damit nun auch, wie im §. 174 bereits erwähnt worden, der Gebrauch dieses Verzeichnisses nicht auf den Ort, für welchen es entworfen, eingeschränkt sei, sondern auch von jedem Beobachter an irgend einem andern Ort unmittelbar zu Erleichterung einer ohnedieß schon sehr einfachen Rechnung, durch welche er die Zeiten des Ein- und Austritts für seinen Ort erfahren kann, benutzt werden könne; so muß man in ein solches Verzeichniß nicht nur die Zeiten der Ein- und Austritte, so wie die Größe Q, sondern auch noch die Werthe von T, D, $\log \sin$ D, p, q, p′, q′ und $h = \mu' - A$, die schon ohnedieß bei den Rechnungen gefunden worden, also bereits bekannt sind, aufnehmen.

Die Anordnung kann etwa wie die Ephemeride für die z. B. im Jahr 1830 vorfallenden Bedeckungen der Fixsterne vom Monde sein, aus der hier ein Bruchstück stehen mag:

1830.	Namen der Sterne.	Gr.	Berlin Eintritt.	Berlin Austritt.	p.	q.	p.	q′.	T.	h.	log sin D.	log cos D.
Juli 11	10 Ceti	6	11h 50′.9	12h 36′.5	−0.6419	+0.5816	+0.5562	+0.1909	11h.263	− 86° 11′	8.2365n	9.9999
15	48 Tauri	6	14 39.6	15 32.0	−0.6382	0.6436	0.5896	+0.1078	14 . 263	+265 50	9.4121	9.9850
	γ —	3.4	16 23.9	17 25.6	−0.4328	0.6132	0.5901	+0.0961	16 . 263	− 65 5	9.4189	9.9845
16	α —	1	1 4.7	1 35.5	+0.6823	0.4749	0.5923	+0.0896	0 . 763	+ 59 7	9.4445	9.9825
29	49 Librae	5.6	11 44.2	12 10.4	+0.6255	1.0640	0.5414	−0.1067	11 . 263	+ 58 20	9.4409n	9.9828
Aug. 1	XVIII. 112	7	9 52.8	11 1.4	+0.1429	0.8144	0.5724	+0.0065	9 . 763	+ 0 5	9.5211n	9.9747
	XVIII. 121	7	10 58.8	11 59.0	+0.2799	0.7633	0.5727	+0.0024	10 . 763	+ 14 41	9.5200n	9.9748
2	XIX. 180	7	13 25.4	14 27.0	+0.2311	0.7301	0.5790	+0.0535	12 . 763	+ 30 44	9.5036n	9.9767
3	XX. 194	7	14 40.0	15 15.2	+0.4288	1.0980	0.5810	+0.0967	14 . 263	+ 39 36	9.4683n	9.9804
6	XXIII. 1596	7	13 14.0	14 11.5	−0.2640	0.9689	0.5732	+0.1828	12 . 763	− 21 30	9.0752n	9.9969
14	VI. 270	7	15 11.3	15 59.1	−0.6500	0.5894	0.5863	−0.0176	14 . 763	+262 51	9.4888	9.9783
23	287	7	8 26.2	9 30.6	+0.6078	0.7953	0.5227	−0.1596	8 . 263	+ 66 42	9.1665n	9.9953 .

§. 179. Um nun mit Hilfe eines solchen Verzeichnisses die Rechnung für einen andern Ort, dessen Polhöhe Φ ist, anzustellen; berechne man erstlich, wenn d die östlich positiv genommene

Länge des Orts von dem, für welchen das Verzeichniß berechnet worden, bedeutet, die Größen $\mathfrak{A}'$ und $\mathfrak{B}'$ durch die Ausdrücke

$$\mathfrak{A}' = \frac{\cos \Phi}{\sqrt{1 - e^2 \sin \Phi^2}}, \quad \mathfrak{B}' = \frac{(1 - e^2) \sin \Phi}{\sqrt{1 - e^2 \sin \Phi^2}} \qquad 10),$$

nehme dann h, $\log \cos \mathbf{D}$ und $\log \sin \mathbf{D}$ aus dem Verzeichniß, und bestimme die Größen a, b, c, u, v, u' und v' mittelst der Formeln

$$\left.\begin{aligned} a &= \mathfrak{A}' \sin(h + d) \\ b &= \mathfrak{A}' \cos(h + d) \\ c &= \mathfrak{B}' \cos \mathbf{D} \end{aligned}\right\} \qquad 11),$$

$$\left.\begin{aligned} u &= a \\ v &= c - b \sin \mathbf{D} \\ u' &= \lambda b \\ v' &= \lambda a \sin \mathbf{D} \end{aligned}\right\} \qquad 12),$$

wo $\log \lambda = 9.4192$ ist.

Ferner entlehne man aus dem Verzeichniß die Werthe von p, q, p', q' und T, und wende zur Bestimmung der Hilfsgrößen m, M, n, N, ψ und t die folgenden Gleichungen an:

$$\left.\begin{aligned} m \sin M &= p - u \\ m \cos M &= q - v \end{aligned}\right\} \qquad 13),$$

$$\left.\begin{aligned} n \sin \mathbf{N} &= p' - u' \\ n \cos \mathbf{N} &= q' - v' \end{aligned}\right\} \qquad 14),$$

$$\cos \psi = \frac{m \sin (M - N)}{k} \qquad 15),$$

$$\left.\begin{aligned} t &= -\frac{m \cos (M - N)}{n} \mp \frac{k \sin \psi}{n} \\ Q &= N \pm \psi - 90^0 \end{aligned}\right\} \qquad 16),$$

wo wegen k, ψ und t dasselbe gilt, was im §. 176 bemerkt worden ist. — Die so gefundenen Zeiten des Ein- und Austritts sind Uhrzeiten des Orts, für den das Verzeichniß entworfen ist, müssen also mittelst der Meridiandifferenz d in die Uhrzeiten des Orts, dessen Polhöhe Φ ist, verwandelt werden.

Beispiel. Es sei die Berechnung der obigen Bedeckung von 82 Leon. für Altona anzustellen. Legt man Berlin zum Grund, so kann man aus dem vorigen Rechnungsbeispiel

$$\begin{aligned} p &= -0.6656 \\ q &= +0.5523 \\ p' &= +0.5242 \\ q' &= -0.1638 \\ T &= 7^h \\ h &= -50^0\,42' \\ D &= +\;\;4^0\,14'.08 \\ \log\sin D &= 8.8683 \end{aligned}$$

als gegeben sogleich entlehnen; ferner ist für Altona

$$d = -3^0\,24',\ \text{folglich}\ h+d = -54^0\,6',\ \text{so wie}$$
$$\log \mathfrak{A}' = 9.7748,\quad \log \mathfrak{B}' = 9.9035;$$

$$\begin{array}{r|r|r} \log \mathfrak{A}' = 9.7748 & \log \mathfrak{A}' = 9.7748 & \log \mathfrak{B}' = 9.9035 \\ \log\sin(h+d) = 9.9088n & \text{l.}\cos(h+d) = 9.7677 & \text{l.}\cos D = 9.9988 \\ \log a = 9.6836n & \log b = 9.5425 & \log c = 9.9023 \\ a = -0.4827 & & c = 0.7986, \end{array}$$

$$\begin{aligned} \log b &= 9.5425 \\ u = -0.4827,\quad \log\sin D &= 8.8683 \\ \log b\sin D &= 8.4108 \\ b\sin D &= 0.0258 \\ c &= 0.7986 \\ v &= +0.7728, \end{aligned}$$

$$\begin{aligned} \log\lambda &= 9.4192 \\ \log b &= 9.5425 \\ \log u' &= 8.9617 \\ u' &= +0.0916 \end{aligned} \qquad \begin{aligned} \log\lambda &= 9.4192 \\ \log a &= 9.6836n \\ \log\sin D &= 8.8683 \\ \log v' &= 7.9711n \\ v' &= -0.0094, \end{aligned}$$

daher

$$\begin{aligned} p-u &= -0.1829 \\ q-v &= -0.2105 \end{aligned} \qquad \begin{aligned} p'-u' &= +0.4326 \\ q'-v' &= -0.1544, \end{aligned}$$

$$\begin{array}{rlrl}
\log m \sin M = & 9.2622n & \log n \sin N = & 9.6361 \\
\log m \cos M = & \underline{9.3434n} & \log n \cos N = & \underline{9.1886n} \\
\log tg M = & 9.9188 & \log tg N = & 0.4475n \\
M = & 219^0\ 40' & N = & 109^0\ 38'
\end{array}$$

$$M - N = 110^0\ 2',$$

$$\begin{array}{rlrl}
\log m \sin M = & 9.2622n & \log n \sin N = & 9.6361 \\
\log \sin M = & \underline{9.8051n} & \log \sin N = & \underline{9.9740} \\
\log m = & 9.4571 & \log n = & 9.6621,
\end{array}$$

$$\begin{array}{rl}
\log m = & 9.4571 \\
\log \sin (M-N) = & 9.9729 \\
\text{dec.} \log k = & \underline{0.5646} \\
\log \cos \psi = & 9.9946, \quad \psi = 9^0\ 1',
\end{array}$$

$$\begin{array}{rlrl}
\log m = & 9.4571n & \log k = & 9.4354 \\
\log \cos (M-N) = & 9.5348n & \log \sin \psi = & 9.1951 \\
\text{dec.} \log n = & \underline{0.3379} & \text{dec.} \log n = & \underline{0.3379} \\
\log 0.2137 = & 9.3298 & \log 0.0930 = & 8.9684,
\end{array}$$

daher

$$\begin{array}{rlrl}
 & +0.2137 & & +0.2137 \\
 & \underline{-0.0930} & & \underline{+0.0930} \\
t = & +0^h.1207 & t = & +0^h.3067 \\
T = & \underline{7.0000} & T = & \underline{7.0000} \\
\text{Eintritt} = & 7^h.1207 \\ = & 7^h\ 7'.2 \end{array}\right\}\text{Berl. Zeit,} \quad \begin{array}{rl} \text{Austr.} = & 7^h.3067 \\ = & 7^h\ 18'.4 \end{array}\right\}\text{Berl. Zeit,}$$

folglich für Altona Eintritt um $6^h\ 53'.4$

Austritt um $7\quad 4.6$.

Endlich ist

$$\begin{array}{rlrl}
N = & 109^0\ 38' & N = & 109^0\ 38' \\
+(\psi - 90^0) = & \underline{-80\quad 59} & -(\psi - 90^0) = & \underline{+80\quad 59} \\
Q = & 28^0\ 39' & Q = & 10^0\ 37'.
\end{array}$$

Vierzehntes Capitel.

Von der Berechnung der Erscheinungen einer Mondfinsterniß.

§. 180. Um zu untersuchen, ob ein Vollmond von einer Finsterniß begleitet sein werde oder nicht, muß man den Abstand Δ

des Monds von dem nächsten seiner Knoten bestimmen. Ist nun $\Delta < 9\frac{1}{2}$ Grade, so hat gewiß eine partielle Mondfinsterniß statt; ist aber $\Delta > 12\frac{1}{10}$ Grade, so wird keine partielle Finsterniß eintreten; ist ferner $\Delta < 5\frac{1}{2}$ Grade, so kann eine totale Mondfinsterniß bestimmt erwartet werden. — Wenn aber Δ zwischen $9\frac{1}{2}$ und $12\frac{1}{10}$ Grade liegt, so ist die Existenz der Finsterniß zweifelhaft, und man muß dann eine nähere Untersuchung anstellen. Die Größe Δ findet man, sobald b die Mondsbreite zur Zeit der Opposition bedeutet, durch die Gleichung

$$\Delta = \frac{\sin b}{\sin (5^0\, 8')} .$$

§. 181. Wenn nach dieser angestellten Untersuchung sich ergeben hat, daß ein Vollmond wirklich verfinstert werden wird; so berechne man nun entweder aus den Sonnen- und Mondstafeln für die zwei, die Zeit des Vollmonds oder die sogenannte Opposition einschließenden, vollen Stunden

die wahre Länge λ
deren stündliche Aenderung $d\lambda$
den Halbmesser μ
die Horizontalparallaxe π
} der Sonne,

und

die wahre Länge l
die wahre Breite b
die stündliche Aenderung dl der ersten
die stündliche Aenderung db der zweiten
den Halbmesser m
die Horizontalparallaxe p
} des Monds,

oder entlehne diese Elemente, mit Hilfe einer der im **III.** Capitel dieses Theils gelehrten Interpolationen, aus den astronomischen Ephemeriden; und suche dann die genaue Zeit des Vollmonds, d. h. die Zeit, für welche

$$\lambda - l = 180^0$$

ist. Sei nämlich diese gesuchte Zeit $= t$, die derselben vorhergehende volle Stunde $= t_{-1}$, die nachfolgende aber t_{+1}; ferner λ_{-1} und

λ_{+1}, l_{-1} und l_{+1}, die diesen beiden Stunden zugehörigen Längen der Sonne und des Monds; so muß, wenn

$$t_{-1} + x = t$$

gesetzt worden, dann, wegen der Gleichung

$$\lambda - l = 180^0,$$

die Bedingungsgleichung

$$\{\lambda_{-1} + x(\lambda_{+1} - \lambda_{-1})\} - \{l_{-1} + x(l_{+1} - l_{-1})\} = 180^0,$$

oder, wenn die obigen Bezeichnungen $d\lambda$ und dl der stündlichen Aenderungen der wahren Sonnen- und Mondslängen für $\lambda_{+1} - \lambda_{-1}$ und $l_{+1} - l_{-1}$ substituirt werden,

$$(\lambda_{-1} + x . d\lambda) - (l_{-1} + x . dl) = 180^0 \qquad 1)$$

statt finden, aus der sich

$$x = \frac{180^0 - (\lambda_{-1} - l_{-1})}{d\lambda - dl} \qquad 2)$$

ergiebt, mit welchem Werth von x man endlich die gesuchte Zeitgröße t mittelst des einfachen Ausdrucks

$$t = t_{-1} + x \qquad 3)$$

bestimmen kann, für welche Zeit t die wahren Längen λ und l von Sonne und Mond nun sein werden:

$$\left.\begin{aligned} \lambda &= \lambda_{-1} + x . d\lambda \\ l &= l_{-1} + x . dl \end{aligned}\right\} \qquad 4),$$

ferner die wahre Breite b des Monds

$$b = b_{-1} + x . db \qquad 5),$$

und endlich, wenn dm und dp die stündlichen Aenderungen des Halbmessers m und der Horizontalparallaxe p des Monds bezeichnen,

$$\left.\begin{aligned} m &= m_{-1} + x . dm \\ p &= p_{-1} + x . dp \end{aligned}\right\} \qquad 6).$$

Die Größen μ und π kann man für die Dauer der Finsterniß als constant annehmen.

§. 182. Mit den auf diese Weise für die Oppositionszeit t bestimmten Elementen λ, $d\lambda$, μ, π, l, dl, b, db, m und p kann man jetzt alle Erscheinungen einer Mondfinsterniß, und zwar durch folgende einfache Ausdrücke berechnen.

Man bestimme zuerst die Hilfsgrößen n, e und h durch die Gleichungen

$$\left.\begin{aligned} \operatorname{tg} n &= \frac{db}{(dl - d\lambda)\cos\frac{1}{2}b} \\ e &= b\cos n \\ h &= \frac{\cos n}{(dl - d\lambda)\cos\frac{1}{2}b} = \frac{\sin n}{db} \end{aligned}\right\} \quad 7),$$

so hat man die Zeit $\mathfrak{D}$ der Mitte der Finsterniß

$$\mathfrak{D} = t \mp bh\sin n \qquad 8),$$

und wo künftig vorausgesetzt wird, daß man alle Zeitgrößen in Stunden und deren Decimaltheilen ausdrückt.

Man berechne ferner die Hilfsgrößen P, α', β' und γ' mittelst der Ausdrücke:

$$\left.\begin{aligned} P &= \tfrac{61}{60}(p + \pi - \mu) \\ \cos\alpha' &= \frac{e}{P + m} \\ \cos\beta' &= \frac{e}{P - m} \\ \cos\gamma' &= \frac{e}{P + \left(1 - \frac{k}{6}\right)m} \end{aligned}\right\} \quad 9),$$

so ist dann

$$\left.\begin{aligned} &\mathfrak{D} \mp he\operatorname{tg}\alpha' \\ &\mathfrak{D} \mp he\operatorname{tg}\beta' \\ &\mathfrak{D} \mp he\operatorname{tg}\gamma' \end{aligned}\right\} \begin{matrix} \text{die Zeit des} \\ \text{Anfangs und} \\ \text{Endes} \end{matrix} \left\{ \begin{matrix} \text{der partiellen} \\ \text{totalen} \\ \text{kzölligen} \end{matrix} \right\} \text{Finsterniß.}$$

Endlich ist die in Zollen und deren Decimaltheilen ausgedrückte Größe D der ganzen Mondfinsterniß

$$D = \frac{6}{m}\left(P + m - e\right) \qquad 10),$$

so daß also das obige k nicht größer als D angenommen werden kann.

§. 183. **Beispiel.** Den 30. April 1836 wird der einfallende Vollmond verfinstert. Man hat aus dem Berliner Jahrbuch mittelst Interpolation

Berl. mittl. Zeit.	l_{-1}	λ_{-1}	Berl. mittl. Zeit.	l_{+1}	λ_{+1}
$t_{-1} = 20^h$	$220^\circ\ 24'\ 36''.1$	$40^\circ\ 54'\ 5''.9$	$t_{+1} = 21^h$	$221^\circ\ 1'\ 23''.0$	$40^\circ\ 56'\ 31''.2$

woraus

$$l_{+1} - l_{-1} = dl = +\ 36'.782 = +\ 36'\ 46''.9$$
$$\lambda_{+1} - \lambda_{-1} = d\lambda = +\ 2.422 = +\ 2\ 25.3$$
$$\text{also } dl - d\lambda = +\ 34.360 = +\ 34\ 21.6$$
$$\text{und } \lambda_{-1} - l_{-1} = 180^\circ\ 29'\ 29''.8 = 180^\circ.4916$$

folgt; daher nach 2)

$$x = \frac{-0^\circ.4916}{-0.5727} = +\ 0^h.8584 = +\ 0^h\ 51'\ 31''.2,$$

und mithin nach 3)

$$\begin{aligned} t_{-1} &= 20^h\ 0'\ 0''.0 \\ x &= +0\ 51\ 31.2 \\ t &= 20^h\ 51'\ 31''.2, \end{aligned}$$

nach 4)

$$\begin{aligned} \lambda_{-1} &= 40^\circ\ 54'\ 5''.9 & l_{-1} &= 220^\circ\ 24'\ 36''.1 \\ x.d\lambda &= +0\ 2\ 4.7 & x.dl &= +0\ 31\ 34.5 \\ \lambda &= 40^\circ\ 56'\ 10''.6, & l &= 220^\circ\ 56'\ 10''.6. \end{aligned}$$

Auf ähnliche Weise erhält man nach 5) und 6)

$$\begin{aligned} b &= +0^\circ\ 50'\ 20''.7 & p &= 1^\circ\ 0'\ 18''.7 \\ m &= 0\ 16\ 26.2, & db &= -\ 3\ 21.5. \end{aligned}$$

Die als constant zu betrachtenden Größen μ und π sind

$$\mu = 0^\circ\ 15'\ 52''.9, \quad \pi = 8''.5.$$

Mit diesen Elementen steht nun die Rechnung, wie folgt:

$$\begin{aligned} db &= -\ 201''.5 & \tfrac{1}{2}b &= +0^\circ\ 25'\ 10''.3; \\ dl - d\lambda &= +2061.6 \\ b &= +3020.7, \end{aligned}$$

nach 7)

$$\begin{aligned} \log db &= 2.30428n \\ \text{dec.}\log(dl - d\lambda) &= 6.68580 \\ \text{dec.}\log\cos\tfrac{1}{2}b &= 0.00001 \\ \log tg\, n &= 8.99009n, \quad n = -5^\circ\ 34'\ 57', \end{aligned}$$

$$\log b = 3.48011$$
$$\log \cos n = 9.99793$$
$$\log e = 3.47804, \quad e = +3006''.4,$$

$$\log \cos n = 9.99793$$
$$\text{dec.}\log(dl - d\lambda) = 6.68580 \qquad \log \sin n = 8.98802n$$
$$\text{dec.}\log \cos \tfrac{1}{2}b = 0.00001 \qquad \log db = 2.30428n$$
$$\log h = 6.68374 \qquad \log h = 6.68374,$$

nach 8)

$$\log b = 3.48011$$
$$\log h = 6.68374 \qquad t = 20^h\, 51'\, 31''.2$$
$$\log \sin n = 8.98802 \qquad bh \sin n = +0 \quad 8 \quad 30.7$$
$$\log bh \sin n = 9.15187 \qquad \mathfrak{D} = 21^h \quad 0' \quad 1''.9;$$
$$bh \sin n = +0^h.14186,$$

ferner nach 9)

$$p + \pi - \mu = 0^0\, 44'\, 34''.3, \qquad P = 2718''.9$$
$$m = 986.2$$
$$P + m = 3705.1$$
$$P - m = 1732.7,$$

$$\log e = 3.47804 \qquad \log e = 3.47804$$
$$\log(P + m) = 3.56880 \qquad \log(P - m) = 3.23872$$
$$\log \cos \alpha' = 9.90924 \qquad \log \cos \beta' = 0.23932$$
$$\alpha' = 35^0\, 46'\, 0''$$

β' unmöglich, da $\cos \beta' > 1$ ist, folglich ist auch die Finsterniß nicht total.

Es folgt nämlich, dem Ausdruck 10) gemäß,

$$P + m = 3705''.1$$
$$e = 3006.4$$
$$P + m - e = 698''.7, \quad \frac{6}{m} = \frac{6.0}{986.2},$$

$$D = \frac{60}{9862} \times 698.7 = 4.25 \text{ Zoll,}$$ also die Finsterniß nur partiell.

Ferner, mit $k = 1$, 2 und 3, nach der letzten der Gleichungen in 9):

$$(1-\tfrac{1}{6})m = \tfrac{5}{6}m = 721.8 \qquad 2718.9 + 721.8 = 3440.7$$
$$(1-\tfrac{2}{6})m = \tfrac{4}{6}m = 657.5 \qquad 2718.9 + 657.5 = 3376.4$$
$$(1-\tfrac{3}{6})m = \tfrac{3}{6}m = 493.1 \qquad 2718.9 + 493.1 = 3212.0,$$

$$\log e = 3.47804 \qquad \log e = 3.47804 \qquad \log e = 3.47804$$
$$\text{l.}(3440.7) = 3.53664 \quad \text{l.}(3376.4) = 3.52845 \quad \text{l.}(3212.0) = 3.50678$$
$$\log\cos\gamma'_1 = 9.94140, \quad \log\cos\gamma'_2 = 9.94959, \quad \log\cos\gamma'_3 = 9.97126$$
$$\gamma'_1 = 29^0\,6'\,0'', \qquad \gamma'_2 = 27^0\,4'\,30'', \qquad \gamma'_3 = 20^0\,37'\,0'';$$

also, da

$$\log h = 6.68374$$
$$\log e = 3.47804$$
$$\log he = 0.16178, \text{ ist}$$

$$\log he = 0.16178 \qquad \log he = 0.16178$$
$$\log tg\,\alpha' = 9.85754 \qquad \log tg\,\gamma'_1 = 9.74554$$
$$\log he\,tg\,\alpha' = 0.01932 \qquad \log he\,tg\,\gamma'_1 = 9.90732$$
$$he\,tg\,\alpha' = 1^h.0455, \qquad he\,tg\,\gamma'_1 = 0^h.8078,$$

$$\log he = 0.16178 \qquad \log he = 0.16178$$
$$\log tg\,\gamma'_2 = 9.70857 \qquad \log tg\,\gamma'_3 = 9.57543$$
$$\log he\,tg\,\gamma'_2 = 9.87035 \qquad \log he\,tg\,\gamma'_3 = 9.73721$$
$$he\,tg\,\gamma'_2 = 0^h.7419 \qquad he\,tg\,\gamma'_3 = 0^h.5460,$$

und mithin

$$\mathfrak{D} = 21^h\ 0'\ 1''.9$$
$$\mp he\,tg\,\alpha' = \mp 1\ \ 2\ 43.8$$

$19^h\ 57'\ 18''.1$	Anfang	der partiellen Finsterniß;
22 2 45.7	Ende	
2 5 27.6	Dauer	

$$\mathfrak{D} = 21^h\ 0'\ 1''.9$$
$$\mp he\,tg\,\gamma'_1 = \mp 0\ 48\ 28.1$$

$20^h\ 11'\ 33''.8$	Anfang	der Finsterniß von 1 Zoll;
21 48 30.0	Ende	
1 36 56.2	Dauer	

$$\mathfrak{D} = 21^h\ 0'\ 1''.9$$
$$\mp he\,tg\,\gamma'_2 = \mp 0\ 44\ 30.8$$

$20^h\ 15'\ 31''.1$	Anfang	der Finsterniß von 2 Zoll;
21 44 32.7	Ende	
1 29 1.6	Dauer	

$$\begin{array}{rrrrl} \mathfrak{D} = & 21^h & 0' & 1''.9 & \\ \mp he\,tg\,\gamma'_3 = & \mp 0 & 32 & 45.6 & \\ \hline & 20^h & 27' & 16''.3 & \text{Anfang} \\ & 21 & 32 & 47.5 & \text{Ende} \\ & 1 & 5 & 31.2 & \text{Dauer} \end{array} \left.\vphantom{\begin{array}{l}a\\a\\a\end{array}}\right\} \text{der Finsterniß von 3 Zoll.}$$

§. 184. Um aber auch noch die Erscheinungen einer Mondfinsterniß für alle Orte der Erdoberfläche mit einem Blick zu übersehen, sei zur Zeit T des Anfangs der Finsterniß die Mondsdeclination = d. Man bringe den Meridian eines Erd-Globus, der, sobald $T > 12^h$, $(T-12)^h$ westlich von Berlin, hingegen, sobald $T < 12^h$, $(12-T)^h$ östlich von Berlin liegt, unter den fixen Mittagskreis von Messing, und führe den Punkt des Globus, dessen geographische Breite = d ist, in das Zenith. Dann sieht dieser Punkt den Mond zur Zeit des Anfangs der Finsterniß in seinem Zenith, und alle Orte, die über dem fixen Horizont des Globus sind, sehen den Anfang, den die unter dem Horizont befindlichen nicht wahrnehmen. Diese ganze Operation wird man auch für das Ende der Finsterniß wiederholen, und für beide Fälle mit Kreide längs dem fixen Horizont zwei Kreise ziehen; so werden dann die Theile der Erdoberfläche, die diesen beiden Kreisen gemeinschaftlich zugehören, die Finsterniß während ihrer ganzen Dauer, die andern nur einem der beiden Kreise zugehörigen Theile aber nur einen Theil der Finsterniß nach dem Anfang derselben oder vor derem Ende, und zwar desto mehr von der Finsterniß sehen, je näher sie jenen beiden gemeinsamen Theilen liegen. Endlich werden die, welche außer den beiden gedachten Kreisen sich befinden, gar nichts von der Finsterniß wahrnehmen, da ihnen zur Zeit der Finsterniß der Mond unter ihrem Horizont steht.

Funfzehntes Capitel.

Von der Berechnung der Erscheinungen einer Sonnenfinsterniß.

§. 185. Um zu untersuchen, ob ein Neumond von einer Finsterniß begleitet sein werde oder nicht, muß man den Abstand Δ des Monds von dem nächsten seiner Knoten bestimmen, welches mittelst der Gleichung

$$\Delta = \frac{\sin b}{\sin 5^0\, 8'}$$

geschehen kann, und wo b die Mondsbreite zur Zeit der Conjunction bedeutet. — Ist nun $\Delta < 15\frac{2}{5}$ Grade, so hat gewiß eine partielle Sonnenfinsterniß statt; ist aber $\Delta > 18\frac{11}{30}$ Grade, so wird keine Finsterniß überhaupt eintreten; ist ferner $\Delta < 15\frac{1}{3}$ Grade, und zugleich der scheinbare Halbmesser des Monds größer als der der Sonne, so kann eine totale Sonnenfinsterniß bestimmt erwartet werden. Wenn hingegen Δ zwischen $15\frac{2}{5}$ und $18\frac{2}{5}$ Graden befunden wird, so ist die Existenz der Finsterniß zweifelhaft, und man muß dann eine nähere Untersuchung anstellen.

§. 186. Wenn nach dieser angestellten Untersuchung sich ergeben hat, daß ein Neumond wirklich eine Sonnenfinsterniß erzeugen wird; so berechne man für die Zeit t der wahren Conjunction folgende Elemente:

Die wahre Rectascension a die wahre Declination d die Horizontalparallaxe p den Halbmesser m die stündliche Aenderung da in AR. die stündliche Aenderung dd in Decl.	des Monds,
die wahre Rectascension α die wahre Declination δ die Horizontalparallaxe π den Halbmesser μ die stündliche Aenderung $d\alpha$ in AR. die stündliche Aenderung $d\delta$ in Decl.	der Sonne.

Hierauf suche man die Hilfsgrößen n, e und h durch die Ausdrücke

$$\left.\begin{aligned} \operatorname{tg} n &= \frac{dd - d\delta}{(da - d\alpha)\cos\frac{1}{2}(d+\delta)} \\ h &= \frac{\cos n}{(da - d\alpha)\cos\frac{1}{2}(d+\delta)} = \frac{\sin n}{dd - d\delta} \\ e &= (d-\delta)\sin n \end{aligned}\right\} \quad 1)$$

und die Zeit $\mathfrak{D}$ der Mitte der Finsterniß ist dann

$$\mathfrak{D} = t \mp (d-\delta)\, h \sin n \qquad 2),$$

so wie die Größe G der Finsterniß in Zollen

$$G = \frac{6}{\mu}\left(p - \pi + m + \mu - e\right) \qquad 3).$$

Man berechne ferner die Hilfswinkel A, B, C und D_k mittelst der Formeln

$$\left.\begin{aligned} \cos A &= \frac{e}{p - \pi + m + \mu} \\ \cos B &= \frac{e}{p - \pi} \\ \cos C &= \frac{e}{p - \pi \pm (m - \mu)} \\ \cos D_k &= \frac{e}{p - \pi + m + \left(1 - \frac{k}{6}\right)\mu} \end{aligned}\right\} \quad 4),$$

wo in der Formel für cos C das obere Zeichen bei totalen, das untere aber bei ringförmigen Finsternissen genommen werden, und $k < G$ sein muß; so ist endlich

$\mathfrak{D} \mp he \operatorname{tg} A$	die Zeit des	partiellen	Finsterniß.
$\mathfrak{D} \mp he \operatorname{tg} B$	Anfangs	centralen	
$\mathfrak{D} \mp he \operatorname{tg} C$	und Endes	tot. od. ringförm.	
$\mathfrak{D} \mp he \operatorname{tg} D_k$	der	kzolligen	

Als **Beispiel** diene die große Sonnenfinsterniß, die den 9. October 1847 sich ereignen wird.

Die mittlere Pariser Zeit t ist $8^h\, 47'\, 38''.7$, und für diese Zeit aus den Sonnen- und Mondstafeln

$$a = \alpha = 194^{0}\ 12'\ 35'$$
$$d = -5\ \ 30\ \ 29$$
$$p = \ \ 0\ \ 53\ \ 55$$
$$m = \ \ 0\ \ 14\ \ 41$$
$$da = \ \ 0\ \ 28\ \ 21$$
$$dd = -0\ \ \ 8\ \ 55$$
$$\delta = -6\ \ \ 4\ \ 47$$
$$\pi = \ \ 0\ \ \ 0\ \ 8.8$$
$$\mu = \ \ 0\ \ 16\ \ \ 3$$
$$d\alpha = \ \ 0\ \ \ 2\ \ 18$$
$$d\delta = -0\ \ \ 0\ \ 57$$

und die wahre Zeit = mittlere Zeit + $0^{h}\ 12'\ 32''$.

Man hat daher nach 1)

$$n = -17^{0}\ 4'$$
$$\log e = 1.51568$$
$$\log h = 8.56665$$
$$\log he = 0.08233,$$

nach 2) $\quad \mathfrak{D} = 9^{h}\ 10'$ mittl. Par. Zeit,

nach 4)

6^{h}	18′	Anfang	der partiellen	Sonnenfinsterniß.
12	2	Ende		
5	44	Dauer		
7	36	Anfang	der centralen	
10	44	Ende		
3	8	Dauer		
7	32	Anfang	der ringförmigen	
10	48	Ende		
3	16	Dauer		

6^{h}	37′	Anfang	der 3zolligen	Sonnenfinsterniß.
11	43	Ende		
5	6	Dauer		
6	57	Anfang	der 6zolligen	
11	23	Ende		
4	26	Dauer		
7	18	Anfang	der 9zolligen	
11	2	Ende		
3	44	Dauer		

§. 187. Man kann aber auch, statt der Rectascensionen und Declinationen der Sonne und des Monds, die Längen und Breiten dieser Gestirne, und folglich diejenigen Formeln anwenden, welche für die Berechnung der Mondfinsternisse gegeben worden sind.

Beispiel. Berechnung der großen Sonnenfinsterniß am 15. Mai 1836. — Die Zeit des Neumonds oder der Conjunction für diesen Tag ist, zufolge des Berliner Jahrbuchs für 1836, $t = 3^h\ 4'\ 30''.4$ Berl. wahre Zeit; und für diesen Augenblick sind die zur ganzen Rechnung erforderlichen Elemente:

$$\lambda = l = 54^0\ 42'\ 28''.9$$

$$\begin{array}{lllll}
dl = +0\ 30\ \ 0.1 = +1800''.1 & & \\
d\lambda = +0\ \ 2\ 24.6 = +\ 144.6, & dl - d\lambda = 1655''.5; \\
b = +0\ 25\ 42.5 = +1542.5, & \tfrac{1}{2}b = +0^0\ 12'\ 51''.2 \\
db = +0\ \ 2\ 46.0 = +\ 166.0 & \\
p = \ \ 0\ 54\ 24.1 = \ \ 3264.1 & \\
\pi = \ \ 0\ \ 0\ \ 8.5 = \ \ \ \ 8.5, & P = 3255''.6 \\
m = \ \ 0\ 14\ 49.4 = \ \ 889.4, & m - \mu = -60.4 \\
\mu = \ \ 0\ 15\ 49.8 = \ \ 949.8, & m + \mu = 1839.2,
\end{array}$$

mit denen nun sich ergiebt:

Nach 1)

$$\begin{aligned}
\log db &= 2.22011 \\
\text{dec.}\log(dl - d\lambda) &= 6.78107 \\
\text{dec.}\log\cos\tfrac{1}{2}b &= \underline{0.00000} \\
\log tg\, n &= 9.00118, \quad n = +5^0\ 43'\ 34'',
\end{aligned}$$

$$\begin{array}{ll}
\log\cos n = 9.99782 & \\
\text{dec.}\log(dl - d\lambda) = 6.78107 & \log\sin n = 8.99901 \\
\text{dec.}\log\cos\tfrac{1}{2}b = \underline{0.00000} & \log db = \underline{2.22011} \\
\log h = 6.77889 & \log h = 6.77890,
\end{array}$$

$$\begin{aligned}
\log b &= 3.18822 \\
\log\cos n &= \underline{9.99782} \\
\log e &= 3.18604, \quad e = +1534''.8;
\end{aligned}$$

nach 2)

$$\begin{aligned} \log b &= 3.18822 \\ \log h &= 6.77889 \\ \log \sin n &= \underline{8.99901} \\ \log bh \sin n &= 8.96612, \\ bh \sin n &= +0^h.09250, \end{aligned} \qquad \begin{aligned} t &= 3^h\ 4'\ 30''.4 \\ bh \sin n &= \underline{+0\ \ 5\ 33.0} \\ \mathfrak{D} &= 2^h\ 58'\ 57''.4, \end{aligned}$$

$$\begin{aligned} P - m + \mu &= 3316''.0 \\ e &= \underline{1534.8} \\ P + m + \mu - e &= 1761''.2, \end{aligned}$$

$$\frac{6}{\mu} = \frac{6.0}{949.8}, \quad D = \frac{60}{9498}\left(1781.2\right) = 11.25 \text{ Zoll};$$

ferner nach 3)

$$\begin{aligned} P &= 3255''.6 \\ m + \mu &= \underline{1839.2} \\ P + m + \mu &= 5094''.8 \end{aligned} \qquad \begin{aligned} P &= 3255''.6 \\ m - \mu &= \underline{-60.4} \\ P - (m - \mu) &= 3316''.0; \end{aligned}$$

k = 2, 4, 6, 8 und 10 gesetzt, giebt:

$$\begin{aligned} (1-\tfrac{2}{6})\mu &= \tfrac{4}{6}\mu = 633''.2 & 4145.0 + 633''.2 &= 4778''.2 \\ (1-\tfrac{4}{6})\mu &= \tfrac{2}{6}\mu = 316.6 & 4145.0 + 316.6 &= 4461,6 \\ (1-\tfrac{6}{6})\mu &= 0 = 0.0 & 4145.0 + 0.0 &= 4145.0 \\ (1-\tfrac{8}{6})\mu &= -\tfrac{2}{6}\mu = -316.6 & 4145.0 - 316.0 &= 3829.0 \\ (1-\tfrac{10}{6})\mu &= -\tfrac{4}{6}\mu = -633.2 & 4145.0 - 633.2 &= 3511.8 \end{aligned}$$

$\log e = 3.18604$	$\log e = 3.18604$	$\log e = 3.18604$	$\log h = 6.77889$	
$l.(P+m+\mu) = 3.70712$	$\log P = 3.51263$	$l.(P-(m-\mu)) = 3.52061$	$\log e = 3.18604$	
$\log \cos \alpha' = 9.47892$	$\log \cos \beta' = 9.67341$	$\log \cos \gamma' = 9.66543$	$\log he = 9.96493$	
$\alpha' = 72^0\ 28'$	$\beta' = 61^0\ 52'$	$\gamma' = 62^0\ 26'$		
$\log he = 9.96493$	$\log he = 9.96493$	$\log he = 9.96493$		
$\log tg\, \alpha' = 0.50040$	$\log tg\, \beta' = 0.27189$	$\log tg\, \gamma' = 0.28229$		
$\log he\, tg\, \alpha' = 0.46533$	$\log he\, tg\, \beta' = 0.23682$	$\log he\, tg\, \gamma' = 0.24722$		
$he\, tg\, \alpha' = 2^h.9197$	$he\, tg\, \beta' = 1^h.7251$	$he\, tg\, \gamma' = 1^h.7669$		
$\log e = 3.18604$	$\log e = 3.18604$	$\log e = 3.18604$	$\log e = 3.18604$	$\log e = 3.18604$
$\log (4778.2) = 3.67927$	$\log (4461.6) = 3.64949$	$\log (4145.0) = 3.61752$	$l.(3829.0) = 3.58309$	$l.(3511.8) = 3.54553$
$\log \cos \delta'_2 = 9.50677$	$\log \cos \delta'_4 = 9.53655$	$\log \cos \delta'_6 = 9.56852$	$\log \cos \delta'_8 = 9.60295$	$l. \cos \delta'_{10} = 9.64051$
$\delta'_2 = 71^0\ 16'$	$\delta'_4 = 69^0\ 53'$	$\delta'_6 = 68^0\ 16'$	$\delta'_8 = 66^0\ 22'$	$\delta'_{10} = 64^0\ 5'$,
$\log he = 9.96493$	$\log he = 9.96493$	$\log e = 9.96493$	$\log he = 9.96493$	$\log he = 9.96493$
$\log tg\, \delta'_2 = 0.46963$	$\log tg\, \delta'_4 = 0.43619$	$\log tg\, \delta'_6 = 0.39944$	$\log tg\, \delta'_8 = 0.35894$	$\log tg\, \delta'_{10} = 0.31342$
$\log he\, tg\, \delta'_2 = 0.43456$	$\log he\, tg\, \delta'_4 = 0.40112$	$\log he\, tg\, \delta'_6 = 0.36437$	$l.\, he\, tg\, \delta'_8 = 0.32387$	$l. he\, tg\, \delta'_{10} = 0.27835$
$he\, tg\, \delta'_2 = 2^h.7200$	$he\, tg\, \delta'_4 = 2^h.5184$	$he\, tg\, \delta'_6 = 2^h.3140$	$he\, tg\, \delta'_8 = 2^h.1080$	$he\, tg\, \delta'_{10} = 1^h.8982$

Also endlich

$D =$	$2^h\,58'\,57''.4$		
$\mp h e \operatorname{tg} \alpha' =$	$\mp 2\;\;55\;\;10.9$		
	$0^h\;\;3'\;46''.5$	Anfang	der Sonnenfinsterniß überhaupt;
	5 54 8.3	Ende	
	5 50 21.8	Dauer	
$D =$	$2^h\,58'\,57''.4$		
$\mp h e \operatorname{tg} \beta' =$	$\mp 1\;\;43\;\;30.4$		
	$1^h\;15'\;27''.0$	Anfang	der centralen Finsterniß;
	4 42 27.8	Ende	
	3 27 0.8	Dauer	
$D =$	$2^h\,58'\,57''.4$		
$\mp h e \operatorname{tg} \gamma' =$	$\mp 1\;\;46\;\;0.6$		
	$1^h\;12'\;56''.8$	Anfang	der ringförmigen Finsterniß;
	4 44 58.0	Ende	
	3 32 1.2	Dauer	
$D =$	$2^h\,58'\,57''.4$		
$\mp h e \operatorname{tg} \delta'_2 =$	$\mp 2\;\;43\;\;12.0$		
	$0^h\;15'\;45''.4$	Anfang	der Finsterniß von 2 Zoll;
	5 42 9.4	Ende	
	5 26 24.0	Dauer	
$D =$	$2^h\,58'\,57''.4$		
$\mp h e \operatorname{tg} \delta'_4 =$	$\mp 2\;\;31\;\;6.2$		
	$0^h\;27'\;51''.2$	Anfang	der Finsterniß von 4 Zoll;
	5 30 3.6	Ende	
	5 2 12.4	Dauer	
$D =$	$2^h\,58'\,57''.4$		
$\mp h e \operatorname{tg} \delta'_6 =$	$\mp 2\;\;18\;\;50.4$		
	$0^h\;40'\;7''.0$	Anfang	der Finsterniß von 6 Zoll;
	5 17 47.8	Ende	
	4 37 40.8	Dauer	
$D =$	$2^h\,58'\,57''.4$		
$\mp h e \operatorname{tg} \delta'_8 =$	$\mp 2\;\;6\;\;26.8$		
	$0^h\;52'\;30''.6$	Anfang	der Finsterniß von 8 Zoll;
	5 5 24.2	Ende	
	4 12 53.6	Dauer	

$$\mathfrak{D} = 2^h\,58'\,57''.4$$
$$\mp h\,e\,\mathrm{tg}\,\delta'_{10} = \mp 1\;\;53\;\;53.5$$

$1^h\;5'\;3''.9$ Anfang
4 52 50.9 Ende } der Finsterniß von 10 Zoll.
3 47 47.0 Dauer

§. 188. Um die beiden Orte der Erdoberfläche zu finden, welche den Anfang und das Ende der partiellen, centralen, totalen oder ringförmigen, und k-zolligen Finsterniß unter allen Orten zuerst und zuletzt bei Auf- und Untergang der Sonne wahrnehmen; berechne man

$$\left.\begin{aligned} e &= p'\cos n \\ \sin H &= \frac{\varepsilon}{p-\pi+m+\mu} \\ \sin H_1 &= \frac{\varepsilon}{p-\pi} \\ \sin H_2 &= \frac{\varepsilon}{p-\pi\pm(m-\mu)} \\ \sin H_3^{(k)} &= \frac{\varepsilon}{p-\pi+m+\left(1-\frac{k}{6}\right)\mu} \end{aligned}\right\} \quad 5).$$

Da wegen des Sinus ein doppelter Werth von H, H_1, ... gefunden wird, so gehört der erste dieser Werthe für den Ort, der das Ende, der andere aber für den Ort, der den Anfang der Finsterniß sieht. — Hierauf bestimme man die Polhöhen φ, φ_1, φ_2 und $\varphi_3^{(k)}$ der gesuchten Orte durch die Gleichungen

$$\left.\begin{aligned} \sin\varphi &= \sin(H+n)\cos\delta \\ \sin\varphi_1 &= \sin(H_1+n)\cos\delta \\ \sin\varphi_2 &= \sin(H_2+n)\cos\delta \\ \sin\varphi_3^{(k)} &= \sin(H_3^{(k)}+n)\cos\delta \end{aligned}\right\} \quad 6),$$

so wie deren Ortszeiten s, s_1, s_2 und $s_3^{(k)}$ aus

$$\left.\begin{aligned} \cos s &= -\mathrm{tg}\,\delta\,\mathrm{tg}\,\varphi \\ \cos s_1 &= -\mathrm{tg}\,\delta\,\mathrm{tg}\,\varphi_1 \\ \cos s_2 &= -\mathrm{tg}\,\delta\,\mathrm{tg}\,\varphi_2 \\ \cos s_3^{(k)} &= -\mathrm{tg}\,\delta\,\mathrm{tg}\,\varphi_3^{(k)} \end{aligned}\right\} \quad 7).$$

Da man nun, dem vorigen §. zufolge, die wahre Berliner Zeit S des Anfangs und des Endes der Finsterniß kennt; so hat man die gesuchten östlichen Längen λ, λ_1, λ_2 und $\lambda_3^{(k)}$ dieser Orte von Berlin

$$\left.\begin{aligned} \lambda &= s - S \\ \lambda_1 &= s_1 - S_1 \\ \lambda_2 &= s_2 - S_2 \\ \lambda_3^{(k)} &= s_3^{(k)} - S_3^{(k)} \end{aligned}\right\} \quad 8).$$

Sucht man aber die östlichen Längen λ', λ'_1, λ'_2 und $\lambda'_3{}^{(k)}$ dieser Orte von Ferro, so wird man haben

$$\left.\begin{aligned} \lambda' &= \lambda + 31^0\ 2'\ 43'' \\ \lambda'_1 &= \lambda_1 + 31^0\ 2'\ 43'' \\ \lambda'_2 &= \lambda_2 + 31^0\ 2'\ 43'' \\ \lambda'_3{}^{(k)} &= \lambda_3^{(k)} + 31^0\ 2'\ 43'' \end{aligned}\right\} \quad 9).$$

Beispiel. Für obige Sonnenfinsterniß von 1836 hat man

$$p - \pi + m + \mu = 5094''.8, \quad p - \pi = 3255''.6,$$

damit nach 5)

$$\begin{aligned} \log p' &= 3.19513 \\ \log\cos n &= 9.97516 \\ \log\varepsilon &= 3.17029, \end{aligned}$$

$$\begin{aligned} \log\varepsilon &= 3.17029 \\ \log(p - \pi + m + \mu) &= 3.70712 \\ \log\sin H &= 9.46317 \\ H = 16^0\ 53'\ 20'' &= 163^0\ \ 6'\ 40'' \\ H + n = 36\ \ \ 5\ \ \ 0\ \ &= 182\ \ 18\ \ 20, \end{aligned}$$

$$\begin{aligned} \log\varepsilon &= 3.17029 \\ \log(p - \pi) &= 3.51263 \\ \log\sin H_1 &= 9.65766 \\ H_1 = 27^0\ \ 2'\ 30'' &= 152^0\ 57'\ 30'' \\ H + n = 46\ \ 14\ \ 10\ \ &= 172\ \ \ 9\ \ 10; \end{aligned}$$

$$\begin{aligned} \log\sin(H + n) &= 9.77009 = 8.60454n \\ \log\cos\delta &= 9.97576 = 9.97576 \\ \log\sin\varphi &= 9.74585 = 8.58030n \\ \varphi &= +35^0\ 50'\ 53'' = -2^0\ 10'\ 49'', \end{aligned}$$

$$\log\sin(H_1+n) = 9.85866 = 9.13523$$
$$\log\cos\delta = 9.97576 = 9.97576$$
$$\log\sin\varphi_1 = 9.83442 = 9.11099$$
$$\varphi_1 = +43^0\ 4'\ 45'' = +7^0\ 25'\ 7'';$$

$$\log tg\,\varphi = 9.82650 = 8.58060n$$
$$\log tg\,\delta = 9.53615 = 9.53615$$
$$\log\cos s = 9.36265n = 8.11675$$
$$s = 103^0\ 19'\ 35'' = 270^0\ 44'\ 59''$$
$$= 6^h\ 53'\ 18'' = 18^h\ 3'\ 0''$$
$$S = 5\ \ 54\ \ 8 = 0\ \ 3\ \ 46$$
$$\lambda = 0^h\ 59'\ 10'' = 17^h\ 59'\ 14''$$
$$= 14^0\ 47'\ 30'' = 269^0\ 48'\ 30''$$
$$\lambda' = 45\ \ 50\ \ 13 = 300\ \ 51\ \ 13,$$

$$\log tg\,\varphi_1 = 9.97086 = 9.11464$$
$$\log tg\,\delta = 9.53615 = 9.53615$$
$$\log\cos s_1 = 9.50701n = 8.65079n$$
$$s_1 = 108^0\ 44'\ 45'' = 267^0\ 26'\ 10''$$
$$= 7^h\ 14'\ 59'' = 17^h\ 49'\ 45''$$
$$S_1 = 4\ \ 42\ \ 28 = 1\ \ 15\ \ 27$$
$$\lambda_1 = 2^h\ 32'\ 31'' = 16^h\ 34'\ 16''$$
$$= 38^0\ 7'\ 45'' = 248^0\ 34'\ 0''$$
$$\lambda'_1 = 65\ \ 50\ \ 13 = 279\ \ 36\ \ 43;$$

ferner

$$p-\pi-(m-\mu) = 3316''.0$$
$$\log\varepsilon = 3.17029$$
$$\log(p-\pi-m+\mu) = 3.52061$$
$$\log\sin H_2 = 9.64968$$
$$H_2 = 26^0\ 30'\ 36'' = 153^0\ 29'\ 24''$$
$$H_2+n = 45\ \ 42\ \ 16 = 172\ \ 41\ \ 4,$$

$$p-\pi+m+(1-\tfrac{6}{6})\mu = 4145''$$
$$\log\varepsilon = 3.17029$$
$$\log 4145'' = 3.61752$$
$$\log\sin H_3^{(6)} = 9.55277$$
$$H_3^{(6)} = 20^0\ 55'\ 15'' = 159^0\ 4'\ 45''$$
$$H_3^{(6)}+n = 40\ \ 6\ \ 55 = 178\ \ 16\ \ 25;$$

$$\log\sin(H_2+n) = 9.85476 = 9.10495$$
$$\log\cos\delta = 9.97576 = 9.97576$$
$$\log\sin\varphi_2 = 9.83052 = 9.08071$$
$$\varphi_2 = +42^0\ 36'\ 5'' = +6^0\ 55'\ 0'',$$

$$\log\sin(H_3^{(6)}+n) = 9.80910 = 8.33047$$
$$\log\cos\delta = 9.97576 = 9.97576$$
$$\log\sin\varphi_3^{(6)} = 9.78486 = 8.30623$$
$$\varphi_3^{(6)} = +37^0\ 32'\ 30'' = +1^0\ 9'\ 35'';$$

$$\log tg\,\varphi_2 = 9.96359 = 9.08389$$
$$\log tg\,\delta = 9.53615 = 9.53615$$
$$\log\cos s_2 = 9.49974n = 8.62004n$$
$$s_2 = 108^0\ 25'\ 25'' = 267^0\ 36'\ 38''$$
$$= 7^h\ 13'\ 42'' = 17^h\ 50'\ 27''$$
$$S_2 = 4\ 44\ 58 = 1\ 12\ 57$$
$$\lambda_2 = 2^h\ 28'\ 44'' = 16^h\ 37'\ 30''$$
$$= 37^0\ 11'\ 0'' = 249^0\ 22'\ 30''$$
$$\lambda'_2 = 68\ 13\ 43 = 280\ 25\ 13,$$

$$\log tg\,\varphi_3^{(6)} = 9.88563 = 8.30629$$
$$\log tg\,\delta = 9.53615 = 9.53615$$
$$\log\cos s_3^{(6)} = 9.42178n = 7.84244n$$
$$s_3^{(6)} = 105^0\ 18'\ 50'' = 269^0\ 36'\ 5''$$
$$= 7^h\ 1'\ 15'' = 17^h\ 58'\ 24''$$
$$S_3^{(6)} = 5\ 17\ 48 = 0\ 40\ 7$$
$$\lambda_3^{(6)} = 1^h\ 43'\ 27'' = 17^h\ 18'\ 17''$$
$$= 25^0\ 51'\ 45'' = 259^0\ 34'\ 15''$$
$$\lambda'_3{}^{(6)} = 56\ 54\ 28 = 290\ 36\ 58.$$

Man hat daher

		Ort: Länge v. Ferro.	Ort: Breite.
Bei Sonnenaufgang Anfang,	der partiellen Finst.	300° 51′ 13″	− 2° 10′ 49″
	„ sechszolligen Finst.	290 36 58	+ 1 9 35
	„ ringförmigen Finst.	280 25 13	+ 6 55 0
	„ centralen Finstern.	279 36 43	+ 7 25 7
bei Sonnenuntergang Ende	der centralen Finstern.	65 50 13	+ 43 4 45
	„ ringförmigen Finst.	68 13 43	+ 42 36 5
	„ sechszolligen Finst.	56 54 28	+ 37 32 30
	„ partiellen Finst.	45 50 13	+ 35 50 53.

§. 189. Wenn auf diese Weise die allgemeinen Erscheinungen der Sonnenfinsterniß bestimmt worden sind; so muß man dann auch die verschiedenen Erscheinungen der Sonnenfinsterniß für die Oberfläche der Erde bestimmen. Da diese Vorausbestimmungen jedoch nur den Zweck haben, nicht nur die Art der Sichtbarkeit der Finsterniß für alle Länder, welche diese Finsterniß wirklich sehen werden, zu erfahren, sondern auch die Beobachter auf dieses Phänomen aufmerksam zu machen, damit sie bei Zeiten auf die Beobachtung desselben vorbereitet seien; so werden die folgenden Berechnungsmethoden hinreichen, die verschiedenen Phasen hinsichtlich der Zeitbestimmungen bis auf eine oder zwei Zeitminuten genau anzugeben.

§. 190. Man entwerfe sich zuerst eine kleine Tafel der Werthe von y und z nach den Formeln

$$\left.\begin{aligned} y &= \frac{\cos d \sin(a-\alpha)}{\sin 1''} \\ z &= \frac{\sin d \cos\delta - \cos d \sin\delta \cos(a-\alpha)}{\sin 1''} \end{aligned}\right\} \quad 10)$$

von halber zu halber Stunde für die ganze Dauer der Finsterniß, und interpolire dann die, den einzelnen Viertelstunden zugehörigen, Werthe von y und z.

Für die Sonnenfinsterniß vom 15. Mai 1836 erhält man, da die Zeitgleichung $+ 3' 56''$ beträgt,

Wahre Berliner Zeit.	y.	z.	Wahre Berliner Zeit.	y.	z.
0h 3′ 56″	—5088	— 204	0h 52′ 41″	—3810	+ 241
0 7 41	—4990	— 170	0 56 26	—3712	+ 275
0 11 26	—4892	— 136	1 0 11	—3612	+ 309
0 15 11	—4794	— 102	1 3 56	—3514	+ 344
0 18 56	—4695	— 67	1 7 41	—3416	+ 378
0 22 41	—4597	— 33	1 11 26	—3318	+ 412
0 26 26	—4499	+ 1	1 15 11	—3220	+ 446
0 30 11	—4401	+ 35	1 18 56	—3121	+ 481
0 33 56	—4301	+ 70	1 22 41	—3023	+ 515
0 37 41	—4203	+ 104	1 26 26	—2925	+ 549
0 41 26	—4105	+ 138	1 30 11	—2827	+ 583
0 45 11	—4006	+ 172	1 33 56	—2727	+ 618
0 48 56	—3908	+ 207	1 37 41	—2629	+ 652

Wahre Berliner Zeit.	y.	z.	Wahre Berliner Zeit.	y.	z.
1^h 41′ 26″	− 2531	+ 686	3^h 56′ 26″	+ 1010	+ 1919
1 45 11	− 2433	+ 720	4 0 11	+ 1108	+ 1953
1 48 56	− 2334	+ 755	4 3 56	+ 1208	+ 1988
1 52 41	− 2236	+ 789	4 7 41	+ 1306	+ 2022
1 56 26	− 2138	+ 823	4 11 26	+ 1404	+ 2056
2 0 11	− 2040	+ 857	4 15 11	+ 1502	+ 2090
2 3 56	− 1940	+ 892	4 18 56	+ 1601	+ 2125
2 7 41	− 1842	+ 926	4 22 41	+ 1699	+ 2159
2 11 26	− 1744	+ 960	4 26 26	+ 1797	+ 2193
2 15 11	− 1646	+ 994	4 30 11	+ 1895	+ 2227
2 18 56	− 1547	+ 1029	4 33 56	+ 1995	+ 2262
2 22 41	− 1449	+ 1063	4 37 41	+ 2093	+ 2296
2 26 26	− 1351	+ 1097	4 41 26	+ 2191	+ 2330
2 30 11	− 1253	+ 1131	4 45 11	+ 2289	+ 2364
2 33 56	− 1153	+ 1166	4 48 56	+ 2388	+ 2399
2 37 41	− 1055	+ 1200	4 52 41	+ 2486	+ 2433
2 41 26	− 957	+ 1234	4 56 26	+ 2584	+ 2467
2 45 11	− 859	+ 1268	5 0 11	+ 2682	+ 2501
2 48 56	− 760	+ 1303	5 3 56	+ 2782	+ 2536
2 52 41	− 662	+ 1337	5 7 41	+ 2880	+ 2570
2 56 26	− 564	+ 1371	5 11 26	+ 2978	+ 2604
3 0 11	− 466	+ 1405	5 15 11	+ 3076	+ 2638
3 3 56	− 366	+ 1440	5 18 56	+ 3175	+ 2673
3 7 41	− 268	+ 1474	5 22 41	+ 3273	+ 2707
3 11 26	− 170	+ 1508	5 26 26	+ 3371	+ 2741
3 15 11	− 72	+ 1542	5 30 11	+ 3469	+ 2775
3 18 56	+ 27	+ 1577	5 33 56	+ 3569	+ 2810
3 22 41	+ 125	+ 1611	5 37 41	+ 3667	+ 2844
3 26 26	+ 223	+ 1645	5 41 26	+ 3765	+ 2878
3 30 11	+ 321	+ 1679	5 45 11	+ 3863	+ 2912
3 33 56	+ 421	+ 1714	5 48 56	+ 3962	+ 2947
3 37 41	+ 519	+ 1748	5 52 41	+ 4060	+ 2981
3 41 26	+ 617	+ 1782	5 56 26	+ 4158	+ 3015
3 45 11	+ 715	+ 1816	6 0 11	+ 4256	+ 3049
3 48 56	+ 814	+ 1851	6 3 56	+ 4356	+ 3084.
3 52 41	+ 912	+ 1885			

§. 191. Sind ferner y, y′ und z, z′ zwei beliebige auf einander folgende Werthe aus dieser Tafel; so berechne man

$$\left.\begin{aligned} \operatorname{tg} n &= \frac{z' - z}{y' - y} \\ p' &= z - y \operatorname{tg} n \end{aligned}\right\} \quad 11),$$

und entwerfe sich eine zweite Tafel der Werthe von Y und Z nach den Formeln

$$\left.\begin{array}{l} Y = p \cos\varphi \sin s \\ Z = q \sin\varphi - q' \cos\varphi \cos s \end{array}\right\} \quad 12),$$

wo

$$q = p \cos\delta$$
$$q' = p \sin\delta$$

Constanten sind, und für δ wenigstens in einer ersten Näherung sein Werth für die Zeit der Mitte der Finsterniß angenommen werden kann, ferner für φ die Werthe von 0^0, 2^0, 4^0, 6^0, ... bis 90^0 auf beiden Seiten des Aequators anzunehmen sind, und Y und Z die Form $\alpha \sin s$ und $\beta - \gamma \cos s$ respective erhalten können, wo α und γ schon Logarithmen, und s die noch einzige unbekannte beliebig anzunehmende Größe ist.

Für die gewählte Sonnenfinsterniß hat man

$$\begin{array}{rl} \log p = & 3.51376 \\ \log\cos\delta = & 9.97576 \\ \hline \log q = & 3.48952 \end{array} \qquad \begin{array}{rl} \log p = & 3.51376 \\ \log\sin\delta = & 9.51191 \\ \hline \log q' = & 3.02567 \end{array}$$

also
$$Y = \overline{3.51376} \cos\varphi \sin s$$
$$Z = \overline{3.48952} \sin\varphi - \overline{3.02567} \cos\varphi \cos s,$$

und gedachte zweite Tafel:

φ.	Y.	Z.
0^0	3.51376 sin s	0 — 3.02567 cos s
± 2	3.51350 sin s	± 108 — 3.02541 cos s
± 4	3.51270 sin s	± 215 — 3.02461 cos s
± 6	3.51147 sin s	± 323 — 3.02328 cos s
± 8	3.50951 sin s	± 430 — 3.02142 cos s
± 10	3.50711 sin s	± 536 — 3.01902 cos s
± 12	3.50406 sin s	± 642 — 3.01607 cos s
± 14	3.50066 sin s	± 747 — 3.01257 cos s
± 16	3.49660 sin s	± 851 — 3.00851 cos s
± 18	3.49197 sin s	± 954 — 3.00388 cos s
± 20	3.48675 sin s	± 1056 — 2.99866 cos s
± 22	3.48093 sin s	± 1156 — 2.99284 cos s
± 24	3.47449 sin s	± 1256 — 2.98640 cos s
± 26	3.46742 sin s	± 1353 — 2.97933 cos s
± 28	3.45969 sin s	± 1449 — 2.97166 cos s

φ.	Y.	Z.
± 30°	3.45129 sin s	± 1543 — 2.96320 cos s
± 32	3.44218 sin s	± 1635 — 2.95409 cos s
± 34	3.43233 sin s	± 1726 — 2.94424 cos s
± 36	3.42172 sin s	± 1814 — 2.93363 cos s
± 38	3.41029 sin s	± 1900 — 2.92220 cos s
± 40	3.39801 sin s	± 1984 — 2.90992 cos s
± 42	3.38483 sin s	± 2066 — 2.89674 cos s
± 44	3.37069 sin s	± 2144 — 2.88260 cos s
± 46	3.35553 sin s	± 2220 — 2.86744 cos s
± 48	3.33927 sin s	± 2294 — 2.85118 cos s
± 50	3.32183 sin s	± 2365 — 2.83374 cos s
± 52	3.30310 sin s	± 2432 — 2.81501 cos s
± 54	3.28298 sin s	± 2497 — 2.79489 cos s
± 56	3.26132 sin s	± 2559 — 2.77323 cos s
± 58	3.23797 sin s	± 2618 — 2.74988 cos s
± 60	3.21273 sin s	± 2674 — 2.72464 cos s
± 62	3.18537 sin s	± 2725 — 2.69728 cos s
± 64	3.15560 sin s	± 2774 — 2.66751 cos s
± 66	3.12307 sin s	± 2820 — 2.63498 cos s
± 68	3.08734 sin s	± 2862 — 2.59925 cos s
± 70	3.04781 sin s	± 2901 — 2.55972 cos s
± 72	3.00374 sin s	± 2936 — 2.51565 cos s
± 74	2.95410 sin s	± 2967 — 2.46601 cos s
± 76	2.89744 sin s	± 2995 — 2.40935 cos s
± 78	2.83164 sin s	± 3019 — 2.34355 cos s
± 80	2.75343 sin s	± 3040 — 2.26534 cos s
± 82	2.65732 sin s	± 3057 — 2.16923 cos s
± 84	2.53299 sin s	± 3070 — 2.14490 cos s
± 86	2.35734 sin s	± 3079 — 1.86925 cos s
± 88	2.05658 sin s	± 3085 — 1.56849 cos s
± 90	0	± 3087 — 0

Hat man aus dieser Tafel Y und Z für einen bestimmten Werth von s entlehnt, so berechne man erst

$$\sin h = \frac{(p' - Z)\cos n + Y \sin n}{\varDelta}$$

so wie

$$\left.\begin{aligned} y &= Y + \varDelta \cos(h+n) \\ z &= Z + \varDelta \sin(h+n) \end{aligned}\right\} \quad 13),$$

wo Δ die gegebene scheinbare Distanz der Mittelpunkte von Sonne und Mond bezeichnet.

Nun suche man diese Werthe von y und z in der obigen ersten Tafel für y und z auf; so erhält man die wahre Berliner Zeit S und die gesuchte östliche Länge λ des Orts

$$\lambda = s - S \qquad 14).$$

Es ist, da sin h stets einen doppelten Werth von h giebt, klar, daß auf diese Art stets zwei Orte gefunden werden. Ist nämlich sin h positiv, so liegt h im ersten oder zweiten Quadranten, wenn Δ wächst oder abnimmt; ist sin h negativ, so liegt h im dritten oder vierten Quadranten, wenn Δ ab- oder zunimmt.

§. 192. Die Formeln 13) und 14) enthalten die Auflösung vieler hierher gehörigen speciellen Aufgaben, von denen die wichtigsten folgende sind:

α) Der Ort wird gesucht, dessen Polhöhe φ bekannt, und der zu einer gegebenen Zeit s dieses Orts den Anfang oder das Ende der Finsterniß überhaupt sieht.

Man setze in 13) $\Delta = \mu + m$, und von dem doppelten Werth von h gehört der eine für den Anfang, der andere für das Ende.

β) Der Ort wird gesucht, dessen Polhöhe φ gegeben, und der zu einer gegebenen Zeit s seines Orts den Anfang oder das Ende der ringförmigen oder totalen Finsterniß sieht.

Man setze in 13) $\Delta = \mu - m$ (oder $m - \mu$), und von dem doppelten Werth von h giebt der eine den Anfang, der andere das Ende.

γ) Den Ort von gegebener Polhöhe φ zu bestimmen, der zu seiner gegebenen Ortszeit s die Finsterniß von k Zoll als größte Finsterniß sieht.

Nachdem man Y und Z aus der zweiten Tafel berechnet hat, setze man

$$\Delta = \pm \frac{12 - k}{12} (\mu + m),$$

wo das obere Zeichen für die nördliche, das untere für die südliche Seite gilt, und bestimme

$$\left.\begin{aligned} y &= Y - \Delta \sin n \\ z &= Z + \Delta \cos n \end{aligned}\right\} \quad 15).$$

Die übrige Rechnung ist wie vorher.

δ) Den Ort von gegebener Polhöhe φ zu finden, der zur Zeit s seines Orts, an der Nord- oder Südgrenze des vollen oder des Halbschattens liegt, d. h. der nur eine innere oder äußere Berührung der Ränder als größte Phase sieht.

Man setze erstlich $\Delta = \pm(\mu - m)$,
und setze diesen Werth in 15); so findet man den Ort, der an der Nord- oder Südgrenze des vollen Schattens liegt, d. h. der nur eine innere Berührung der Ränder als größte Phase sieht;
man setze zweitens $\Delta = \pm(\mu + m)$
und substituire diesen Werth in 15), so findet man den Ort, der an der Nord- oder Südgrenze des Halbschattens liegt, d. h. welcher nur eine äußere Berührung als größte Phase sieht.

ε) Man verlangt den Ort, dessen Polhöhe φ und Ortszeit s gegeben, der um diese Zeit eine centrale Finsterniß sieht.

Nachdem **Y** und **Z** aus der zweiten Tafel bestimmt worden sind, hat man $y = Y$, $z - Z$, und die übrige Rechnung fällt weg, da man sogleich **S** und λ unmittelbar erhält.

ζ) Die Fälle α), β), γ), δ) und ε) der Bedingung zugleich zu unterwerfen, daß sie sich um 12 Uhr des wahren Mittags des gegebenen Orts zutragen, d. h. wenn am gegebenen Ort die Sonne gerade culminirt.

Man setze in allen diesen 5 Fällen

$$s = 0,$$

berechne **Y**, **Z** aus den Gleichungen

$$\left.\begin{aligned} Y &= 0 \\ Z &= p \sin(\varphi - \delta) \end{aligned}\right\} \quad 16),$$

und verfahre dann, wie bei jedem dieser Fälle gelehrt worden ist.

§. 193. Nicht schwieriger, vielmehr noch leichter ist es, alle vorhergehenden Aufgaben auch mit der Bedingung zu lösen, daß nur die Berliner Zeit gegeben ist, und hieraus die Größen φ und s gesucht werden. Diese Berechnungsart ist eigentlich das natürlichere Verfahren und geschieht auf folgende Weise.

Man entwerfe sich eine Tafel, welche die Werthe von $\frac{y}{p}$ und $\frac{z}{q}$ von Viertel- zu Viertelstunde für die Dauer der Finsterniß enthält, wobei die in §. 191 vorgekommene Tafel die besten Dienste leisten wird, und berechne dann

$$\left.\begin{aligned} y' &= \frac{y}{p} \pm \frac{\varDelta}{p} \sin n \\ z' &= \frac{z}{p} \mp \frac{\varDelta}{p} \cos n \end{aligned}\right\} \quad 17);$$

so hat man sogleich die gesuchten Größen φ und s aus den Gleichungen

$$\left.\begin{aligned} \sin\varphi &= z'\cos\delta + \sin\delta\sqrt{1-(y'^2+z'^2)} \\ \sin s &= \frac{y'}{\cos\varphi} \end{aligned}\right\} \quad 18),$$

wo man wieder für δ wenigstens in einer ersten Näherung (die fast immer hinreichend wird) seinen Werth für die Zeit der Mitte der Finsterniß annehmen kann.

Setzt man in 17) $\varDelta = 0$, so erhält man alle diejenigen Orte, die für eine gegebene Berliner wahre Zeit eine centrale Finsterniß sehen; $\varDelta = \mu \pm m$ gesetzt, giebt die Grenze des Halbschattens und vollen Schattens, oder alle Orte, welche für eine gegebene Berliner Zeit die äußere oder innere Berührung der Ränder von Sonne und Mond sehen. Setzt man endlich in 17) $\varDelta = \frac{12-k}{12}(\mu + m)$, so findet man diejenigen Orte, die für die gegebene Berliner Zeit eine Finsterniß von k Zollen wahrnehmen. Zu bemerken ist übrigens, daß in den Gleichungen 17)' das obere Zeichen für die nördliche, das untere hingegen für die südliche Schattengrenze gehören.

Beispiel. Für die Sonnenfinsterniß des 15. Mai 1836 ist nachstehende Tafel der Werthe von $\frac{y}{p}$ und $\frac{z}{p}$ berechnet worden.

Wahre Berliner Zeit.	$\frac{y}{p}$.	$\frac{z}{p}$.	Wahre Berliner Zeit.	$\frac{y}{p}$.	$\frac{z}{p}$.
0h 3′ 56″	— 1.559	— 0.062	3h 11′ 26″	— 0.052	+ 0.462
0 11 26	— 1.498	— 0.042	3 18 56	+ 0.008	+ 0.483
0 18 56	— 1.438	— 0.021	3 26 26	+ 0.068	+ 0.504
0 22 26	— 1.378	+ 0.000	3 33 56	+ 0.129	+ 0.525
0 33 56	— 1.318	+ 0.021	3 41 26	+ 0.189	+ 0.546
0 41 26	— 1.257	+ 0.042	3 48 56	+ 0.249	+ 0.567
0 48 56	— 1.197	+ 0.063	3 56 26	+ 0.309	+ 0.588
0 56 26	— 1.137	+ 0.084	4 3 56	+ 0.369	+ 0.609
1 3 56	— 1.077	+ 0.105	4 11 26	+ 0 429	+ 0.630
1 11 26	— 1.017	+ 0.126	4 18 56	+ 0.489	+ 0.651
1 18 56	— 0.956	+ 0.147	4 26 26	+ 0.550	+ 0.672
1 26 26	— 0.896	+ 0.168	4 33 56	+ 0.611	+ 0.693
1 33 56	— 0.836	+ 0.189	4 41 26	+ 0.671	+ 0.714
1 41 26	— 0.776	+ 0.210	4 48 56	+ 0.732	+ 0.735
1 48 56	— 0.715	+ 0.231	4 56 26	+ 0.792	+ 0.756
1 56 26	— 0.655	+ 0.252	5 3 56	+ 0.852	+ 0.777
2 3 56	— 0.595	+ 0.273	5 11 26	+ 0.912	+ 0.798
2 11 26	— 0.535	+ 0.294	5 18 56	+ 0.973	+ 0.819
2 18 56	— 0.474	+ 0.315	5 26 26	+ 1.033	+ 0.840
2 26 26	— 0.414	+ 0.336	5 33 56	+ 1.093	+ 0.861
2 33 56	— 0.354	+ 0.357	5 41 26	+ 1.153	+ 0.882
2 41 26	— 0.293	+ 0.378	5 48 56	+ 1.213	+ 0.903
2 48 56	— 0.233	+ 0.399	5 56 26	+ 1.274	+ 0.924
2 56 26	— 0.173	+ 0.420	6 3 56	+ 1.335	+ 0.945.
3 3 56	— 0.113	+ 0.441			

Hieraus folgt z. B. für den Centralschatten, wo $\Delta = 0$, nach 17), 18):

Wahre Berl. Zeit.	y′.	z′.	φ.	s.	Länge östl. von Ferro.
1h 18′ 56″	— 0.956	+ 0.147	+ 12° 48′	— 78° 15′	293° 4′
1 26 26	— 0.896	+ 0.168	+ 16 31	— 69 9	300 18
1 33 56	— 0.836	+ 0.189	+ 20 15	— 63 0	394 34
1 41 26	— 0.776	+ 0.210	+ 23 5	— 57 31	308 11
1 48 56	— 0.715	+ 0.231	+ 25 40	— 52 29	311 20
1 56 26	— 0.655	+ 0.252	+ 28 1	— 47 53	314 4
2 3 56	— 0.595	+ 0.273	+ 30 15	— 43 32	316 32
2 11 26	— 0.535	+ 0.294	+ 32 22	— 39 18	318 54
2 18 56	— 0.474	+ 0.315	+ 34 24	— 35 4	321 15
2 26 26	— 0.414	+ 0.336	+ 36 21	— 30 56	323 31
2 33 56	— 0.354	+ 0.357	+ 38 13	— 26 47	325 47
2 41 26	— 0.293	+ 0.378	+ 40 0	— 22 30	328 12
2 48 56	— 0.233	+ 0.399	+ 41 41	— 18 8	330 41
2 56 26	— 0.173	+ 0.420	+ 43 23	— 13 46	333 11
3 3 56	— 0.113	+ 0.441	+ 44 57	— 9 11	335 53
3 11 26	— 0.052	+ 0.462	+ 46 27	— 4 20	338 52
3 18 56	+ 0.008	+ 0.483	+ 47 51	+ 0 41	341 0
3 26 26	+ 0.068	+ 0.504	+ 48 49	+ 5 56	345 23

Wahre Berl. Zeit.	y'.	z'.	φ.	s.	Länge östl. von Ferro.
3h 33' 56"	+ 0.129	+ 0.525	+ 50° 20'	+ 11° 40'	349° 14'
3 41 26	+ 0.189	+ 0.546	+ 51 25	+ 17 39	353 21
3 48 56	+ 0.249	+ 0.567	+ 52 19	+ 24 3	357 52
3 56 26	+ 0.309	+ 0.588	+ 53 2	+ 30 55	2 52
4 3 56	+ 0.369	+ 0.609	+ 53 23	+ 38 13	8 17
4 11 26	+ 0.429	+ 0.630	+ 53 43	+ 46 28	14 40
4 18 56	+ 0.489	+ 0.651	+ 53 33	+ 55 23	21 42
4 26 26	+ 0.550	+ 0.672	+ 52 49	+ 65 31	29 58
4 33 56	+ 0.611	+ 0.693	+ 51 15	+ 77 27	40 1
4 41 26	+ 0.671	+ 0.714	+ 47 41	+ 85 14	45 56.

Für die äußere Berührung der Ränder, wo $\Delta = m + \mu$ ist, hat man $\Delta = 1839''.2$, und also, da $n = +19^0\ 12'$ und $\log p = 3.5137$ ist, nach 17)

$$y' = \frac{y}{p} \pm 0.185$$

$$z' = \frac{z}{p} \mp 0.532;$$

und für die innere Berührung der Ränder, wo $\Delta = \mu - m$ ist, hat man $\Delta = 60''.4$, also nach 17)

$$y' = \frac{y}{p} \pm 0.0061$$

$$z' = \frac{z}{p} \mp 0.0175;$$

im ersten Fall wird man alle Orte erhalten, die an der nördlichen oder südlichen Grenze des Halbschattens liegen, im zweiten Fall aber alle Orte, die an der nördlichen oder südlichen Grenze des vollen Schattens liegen.

Setzt man endlich alle Orte, die nord- oder südwärts eine kzollige Finsterniß als größte Phase sehen, d. h. wo

$$\Delta = \frac{12 - k}{12}\left(m + \mu\right)$$

ist, so hat man, da $m + \mu = 1839''.2$ ist, nach 17)

$$y' = \frac{y}{p} \pm \frac{(1839''.2 - 153''.27k)}{p} \sin n$$

$$z' = \frac{z}{p} \mp \frac{(1839''.2 - 153''.27k)}{p} \cos n$$

oder kürzer

$$y' = \left(\frac{y}{p} \pm 0.185\right) \mp 0.0154k$$

$$z' = \left(\frac{z}{p} \mp 0.532\right) \pm 0.0443k.$$

§. 194. Um den Ort zu erhalten, der eine gewisse Phase gerade um 12 Uhr Mittags wahrnimmt, braucht man nur in der für y' und z' construirten Tafel den Werth von $y' = 0$ aufzusuchen, den $y' = 0$ entsprechenden Werth von z' zu bestimmen, und die Größen φ, λ und λ' aus den Gleichungen

$$\left.\begin{aligned} \sin\varphi &= z'\cos\delta + \sin\delta\sqrt{1 - z'^2} \\ \lambda &= -S \\ \lambda' &= \lambda + 31^\circ\, 2'\, 43'' \end{aligned}\right\} \quad 19)$$

herzuleiten. Man kann aber auch diese Werthe aus der, die berechneten Größen φ und λ' enthaltenden, Tabelle durch Interpolation bestimmen. Wird z. B. der Ort gesucht, der im Augenblick seiner wahren Mittagszeit die Sonne central verfinstert sieht, so wird mittelst Interpolation aus der im vorigen §. stehenden Tafel des Centralschatten-Wegs

$$\varphi = +47^\circ\, 42' \text{ und } \lambda' = 340^\circ\, 58'$$

gefunden, vermittelst Rechnung nach 19) aber, da für $3^h\, 17'\, 56''$ Berl. wahre Zeit $y' = 0.000$, $z' = +0.480$,

$$\log z' = 9.68124, \quad \log z'^2 = 9.36248, \quad z'^2 = 0.2304,$$

$$\begin{aligned} &\log\cos\delta = 9.97576 & &\log\sqrt{1 - z'^2} = \log\sqrt{0.7696} = 9.94313 \\ &\log 0.4539 = 9.65700 & &\log\sin\delta = 9.51191 \\ &\sin\varphi = 0.4539 + 0.2851 & &\log 0.2851 = 9.45504, \\ & = 0.7390, & & \end{aligned}$$

also $\varphi = +47^\circ\, 39'$, $s = 0^\circ\; 0'$;

$$\lambda = -3^h\, 17'\, 56'' = 20^h\, 42'\, 4'' = 310^\circ\, 31', \text{ also } \lambda' = 341^\circ\, 34'.$$

§. 195. Um nun auch für irgend einen gegebenen Ort der Erdoberfläche die verschiedenen Umstände einer Sonnenfinsterniß angeben zu können, berechne man die Werthe von P, Q, p' und q' nach den Formeln 7) bis 12) des §. 65 (S. 92) von 10 zu 10 Minuten während der Dauer der Finsterniß, ferner die Constanten

$$\left.\begin{aligned}\bar{\alpha} &= \frac{p-\pi}{\varDelta}\\ \bar{\beta} &= \frac{(p-\pi)\cos\delta}{\varDelta}\\ \bar{\gamma} &= \frac{(p-\pi)\sin\delta}{\varDelta}\\ \bar{\delta} &= 0.2588\bar{\alpha}\\ \bar{\varepsilon} &= \bar{\delta}\,.\sin\delta\end{aligned}\right\}\quad 20),\qquad (\log 0.2588 = 9.41296)$$

wo für $\varDelta$, wie früher, die Werthe $m+\mu$, $\mu-m$, $\frac{12-k}{12}\left(m+\mu\right)$, u. s. w. gesetzt werden können.

Sei λ die Länge des gegebenen Orts von Berlin (positiv genommen, wenn sie östlich ist), und φ dessen Breite; so bestimme man die Constanten

$$\left.\begin{aligned}a &= \bar{\alpha}\cos\varphi\\ b &= \bar{\beta}\sin\varphi\\ c &= \bar{\gamma}\cos\varphi\\ d &= \bar{\delta}\cos\varphi\\ e &= \bar{\varepsilon}\cos\varphi\end{aligned}\right\}\quad 21),$$

ferner die Größen

$$\left.\begin{aligned}u &= a\sin(S+\lambda)\\ v &= b-c\cos(S+\lambda)\\ u' &= d\cos(S+\lambda)\\ v' &= e\sin(S+\lambda)\end{aligned}\right\}\quad 22),$$

so wie auch die Größen m, M, n, N und ψ mittelst der Gleichungen

$$\left.\begin{aligned}m\sin M &= P-u\\ m\cos M &= Q-v\\ n\sin N &= p'-u'\\ n\cos N &= q'-v'\\ \cos\psi &= m\sin(M-N)\end{aligned}\right\}\quad 23),$$

wo ψ stets positiv und kleiner als 180° genommen wird. Hierauf giebt der Ausdruck

$$S + \lambda - \frac{m}{n}\cos(M - N) \mp \frac{\sin\psi}{n}$$

die in Stunden und deren Decimaltheilen ausgedrückte Anfangs- und Endezeit der Finsterniß in wahrer Zeit des Orts. Ferner ist der Winkel Q, welchen der Sonnenhalbmesser da, wo die Berührung geschieht, mit dem Stundenkreise des Centrums der Sonnenscheibe bildet, von Norden durch Osten bis 360° in einem fort gezählt,

$$Q = 90^0 + N \pm \psi \qquad 24)$$

und endlich die Größe G der Finsterniß, in Zollen ausgedrückt,

$$G = 23.2 \sin \tfrac{1}{2}\psi^2 \text{ oder } G = 23.2 \cos \tfrac{1}{2}\psi^2 \qquad 25),$$

je nachdem $\psi \lesssim 90^0$ gefunden ward.

Da S unbekannt ist, so kann man vorläufig für jeden Ort in Europa die Größe S gleich der Conjunctionszeit oder doch einer dieser nahe liegenden Zeit setzen, und mit diesem Werthe die Rechnung durchführen. Dann aber wiederhole man dieselbe (von den Gleichungen 22) an) mit den beiden gefundenen genäherten Werthen von S für den Anfang und das Ende besonders, und man wird, ohne einer neuen Rechnung zu bedürfen, meistens die gesuchten Zeiten bis auf 1 oder 2 Minuten genau erhalten.

§. 196. Um die Anwendung der im vorigen §. enthaltenen Vorschriften durch ein Beispiel zu erläutern, werde hier wieder die mehr erwähnte Sonnenfinsterniß gewählt.

Im Berliner astronomischen Jahrbuch für 1836 hat Encke folgende Angaben, deren Berechnungen hier folgen, mitgetheilt. Die Tafel für p, q, p', und q' ist:

S.	P.		Q.		p′.	q′.
0^h 0′	− 2.8229	1420	− 0.0317	513	+ 0.8521	+ 0.3018
10	2.6809	1420	0.0804	514		
20	2.5389	1420	− 0.0290	513		
30	2.3969	1420	+ 0.0223	513		
40	2.2549	1419	0.0736	513		
50	2.1130	1420	0.1249	513		
1 0	− 1.9710	1420	+ 0.1762	513	+ 0.8518	+ 0.3076
10	1.8290	1419	0.2275	512		
20	1.6871	1420	0.2787	513		
30	1.5451	1419	0.3300	512		
40	1.4032	1420	0.3812	512		
50	1.2612	1419	0.4324	512		
2 0	− 1.1193	1419	+ 0.4836	512	+ 0.8516	+ 0.3071
10	0.9774	1419	0.5348	511		
20	0.8355	1419	0.5859	512		
30	0.6936	1419	0.6371	511		
40	0.5517	1419	0.6882	512		
50	0.4098	1419	0.7394	511		
3 0	− 0.2679	1419	+ 0.7905	511	+ 0.8513	+ 0.3066
10	− 0.1260	1418	0.8416	510		
20	+ 0.0158	1419	0.8926	511		
30	0.1577	1419	0.9437	510		
40	0.2996	1418	0.9947	511		
50	0.4414	1419	1.0458	510		
4 0	+ 0.5833	1418	+ 1.0968	510	+ 0.8511	+ 0.3060
10	0.7251	1419	1.1478	509		
20	0.8670	1418	1.1987	510		
30	1.0088	1418	1.2497	509		
40	1.1506	1419	1.3006	510		
50	1.2925	1418	1.3516	509		
5 0	+ 1.4343	1418	+ 1.4025	509	+ 0.8509	+ 0.3054
10	1.5761	1418	1.4534	508		
20	1.7179	1418	1.5042	509		
30	1.8597	1418	1.5551	508		
40	2.0015	1417	1.6059	509		
50	2.1432	1418	1.6568	508		
6 0	2.2850		+ 1.7076		+ 0.8506	+ 0.3048.

Ferner, für $\Delta = m + \mu$, also für den Anfang und das Ende der Finsterniß überhaupt,

$$\bar{\alpha} = +1.7701,\quad \log\bar{\alpha} = 0.24799$$
$$\bar{\beta} = +1.6740,\quad \log\bar{\beta} = 0.22376$$
$$\bar{\gamma} = +0.5752,\quad \log\bar{\gamma} = 9.75982$$
$$\bar{\delta} = +0.4634,\quad \log\bar{\delta} = 9.66596$$
$$\bar{\varepsilon} = +0.1506,\quad \log\bar{\varepsilon} = 9.17782.$$

Für Berlin nun, wo $\lambda = 0^h\,0'$ und $\varphi = +52^0\,32'$ ist, steht die Rechnung, wenn S vorläufig $= 4^h\,0' = 60^0\,0'$ angenommen wird, wie folgt:

Nach 21)

$$\begin{array}{rl|rl|rl} \log\bar{\alpha} &= 0.24799 & \log\bar{\beta} &= 0.22376 & \log\bar{\gamma} &= 9.75982 \\ \log\cos\varphi &= 9.78412 & \log\sin\varphi &= 9.89966 & \log\cos\varphi &= 9.78412 \\ \hline \log a &= 0.03211 & \log b &= 0.12342 & \log c &= 9.54394 \end{array}$$

$$\begin{array}{rl|rl} \log\bar{\delta} &= 9.66596 & \log\bar{\varepsilon} &= 9.17782 \\ \log\cos\varphi &= 9.78412 & \log\cos\varphi &= 9.78412 \\ \hline \log d &= 9.45008 & \log e &= 8.96194, \end{array}$$

nach 22)

$$u = \overline{0.03211}\sin S$$
$$v = 1.3287 - \overline{9.54394}\cos S$$
$$u' = \overline{9.45008}\cos S$$
$$v' = \overline{8.96194}\sin S,$$

wo die überstrichenen Coefficienten, wie immer, schon Logarithmen sind; also mit $S = 60^0\,0'$

$$\begin{array}{rl} \log a &= 0.03211 \\ \log\sin S &= 9.93753 \\ \hline \log u &= 9.96964, \quad u = +0.9325; \end{array}$$

$$\begin{array}{rl} \log c &= 9.54394 \\ \log\cos S &= 9.69897 \\ \hline \log 0.1749 &= 9.24291, \end{array} \qquad \begin{array}{rl} b &= +1.3287 \\ & +0.1749 \\ \hline v &= +1.1538; \end{array}$$

$$\begin{array}{rl} \log d &= 9.45008 \\ \log\cos S &= 9.69897 \\ \hline \log u' &= 9.14905 \\ u' &= +0.1410, \end{array} \qquad \begin{array}{rl} \log e &= 8.96194 \\ \log\sin S &= 9.93753 \\ \hline \log v' &= 8.89947 \\ v' &= +0.0793; \end{array}$$

ferner aus obiger Tafel

$P = +0.5833$, $Q = +1.0968$, $p' = +0.8511$, $q' = +0.3060$;

also

$$\begin{array}{rlrl} P &= +0.5833 & Q &= +1.0968 \\ u &= +0.9325 & v &= +1.1538 \\ \hline P - u &= -0.3492 & Q - v &= -0.0570, \end{array}$$

$$\begin{array}{rlrl} p' &= +0.8511 & q' &= +0.3060 \\ u' &= +0.1410 & v' &= +0.0793 \\ \hline p' - u' &= +0.7101 & q' - v' &= +0.2267; \end{array}$$

nach 23)

$$\begin{array}{rlrl} \log m \sin M &= 9.54307n & \log n \sin N &= 9.85132 \\ \log m \cos M &= 8.75587n & \log n \cos N &= 9.35545 \\ \hline \log tg M &= 0.78720 & \log tg N &= 0.49587 \\ M &= 260^0\ 44' & N &= 72^0\ 18' \\ \log m &= 9.54878 & \log n &= 9.87238 \\ \log \frac{m}{n} &= 9.67640, & M - N &= 188^0\ 26'; \end{array}$$

$$\begin{array}{rl} \log m &= 9.54878 \\ \log \sin (M - N) &= 9.16631n \\ \hline \log \cos \psi &= 8.71509n \end{array}$$

$$\psi = 92^0\ 58', \quad \tfrac{1}{2}\psi = 46^0\ 29';$$

$$\begin{array}{rlrl} \log \frac{m}{n} &= 9.67640 & \log \sin \psi &= 9.99942 \\ \log \cos (M - N) &= 9.99528n & \log n &= 9.87238 \\ \hline \log \frac{m}{n} \cos (M - N) &= 9.67168n & \log \frac{\sin \psi}{n} &= 0.12704 \\ \frac{m}{n} \cos (M - N) &= -0.4695, & \frac{\sin \psi}{n} &= 1.3398; \end{array}$$

folglich

$$\begin{array}{rl} S &= 4^h.000 \\ -\frac{m}{n} \cos (M - n) &= +0.469 \\ -\frac{\sin \psi}{n} &= \mp 1.340 \\ \hline & 3^h.129 \text{ Zeit des Anfangs} \\ & 5.809 \text{ Zeit des Endes,} \end{array}$$

als die beiden genäherten Werthe von S, mit welchen die Rechnung zu wiederholen ist. — Für den Anfang der Finsterniß hat man, mit $S = 3^h.1 = 46^0\ 30'$

$$\log a = 0.03211$$
$$\log \sin S = 9.86056$$
$$\log u = 9.89267,\quad u = +0.7810;$$

$$\log c = 9.54394 \qquad b = +1.3287$$
$$\log \cos S = 9.83781 \qquad +0.2409$$
$$\log 0.2409 = 9.38175, \qquad v = +1.0878;$$

$$\log d = 9.45008 \qquad \log e = 8.96194$$
$$\log \cos S = 9.83781 \qquad \log \sin S = 9.86056$$
$$\log u' = 9.28789 \qquad \log v' = 8.82250$$
$$u' = +0.1940, \qquad u' = +0.0664;$$

ferner aus obiger Tafel

$$P = -0.1828,\quad Q = +0.8211,\quad p' = +0.8513,\quad q' = +0.3066;$$

also

$$P = -0.1828 \qquad Q = +0.8211$$
$$u = +0.7810 \qquad v = +1.0878$$
$$P - u = -0.9638 \qquad Q - v = -0.2667,$$

$$p' = +0.8513 \qquad q' = +0.3066$$
$$u' = +0.1940 \qquad v' = +0.0664$$
$$p' - u' = +0.6573 \qquad q' - v' = +0.2402;$$

nach 23)

$$\log m \sin M = 9.98399n \qquad \log n \sin N = 9.81776$$
$$\log m \cos M = 9.42602n \qquad \log n \cos N = 9.38057$$
$$\log tg M = 0.55797 \qquad \log tg N = 0.43719$$
$$M = 254^0\ 32' \qquad N = 69^0\ 56'$$
$$\log m = 0.00001 \qquad \log n = 9.84496$$
$$\log \frac{m}{n} = 0.15505 \qquad M - N = 184^0\ 36';$$

$$\log m = 0.00001$$
$$\log \sin (M - N) = 8.90417n$$
$$\log \cos \psi = 8.90418n,$$
$$\psi = 94^0\ 36',\quad \tfrac{1}{2}\psi = 47^0\ 18';$$

$$\log\frac{m}{n} = 0.15505 \qquad \log\sin\psi = 9.99860$$

$$\log\cos(M-N) = \underline{9.99860n} \qquad \log n = \underline{9.84496}$$

$$\log\frac{m}{n}\cos(M-N) = 0.15365n \qquad \log\frac{\sin\psi}{n} = 0.15364$$

$$\frac{m}{n}\cos(M-N) = -1.4245, \qquad \frac{\sin\psi}{n} = +1.4245;$$

daher, weil die Zeit des Endes ebenfalls besonders berechnet wird, für die Zeit des Anfangs

$$S - \frac{m}{n}\cos(M-N) - \frac{\sin\psi}{n} = 3^h.1 = 3^h\ 6';$$

ferner ist nach 24)

$$Q = 90^0 + 69^0\ 56' + 94^0\ 36' = 254^0\ 32',$$

und nach 25)

$$\log 23.2 = 1.36549$$
$$\log\cos\tfrac{1}{2}\psi^2 = \underline{9.66266}$$
$$\log G = 1.02815,$$
$$\text{folglich } G = 10.67 \text{ Zoll.}$$

Für das Ende der Finsterniß hat man, mit $S = 5^h.8 = 87^0\ 0'$,

$$\log a = 0.03211$$
$$\log\sin S = \underline{9.99940}$$
$$\log u = 0.03151, \quad u = +1.0752;$$

$$\log c = 9.54394 \qquad b = +1.3287$$
$$\log\cos S = \underline{8.71880} \qquad \underline{+0.0183}$$
$$\log 0.0183 = 8.26274, \qquad v = +1.3104;$$

$$\log d = 9.45008 \qquad \log e = 8.96194$$
$$\log\cos S = \underline{8.71880} \qquad \log\sin S = \underline{9.99940}$$
$$\log u' = 8.16888 \qquad \log v' = 8.96134$$
$$u' = +0.0147, \qquad v' = +0.0915;$$

ferner aus obiger Tafel

$$P = +2.1148,\ Q = +1.6456,\ p' = +0.8506,\ q' = +0.3048;$$

also

$$P = +2.1148 \qquad Q = +1.6456$$
$$u = \underline{+1.0752} \qquad v = \underline{+1.3104}$$
$$P - u = +1.0396 \qquad Q - v = +0.3352,$$

$$p' = +0.8506 \qquad q' = +0.3048$$
$$u' = +0.0147 \qquad v' = +0.0915$$
$$p' - u' = +0.8359 \qquad q' - v' = +0.2133;$$

nach 23)

$$\log M \sin M = 0.01687 \qquad \log n \sin N = 9.92215$$
$$\log m \cos M = 9.52530 \qquad \log n \cos N = 9.32899$$
$$\log tg M = 0.49157 \qquad \log tg N = 0.59316$$
$$M = 72^0\ 8' \qquad N = 75^0\ 41'$$
$$\log m = 0.03834 \qquad \log n = 9.93585$$
$$\log \frac{m}{n} = 0.10249, \qquad M - N = 356^0\ 27';$$

$$\log m = 0.03834$$
$$\log \sin (M - N) = 8.79183n$$
$$\log \cos \psi = 8.83017n$$
$$\psi = 93^0\ 53', \quad \tfrac{1}{2}\psi = 46^0\ 56';$$

$$\log \frac{m}{n} = 0.10249 \qquad \log \sin \psi = 9.99900$$
$$\log \cos (M - N) = 9.99917 \qquad \log n = 9.93585$$
$$\log \frac{m}{n} \cos (M - N) = 0.10166 \qquad \log \frac{\sin \psi}{n} = 0.06315$$
$$\frac{m}{n} \cos (M - N) = +1.2637 \qquad \frac{\sin \psi}{n} = 1.1565;$$

folglich für die Zeit des Endes

$$S - \frac{m}{n} \cos (M - N) + \frac{\sin \psi}{n} = 5^h.6928 = 5^h\ 41'.6;$$

ferner ist nach 24)

$$Q = 90^0 + 75^0\ 41' - 93^0\ 53' = 71^0\ 48',$$

und nach 25)

$$\log 23.2 = 1.36549$$
$$\log \cos \tfrac{1}{2}\psi^2 = 9.66864$$
$$\log G = 1.03413$$
$$\text{also } G = 10.82 \text{ Zoll},$$
$$\text{d. h. im Mittel } G = 10.74 \text{ Zoll}.$$

§. 197. Wenn man auf die vorhergehende Art für drei Orte, deren Polhöhen φ, φ', φ'' und Längen λ, λ', λ'' sind, die Zeiten

t, t', t'' des Anfangs und des Endes der Finsterniß, in den respectiven Ortszeiten ausgedrückt, berechnet hat; so kann man dann für irgend einen zwischen diesen drei Orten gelegenen vierten Ort, dessen Länge $\varLambda$ und Polhöhe $\varPhi$ ist, die noch unbekannte Zeit $\mathbf{T}$ des Anfangs und des Endes nach folgenden Formeln bequem bestimmen. Man berechne nämlich für den Anfang sowohl als für das Ende der Finsterniß die Constanten

$$\left.\begin{aligned}
\mathfrak{A} &= \lambda(\varphi''-\varphi')-\lambda'(\varphi''-\varphi)+\lambda''(\varphi'-\varphi)\\
\mathbf{A} &= \frac{t(\varphi''-\varphi')-t'(\varphi''-\varphi)+t''(\varphi'-\varphi)}{\mathfrak{A}}\\
\mathbf{B} &= \frac{t(\lambda''-\lambda')-t'(\lambda''-\lambda)+t''(\lambda'-\lambda)}{\mathfrak{A}}\\
\mathfrak{B} &= \tfrac{1}{3}(t+t'+t'')\\
\mathfrak{C} &= \tfrac{1}{3}(\lambda+\lambda'+\lambda'')\\
\mathfrak{D} &= \tfrac{1}{3}(\varphi+\varphi'+\varphi'')
\end{aligned}\right\} \quad 26),$$

so hat man

$$\mathbf{T} = \mathbf{A}\varLambda-\mathbf{B}\varPhi+(\mathfrak{B}-\mathfrak{C}\mathbf{A}+\mathfrak{D}\mathbf{B}) \qquad 27),$$

in welchen Gleichungen 26) und 27) die Größen φ, φ', φ'' und $\varPhi$ in Graden und deren Decimaltheilen, die Größen λ, λ', λ'', $\varLambda$, t, t', t'' und $\mathbf{T}$ aber in Stunden und deren Decimaltheilen vorausgesetzt werden.

Littrow ist der Meinung, daß für ganz Deutschland die drei Sternwarten von Königsberg, Gotha und Tübingen sehr gelegen sein möchten.

Berechnet man daher für die Sonnenfinsterniß vom 15. Mai 1836 die Zeit des Anfangs und Endes der Finsterniß überhaupt, für die drei Orte Königsberg, Gotha und Tübingen; so wird man erhalten:

	Anfang.	Q.	Ende.	Q.	Größe.
Königsberg	$3^h.681$	251^0	$6^h.148$	77^0	11.37 Zoll
Gotha	2.893	257	5.536	69	10.14 „
Tübingen	2.793	261	5.458	65	9.18 „ .

Hier findet sich für

Königsberg $\lambda'' = 1^h.2100$, $\varphi'' = 54^0.7033$
Gotha $\lambda' = 0.5697$, $\varphi' = 50.9355$
Tübingen $\lambda = 0.4480$, $\varphi = 48.5194$;

$\lambda''-\lambda' = 0.6403$ $\varphi''-\varphi' = 3.7678$ $t'' = 3.681$ oder 6.148
$\lambda''-\lambda = 0.7620$ $\varphi''-\varphi = 6.1839$ $t' = 2.893$ „ 5.536
$\lambda'-\lambda = 0.1217$, $\varphi'-\varphi = 2.4161$, $t = 2.793$ „ 5.458,

also nach 26)

$$\mathfrak{A} = +4.2592$$
$$A = 0.8846t - 1.4519t' + 0.5677t''$$
$$B = 0.1504t - 0.1718t' + 0.0286t''$$
$\mathfrak{B} =$ 3.122 für den Anfang, 5.714 für das Ende,
$$\mathfrak{C} = +0.7426$$
$$\mathfrak{D} = +51.3861,$$

also nach 27)

für den Anfang $T = A\Lambda - B\Phi + (3.122 - 0.7426A + 51.3861B)$
„ das Ende $T = A\Lambda - B\Phi + (5.714 - 0.7426A + 51.3861B)$.

Da nun für den Anfang

$$A = +0.3602$$
$$B = +0.0284,$$

für das Ende aber

$$A = +0.2812$$
$$B = +0.0457$$

gefunden wird; so ist

für den Anfang $T = 0.3602\Lambda - 0.0284\Phi + 4.3139$
„ das Ende $T = 0.2812\Lambda - 0.0457\Phi + 7.8535$ } 28),

wo $\log 0.3602 = 9.55654$ $\log 0.0284 = 8.45332$
$\log 0.2812 = 9.44902$, $\log 0.0457 = 8.65992$.

Mittelst dieser Gleichungen 28) findet man nun die Zeit des Anfangs und Endes für folgende 17 Städte:

Ort.	Λ.	Φ.	Anfang.	Ende.	Dauer.
Augsburg	$0^h.572$	$48^0.363$	$3^h.146$	$5^h.804$	$2^h.658$
Berlin	0.735	52.529	3.087	5.660	2.573
Bremen	0.431	53.074	2.962	5.550	2.588
Breslau	0.980	51.108	3.236	5.778	2.542

Ort.	Λ.	Φ.	Anfang.	Ende.	Dauer.
Danzig	$1^h.087$	$54^0.347$	$3^h.183$	$5^h.659$	$2^h.476$
Dresden	0.758	51.047	3.158	5.718	2.560
Erlangen	0.582	49.593	3.135	5.736	2.601
Frankfurt a. M.	0.417	50.125	3.060	5.705	2.645
Göttingen	0.507	51.530	3.054	5.636	2.582
Hamburg	0.509	53.547	2.998	5.533	2.535
Krakau	1.174	50.061	3.335	5.881	2.546
Leipzig	0.668	51.338	3.096	5.680	2.584
München	0.616	48.139	3.127	5.810	2.683
Prag	0.805	50.089	3.201	5.776	2.575
Warschau	1.247	52.241	3.300	5.801	2.501
Weimar	0.601	50.987	3.103	5.677	2.574
Wien	0.936	48.210	3.382	5.914	2.532.

§. 198. Die vorstehende Tafel verschafft einen doppelten Nutzen.

Erstlich können die genäherten Zeiten des Anfangs und Endes die vorläufige Bestimmung der beiden Werthe von S (s. §. 195) ersparen, und sogleich der Anfang und das Ende der Finsterniß schärfer berechnet werden, wie das folgende Beispiel deutlich zeigen wird. — Für Leipzig fand man (s. die letzte Tafel)

Zeit des Anfangs $3^h.096$, des Endes $5^h.680$.

Man kann also annehmen

für den Anfang $S + \lambda = 3^h.1 = 3^h\ 6' = 46^0\ 30'$,

und da $\varphi = 51^0\ 20'$ ist, so folgt:

$$\log a = 0.04372$$
$$\log c = 9.55555 \quad b = +1.3071, \quad \log \sin (S+\lambda) = 9.86056$$
$$\log d = 9.46169 \quad \log \cos (S+\lambda) = 9.83781;$$
$$\log e = 8.97355,$$

nach 22)

$$u = +0.8022, \quad v = +1.0597, \quad u' = +0.1993, \quad v' = +0.0682,$$

also, da für $S = 3^h\ 10'$

$P = -0.1260$, $Q = +0.8416$, $p' = +0.8513$, $q' = +0.3065$

ist, so ist

$P-u = -0.9282$, $Q-v = -0.2181$, $p'-u' = +0.6520$, $q'-v' = +0.2383$

und also nach 23)

$$M = 256^0\ 47' \qquad N = 69^0\ 56'$$

$$\log m = 9.97930, \qquad \log n = 9.84145,$$

also

schärfer bestimmte Zeit des Anfangs $3^h.032$, und

$$Q = 256^0 \text{ und } G = 10.28 \text{ Zoll.}$$

Für das Ende kann man annehmen

$S + \lambda = 5^h.68 = 5^h\ 41' = 85^0\ 15'$, also $\log \sin (S+\lambda) = 9.99851$

$\log \cos (S+\lambda) = 8.91807$,

also nach 22)

$u = +1.1021$, $v = +1.2773$, $u' = +0.0240$, $v' = +0.0938$,

also da für $S = 5^h\ 45'$

$P = +2.0723$, $Q = +1.6313$, $p' = +0.8506$, $q' = +0.3049$

ist, so ist

$P-u = +0.9702$, $Q-v = +0.3540$, $p'-u' = +0.8266$, $q'-v' = +0.2111$

und also nach 23)

$$M = 69^0\ 57' \qquad N = 75^0\ 40'$$

$$\log m = 0.01401, \qquad \log n = 9.93103,$$

also schärfer bestimmte Zeit des Endes $5^h.639$, und

$$Q = 70^0 \text{ und } G = 10.41 \text{ Zoll.}$$

Zweitens kann die obige Tafel zur Erweiterung des Landesstrichs, in welchem alle in besagter Tafel vorkommende Orte sich befinden, benutzt werden. Denn gesetzt z. B., man wollte für mehrere Orte Polens den Anfang und das Ende der Finsterniß bestimmen, so kann man diese Zeiten etwa für Krakau, Warschau und Riga mittelst der Gleichungen 28) vorläufig, dann, wie es in der für Leipzig geführten Rechnung gezeigt worden, schärfer bestimmen, für diese drei Orte endlich die Gleichungen 28) neu entwickeln, und diese nun zur Bestimmung aller in dem neuen Landesstrich liegenden Orte anwenden. Man kann aber auch von den drei Fundamentalorten Königsberg, Gotha und Tübingen einen gegen einen neuen, z. B. Königsberg mit Paris, vertauschen, sobald man westwärts, Tübingen aber gegen Ofen oder Warschau, wenn man ostwärts von Deutschland fortschreiten will, so daß man also nur eine neue scharfe Berechnung zu machen nöthig hat.

Sechszehntes Capitel.

Von den verschiedenen Zeit- und Festrechnungen.

§. 199. Sehr oft kommt der rechnende Astronom in die Lage, verschiedene chronologische Data mit einander zu vergleichen und das eine in das andere zu verwandeln. Dieß geschieht nun am bequemsten auf folgende Weise *). — Es sei, allgemein genommen, in einer Periode, deren Anfang in das Jahr a der christlichen Zeitrechnung fällt, und deren Jahrslänge L ist, das Jahr M und der Tag m dieses Jahrs gegeben; so kann man das diesem Datum entsprechende Jahr M' einer andern Periode, deren Anfang in das Jahr a' der christlichen Zeitrechnung fällt, und in der die Länge des Jahrs L' ist, durch die Gleichung

$$M' = \frac{365.25(a' - a) + (M - 1)L + (m - 1)}{L'} \qquad 1)$$

bestimmen. Die vornehmsten Perioden aber, ihr Anfang im Julianischen Kalender, und ihre Jahrslänge sind in der Tabelle

Periode.	Anfang im Jul. Kalender.	Länge des Jahrs in Tagen.
Christliche	0.000	$365\frac{1}{4}$
Dschelaleddinische	— 1078.195	$365\frac{8}{33}$
Diocletianische	— 283.660	$365\frac{1}{4}$
Erbauung Roms	+ 311.250	$365\frac{1}{4}$
Jezdegerdische	— 631.459	365

*) Calendariographie von Littrow, S. 137 ff.

Periode.	Anfang im Jul. Kalender.	Länge des Jahrs in Tagen.
Julianische	$+4713.000$	$365\frac{1}{4}$
Mahomedanische	$-\ 621.538$	$354\frac{11}{30}$
Seleucidische	$+\ 754.000$	$365\frac{1}{4}$
Weltschöpfung nach Eusebius	$+5199.334$	$365\frac{1}{4}$
Weltschöpfung nach d. Const. Aere	$+5508.334$	$365\frac{1}{4}$.

enthalten. Einige Beispiele werden die Anwendung dieser Tabelle und der Gleichung 1) erläutern.

1) Gegeben ist das 1192. Jahr und in ihm der 146. Tag der Jezdegerdischen Periode; es wird das diesem Datum entsprechende Jahr der Dschelaleddinischen Periode gesucht.

Hier ist $M = 1192, \qquad m = 146$
$a = -\ 631.459, \qquad L = 365$
$a' = -1078.195, \qquad L' = 365\frac{8}{33};$

also nach 1)

$$M' = 743.861,$$

d. h. $M' = 743$ Jahre und 314 Tage, oder die gesuchte Epoche ist der 315. Tag des 744. Jahrs der Dschelaleddinischen Periode.

2) Den ersten Tag des 6531 Jahrs der Julianischen Periode nach der Constantinopolitanischen Periode anzugeben.

Man hat, da hier $a = -4713.000$, $L = 365\frac{1}{4}$,
$L' = 365\frac{1}{4}$, $a' = -5508.334$,

ist, nach 1)

$$M' = 7325.334 \text{ oder } M' = 7325 \text{ Jahre und } 122 \text{ Tage},$$

d. h. die gegebene Epoche ist nach der Constantinopolitanischen Periode der 123. Tag des 7326. Jahrs.

§. 200. Am häufigsten kommt wohl der Fall vor, zu erforschen, auf welches Datum unserer christlichen Zeitrechnung irgend eine gegebene Epoche einer andern Periode fällt. In diesem Fall dient die Gleichung

$$M' = -a + 0.00273785\,\{(M-1)L + (m-1)\} \qquad 2),$$

in der M und m das gegebene Jahr und der gegebene Tag der Periode, M' aber das entsprechende Datum der christlichen Zeitrechnung ist.

So erhält man z. B.

für die Dschelaleddinische Periode

$$M' = +1077.192 + 0.999979M + 0.00273785m \qquad 3),$$

für die Periode der Erbauung Roms

$$M' = -755.003 + M + 0.00273785m \qquad 4),$$

für die Jezdegerdische Periode

$$M' = +630.457 + 0.999315M + 0.00273785m \qquad 5),$$

für die Mahomedanische Periode

$$M' = +620.568 + 0.970203M + 0.00273785m \qquad 6),$$

und für die Seleucidische Periode

$$M' = -312.253 + M + 0.00273785m \qquad 7).$$

Mittelst solcher bereits numerisch entwickelter Gleichungen lassen sich alle hierher gehörigen Aufgaben sehr bequem lösen; z. B. Auf welches Jahr und auf welchen Tag der christlichen Zeitrechnung, d. h. des Julianischen Kalenders (der stets gemeint ist), fällt der 20. Tag des **1244.** Jahrs der Mohamedanischen Zeitrechnung? Da $M = 1244$, $m = 20$ ist, so erhält man mittelst der Gleichung 6)

$M' = 1827.551$ oder $M = 1827$ Jahre und 201 Tage,

d. h. die gegebene mahomedanische Epoche fällt auf den 202. Tag des 1828. Jahrs des Julianischen Kalenders.

§. 201. Endlich kommt auch der dem, im vorigen §. erwähnte, entgegengesetzte Fall vor, nämlich, ein Julianisches Datum durch das einer andern Zeitrechnung auszüdrücken. Hierzu kann die Gleichung

$$M' = \frac{365.25\,(a' + M - 1) + (m - 1)}{L'} \qquad 8)$$

angewandt, und dieselbe für mehrere Perioden eben so numerisch in der Form

$$M' = \alpha + \beta M + \gamma m$$

entwickelt werden, wie es bei den Gleichungen 3) bis 7) geschehen ist. So hat man z. B. für die türkische Periode, da

$$a' = -621.538 \text{ und } L' = 354\tfrac{11}{30}$$

ist, nach 8)

$$M' = -641.656 + 1.030712M + 0.0028219m \qquad 9).$$

Ist nun z. B. der 27. Juni 1523 des Jul. Kalenders gegeben, so hat man, da der 27. Juni der 178. Tag des Jahrs ist, $M = 1523$, $m = 178$, folglich, diese Werthe in die Gleichung 9) gesetzt,

$$M' = 928.620 \text{ oder } M = 928 \text{ Jahre und } 219 \text{ Tage},$$

d. h. der 27. Juni des Jul. Jahrs 1523 ist der 220. Tag des 929. türkischen Jahrs.

§. 202. Die rein arithmetische Bestimmung des Ostersonntags in dem Julianischen und Gregorianischen Kalender nach Gauß *), kann sehr gut zu einer sichern Erforschung nicht nur aller beweglichen Festtage, die sich bekanntlich nach dem Ostersonntag richten, sondern auch aller Sonn- und Wochentage eines gegebenen Jahrs benutzt werden.

§. 203. Die Gauß'schen Vorschriften zur Bestimmung des Ostersonntags nämlich sind folgende:

Man dividire	durch	und es bleibe der Rest
die Jahrszahl	19	a **)
die Jahrszahl	4	b
die Jahrszahl	7	c
die Größe $19a + M$ . . .	30	d
die Größe $2b + 4c + 6d + N$	7	e,

so fällt der Ostersonntag O auf den $(22 + d + e)$ten März, oder es ist

$$O = 81 + d + e \qquad 10),$$

wenn man nämlich wissen will, auf den wie vielsten Tag des Jahrs

*) Mon. Corresp. v. Zach, Jahrgang 1800, Augustheft.

**) Die Größe $a + 1$ giebt die goldene Zahl.

der gesuchte Ostersonntag fällt. Ist das gegebene Jahr ein Schaltjahr, so hat man in 10) statt 81 die Zahl 82 zu setzen *).

Die oben vorkommenden Größen M und N sind Zahlen, welche im Julianischen Kalender stets, nämlich M = 15 und N = 6, im Gregorianischen dagegen nur für jedes Jahrhundert hindurch constant sind. Man hat nämlich für den Gregorianischen Kalender

	M.	N.
von 1583 bis 1699	22	2
„ 1700 „ 1799	23	3
„ 1800 „ 1899	23	4
„ 1900 „ 1999	24	5
„ 2000 „ 2099	24	5
„ 2100 „ 2199	24	6
„ 2200 „ 2299	25	0
„ 2300 „ 2399	26	1
„ 2400 „ 2499	25	1.

Im Julianischen Kalender gelten obige Vorschriften ohne Ausnahme, im Gregorianischen dagegen zwar auch, doch hat man auf folgende zwei Fälle, welche bisweilen eintreten können, noch Rücksicht zu nehmen.

α) Findet man den 26. April als Ostersonntag, so ist dafür stets der 19. April anzunehmen. Dieß kann aber natürlich nur dann geschehen, wenn d = 29 und e = 6 gefunden wird.

β) Findet man d = 28, e = 6, und giebt zugleich die Größe 11M + 11 mit 30 dividirt einen Rest, der < 19 ist; so fällt Ostern nicht, wie die Berechnung giebt, auf den 25., sondern schon auf den 18. April.

*) Vermöge der Einrichtung des Gregorianischen Kalenders ist jedes durch 4 ohne Rest theilbare Jahr ein Schaltjahr von 366 Tagen, diejenigen Säcularjahre ausgenommen, welche nicht durch 400 ohne Rest getheilt werden können. So sind die Jahre 1700, 1800, 1900, 2100, 2200 u. s. w. gemeine Jahre von 365 Tagen, hingegen die Jahre 1600, 2000, 2400, 2800, 3200 u. s. w. Schaltjahre von 366 Tagen.

Beispiel 1). Wann fällt Ostern nach dem Julianischen Kalender im Jahr 1847?

$$\text{Also } \frac{1847}{19} \text{ giebt } a = 4$$

$$\frac{1847}{4} \text{ giebt } b = 3$$

$$\frac{1847}{7} \text{ giebt } c = 6,$$

$$\text{ferner } \frac{19a + 15}{30} \text{ giebt } d = 1 \text{ und}$$

$$\frac{2b + 4c + 6d + 6}{7} \text{ giebt } e = 0,$$

also fällt der Ostersonntag auf den (22 + 1 + 0)ten, d. h. auf den 23. März, oder nach 10) auf den 82. Tag des Jahrs.

Beispiel 2). Wann fällt im Gregorianischen Kalender der Ostersonntag im Jahr 1847?

$$\text{Also } \frac{1847}{19} \text{ giebt } a = 4$$

$$\frac{1847}{4} \text{ giebt } b = 3$$

$$\frac{1847}{7} \text{ giebt } c = 6,$$

$$\text{ferner } \frac{19a + 23}{30} \text{ giebt } d = 9 \text{ und}$$

$$\frac{2b + 4c + 6d + 4}{7} \text{ giebt } e = 4,$$

also fällt Ostern auf den (22 + 9 + 4)ten oder 35. März, d. h. auf den 4. April, also nach 10) auf den 94. Tag des Jahrs.

§. 204. Kennt man so den Ostersonntag eines gewissen Jahrs **N** (nach Jul. oder Gregorianischer Zeitrechnung), so kann man dann, wenn ein gewisser Monatstag dieses Jahrs, welcher der **D**te Tag im Jahr sein mag, gegeben ist, ohne Hilfe des Sonntagsbuchstaben *) bestimmen, auf was für einen Wochentag und wie viel

*) Will oder soll man auch den Sonntagsbuchstaben selbst angeben, so braucht man nur, da Ostern den 22 + d + e ten März fällt, die Größe x nach der Formel

Wochen und Tage vor oder nach dem Ostersonntag der gegebene Tag fallen wird. Man berechne nämlich die Größe

$$x = \frac{D - O}{7} \qquad 11),$$

so wird erstlich der $\left\{\begin{matrix}\text{positive}\\ \text{negative}\end{matrix}\right\}$ Werth von D — O anzeigen, daß der gegebene Tag $\left\{\begin{matrix}\text{nach}\\ \text{vor}\end{matrix}\right\}$ dem Ostersonntag fällt; zweitens der ganze Quotient die gesuchte Anzahl Wochen und der Rest den Wochentag bestimmen, und zwar so, daß bei einem positiven Werth von D — O

der Rest	einen
0	Sonntag
1	Montag
2	Dienstag
3	Mittwoch
4	Donnerstag
5	Freitag
6	Sonnab d

anzeigt, bei einem negativen Werth von D — O aber

$$x = \frac{4 + d + e}{7}$$

zu bestimmen, und nur den Rest r zu merken. Dann kann der Sonntagsbuchstabe aus folgendem Täfelchen sogleich entnommen werden:

r	Sonnt. B.
0	G
1	A
2	B
3	C
4	D
5	E
6	F

Ist das gegebene Jahr ein Schaltjahr, so hat man vor den gefundenen Buchstaben noch dessen nachfolgenden zu setzen.

der Rest	einen
0	Sonntag
1	Sonnabend
2	Freitag
3	Donnerstag
4	Mittwoch
5	Dienstag
6	Montag

anzeigt. — Wollte man z. B. die Gleichung 11) benutzen, um den Wochentag, mit welchem das Jahr beginnt und beendigt, zu finden, so dürfte man nur in ihr $D = 1$ oder $= 365$ setzen. Für das Jahr 1847 im Julianischen Kalender ist $O = 82$; folglich für den Neujahrstag, nach 11)

$$x = \frac{1-82}{7} = -\frac{81}{7} = -11 \text{ Wochen und } 4 \text{ Tage},$$

d. h. das Jahr 1847 fängt im Jul. Kalender mit einer Mittwoch an, und hört mit einer Mittwoch auf.

§. 205. Kennt man den Ostersonntag eines gewissen Jahrs als den Oten Tag desselben; so fällt stets

der Sonntag Septuagesimä auf den $(O - 63)$ten
und der Pfingstsonntag auf den $(O + 49)$ten

Tag des Jahrs.

Sind diese beiden Sonntage bekannt, so hat man dann

α) zwischen dem 6. Januar, auf welchen Tag jedesmal das Fest Epiphanias fällt, und Septuagesimä den 1., 2., 3. u. s. w. Sonntag nach Epiphanias; nach Septuagesimä bis Ostern die Sonntage Sexagesimä, Estomihi, Invocavit, Reminiscere, Oculi, Lätäre, Judica und Palmarum;

β) zwischen Ostern und Pfingsten die Sonntage Quasimodogeniti, Misericordias Domini, Jubilate, Cantate, Rogate und Exaudi;

γ) acht Tage nach Pfingsten das Trinitatisfest, dem dann der 1., 2., 3., 4. u. s. w. Sonntag nach Trinitatis folgen bis auf den Sonntag, der dem Adventsonntag, welcher stets den vierten Sonntag vor dem 25. December einfällt, vorhergeht.

δ) Fällt zwischen dem Neujahrstag (dem 1. Januar), der stets ein Feiertag ist, und dem Epiphaniasfest ein Sonntag; so heißt dieser der Sonntag nach Neujahr, der aber nicht eintritt, sobald der Neujahrstag oder das Epiphaniasfest selbst auf einen Sonntag einfällt.

ε) Der Sonntag zwischen dem 25. und 31. December wird der Sonntag nach Weihnachten genannt, der aber nicht vorkommt, sobald der 25. December selbst auf einen Sonntag fällt.

ζ) Der Himmelfahrtstag fällt stets auf den zwischen Rogate und Exaudi liegenden Donnerstag, und die vier Quatember treten stets die Mittwoch nach Invocavit und nach Pfingsten, zwischen dem 15. und 21. Septbr., und zwischen dem 14. und 20. December ein; ist jedoch der 14. September oder der 13. December eine Mittwoch selbst, so sind die diesen Tagen nächstfolgenden Mittwoche erst Quatembertage.

§. 206. Der vorhergehende §. enthält das Hauptsächlichste der kirchlichen Einrichtung des Gregorianischen und Julianischen Kalenders. Der letztere ist zwar bei den Griechen und Russen noch jetzt im Gebrauch; doch sind für sie in kirchlicher Hinsicht die folgenden nicht ganz bekannten Bemerkungen zu machen.

Die Zeit des Fleischessens dauert vom 25. December inclus. bis zum Sonntag Sexagesimä, der Mässopust genannt wird, und der Anfang der Butterwoche ist. Süropust ist der 7te Sonntag vor Ostern, das Ende der Butterwoche und der Anfang des großen Fastens, das bis Ostern dauert. Das Fest der Wasserweihe fällt auf die Mittwoch nach dem Sonntag Jubilate. Petri Fasten dauert vom Sonntag Trinitatis bis zum 27. Juni inclus. Die unbeweglichen Festtage Eudokia, Alexei, Georg, Peter und Paul fallen auf den 1. März, den 9. März, den 23. April und den 29. Juni. Fasten der Mutter Gottes dauert vom 1. bis 15. August, und endlich Fasten vor Weihnachten vom 15. Nov. bis 25. December inclus.

§. 207. Noch sind einige in dem Julianischen und Gregorianischen Kalender zwar selten vorkommende, doch, wie es scheint, nicht uninteressante Fälle zu erwähnen, die bisweilen von großer Wichtigkeit sein können. Der Verfasser dieses Werks hat sich darüber umständlich in einem Aufsatz verbreitet, der im neunten Band S. 139 ff. des „Journal für die reine und angewandte Mathematik, v. A. L. Crelle; Berlin 1832" vorkommt.

α) Wenn das Jahr N eines gegebenen Jahrhunderts, in welchem der Gregorianische Ostersonntag auf den gegebenen Mten März fällt, gesucht wird; so ist, wie man leicht sieht, diese Aufgabe eine unbestimmte, die sich am bequemsten auf folgende Art lösen läßt. Bedeuten M′ und N′ die im §. 203 vorkommenden Constanten M und N für das gegebene Jahrhundert, so bestimme man erstlich die Größe a aus der Gleichung

$$a = 242 + 11M' - 11M + 30z'' \qquad 12),$$

in der die, zwar willkürliche, Größe z″ doch so genommen werden muß, daß a nicht negativ, und nicht größer als 18 wird; zweitens die Größe c aus der Gleichung

$$c = 110 - 2N' - 5M - 7a \qquad 13),$$

in welcher c nicht negativ werden, aber kleiner als 7 bleiben muß. Dann hat man folgende 28 Jahre:

$$\begin{array}{llll}
N & = -(56a + 76c) - 532y' & N_{14} & = N_{13} + 241 \\
N_1 & = N - 616 & N_{15} & = N_{14} - 616 \\
N_2 & = N_1 - 616 & N_{16} & = N_{15} - 616 \\
N_3 & = N_2 + 1064 & N_{17} & = N_{16} + 1064 \\
N_4 & = N_3 - 616 & N_{18} & = N_{17} - 616 \\
N_5 & = N_4 - 616 & N_{19} & = N_{18} - 616 \\
N_6 & = N_5 + 1064 & N_{20} & = N_{19} + 1064 \\
N_7 & = N_6 + 241 & N_{21} & = N_{20} + 241 \\
N_8 & = N_7 - 616 & N_{22} & = N_{21} - 616 \\
N_9 & = N_8 - 616 & N_{23} & = N_{22} - 616 \\
N_{10} & = N_9 + 1064 & N_{24} & = N_{23} + 1064 \\
N_{11} & = N_{10} - 616 & N_{25} & = N_{24} - 616 \\
N_{12} & = N_{11} - 616 & N_{26} & = N_{25} - 616 \\
N_{13} & = N_{12} + 1064 & N_{27} & = N_{26} + 1064,
\end{array}$$

von welchen höchstens vier reell sein werden, d. h. in denen y so gewählt werden kann, daß dadurch die gesuchten Jahre in das gegebene Jahrhundert fallen. — Ein Beispiel wird dieses Verfahren mehr erläutern.

Man sucht alle Jahre des 19. Jahrhunderts, in denen der Ostersonntag auf den 31. März fällt.

Hier ist also $M = 31$, und aus der im §. 103 vorgekommenen Tafel $M' = 23$, $N' = 4$, und folglich nach 12)

$$a = +154 + 30z''$$

und nach 13)

$$c = -53 - 7u;$$

$z'' = -5$ als einziger Werth giebt $a = 4$; $u = -8$ als einziger Werth giebt $c = 3$; und daher die Jahre:

$$\begin{array}{llll}
N & = -452 - 532y' & N_{14} & = -642 - 532y' \\
N_1 & = -1068 - 532y' & N_{15} & = -1258 - 532y' \\
N_2 & = -1684 - 532y' & N_{16} & = -1874 - 532y' \\
N_3 & = -620 - 532y' & N_{17} & = -810 - 532y' \\
N_4 & = -1236 - 532y' & N_{18} & = -1426 - 532y' \\
N_5 & = -1852 - 532y' & N_{19} & = -2042 - 532y' \\
N_6 & = -788 - 532y' & N_{20} & = -978 - 532y' \\
N_7 & = -547 - 532y' & N_{21} & = -737 - 532y' \\
N_8 & = -1163 - 532y' & N_{22} & = -1353 - 532y' \\
N_9 & = -1779 - 532y' & N_{23} & = -1969 - 532y' \\
N_{10} & = -715 - 532y' & N_{24} & = -905 - 532y' \\
N_{11} & = -1331 - 532y' & N_{25} & = -1521 - 532y' \\
N_{12} & = -1947 - 532y' & N_{26} & = -2137 - 532y' \\
N_{13} & = -883 - 532y' & N_{27} & = -1073 - 532y'.
\end{array}$$

Diese Gleichungen nun haben die Form

$$N = -\alpha - 532y,$$

woraus folgt

$$y' = -\left(\frac{\alpha + N}{532}\right).$$

Da hier $N > 1799$ und < 1900 sein muß, und hier die Werthe von α zwischen 452 und 2137 liegen, so geben von α und

N die kleinsten Werthe 1800 und 452 addirt, die Summe 2252, und die größten Werthe 1900 und 2137 addirt die Summe 4037; also muß y' zwischen

$$-\frac{2252}{532} \text{ und } -\frac{4037}{532},$$

d. h. zwischen —4 und —8 angenommen werden. Man erhält daher von obigen 28 Jahren nur die vier:

$$\begin{aligned} N_6 &= -788-532(y'=-5) = 1872, \\ N_{11} &= -1331-532(y'=-6) = 1861, \\ N_{16} &= -1874-532(y'=-7) = 1850, \\ N_{22} &= -1353-532(y'=-6) = 1839. \end{aligned}$$

β) Wenn das Jahr N eines gegebenen Jahrhunderts, in welchem der Julianische Ostersonntag auf den gegebenen Mten März fällt, gesucht wird; so ist, wie man leicht sieht, auch diese Aufgabe unbestimmt, doch weit leichter zu lösen als die in α). Man bestimme nämlich die Größe a aus der Gleichung

$$a = 407 - 11M + 30z'' \qquad 14),$$

in welcher a nicht negativ und nicht größer als 18 werden darf; so wie auch die Größe c aus der Gleichung

$$c = 98 - 5M - 7u \qquad 15),$$

in der c nicht negativ und nicht größer als 6 werden darf. Dann hat man die Jahre

$$\begin{aligned} N &= -(56a + 76c) - 532y' \\ N_1 &= N - 95 \\ N_2 &= N_1 - 95 \\ N_3 &= N_2 - 95, \end{aligned}$$

wo y' alle Werthe annehmen kann. Folglich erhält man 4 Reihen von Jahren, welche Ostern den Mten März haben, und die nicht in das gegebene Jahrhundert allein, sondern auch vor und nach demselben fallen.

Beispiel. Sei der 31. März als der Julianische Ostersonntag gegeben; also ist nach 14)

$$a = +66 + 30z'',$$

woraus mit $z'' = +2$ folgt $a = 6$;

ferner nach 15)

$$c = -57 - 7u,$$

woraus mit $u = -9$ folgt $c = 6$, und man hat daher

$$N = -792 - 532y',$$
$$N_1 = -887 - 532y',$$
$$N_2 = -982 - 532y',$$
$$N_3 = -1077 - 532y'.$$

Für $N = -792 - 532y'$

ist der kleinste Werth von $y' = -2$, also

$N =$ 272
804
1336
1868
2400, u. s. w.

Ferner für $N_1 = -887 - 532y'$

ist der kleinste Werth von $y' = -2$, also

$N_1 =$ 177
709
1241
1773
2305, u. s. w.

Ferner für $N_2 = -982 - 532y'$

ist der kleinste Werth von $y' = -2$, also

$N_2 =$ 82
614
1146
1678
2210, u. s. w.

Endlich für $N_3 = -1077 - 532y'$

ist der kleinste Werth von $y' = -3$, also

$N_3 =$ 519
1051
1583
2115, u. s. w.

Hieraus ersieht man, daß die Julianischen Ostersonntage nach 532 Jahren stets in derselben Ordnung wiederkehren.

γ) Um zu bestimmen, in welchen Jahren (des Gregorianischen Kalenders) eines gegebenen Jahrhunderts der Februar 5 Sonntage hat; bestimme man die Größen a und c aus den Gleichungen

$$\left.\begin{array}{l} a = -66 + 11M - 77x + 30z'' \\ c = -30 - 2N - 35x - 7u \end{array}\right\} \quad 16),$$

in welchen M und N die im §. 203 mitgetheilten Constanten, und z″ und u zwei so anzunehmende Größen sind, daß dadurch a und c nicht negativ werden, und kleiner als 19 und 7 respective bleiben, x aber nach und nach = 0, 1, 2, 3 zu setzen ist. Dann hat man folgende 7 Jahre für jeden der vier Werthe von x besonders:

$$\begin{array}{l} N = -(56a + 76c) - 532y' \\ N_1 = N - 616 \\ N_2 = N_1 - 616 \\ N_3 = N_2 + 1064 \\ N_4 = N_3 - 616 \\ N_5 = N_4 - 616 \\ N_6 = N_5 + 1064. \end{array}$$

Beispiel. Für das 19. Jahrhundert hat man

$$M = 23, \quad N = 4;$$

daher für x = 0 nach 16)

$$\begin{array}{l} a = 187 + 30z'' \\ c = -38 - 7u; \end{array}$$

$z'' = -6$ giebt $a = 7$; $u = -6$ giebt $c = 4$, und daher die Jahre

$$\begin{array}{l} N = -696 - 532y' \\ N_1 = -1312 - 532y' \\ N_2 = -1928 - 532y' \\ N_3 = -864 - 532y' \\ N_4 = -1480 - 532y' \\ N_5 = -2096 - 532y' \\ N_6 = -1032 - 532y'. \end{array}$$

N_1 ist, mit $y' = -6$, = 1880.

Für $x = 1$ folgt $a = 110 + 30z''$

$c = -73 - 7u$;

$z = -3$ giebt $a = 20$; $u = -11$ giebt $c = 4$, und daher wegen $a = 20$, kein Jahr.

Für $x = z$ ist $a = 33 + 30z''$

$c = -108 - 7u$;

$z'' = -1$ giebt $a = 3$; $u = -16$ giebt $c = 4$, und daher die Jahre

$$N = -472 - 532y'$$
$$N_1 = -1088 - 532y'$$
$$N_2 = -1704 - 532y'$$
$$N_3 = -640 - 532y'$$
$$N_4 = -1256 - 532y'$$
$$N_5 = -1872 - 532y'$$
$$N_6 = -808 - 532y'.$$

N_5 ist, mit $y' = -7$, $= 1852$.

Für $x = 3$ endlich ist $a = -44 + 30z''$

$c = -143 - 7u$,

$z'' = +2$ giebt $a = 16$; $u = -21$ giebt $c = 4$, und daher die Jahre

$$N = -1200 - 532y'$$
$$N_1 = -1816 - 532y'$$
$$N_2 = -2432 - 532y'$$
$$N_3 = -1368 - 532y'$$
$$N_4 = -1984 - 532y'$$
$$N_5 = -2600 - 532y'$$
$$N_6 = -1536 - 532y'.$$

N_2 ist, mit $y' = -8$, $= 1824$.

Es hat also (im 19. Jahrhundert) in den Jahren 1824, 1852 und 1880 der Februar 5 Sonntage.

δ) Um endlich auch alle Julianischen Schaltjahre N mit einem gegebenen Ostersonntag, der den Mten März fällt, und mit bekannter goldener Zahl zu finden; berechne man erstlich die Größen a, d und e aus den Gleichungen

$$\left.\begin{aligned} a &= \text{goldene Zahl} - 1 \\ d &= -30\alpha' - 11a + 15 \\ e &= M - 22 - d \end{aligned}\right\} \qquad 17),$$

in welchen man α' so zu wählen hat, daß d positiv und kleiner als 30 gefunden wird.

Dann bestimme man auch die Größe

$$c = -12 + 2e - 5d - 7u \qquad 18),$$

in welcher Gleichung u so zu nehmen ist, daß c positiv und kleiner als 7 gefunden wird. Endlich findet sich das gesuchte Schaltjahr N aus der Gleichung

$$N = -(56a + 76c) - 532y' \qquad 19).$$

Beispiel. Man sucht die Julianischen Schaltjahre mit der goldenen Zahl 14, in welchen der Ostersonntag auf den 19. April fällt.

Hier ist M = 50, folglich nach 17)

$$\begin{aligned} a &= 13 \\ d &= -30\alpha' - 128 \\ e &= 28 - d, \end{aligned}$$

woraus mit $\alpha' = -5$ sich ergiebt

$$\begin{aligned} a &= 13 \\ d &= 22 \\ e &= 6, \end{aligned}$$

also nach 18)

$$c = -110 - 7u;$$

$u = -16$ giebt $c = 2$, folglich nach 19)

$$N = -880 - 532y'.$$

Der kleinste mögliche Werth von $y' = -2$ giebt 184. Man hat daher die Julianischen Schaltjahre

184
716
1248
1780
2312
2844 u. s. w.

welche die goldene Zahl 14 und den 19. April als Ostersonntag haben.

§. 208. Der jüdische Kalender hat zwar eine sonderbare, aber kunstreiche Einrichtung. Die Juden unterscheiden nämlich 6 verschiedene Gattungen von Jahren:

Gemeine Jahre von 12 Monaten	das kurze hat	353	Tage,
	das mittlere	354	
	das lange	355	
Schaltjahre von 13 Monaten	das kurze hat	383	
	das mittlere	384	
	das lange	385	

und ihre Monate selbst sind nach der Ordnung, wie sie vom Anfang des Jahrs auf einander folgen:

Monate.	Gemeine Jahre.			Schaltjahre.		
	I. Kurzes.	II. Mittleres.	III. Langes.	IV. Kurzes.	V. Mittleres.	VI. Langes.
Tischri	30	30	30	30	30	30
Marcheswan	29	29	30	29	29	30
Kislaw	29	30	30	29	30	30
Tebeth	29	29	29	29	29	29
Schwat	30	30	30	30	30	30
Adar	29	29	29	30	30	30
W'Adar	—	—	—	29	29	29
Nisan	30	30	30	30	30	30
Ijar	29	29	29	29	29	29
Sivan	30	30	30	30	30	30
Thamuz	29	29	29	29	29	29
Ab	30	30	30	30	30	30
Elul	29	29	29	29	29	29
Summe	353	354	355	383	384	385.

Das kirchliche Jahr der Juden fängt jedoch mit dem Monat Nisan an, in den ihr Hauptfest, Paschah oder Ostern, fällt, das nach Gauß *) auf folgende Weise rein arithmetisch bestimmt, und dann zur Auffindung des jüdischen Neujahrstags, so wie zur Ausmittelung der Gattung des gegebenen jüdischen Jahrs, benutzt werden kann.

§. 209. Wenn in das Julianische Jahr B das jüdische Jahr A fällt, so hat man erstlich

$$A = B + 3760 \qquad 20),$$

und dann dividire man

$$12A + 17 \text{ oder } 12(B + 1)$$

mit 19, so wie

$$A \text{ oder } B$$

mit 4, und nenne die respectiven Reste a und b; berechne ferner die Größe M + m nach einer der beiden Gleichungen

$$M + m = 32.04409 + 1.55424a + 0.25b - 0.00318A \quad 21)$$
$$M + m = 20.09559 + 1.55424a + 0.25b - 0.00318B \quad 22),$$

so daß in M + m der Theil M die ganze Zahl, m aber den Decimalbruch bedeute. Endlich dividire man auch

$$M + 3A + 5(b + 1) \text{ oder } M + 3B + 5b + 1$$

durch 7 und nenne den Rest. Ist nun

α) c = 2, 4 oder 6, so fällt das Paschah den (M + 1)sten März alten Styls.

β) Ist c = 1, zugleich $a > 6$ und überdieß $m \geqq 0.63287$, so ist der 15. Nisan, als auf welchen Tag stets das Paschah fällt, den (M + 2)ten März alt. St.

γ) Ist c = 0, zugleich $a > 11$ und außerdem $m \geqq 0.89772$, so wird das Paschah den (M + 1)sten März alt. St. gefeiert.

δ) In allen übrigen Fällen wird der 15. Nisan auf den Mten März alt. St. angesetzt.

Bei dieser Bestimmung braucht man in der Regel nur 2 bis 3 Decimalstellen anzuwenden. Bloß, wenn c = 0 oder c = 1 gefunden wird, ist anzurathen, 4 oder 5 Decimalstellen zu berücksichtigen.

---

*) Mon. Corresp. v. Zach, Jahrgang 1802, Maiheft.

Der erste Tag des neuen darauf folgenden jüdischen Jahrs, der 1. Tischri, fällt stets auf den 163. Tag nach dem 15. Nisan ein, und das Jahr A selbst ist ein gemeines Jahr von 12 Monaten, wenn $a < 12$, hingegen ein Schaltjahr von 13 Monaten, wenn $a > 11$ ist. Ob aber das Jahr ein kurzes, mittleres oder langes gemeines oder Schaltjahr ist, findet man, wenn man 2 zunächst auf einander folgende Paschah- und Neujahrstage bestimmt, da dann die Differenz der beiden letztern angeben wird, zu welcher der sechs obigen Klassen das Jahr A gehört.

Beispiel. Für das Jahr 1802 den 15. Nisan zu bestimmen. Mit $B = 1802$, hat man nach 20)

$$A = 5562;$$

ferner

$$\frac{12A + 17}{19} \text{ oder } \frac{12(B+1)}{19},$$

$$\text{d. h. } \frac{66761}{19} \text{ oder } \frac{21636}{19}$$

giebt $a = 14$, so wie

$$\frac{5562}{4} \text{ oder } \frac{1802}{4}$$

den Rest $b = 2$; ferner erhält man nach der Gleichung 21)

$$+32.04409 + 21.75939 + 0.5 - 17.67489 = 36.62859,$$

nach der Gleichung 22)

$$+20.09559 + 21.75939 + 0.5 - 5.72638 = 36.62859,$$

$$\text{also } M = 36 \text{ und } m = 0.62859.$$

Endlich giebt

$$\frac{M + 3A + 5(b+1)}{7} = \frac{36 + 16686 + 15}{7} = \frac{16737}{7}$$

oder

$$\frac{M + 3B + 5b + 1}{7} = \frac{36 + 5406 + 11}{7} = \frac{5453}{7}$$

den Rest $c = 0$.

Da nun hier $m < 0.89772$, so kann der Fall γ) hier nicht eintreten, und es ist daher nach δ) der 15. Nisan oder das Paschah den 36. März oder den 5. April alt. St., d. h. nach dem Gregorianischen Kalender den 17. April. Das jüdische Jahr 5562 ist, da $a = 14$, also $a > 11$ ist, ein Schaltjahr.

§. 210. Der nur nach dem Mondslauf eingerichtete Kalender der Türken richtet sich nach einer Periode von 30 Jahren, jedes zu 354 Tagen gerechnet, mit Ausnahme des 2., 5., 7., 10., 13., 16., 18., 21., 24., 26. und 29. Jahrs, die Schaltjahre von 355 Tagen sind, deren letzter Tag der Schalttag ist.

Um nun den Anfang x des türkischen Jahrs für das gegebene Julianische Jahr A zu finden; hat man die Gleichung

$$x = 1.030712\,(A - 622) \qquad 23),$$

wo die ganze Zahl von x das gesuchte türkische Jahr, und der mit $354\frac{11}{30}$ multiplicirte Bruch von x von 196 abgezogen einen Rest geben wird, welcher die vom 1. Januar bis zum Anfang des gefundenen türkischen Jahrs verflossenen Tage nach dem Julianischen Kalender anzeigen wird. Es ist folglich der darauf folgende Tag der gesuchte Neujahrstag des türkischen Jahrs. Könnte man hierbei nicht von 196 abziehen, so müßte man obige Zahl von 561 abziehen. — Es sei z. B. für das Jahr 1835 der Neujahrstag des türkischen Jahrs zu bestimmen. Hier hat man

$$A = 1835,$$

also nach 23)

$$\begin{array}{rl} A = & 1835 \\ & \underline{622} \\ & \underline{1213 \times 1.030712} \\ x = & 1248.192232; \end{array}$$

das gesuchte türkische Jahr ist daher 1248; ferner hat man

$$\frac{354\frac{11}{30} \times 0.192232}{68.12},$$

$$\text{also } 196 - 68 = 128;$$

d. h. der Anfang des 1249. Jahrs der Türken fällt auf den 128. Tag nach dem 1. Januar, oder auf den 9. Mai alt. St. oder nach dem Gregorianischen Kalender auf den 21. Mai.

Da übrigens der von der Division des türkischen Jahrs durch 30 bleibende Rest, wenn er eine der obigen Zahlen 2, 5, 7, u. s. w. ist, anzeigt, daß das türkische Jahr ein Schaltjahr von 365 Tagen ist; so kann man, wenn einmal der Neujahrstag eines türkischen Jahrs bekannt ist, die folgenden Neujahrstage dann durch eiue bloße Addition von 354 Tagen (oder resp. von 355 Tagen) sehr leicht bestimmen.

So hat man für das obige Beispiel

	1833 + 129 Tage	= 1833. 9. Mai = 1249.
19)	+ 354	
	483	
	− 365	
	1834 + 118 Tage	= 1834. 28. Apr. = 1250.
20)	+ 354	
	472	
	− 365	
	1835 + 107 Tage	= 1835. 17. Apr. = 1251.
21)	+ 355	
	462	
	− 365	
	1836 + 97 Tage	= 1836. 6. Apr. = 1252.
22)	+ 354	
	451	
	− 366	
	1837 + 85 Tage	= 1837. 26. März = 1253.
23)	+ 354	
	439	
	− 365	
	1838 + 74 Tage	= 1838. 15. März = 1254.
24)	+ 355	
	429	
	− 365	
	1839 + 64 Tage	= 1839. 6. März = 1255.

u. s. w.

wo die Zahlen 19), 20), 21), 22), u. s. w. anzeigen, daß das türkische Jahr das 19., 20., 21. u. s. w. türkische Jahr in der 30jährigen Periode ist.

§. 211. Die 12 Monate eines türkischen Jahrs sind der Reihe nach, vom Anfang des Jahrs an, folgende:

Muharram	hat	30	Tage	
Safor	„	29	„	
I. Rabia	„	30	„	
II. Rabia	„	29	„	
I. Jomada	„	30	„	
II. Jomada	„	29	„	
Rajab	„	30	„	
Schaban	„	29	„	
Ramadan	„	30	„	(Fastenmonat)
Schwall	„	29	„	
Dulkada	„	30	„	
Dulheggia	„	29	„ ,	

welcher letzte Monat in Schaltjahren der Schaltmonat von 30 Tagen ist, deren letzter der Schalttag genannt wird. Endlich ist noch zu bemerken, daß die türkischen Festtage durchgängig unbeweglich sind, d. h. immer auf dieselben Monatstage fallen. Die vornehmsten derselben sind:

Neujahr	den 1. Muharram,
Geburt Mahommeds . .	den 12. Rabia I.,
Eroberung Konstantinopels	den 20. Jomada I.,
Siegestag	den 15. Rajab,
Erhebung Mahommeds .	den 27. Rajab,
Barah-Nacht	den 15. Schaban,
Großer Beiram . . .	den 1., 2. und 3. Schwall,
Kleiner Beiram . . .	den 10. Dulheggia.

§. 212. Zum Beschluß folge ein sogenannter immerwährender Gregorianischer Kalender in sieben Tabellen, jede mit fünf Kalendern. Dieser enthält die wichtigsten, von dem Ostersonntag abhängenden, Festtage, so wie die vier Quatember; für die beiden unveränderlichen Festtage, das Neujahr und Weihnachten, ist der Wochentag, auf den sie fallen, durch die bekannte chronologische Bezeichnung gegeben. In der obersten Querspalte ist das Datum des Ostersonntags gegeben, so daß dessen Verticalcolumne zu nehmen ist, um den Kalender für dasjenige Jahr zu haben, in welchem dieser

Ostersonntag statt findet. Die Einrichtung jeder dieser 7 Tabellen folglich ist einfach und daher auch ihr Gebrauch ohne weitere Erklärung sehr leicht. Nur hat man zu merken, daß, wenn das gegebene Jahr (mit bekanntem Ostersonntag) ein Schatjahr ist, man die in die Monate Januar und Februar fallenden Angaben um einen Tag später als in den Tabellen anzunehmen hat.

Um den Gebrauch dieses immerwährenden Kalenders noch bequemer zu machen, ist der Ostersonntag für jedes Jahr von 1583 (seit der Einführung des Gregorianischen Kalenders) bis 2000 hier mitgetheilt, und jedes Schaltjahr durch ein Sternchen bezeichnet worden. — M. bedeutet März, A. April.

1583	10	A.	1615	19	A.	1647	21	A.	1679	2	A.
1584*	1	A.	1616*	3	A.	1648*	12	A.	1680*	21	A.
1585	21	A.	1617	26	M.	1649	4	A.	1681	6	A.
1586	6	A.	1618	15	A.	1650	17	A.	1682	29	M.
1587	29	M.	1619	31	M.	1651	9	A.	1683	18	A.
1588*	17	A.	1620*	19	A.	1652*	31	M.	1684*	2	A.
1589	2	A.	1621	11	A.	1653	13	A.	1685	22	A.
1590	22	A.	1622	27	M.	1654	5	A.	1686	14	A.
1591	14	A.	1623	16	A.	1655	28	M.	1687	30	M.
1592*	29	M.	1624*	7	A.	1656*	16	A.	1688*	18	A.
1593	18	A.	1625	30	M.	1657	1	A.	1689	10	A.
1594	10	A.	1626	12	A.	1658	21	A.	1690	26	M.
1595	26	M.	1627	4	A.	1659	13	A.	1691	15	A.
1596*	14	A.	1628*	23	A.	1660*	28	M.	1692*	6	A.
1597	6	A.	1629	15	A.	1661	17	A.	1693	22	M.
1598	22	M.	1630	31	M.	1662	9	A.	1694	11	A.
1599	11	A.	1631	20	A.	1663	25	M.	1695	3	A.
1600*	2	A.	1632*	11	A.	1664*	13	A.	1696*	22	A.
1601	22	A.	1633	27	M.	1665	5	A.	1697	7	A.
1602	7	A.	1634	16	A.	1666	25	A.	1698	30	M.
1603	30	M.	1635	8	A.	1667	10	A.	1699	19	A.
1604*	18	A.	1636*	23	M.	1668*	1	A.	1700*	11	A.
1605	10	A.	1637	12	A.	1669	21	A.	1701	27	M.
1606	26	M.	1638	4	A.	1670	6	A.	1702	16	A.
1607	15	A.	1639	24	A.	1671	29	M.	1703	8	A.
1608*	6	A.	1640*	8	A.	1672*	17	A.	1704*	23	M.
1609	19	A.	1641	31	M.	1673	2	A.	1705	12	A.
1610	11	A.	1642	20	A.	1674	25	M.	1706	4	A.
1611	3	A.	1643	5	A.	1675	14	A.	1707	24	A.
1612*	22	A.	1644*	27	M.	1676*	5	A.	1708*	8	A.
1613	7	A.	1645	16	A.	1677	18	A.	1709	31	M.
1614	30	M.	1646	1	A.	1678	10	A.	1710	20	A.

1711	5	A.	1759	15	A.	1807	29	M.	1855	8	A.
1712*	27	M.	1760*	6	A.	1808*	17	A.	1856*	23	M.
1713	16	A.	1761	22	M.	1809	2	A.	1857	12	A.
1714	1	A.	1762	11	A.	1810	22	A.	1858	4	A.
1715	21	A.	1763	3	A.	1811	14	A.	1859	24	A.
1716*	12	A.	1764*	22	A.	1812*	29	M.	1860*	8	A.
1717	28	M.	1765	7	A.	1813	18	A.	1861	31	M.
1718	17	A.	1766	30	M.	1814	10	A.	1862	20	A.
1719	9	A.	1767	19	A.	1815	26	M.	1863	5	A.
1720*	31	M.	1768*	3	A.	1816*	14	A.	1864*	27	M.
1721	13	A.	1769	26	M.	1817	6	A.	1865	16	A.
1722	5	A.	1770	15	A.	1818	22	M.	1866	1	A.
1723	28	M.	1771	31	M.	1819	11	A.	1867	21	A.
1724*	16	A.	1772*	19	A.	1820*	2	A.	1868*	12	A.
1725	1	A.	1773	11	A.	1821	22	A.	1869	28	M.
1726	21	A.	1774	3	A.	1822	7	A.	1870	17	A.
1727	13	A.	1775	16	A.	1823	30	M.	1871	9	A.
1728*	28	M.	1776*	7	A.	1824*	18	A.	1872*	31	M.
1729	17	A.	1777	30	M.	1825	3	A.	1873	13	A.
1730	9	A.	1778	19	A.	1826	26	M.	1874	5	A.
1731	25	M.	1779	4	A.	1827	15	A.	1875	28	M.
1732*	13	A.	1780*	26	M.	1828*	6	A.	1876*	16	A.
1733	5	A.	1781	15	A.	1829	19	A.	1877	1	A.
1734	25	A.	1782	31	M.	1830	11	A.	1878	21	A.
1735	10	A.	1783	20	A.	1831	3	A.	1879	13	A.
1736*	1	A.	1784*	11	A.	1832*	22	A.	1880*	28	M.
1737	21	A.	1785	27	M.	1833	7	A.	1881	17	A.
1738	6	A.	1786	16	A.	1834	30	M.	1882	9	A.
1739	29	M.	1787	8	A.	1835	19	A.	1883	25	M.
1740*	17	A.	1788*	23	M.	1836*	3	A.	1884*	13	A.
1741	2	A.	1789	12	A.	1837	26	M.	1885	5	A.
1742	25	M.	1790	4	A.	1838	15	A.	1886	25	A.
1743	14	A.	1791	24	A.	1839	31	M.	1887	10	A.
1744*	5	A.	1792*	8	A.	1840*	19	A.	1888*	1	A.
1745	18	A.	1793	31	M.	1841	11	A.	1889	21	A.
1746	10	A.	1794	20	A.	1842	27	M.	1890	6	A.
1747	2	A.	1795	5	A.	1843	16	A.	1891	29	M.
1748*	14	A.	1796*	27	M.	1844*	7	A.	1892*	17	A.
1749	6	A.	1797	16	A.	1845	23	M.	1893	2	A.
1750	29	M.	1798	8	A.	1846	12	A.	1894	25	M.
1751	11	A.	1799	24	M.	1847	4	A.	1895	14	A.
1752*	2	A.	1800*	13	A.	1848*	23	A.	1896*	5	A.
1753	22	A.	1801	5	A.	1849	8	A.	1897	18	A.
1754	14	A.	1802	18	A.	1850	31	M.	1898	10	A.
1755	30	M.	1803	10	A.	1851	20	A.	1899	2	A.
1756*	18	A.	1804*	1	A.	1852*	11	A.	1900*	15	A.
1757	10	A.	1805	14	A.	1853	27	M.	1901	7	A.
1758	26	A.	1806	6	A.	1854	16	A.	1902	30	M.

1903	12	A.	1928*	8	A.	1953	5	A.	1977	10	A.
1904*	3	A.	1929	31	M.	1954	18	A.	1978	26	M.
1905	23	A.	1930	20	A.	1955	10	A.	1979	15	A.
1906	15	A.	1931	5	A.	1956*	1	A.	1980*	6	A.
1907	31	M.	1932*	27	M.	1957	21	A.	1981	19	A.
1908*	19	A.	1933	16	A.	1958	6	A.	1982	11	A.
1909	11	A.	1934	1	A.	1959	29	M.	1983	3	A.
1910	27	M.	1935	21	A.	1960*	17	A.	1984*	22	A.
1911	16	A.	1936*	12	A.	1961	2	A.	1985	7	A.
1912*	7	A.	1937	28	M.	1962	22	A.	1986	30	M.
1913	23	M.	1938	17	A.	1963	14	A.	1987	19	A.
1914	12	A.	1939	9	A.	1964*	29	M.	1988*	3	A.
1915	4	A.	1940*	24	M.	1965	18	A.	1989	26	M.
1916*	23	A.	1941	13	A.	1966	10	A.	1990	15	A.
1917	8	A.	1942	5	A.	1967	26	M.	1991	31	M.
1918	31	M.	1943	25	A.	1968*	14	A.	1992*	19	A.
1919	20	A.	1944*	9	A.	1969	6	A.	1993	11	A.
1920*	4	A.	1945	1	A.	1970	29	M.	1994	3	A.
1921	27	M.	1946	21	A.	1971	11	A.	1995	16	A.
1922	16	A.	1947	6	A.	1972*	2	A.	1996*	7	A.
1923	1	A.	1948*	28	M.	1973	22	A.	1997	30	M.
1924*	20	A.	1949	17	A.	1974	14	A.	1998	12	A.
1925	12	A.	1950	9	A.	1975	30	M.	1999	4	A.
1926	4	A.	1951	25	M.	1976*	18	A.	2000*	23	A.
1927	17	A.	1952*	13	A.						

I.

Ostern.	22.	23.	24.	25.	26.	März.
Neujahr.	♃	☿	♂	☾	☉	
Sonntag n. Neuj.	4	5	—	—	—	Januar.
1. Sonntag nach Epiphanias.	11	12	13	7	8	Januar.
2. Sonntag nach Epiphanias.	—	—	—	14	15	Januar.
3. Sonntag nach Epiphanias.	—	—	—	—	—	
4. Sonntag nach Epiphanias.	—	—	—	—	—	
5. Sonntag nach Epiphanias.	—	—	—	—	—	
6. Sonntag nach Epiphanias.	—	—	—	—	—	
Septuagesimä.	18	19	20	21	22	Januar.
Fastnacht.	3	4	5	6	7	Februar.
Jubilate.	12	13	14	15	16	April.
Himmelfahrt.	30	1	2	3	4	Mai.
Pfingsten.	10	11	12	13	14	Mai.
Trinitatis.	17	18	19	20	21	Mai.
22. Sonntag nach Trinitatis.	18	19	20	21	22	October.
23. Sonntag nach Trinitatis.	25	26	27	28	29	October.
24. Sonntag nach Trinitatis.	1	2	3	4	5	November.
25. Sonntag nach Trinitatis.	8	9	10	11	12	November.
26. Sonntag nach Trinitatis.	15	16	17	18	19	November.
27. Sonntag nach Trinitatis.	22	23	24	25	26	November.
1. Advent.	29	30	1	2	3	December.
2. Advent.	6	7	8	9	10	December.
3. Advent.	13	14	15	16	17	December.
4. Advent.	20	21	22	23	24	December.
Weihnachten.	♀	♃	♀	♂	☾	
Sonntag n. Weihn.	27	28	29	30	31	December.
1. Quatember.	11	12	13	14	15	Februar.
2. Quatember.	13	14	15	16	17	Mai.
3. Quatember.	16	17	18	19	20	September.
4. Quatember.	16	17	18	19	20	December.

II.

Ostern.		27.	28.	29.	30.	31.	März.
Neujahr.		♄	♀	♃	☿	♂	
Sonntag n. Neuj.		2	3	4	5	—	Januar.
1.	Sonntag nach Epiphanias.	9	10	11	12	13	Januar.
2.		16	17	18	19	20	Januar.
3.		—	—	—	—	—	
4.		—	—	—	—	—	
5.		—	—	—	—	—	
6.		—	—	—	—	—	
Septuagesimä.		23	24	25	26	27	Januar.
Fastnacht.		8	9	10	11	12	Februar.
Jubilate.		17	18	19	20	21	April.
Himmelfahrt.		5	6	7	8	9	Mai.
Pfingsten.		15	16	17	18	19	Mai.
Trinitatis.		22	23	24	25	26	Mai.
22.	Sonntag nach Trinitatis.	23	24	25	26	27	October.
23.		30	31	1	2	3	November.
24.		6	7	8	9	10	November.
25.		13	14	15	16	17	November.
26.		20	21	22	23	24	November.
27.		—	—	—	—	—	
1.	Advent.	27	28	29	30	1	December.
2.		4	5	6	7	8	December.
3.		11	12	13	14	15	December.
4.		18	19	20	21	22	December.
Weihnachten.		☉	♄	♀	♃	☿	
Sonntag n. Weihn.		—	26	27	28	29	December.
1.	Quatember.	16	17	18	19	20	Februar.
2.		18	19	20	21	22	Mai.
3.		21	15	16	17	18	September.
4.		14	15	16	17	18	December.

III.

Ostern.	1.	2.	3.	4.	5.	April.
Neujahr.	☾	☉	♄	♀	♃	
Sonntag n. Neuj.	—	—	2	3	4	Januar.
1. Sonntag nach Epiphanias.	7	8	9	10	11	Januar.
2.	14	15	16	17	18	Januar.
3.	21	22	23	24	25	Januar.
4.	—	—	—	—	—	
5.	—	—	—	—	—	
6.	—	—	—	—	—	
Septuagesimä.	28	29	30	31	1	Februar.
Fastnacht.	13	14	15	16	17	Februar.
Jubilate.	22	23	24	25	26	April.
Himmelfahrt.	10	11	12	13	14	Mai.
Pfingsten.	20	21	22	23	24	Mai.
Trinitatis.	27	28	29	30	31	Mai.
22. Sonntag nach Trinitatis.	28	29	30	31	1	November.
23.	4	5	6	7	8	November.
24.	11	12	13	14	15	November.
25.	18	19	20	21	22	November.
26.	25	26	—	—	—	November.
27.	—	—	—	—	—	
1. Advent.	2	3	27	28	29	November.
2.	9	10	4	5	6	December.
3.	16	17	11	12	13	December.
4.	23	24	18	19	20	December.
Weihnachten.	♂	☾	☉	♄	♀	
Sonntag n. Weihn.	30	31	—	26	27	December.
1. Quatember.	21	22	23	24	25	Februar.
2.	23	24	25	26	27	Mai.
3.	19	20	21	15	16	September.
4.	19	20	14	15	16	December.

IV.

Ostern.		6.	7.	8.	9.	10.	April.
Neujahr.		☿	♂	☾	☉	♄	
Sonntag n. Neuj.		5	—	—	—	2	Januar.
1.	Sonntag nach Epiphanias.	12	13	7	8	9	Januar.
2.		19	20	14	15	16	Januar.
3.		26	27	21	22	23	Januar.
4.		—	—	—	—	30	Januar.
5.		—	—	—	—	—	
6.		—	—	—	—	—	
Septuagesimä.		2	3	4	5	6	Februar.
Fastnacht.		18	19	20	21	22	Februar.
Jubilate.		27	28	29	30	1	Mai.
Himmelfahrt.		15	16	17	18	19	Mai.
Pfingsten.		25	26	27	28	29	Mai.
Trinitatis.		1	2	3	4	5	Juni.
22.	Sonntag nach Trinitatis.	2	3	4	5	6	November.
23.		9	10	11	12	13	November.
24.		16	17	18	19	20	November.
25.		23	24	25	26	—	November.
26.		—	—	—	—	—	
27.		—	—	—	—	—	
1.	Advent.	30	1	2	3	27	November.
2.		7	8	9	10	4	December.
3.		14	15	16	17	11	December.
4.		21	22	23	24	18	December.
Weihnachten.		♃	☿	♂	☾	☉	
Sonntag n. Weihn.		28	29	30	31	—	December.
1.	Quatember.	26	27	28	1	2	März.
2.		28	29	30	31	1	Juni.
3.		17	18	19	20	21	September.
4.		17	18	19	20	14	December.

V.

Ostern.	11.	12.	13.	14.	15.	April.
Neujahr.	♀	♃	☿	♂	☾	
Sonntag n. Neuj.	3	4	5	—	—	Januar.
1. Sonntag nach Epiphanias.	10	11	12	13	7	Januar.
2.	17	18	19	20	14	Januar.
3.	24	25	26	27	21	Januar.
4.	31	1	2	3	28	Januar.
5.	—	—	—	—	4	Februar.
6.	—	—	—	—	—	
Septuagesimä.	7	8	9	10	11	Februar.
Fastnacht.	23	24	25	26	27	Februar.
Jubilate.	2	3	4	5	6	Mai.
Himmelfahrt.	20	21	22	23	24	Mai.
Pfingsten.	30	31	1	2	3	Juni.
Trinitatis.	6	7	8	9	10	Juni.
22. Sonntag nach Trinitatis.	7	8	9	10	11	November.
23.	14	15	16	17	18	November.
24.	21	22	23	24	25	November.
25.	—	—	—	—	—	
26.	—	—	—	—	—	
27.	—	—	—	—	—	
1. Advent.	28	29	30	1	2	December.
2.	5	6	7	8	9	December.
3.	12	13	14	15	16	December.
4.	19	20	21	22	23	December.
Weihnachten.	♄	♀	♃	☿	♂	
Sonntag n. Weihn.	26	27	28	29	30	December.
1. Quatember.	3	4	5	6	7	März.
2.	2	3	4	5	6	Juni.
3.	15	16	17	18	19	September.
4.	15	16	17	18	19	December.

VI.

Ostern.	16.	17.	18.	19.	20.	April.
Neujahr.	☉	♄	♀	♃	☿	
Sonntag n. Neuj.	—	2	3	4	5	Januar.
1. Sonntag nach Epiphanias.	8	9	10	11	12	Januar.
2.	15	16	17	18	19	Januar.
3.	22	23	24	25	26	Januar.
4.	29	30	31	1	2	Februar.
5.	5	6	7	8	9	Februar.
6.	—	—	—	—	—	
Septuagesimä.	12	13	14	15	16	Februar.
Fastnacht.	28	1	2	3	4	März.
Jubilate.	7	8	9	10	11	Mai.
Himmelfahrt.	25	26	27	28	29	Mai.
Pfingsten.	4	5	6	7	8	Juni.
Trinitatis.	11	12	13	14	15	Juni.
22. Sonntag nach Trinitatis.	12	13	14	15	16	November.
23.	19	20	21	22	23	November.
24.	26	—	—	—	—	November.
25.	—	—	—	—	—	
26.	—	—	—	—	—	
27.	—	—	—	—	—	
1. Advent.	3	27	28	29	30	November.
2.	10	4	5	6	7	December.
3.	17	11	12	13	14	December.
4.	24	18	19	20	21	December.
Weihnachten.	☾	☉	♄	♀	♃	
Sonntag n. Weihn.	31	—	26	27	28	December.
1. Quatember.	8	9	10	11	12	März.
2.	7	8	9	10	11	Juni.
3.	20	21	15	16	17	September.
4.	20	14	15	16	17	December.

VII.

Ostern.	21.	22.	23.	24.	25.	April.
Neujahr.	♂	☾	☉	♄	♀	
Sonntag n. Neuj.	—	—	—	2	3	Januar.
1. Sonntag nach Epiphanias.	13	7	8	9	10	Januar.
2.	20	14	15	16	17	Januar.
3.	27	21	22	23	24	Januar.
4.	3	28	29	30	31	Februar.
5.	10	4	5	6	7	Februar.
6.	—	11	12	13	14	Februar.
Septuagesimä.	17	18	19	20	21	Februar.
Fastnacht.	5	6	7	8	9	März.
Jubilate.	12	13	14	15	16	Mai.
Himmelfahrt.	30	31	1	2	3	Juni.
Pfingsten.	9	10	11	12	13	Juni.
Trinitatis.	16	17	18	19	20	Juni.
22. Sonntag nach Trinitatis.	17	18	19	20	21	November.
23.	24	25	26	—	—	November.
24.	—	—	—	—	—	
25.	—	—	—	—	—	
26.	—	—	—	—	—	
27.	—	—	—	—	—	
1. Advent.	1	2	3	27	28	November.
2.	8	9	10	4	5	December.
3.	15	16	17	11	12	December.
4.	22	23	24	18	19	December.
Weihnachten.	☿	♂	☾	☉	♄	
Sonntag n. Weihn.	29	30	31	—	26	December.
1. Quatember.	13	14	15	16	17	März.
2.	12	13	14	15	16	Juni.
3.	18	19	20	21	15	September.
4.	18	19	20	14	15	December.

Siebenzehntes Capitel.

Von der Bestimmung des Gesetzes einer periodischen Erscheinung *).

§. 213. Es kommen nicht nur in der Physik, Meteorologie, Statistik, u. s. w., sondern auch selbst in der Astronomie sehr häufig solche analytische Ausdrücke numerisch zu entwickeln vor, in welchen die aus Beobachtungen oder Zählungen abgeleiteten Größen nach einem gewissen jedoch unbekannten Gesetz ab- und zunehmen.

Eine Erscheinung nun, deren mannigfache Abwechslungen nach einer bestimmten Zeit wiederkehren, nennt man eine periodische Erscheinung, wie z. B. in der Astronomie die Elemente einer Planetenbahn, die Längen oder Rectascensionen eines Planeten, in der Meteorologie der jährliche oder tägliche Gang der mittlern Temperatur und des mittlern Luftdrucks, in der Physik die Declination der Magnetnadel, in der Statistik die in gewissen Zeiträumen vorfallenden Geburts- und Sterbefälle, u. s. w. sind.

§. 214. Wenn nun die periodische Erscheinung nach dem Ablauf k ihrer Periode stets wiederkehrt, und dabei immer von der veränderlichen Größe y abhängig bleibt; so kann die Eigenschaft, daß y stets sich gleich bleibe, wenn auch x um k, 2k, 3k, u. s. w. vermehrt oder vermindert wird, durch die Gleichung

$$y_x = p_0 + u_1 \sin\left(U_1 + \frac{2\pi}{k}.x\right) + u_2 \sin\left(U_2 + \frac{2\pi}{k}.2x\right) + \ldots . \quad 1),$$

in welcher 2π der volle Kreisumfang $= 360^0$ ist, und p_0, u_1, u_2, ..., U_1, U_2, u. s. w. Constanten bezeichnen, vollständig ausgedrückt werden. Kann man also, sagt Bessel, diese Constanten aus einer Beobachtungs- oder Zählungsreihe bestimmen, so erhält man hierdurch die mathematische Theorie der Erscheinung entwickelt. Soll sie den

*) Den §§. 213—217 liegt der von Bessel in No. 136 der astronom. Nachr. v. Schumacher mitgetheilte Aufsatz „Ueber die Bestimmung des Gesetzes einer periodischen Erscheinung" zum Grund.

Beobachtungen entsprechend gewählt werden, so muß dieß auf eine solche Art geschehen, daß sie die aus den Beobachtungen hergeleitete Entwickelung, die in der That nichts anderes als das Resultat der Beobachtungen in der concisisten Form ist, vollständig ergiebt.

§. 215. Wenn die empirisch gefundenen Werthe von y, auf welche man die Entwickelung gründen will, zu in arithmetischer Reihe fortschreitenden und die ganze Periode ausfüllenden Werthen von x gehören; so ist die Bestimmung der Constanten p_0, u_1, u_2, ..., U_1, U_2, u. s. w. am einfachsten und leichtesten. Von diesem, als dem gewöhnlichsten Fall nur, soll in der Folge stets die Rede sein, und überdieß vorausgesetzt werden, daß die Zahl der gedachten Constanten geringer sei als die Anzahl der gegebenen Werthe von y.

§. 216. Für die Praxis nun kann man der Gleichung 1) die Form

$$y_x = p_0 + u_1 \sin(U_1 + 1z.x) + u_2 \sin(U_2 + 2z.x) + u_3 \sin(U + 3z.x) + \dots \quad 2)$$

geben, in welcher, sobald man n Werthe von y hat,

$$z = \frac{360^0}{n}$$

zu setzen ist, und die Constanten auf folgende Weise bestimmt werden können.

Man berechne die Hilfsgrößen p_0; p_1, q_1; p_2, q_2; p_3, q_3; ..... nach den Gleichungen

$$\left.\begin{aligned}
p_0 &= \frac{1}{n}\left(y + y_1 + y_2 + \dots + y_{n-2} + y_{n-1}\right)\\
p_1 &= \frac{2}{n}\left(y + y_1 \cos z + y_2 \cos 2z + \dots + y_{n-1} \cos(n-1)z\right)\\
q_1 &= \frac{2}{n}\left(y_1 \sin z + y_2 \sin 2z + \dots + y_{n-1} \sin(n-1)z\right)\\
p_2 &= \frac{2}{n}\left(y + y_1 \cos 2z + y_2 \cos 4z + \dots + y_{n-1} \cos(n-1)2z\right)\\
q_2 &= \frac{2}{n}\left(y_1 \sin 2z + y_2 \sin 4z + \dots + y_{n-1} \sin(n-1)2z\right)\\
p_3 &= \frac{2}{n}\left(y + y_1 \cos 3z + y_2 \cos 6z + \dots + y_{n-1} \cos(n-1)3z\right)\\
q_3 &= \frac{2}{n}\left(y_1 \sin 3z + y_2 \sin 6z + \dots + y_{n-1} \sin(n-1)3z\right)
\end{aligned}\right\} 3);$$

u. s. w.

dann hat man zur Berechnung von $u_1, u_2, \ldots, U_1, U_2, U_3, \ldots$ die Gleichungen:

$$\left.\begin{array}{l} u_1 \sin U_1 = p_1 \\ u_1 \cos U_1 = q_1 \\ u_2 \sin U_2 = p_2 \\ u_2 \cos U_2 = q_2 \\ u_3 \sin U_3 = p_3 \\ u_3 \cos U_3 = q_3 \\ \text{u. s. w.} \end{array}\right\} \quad 4).$$

Wie viele Glieder in 2) und folglich auch wie viele Constanten man zu wählen habe, hängt von der Bedingung ab, die Annahme der folgenden neuen Constanten dann zu unterlassen, sobald die Summe Σ der Quadrate der übrig bleibenden Fehler so klein geworden ist, daß sie nur Beobachtungsfehlern oder sonstigen außerordentlichen Störungen im regelmäßigen Gang zugeschrieben werden kann. Es ist aber

$$\left.\begin{array}{l} \Sigma = (y^2 + y^2_1 + y^2_2 + \ldots + y^2_{n-2} + y^2_{n-1}) - np^2_0 \\ \quad - \frac{n}{2}\left(p^2_1 + p^2_2 + p^2_3 + \ldots\right) \\ \quad - \frac{n}{2}\left(q^2_1 + q^2_2 + q^2_3 + \ldots\right) \end{array}\right\} \quad 5),$$

aus welcher Gleichung man ersieht, daß man die Summe der Quadrate der Fehler, die nach der Hinzufügung jedes neuen Glieds noch übrig bleibt, ohne umständliche Rechnung augenblicklich finden kann, und daß man folglich die Rechnung selbst nicht weiter fortzusetzen braucht, als bis man zu derjenigen Verkleinerung dieser Summe Σ gelangt ist, bei welcher man sich ohne Bedenken begnügen kann. — Uebrigens ist das Gewicht von p_0 durch die Größe n, das von $p_1, p_2, \ldots, q_1, q_2, \ldots$ durch die Größe $\frac{1}{2}n$ gegeben.

§. 217. Es dürfte nicht unzweckmäßig scheinen, für einige sehr häufig vorkommende besondere Fälle die Ausdrücke und Gleichungen 3) und 4) ausführlich entwickelt hier vollständig, und wegen der Erläuterung ihrer Anwendung von Beispielen begleitet, mitzutheilen.

a) Sei $n = 5$, also $z = 72^0$; so ist

$$p_0 = \tfrac{1}{5}(y + y_1 + y_2 + y_3 + y_4)$$
$$p_1 = \tfrac{2}{5}[y - (y_2 + y_3)\cos 36^0 + (y_1 + y_4)\cos 72^0]$$
$$q_1 = \tfrac{2}{5}[(y_2 - y_3)\sin 36^0 + (y_1 - y_4)\sin 72^0]$$
$$u_1 \sin U_1 = p_1$$
$$u_1 \cos U_1 = q_1$$
$$y_x = p_0 + u_1 \sin(U_1 + 72^0 . x) \qquad 6).$$

b) Sei $n = 6$, also $z = 60^0$; so ist

$$p_0 = \tfrac{1}{6}(y + y_1 + y_2 + y_3 + y_4 + y_5)$$
$$p_1 = \tfrac{1}{3}[(y + y_3) + (y_1 - y_2 - y_4 + y_5)\cos 60^0]$$
$$q_1 = \tfrac{1}{3}[(y_1 + y_2 - y_4 - y_5)\sin 60^0]$$
$$u_1 \sin U_1 = p_1$$
$$u_1 \cos U_1 = q_1$$
$$y_x = p_0 + u_1 \sin(U_1 + 60^0 . x) \qquad 7).$$

c) Sei $n = 8$, also $z = 45^0$; so ist

$$p_0 = \tfrac{1}{8}(y + y_1 + y_2 + y_3 + y_4 + y_5 + y_6 + y_7)$$
$$p_1 = \tfrac{1}{4}[(y - y_4) + (y_1 - y_3 - y_5 + y_7)\cos 45^0]$$
$$q_1 = \tfrac{1}{4}[(y_2 - y_6) + (y_1 + y_3 - y_5 - y_7)\sin 45^0]$$
$$u_1 \sin U_1 = p_1$$
$$u_1 \cos U_1 = q_1$$
$$y_x = p_0 + u_1 \sin(U_1 + 45^0 . x) \qquad 8).$$

d) Sei $n = 12$, also $z = 30$; so ist

$$p_0 = \tfrac{1}{12}(y + y_1 + y_2 + \cdots\cdots + y_{10} + y_{11})$$
$$p_1 = \tfrac{1}{6}[(y - y_6) + (y_1 - y_5 - y_7 + y_{11})\cos 30^0 + (y_2 - y_4 - y_8 + y_{10})\cos 60^0]$$
$$q_1 = \tfrac{1}{6}[(y_3 - y_9) + (y_1 + y_5 - y_7 - y_{11})\sin 30^0 + (y_2 + y_4 - y_8 - y_{10})\sin 60^0]$$
$$p_2 = \tfrac{1}{6}[(y - y_3 + y_6 - y_9) + (y_1 - y_2 - y_4 + y_5 + y_7 - y_8 - y_{10} + y_{11})\cos 60^0]$$
$$q_2 = \tfrac{1}{6}[(y_1 + y_2 - y_4 - y_5 + y_7 + y_8 - y_{10} - y_{11})\sin 60^0]$$

$$u_1 \sin U_1 = p_1$$
$$u_1 \cos U_1 = q_1$$
$$u_2 \sin U_2 = p_2$$
$$u_2 \cos U_2 = q_2$$
$$y_x = p_0 + u_1 \sin(U_1 + 30^0 . x) + u_2 \sin(U_2 + 60^0 . x) \quad 9).$$

e) Sei $n = 20$, also $z = 18^0$; so hat man

$$p_0 = \tfrac{1}{20}(y + y_1 + y_2 + \ldots + y_{19})$$
$$p_1 = \tfrac{1}{10}[(y - y_{10}) + (y_1 - y \quad - y_{11} + y_{19}) \cos 18^0$$
$$+ (y_2 - y_8 - y_{12} + y_{18}) \cos 36^0$$
$$+ (y_3 - y_7 - y_{13} + y_{17}) \cos 54^0$$
$$+ (z_4 - y_6 - y_{14} + y_{16}) \cos 72^0]$$
$$q_1 = \tfrac{1}{10}[(y_5 - y_{15}) + (y_1 + y_9 - y_{11} - y_{19}) \sin 18^0$$
$$+ (y_2 + y_8 - y_{12} - y_{18}) \sin 36^0$$
$$+ (y_3 + y_7 - y_{13} - y_{17}) \sin 54^0$$
$$+ (y_4 + y_6 - y_{14} - y_{16}) \sin 72^0]$$
$$p_2 = \tfrac{1}{10}[(y - y_5 + y_{10} - y_{15})$$
$$+ (y_1 - y_4 - y_6 + y_9 + y_{11} - y_{14} - y_{16} + y_{19}) \cos 36^0$$
$$+ (y_2 - y_3 - y_7 + y_8 + y_{12} - y_{13} - y_{17} + y_{18}) \cos 72^0]$$
$$q_2 = \tfrac{1}{10}[(y_1 + y_4 - y_6 - y_9 + y_{11} + y_{14} - y_{16} - y_{19}) \sin 36^0$$
$$+ (y_2 + y_3 - y_7 - y_8 + y_{12} + y_{13} - y_{17} - y_{18}) \sin 72^0]$$
$$p_3 = \tfrac{1}{10}[(y - y_{10}) - (y_3 - y_7 - y_{13} + y_{17}) \cos 18^0$$
$$- (y_4 - y_6 - y_{14} + y_{16}) \cos 36^0$$
$$+ (y_1 - y_9 - y_{11} + y_{19}) \cos 54^0$$
$$- (y_2 - y_8 - y_{12} + y_{18}) \cos 72^0]$$
$$q_3 = \tfrac{1}{10}[(y_5 - y_{15}) + (y_3 + y_7 - y_{13} - y_{17}) \sin 18^0$$
$$- (y_4 + y_6 - y_{14} - y_{16}) \sin 36^0$$
$$+ (y_1 + y_9 - y_{11} - y_{19}) \sin 54^0$$
$$+ (y_2 + y_8 - y_{12} - y_{18}) \sin 72^0]$$
$$u_1 \sin U_1 = p_1$$
$$u_1 \cos U_1 = q_1$$
$$u_2 \sin U_2 = p_2$$
$$u_2 \cos U_2 = q_2$$
$$u_3 \sin U_3 = p_3$$
$$u_3 \cos U_3 = q_3$$
$$y_x = p_0 + u_1 \sin(U_1 + 18^0.x) + u_2 \sin(U_2 + 36^0.x) + u_3 \sin(U_3 + 54^0.x) \quad 10).$$

f) Sei $n = 24$, also $z = 15^0$; so ist

$$p_0 = \frac{1}{24}(y + y_1 + y_2 + \dots + y_{22} + y_{23})$$

$$\begin{aligned} p_1 = \frac{1}{12}[(y - y_{12}) &+ (y_1 - y_{11} - y_{13} + y_{23}) \cos 15^0 \\ &+ (y_2 - y_{10} - y_{14} + y_{22}) \cos 30^0 \\ &+ (y_3 - y_9 - y_{15} + y_{21}) \cos 45^0 \\ &+ (y_4 - y_8 - y_{16} + y_{20}) \cos 60^0 \\ &+ (y_5 - y_7 - y_{17} + y_{19}) \cos 75^0] \end{aligned}$$

$$\begin{aligned} q_1 = \frac{1}{12}[(y_6 - y_{18}) &+ (y_1 + y_{11} - y_{13} - y_{23}) \sin 15^0 \\ &+ (y_2 + y_{10} - y_{14} - y_{22}) \sin 30^0 \\ &+ (y_3 + y_9 - y_{15} - y_{21}) \sin 45^0 \\ &+ (y_4 + y_8 - y_{16} - y_{20}) \sin 60^0 \\ &+ (y_5 + y_7 - y_{17} - y_{19}) \sin 75^0] \end{aligned}$$

$$\begin{aligned} p_2 = \frac{1}{12}[&(y - y_6 + y_{12} - y_{18}) \\ &+ (y_1 - y_5 - y_7 + y_{11} + y_{13} - y_{17} - y_{19} + y_{23}) \cos 30^0 \\ &+ (y_2 - y_4 - y_8 + y_{10} + y_{14} - y_{16} - y_{20} + y_{22}) \cos 60^0] \end{aligned}$$

$$\begin{aligned} q_2 = \frac{1}{12}[&(y_3 - y_9 + y_{15} - y_{21}) \\ &+ (y_1 + y_5 - y_7 - y_{11} + y_{13} + y_{17} - y_{19} - y_{23}) \sin 30^0 \\ &+ (y_2 + y_4 - y_8 - y_{10} + y_{14} + y_{16} - y_{20} - y_{22}) \sin 60^0] \end{aligned}$$

$$\begin{aligned} u_1 \sin U_1 &= p_1 \\ u_1 \cos U_1 &= q_1 \\ u_2 \sin U_2 &= p_2 \\ u_2 \cos U_2 &= q_2 \end{aligned}$$

$$y_x = p_0 + u_1 \sin(U_1 + 15^0 . x) + u_2 \sin(U_2 + 30^0 . x) \qquad 11).$$

g) Sei $n = 30$, also $z = 12^0$; so hat man

$$p_0 = \frac{1}{30}(y + y_1 + y_2 + \dots + y_{28} + y_{29})$$

$$\begin{aligned} p_1 = \frac{1}{15}[(y - y_{15}) &+ (y_1 - y_{14} - y_{16} + y_{29}) \cos 12^0 \\ &+ (y_2 - y_{13} - y_{17} + y_{28}) \cos 24^0 \\ &+ (y_3 - y_{12} - y_{18} + y_{27}) \cos 36^0 \\ &+ (y_4 - y_{11} - y_{19} + y_{26}) \cos 48^0 \\ &+ (y_5 - y_{10} - y_{20} + y_{25}) \cos 60^0 \\ &+ (y_6 - y_9 - y_{21} + y_{24}) \cos 72^0 \\ &+ (y_7 - y_8 - y_{22} + y_{23}) \cos 84^0] \end{aligned}$$

$$q_1 = \tfrac{1}{15} \times$$
$$[(y_1+y_{14}-y_{16}-y_{29}) \sin 12^0+(y_2+y_{13}-y_{17}-y_{28}) \sin 24^0$$
$$+(y_3+y_{12}-y_{18}-y_{27}) \sin 36^0+(y_4+y_{11}-y_{19}-y_{26}) \sin 48^0$$
$$+(y_5+y_{10}-y_{20}-y_{25}) \sin 60^0+(y_6+y_9-y_{21}-y_{24}) \sin 72^0$$
$$+(y_7+y_8-y_{22}-y_{23}) \sin 84^0]$$

$$p_2 = \tfrac{1}{15}[(y+y_{15})-(y_7+y_8+y_{22}+y_{23}) \cos 12^0$$
$$+(y_1+y_{14}+y_{16}+y_{29}) \cos 24^0$$
$$-(y_6+y_9+y_{21}+y_{24}) \cos 36^0$$
$$+(y_2+y_{13}+y_{17}+y_{28}) \cos 48^0$$
$$-(y_5+y_{10}+y_{20}+y_{25}) \cos 60^0$$
$$+(y_3+y_{12}+y_{18}+y_{27}) \cos 72^0$$
$$-(y_4+y_{11}+y_{19}+y_{26}) \cos 84^0]$$

$$q_2 = \tfrac{1}{15} \times$$
$$[(y_7-y_8+y_{22}-y_{23}) \sin 12^0+(y_1-y_{14}+y_{16}-y_{29}) \sin 24^0$$
$$+(y_6-y_9+y_{21}-y_{24}) \sin 36^0+(y_2-y_{13}+y_{17}-y_{28}) \sin 48^0$$
$$+(y_5-y_{10}+y_{20}-y_{25}) \sin 60^0+(y_3-y_{12}+y_{18}-y_{27}) \sin 72^0$$
$$+(y_4-y_{11}+y_{19}-y_{26}) \sin 84^0]$$

$$p_3 = \tfrac{1}{15}[(y-y_5+y_{10}-y_{15}+y_{20}-y_{25})$$
$$+(y_1-y_4-y_6+y_9+y_{11}-y_{14}$$
$$-y_{16}+y_{19}+y_{21}-y_{24}-y_{26}+y_{29}) \cos 36^0$$
$$+(y_2-y_3-y_7+y_8+y_{12}-y_{13}$$
$$-y_{17}+y_{18}+y_{22}-y_{23}-y_{27}+y_{28}) \cos 72^0]$$

$$q_3 = \tfrac{1}{15}[(y_1+y_4-y_6-y_9+y_{11}+y_{14}$$
$$-y_{16}-y_{19}+y_{21}+y_{24}-y_{26}-y_{29}) \sin 36^0$$
$$+(y_2+y_3-y_7-y_8+y_{12}+y_{13}$$
$$-y_{17}-y_{18}+y_{22}+y_{23}-y_{27}-y_{28}) \sin 72^0]$$

$$u_1 \sin U_1 = p_1$$
$$u_1 \cos U_1 = q_1$$
$$u_2 \sin U_2 = p_2$$
$$u_2 \cos U_2 = q_3$$
$$u_3 \sin U_3 = p_3$$
$$u_3 \cos U_3 = q_3$$

$$y_x = p_0 + u_1 \sin(U_1+12^0.x)+u_2 \sin(U_2+24^0.x)+u_3 \sin(U_3+36^0.x\ 12).$$

h) Sei $n = 36$, also $z = 10^0$; so ist

$$p_0 = \tfrac{1}{36}(y + y_1 + y_2 + \dots + y_{34} + y_{35})$$

$$\begin{aligned}
p_1 = \tfrac{1}{18}[(y - y_{18}) &+ (y_1 - y_{17} - y_{19} + y_{35})\cos 10^0 \\
&+ (y_2 - y_{16} - y_{20} + y_{34})\cos 20^0 \\
&+ (y_3 - y_{15} - y_{21} + y_{33})\cos 30^0 \\
&+ (y_4 - y_{14} - y_{22} + y_{32})\cos 40^0 \\
&+ (y_5 - y_{13} - y_{23} + y_{31})\cos 50^0 \\
&+ (y_6 - y_{12} - y_{24} + y_{30})\cos 60^0 \\
&+ (y_7 - y_{11} - y_{25} + y_{29})\cos 70^0 \\
&+ (y_8 - y_{10} - y_{26} + y_{28})\cos 80^0]
\end{aligned}$$

$$\begin{aligned}
q_1 = \tfrac{1}{18}[(y_9 - y_{27}) &+ (y_1 + y_{17} - y_{19} - y_{35})\sin 10^0 \\
&+ (y_2 + y_{16} - y_{20} - y_{34})\sin 20^0 \\
&+ (y_3 + y_{15} - y_{21} - y_{33})\sin 30^0 \\
&+ (y_4 + y_{14} - y_{22} - y_{32})\sin 40^0 \\
&+ (y_5 + y_{13} - y_{23} - y_{31})\sin 50^0 \\
&+ (y_6 + y_{12} - y_{24} - y_{30})\sin 60^0 \\
&+ (y_7 + y_{11} - y_{25} - y_{29})\sin 70^0 \\
&+ (y_8 + y_{10} - y_{26} - y_{28})\sin 80^0]
\end{aligned}$$

$$\begin{aligned}
p_2 = \tfrac{1}{18}[&(y - y_9 + y_{18} - y_{27}) \\
&+ (y_1 - y_8 - y_{10} + y_{17} + y_{19} - y_{26} - y_{28} + y_{35})\cos 20^0 \\
&+ (y_2 - y_7 - y_{11} + y_{16} + y_{20} - y_{25} - y_{29} + y_{34})\cos 40^0 \\
&+ (y_3 - y_6 - y_{12} + y_{15} + y_{21} - y_{24} - y_{30} + y_{33})\cos 60^0 \\
&+ (y_4 - y_5 - y_{13} + y_{14} + y_{22} - y_{23} - y_{31} + y_{32})\cos 80^0]
\end{aligned}$$

$$\begin{aligned}
q_2 = \tfrac{1}{18}[&(y_1 + y_8 - y_{10} - y_{17} + y_{19} + y_{26} - y_{28} - y_{35})\sin 20^0 \\
&+ (y_2 + y_7 - y_{11} - y_{16} + y_{20} + y_{25} - y_{29} - y_{34})\sin 40^0 \\
&+ (y_3 + y_6 - y_{12} - y_{15} + y_{21} + y_{24} - y_{30} - y_{33})\sin 60^0 \\
&+ (y_4 + y_5 - y_{13} - y_{14} + y_{22} + y_{23} - y_{31} - y_{32})\sin 80^0]
\end{aligned}$$

$$\begin{aligned}
p_3 = \tfrac{1}{18}[&(y - y_6 + y_{12} - y_{18} + y_{24} - y_{30}) \\
&+ (y_1 - y_5 - y_7 + y_{11} + y_{13} - y_{17} \\
&- y_{19} + y_{23} + y_{25} - y_{29} - y_{31} + y_{35})\cos 30^0 \\
&+ (y_2 - y_4 - y_8 + y_{10} + y_{14} - y_{16} \\
&- y_{20} + y_{22} + y_{26} - y_{28} - y_{32} + y_{34})\cos 60^0
\end{aligned}$$

$$q_3 = \tfrac{1}{18}[(y_3 - y_9 + y_{15} - y_{21} + y_{27} - y_{33})$$
$$+ (y_1 + y_5 - y_7 - y_{11} + y_{13} + y_{17}$$
$$- y_{19} - y_{23} + y_{25} + y_{29} - y_{31} - y_{35}) \sin 30^0$$
$$+ (y_2 + y_4 - y_8 - y_{10} + y_{14} + y_{16}$$
$$- y_{20} - y_{22} + y_{26} + y_{28} - y_{32} - y_{34}) \sin 60^0]$$

$$u_1 \sin U_1 = p_1$$
$$u_1 \cos U_1 = q_1$$
$$u_2 \sin U_1 = p_2$$
$$u_2 \cos U_2 = q_2$$
$$u_3 \sin U_3 = p_3$$
$$u_3 \cos U_3 = q_3$$

$$y_x = p_0 + u_1 \sin(U_1 + 10^0.x) + u_2 \sin(U_2 + 20^0.x) + u_3 \sin(U_3 + 30^0.x) \quad 13)$$

i) Sei $n = 40$, also $z = 9^0$; so hat man

$$p_0, = \tfrac{1}{40}(y + y_1 + y_2 + \ldots + y_{38} + y_{39})$$

$$p_1 = \tfrac{1}{20}[(y - y_{20}) + (y_1 - y_{19} - y_{21} + y_{39}) \cos 9^0$$
$$+ (y_2 - y_{18} - y_{22} + y_{38}) \cos 18^0$$
$$+ (y_3 - y_{17} - y_{23} + y_{37}) \cos 27^0$$
$$+ (y_4 - y_{16} - y_{24} + y_{36}) \cos 36^0$$
$$+ (y_5 - y_{15} - y_{25} + y_{35}) \cos 45^0$$
$$+ (y_6 - y_{14} - y_{26} + y_{34}) \cos 54^0$$
$$+ (y_7 - y_{13} - y_{27} + y_{33}) \cos 63^0$$
$$+ (y_8 - y_{12} - y_{28} + y_{32}) \cos 72^0$$
$$+ (y_9 - y_{11} - y_{29} + y_{31}) \cos 81^0]$$

$$q_1 = \tfrac{1}{20}[(y_{10} - y_{30}) + (y_1 + y_{19} - y_{21} - y_{39}) \sin 9^0$$
$$+ (y_2 + y_{18} - y_{22} - y_{38}) \sin 18^0$$
$$+ (y_3 + y_{17} - y_{23} - y_{37}) \sin 27^0$$
$$+ (y_4 + y_{16} - y_{24} - y_{36}) \sin 36^0$$
$$+ (y_5 + y_{15} - y_{25} - y_{35}) \sin 45^0$$
$$+ (y_6 + y_{14} - y_{26} - y_{34}) \sin 54^0$$
$$+ (y_7 + y_{13} - y_{27} - y_{33}) \sin 63^0$$
$$+ (y_8 + y_{12} - y_{28} - y_{32}) \sin 72^0$$
$$+ (y_9 + y_{11} - y_{29} - y_{31}) \sin 81^0]$$

$$
\begin{aligned}
p_2 = \tfrac{1}{20}[&(y - y_{10} + y_{20} - y_{30}) \\
&+(y_1 - y_9 - y_{11} + y_{19} + y_{21} - y_{29} - y_{31} + y_{39}) \cos 18^0 \\
&+(y_2 - y_8 - y_{12} + y_{18} + y_{22} - y_{28} - y_{32} + y_{38}) \cos 36^0 \\
&+(y_3 - y_7 - y_{13} + y_{17} + y_{23} - y_{27} - y_{33} + y_{37}) \cos 54^0 \\
&+(y_4 - y_6 - y_{14} + y_{16} + y_{24} - y_{26} - y_{34} + y_{36}) \cos 72^0]
\end{aligned}
$$

$$
\begin{aligned}
q_2 = \tfrac{1}{20}[&(y_5 - y_{15} + y_{25} - y_{35}) \\
&+(y_1 + y_9 - y_{11} - y_{19} + y_{21} + y_{29} - y_{31} - y_{39}) \sin 18^0 \\
&+(y_2 + y_8 - y_{12} - y_{18} + y_{22} + y_{28} - y_{32} - y_{38}) \sin 36^0 \\
&+(y_3 + y_7 - y_{13} - y_{17} + y_{23} + y_{27} - y_{30} - y_{37}) \sin 54^0 \\
&+(y_4 + y_6 - y_{14} - y_{16} + y_{24} + y_{26} - y_{34} - y_{36}) \sin 72^0]
\end{aligned}
$$

$$
\begin{aligned}
p_3 = \tfrac{1}{20}[(y - y_{20}) &- (y_7 - y_{13} - y_{27} + y_{33}) \cos 9^0 \\
&- (y_6 - y_{14} - y_{26} + y_{34}) \cos 18^0 \\
&+ (y_1 - y_{19} - y_{21} + y_{39}) \cos 27^0 \\
&- (y_8 - y_{12} - y_{28} + y_{32}) \cos 36^0 \\
&- (y_5 - y_{15} - y_{25} + y_{35}) \cos 45^0 \\
&+ (y_2 - y_{18} - y_{22} + y_{38}) \cos 54^0 \\
&- (y_9 - y_{11} - y_{29} + y_{31}) \cos 63^0 \\
&- (y_4 - y_{16} - y_{24} + y_{36}) \cos 72^0 \\
&+ (y_3 - y_{17} - y_{23} + y_{37}) \cos 81^0]
\end{aligned}
$$

$$
\begin{aligned}
q_3 = \tfrac{1}{20}[-(y_{10} - y_{30}) &- (y_7 + y_{13} - y_{27} - y_{33}) \sin 9^0 \\
&+ (y_6 + y_{14} - y_{26} - y_{34}) \sin 18^0 \\
&+ (y_1 + y_{19} - y_{21} - y_{39}) \sin 27^0 \\
&- (y_8 + y_{12} - y_{28} - y_{32}) \sin 36^0 \\
&+ (y_5 + y_{15} - y_{25} - y_{35}) \sin 45^0 \\
&+ (y_2 + y_{18} - y_{22} - y_{38}) \sin 54^0 \\
&- (y_9 + y_{11} - y_{29} - y_{31}) \sin 63^0 \\
&+ (y_4 + y_{16} - y_{24} - y_{36}) \sin 72^0 \\
&+ (y_3 + y_{17} - y_{23} - y_{37}) \sin 81^0]
\end{aligned}
$$

$$
\begin{aligned}
u_1 \sin U_1 &= p_1 \\
u_1 \cos U_1 &= q_1 \\
u_2 \sin U_2 &= p_2 \\
u_2 \cos U_2 &= q_2 \\
u_3 \sin U_3 &= p_3 \\
u_3 \cos U_3 &= q_3
\end{aligned}
$$

$$
y_x = p_0 + u_1 \sin(U_1 + 9^0 . x) + u_2 \sin(U_2 + 18^0 . x) + u_3 \sin(U_3 + 27^0 . x) \qquad 14)
$$

k) Sei $n = 45$, also $z = 8^0$; so hat man

$$p_0 = \tfrac{1}{45}(y + y_1 + y_2 + \dots + y_{43} + y_{44})$$

$$\begin{aligned}
p_1 = \tfrac{2}{45}[y &- (y_{22} + y_{23}) \cos 4^0 + (y_1 + y_{44}) \cos 8^0 \\
&- (y_{21} + y_{24}) \cos 12^0 + (y_2 + y_{43}) \cos 16^0 \\
&- (y_{20} + y_{25}) \cos 20^0 + (y_3 + y_{42}) \cos 24^0 \\
&- (y_{19} + y_{26}) \cos 28^0 + (y_4 + y_{41}) \cos 32^0 \\
&- (y_{18} + y_{27}) \cos 36^0 + (y_5 + y_{40}) \cos 40^0 \\
&- (y_{17} + y_{28}) \cos 44^0 + (y_6 + y_{39}) \cos 48^0 \\
&- (y_{16} + y_{29}) \cos 52^0 + (y_7 + y_{38}) \cos 56^0 \\
&- (y_{15} + y_{30}) \cos 60^0 + (y_8 + y_{37}) \cos 64^0 \\
&- (y_{14} + y_{31}) \cos 68^0 + (y + y_{36}) \cos 72^0 \\
&- (y_{13} + y_{32}) \cos 76^0 + (y_{10} + y_{35}) \cos 80^0 \\
&- (y_{12} + y_{33}) \cos 84^0 + (y_{11} + y_{34}) \cos 88^0]
\end{aligned}$$

$$\begin{aligned}
q_1 = \tfrac{2}{45}[&(y_{22} - y_{23}) \sin 4^0 + (y_1 - y_{44}) \sin 8^0 \\
&+ (y_{21} - y_{24}) \sin 12^0 + (y_2 - y_{43}) \sin 16^0 \\
&+ (y_{20} - y_{25}) \sin 20^0 + (y_3 - y_{42}) \sin 24^0 \\
&+ (y_{19} - y_{26}) \sin 28^0 + (y_4 - y_{41}) \sin 32^0 \\
&+ (y_{18} - y_{27}) \sin 36^0 + (y_5 - y_{40}) \sin 40^0 \\
&+ (y_{17} - y_{28}) \sin 44^0 + (y_6 - y_{39}) \sin 48^0 \\
&+ (y_{16} - y_{29}) \sin 52^0 + (y_7 - y_{38}) \sin 56^0 \\
&+ (y_{15} - y_{30}) \sin 60^0 + (y_8 - y_{37}) \sin 64^0 \\
&+ (y_{14} - y_{31}) \sin 68^0 + (y_9 - y_{36}) \sin 72^0 \\
&+ (y_{13} - y_{32}) \sin 76^0 + (y_{10} - y_{35}) \sin 80^0 \\
&+ (y_{12} - y_{33}) \sin 84^0 + (y_{11} - y_{34}) \sin 88^0]
\end{aligned}$$

$$\begin{aligned}
p_2 = \tfrac{2}{45}[y &- (y_{11} + y_{34}) \cos 4^0 + (y_{22} + y_{23}) \cos 8^0 \\
&- (y_{12} + y_{33}) \cos 12^0 + (y_1 + y_{44}) \cos 16^0 \\
&- (y_{10} + y_{35}) \cos 20^0 + (y_{21} + y_{24}) \cos 24^0 \\
&- (y_{13} + y_{32}) \cos 28^0 + (y_2 + y_{43}) \cos 32^0 \\
&- (y_9 + y_{36}) \cos 36^0 + (y_{20} + y_{25}) \cos 40^0 \\
&- (y_{14} + y_{31}) \cos 44^0 + (y_3 + y_{42}) \cos 48^0 \\
&- (y_8 + y_{37}) \cos 52^0 + (y_{19} + y_{26}) \cos 56^0 \\
&- (y_{15} + y_{30}) \cos 60^0 + (y_4 + y_{41}) \cos 64^0 \\
&- (y_7 + y_{38}) \cos 68^0 + (y_{18} + y_{27}) \cos 72^0 \\
&- (y_{16} + y_{29}) \cos 76^0 + (y_5 + y_{40}) \cos 80^0 \\
&- (y_6 + y_{39}) \cos 84^0 + (y_1 + y_{28}) \cos 88^0]
\end{aligned}$$

$$
\begin{aligned}
q_2 = \tfrac{2}{45}[&(y_{11}-y_{34})\sin 4^0+(y_{23}-y_{22})\sin 8^0\\
&+(y_{33}-y_{12})\sin 12^0+(y_1-y_{44})\sin 16^0\\
&+(y_{10}-y_{35})\sin 20^0+(y_{24}-y_{21})\sin 24^0\\
&+(y_{32}-y_{13})\sin 28^0+(y_2-y_{43})\sin 32^0\\
&+(y_9-y_{36})\sin 36^0+(y_{25}-y_{20})\sin 40^0\\
&+(y_{31}-y_{14})\sin 44^0+(y_3-y_{42})\sin 48^0\\
&+(y_8-y_{37})\sin 52^0+(y_{26}-y_{19})\sin 56^0\\
&+(y_{30}-y_{15})\sin 60^0+(y_9-y_{41})\sin 64^0\\
&+(y_7-y_{38})\sin 68^0+(y_{27}-y_{18})\sin 72^0\\
&+(y_{29}-y_{16})\sin 76^0+(y_5-y_{40})\sin 80^0\\
&+(y_6-y_{39})\sin 84^0+(y_{28}-y_{17})\sin 88^0]
\end{aligned}
$$

$$
\begin{aligned}
p_3 = \tfrac{2}{45}[&(y+y_{15}+y_{30})\\
&-(y_7+y_8+y_{22}+y_{23}+y_{36}+y_{37})\cos 12^0\\
&+(y_1+y_{14}+y_{16}+y_{29}+y_{31}+y_{44})\cos 24^0\\
&-(y_6+y_9+y_{21}+y_{24}+y_{36}+y_{39})\cos 36^0\\
&+(y_2+y_{13}+y_{17}+y_{28}+y_{32}+y_{43})\cos 48^0\\
&-(y_5+y_{10}+y_{20}+y_{25}+y_{35}+y_{40})\cos 60^0\\
&+(y_3+y_{12}+y_{18}+y_{27}+y_{33}+y_{42})\cos 72^0\\
&-(y_4+y_{11}+y_{19}+y_{26}+y_{34}+y_{41})\cos 84^0]
\end{aligned}
$$

$$
\begin{aligned}
q_3 = \tfrac{2}{45}[&(y_7-y_8+y_{22}-y_{23}+y_{37}-y_{38})\sin 12^0\\
&+(y_1-y_{14}+y_{16}-y_{29}+y_{31}-y_{44})\sin 24^0\\
&+(y_6-y_9+y_{21}-y_{24}+y_{36}-y_{39})\sin 36^0\\
&+(y_2-y_{13}+y_{17}-y_{28}+y_{32}-y_{43})\sin 48^0\\
&+(y_5-y_{10}+y_{20}-y_{25}+y_{35}-y_{40})\sin 60^0\\
&+(y_3-y_{12}+y_{18}-y_{27}+y_{33}-y_{42})\sin 72^0\\
&+(y_4-y_{11}+y_{19}-y_{26}+y_{34}-y_{41})\sin 84^0]
\end{aligned}
$$

$$
\begin{aligned}
u_1 \sin U_1 &= p_1\\
u_1 \cos U_1 &= q_1\\
u_2 \sin U_2 &= p_2\\
u_2 \cos U_2 &= q_2\\
u_3 \sin U_3 &= p_3\\
u_3 \cos U_3 &= q_3
\end{aligned}
$$

$$y_x = p_0 + u_1 \sin(U_1 + 8^0.x) + u_2 \sin(U_2 + 16^0.x) + u_3 \sin(U_3 + 24^0.x) \quad 15)$$

Erstes Beispiel. Die Mitteltemperatur eines jeden Monats ist für Petersburg

$y = -9^0.2$	$y_4 = +7^0.0$	$y_8 = +8^0.4$	des 80theil. Thermom.
$y_1 = -7.2$	$y_5 = +11.8$	$y_9 = +3.2$	
$y_2 = -4.6$	$y_6 = +14.4$	$y_{10} = -2.1$	
$y_3 = +1.4$	$y_7 = +12.7$	$y_{11} = -5.2$	

Man hat daher nach d) und 9)

$$p_0 = +2.51667 \qquad p_2 = +0.21667$$
$$p_1 = -11.101 \qquad q_2 = -0.31755;$$
$$q_1 = -1.1046,$$

$\log u_1 \sin U_1 =$	$1.04536n$	$\log u_2 \sin U_2 =$	9.33580
$\log u_1 \cos U_1 =$	0.04320	$\log u_2 \cos U_2 =$	$9.50181n$
woraus $U_1 =$	$264^0\, 19'\, 5''$	woraus $U_2 =$	$145^0\, 41'\, 35''$
$\log u_1 =$	1.04750	$\log u_2 =$	9.58481
$u_1 =$	$+11.156,$	$u_2 =$	$+0.38442;$

und also

$$y_x = +2.5167 + 11.1560 \sin(264^0\, 19'\, 5'' + 30^0 . x)$$
$$+ 0.3844 \sin(145^0\, 41'\, 35'' + 60^0 . x).$$

Zweites Beispiel. Bessel hat zur Erläuterung seiner sinnreichen Methode die Formel von einjähriger Periode aufgesucht, die sich an die aus den 24jährigen Beobachtungen von 1799 bis mit 1822 abgeleiteten Mitteltemperaturen (nach Reaumur) für jeden 5ten Tag des Jahrs anschließt. Es sind deren 73, für den 3ten, 8ten, 13ten, ... 363sten Tag des Jahrs. Man hat also

$$z = \tfrac{360^0}{73} = 4^0\, 55'\, 53''.425,$$

und damit findet sich

$$p_0 = +5^0.0454,$$

$p_1 = -8^0.1894$	$q_1 = -2^0.4523$
$p_2 = +0.0784$	$q_2 = +0.0726$
$p_3 = +0.0485$	$q_3 = -0.1068$
$p_4 = -0.4523,$	$q_4 = +0.3200;$

woraus nach den Gleichungen 4) folgt:

$$u_1 = 8^0.5487 \qquad U_1 = 253^0\,19'\,48''$$
$$u_2 = 0.1068 \qquad U_2 = 47\;\;12\;\;0$$
$$u_3 = 0.1173 \qquad U_3 = 155\;\;34\;\;36$$
$$u_4 = 0.5542, \qquad U_4 = 305\;\;16\;\;42.$$

Da nun zwischen dem 363. Tag eines Jahrs und dem 3ten des folgenden nicht genau 5, sondern im Mittel 5.24222 Tage verstreichen; so hat Bessel, die Gleichung 1) anwendend,

$$k = 365.24222 \text{ Tage,}$$

also $\frac{2\pi}{k} = 0^0\,59'\,8''.33$ angenommen, so daß letztere Größe der täglichen mittlern Bewegung der Sonne gleich ist. Bessel findet dann auf diese Weise:

$$\begin{aligned} y_x = +5^0.0454 &+ 8^0.5487 \sin(253^0\,19'\,48'' + x.59'\,8''.33) \\ &+ 0.1068 \sin(47\;\;12\;\;0 + 2x.59\;\;8.33) \\ &+ 0.1173 \sin(155\;\;34\;\;36 + 3x.59\;\;8.33) \\ &+ 0.5542 \sin(305\;\;16\;\;42 + 4x.59\;\;8.33), \end{aligned}$$

wo x die, vom dritten Januar (diesen Tag selbst als den 0ten gerechnet) an gezählte, in Tagen ausgedrückte Zeit bedeutet. Folgende Tabelle giebt die Beobachtungen selbst und die Fehler, welche die numerisch entwickelte Gleichung noch übrig läßt.

	Beobachtung.	Fehler.
Jan. 3	−4°.04	+0°.57
8	−4.12	+0.58
13	−3.72	+0.22
18	−2.45	−0.94
23	−3.36	+0.13
28	−2.61	−0.41
Febr. 2	−2.17	−0.63
7	−3.09	+0.53
12	−3.21	+0.88
17	−2.21	+0.13
22	−1.74	−0.12
27	−1.26	−0.34

		Beobachtung.	Fehler.
März	4	— 0°.72	—0°.58
	9	— 1.12	+0.16
	14	— 0.11	—0.43
	19	+ 0.05	—0.10
	24	— 0.25	+0.78
	29	+ 0.80	+0.41
April	3	+ 1.75	+0.21
	8	+ 3.02	—0.22
	13	+ 3.95	—0.27
	18	+ 4.96	—0.37
	23	+ 5.37	+0.13
	28	+ 6.12	+0.25
Mai	3	+ 7.40	—0.19
	8	+ 7.93	+0.03
	13	+ 8.54	+0.10
	18	+ 9.54	—0.30
	23	+ 9.75	—0.00
	28	+10.07	+0.12
Juni	2	+10.33	+0.25
	7	+11.50	—0.57
	12	+11.41	—0.15
	17	+11.02	+0.57
	22	+11.45	+0.47
	27	+12.05	+0.22
Juli	2	+12.73	—0.10
	7	+13.63	—0.64
	12	+13.64	—0.30
	17	+13.27	+0.38
	22	+14.04	—0.15
	27	+14.21	—0.16
Aug.	1	+14.12	—0.02
	6	+14.01	+0.02
	11	+13.76	+0.06
	16	+13.52	—0.04
	21	+12.56	+0.46
	26	+12.42	+0.02
	31	+11.98	—0.21

	Beobachtung.	Fehler.
Sept. 5	+ 10°.62	+ 0°.42
10	+ 10.46	− 0.19
15	+ 9.46	+ 0.04
20	+ 8.82	− 0.08
25	+ 8.48	− 0.46
30	+ 7.28	+ 0.06
Octbr. 5	+ 6.89	− 0.18
10	+ 5.75	+ 0.36
15	+ 5.50	+ 0.06
20	+ 5.47	− 0.45
25	+ 4.55	− 0.07
30	+ 3.34	+ 0.58
Nov. 4	+ 3.28	+ 0.05
9	+ 2.90	− 0.20
14	+ 1.48	+ 0.55
19	+ 1.20	+ 0.12
24	+ 0.82	− 0.23
29	+ 0.20	− 0.34
Decbr. 4	− 0.84	− 0.01
9	− 1.21	− 0.30
14	− 1.79	− 0.32
19	− 3.09	+ 0.48
24	− 2.34	− 0.67
29	− 3.63	+ 0.33.

§. 218. Wenn die, aus Beobachtungen oder gewissen andern Bestimmungen hergeleiteten Werthe von y nicht nach dem letzten Werth derselben in der nämlichen Ordnung wiederkehren, d. h. sämmtliche y keine Periode bilden, sondern nach einem andern unbekannten Gesetz fortschreiten, gewöhnlich zu- oder abnehmen; so kann natürlich die Gleichung 2) unmittelbar nicht mehr zur Darstellung der numerischen Werthe von y angewandt werden.

Eine geringe Ueberlegung aber wird bald zeigen, daß man das in den vorhergehenden §§. gezeigte Verfahren Bessel's mit einigen Modificationen auch in diesem Fall wird anwenden können. — Sind nämlich die n Werthe von y in aufsteigender (oder absteigender) Reihe gegeben:

für $x = 0$	y
1	y_1
2	y_2
3	y_3
$\vdots$	$\vdots$
$n-1$	y_{n-1},

so kann man als richtig annehmen, daß für $x = n+1$, $n+2$, $n+3$, u. s. w. die Werthe von y wieder so abnehmen, daß das Gesetz statt findet:

	Werthe von y	
für $x = 0$	y	
1	$y_1 = y_{2n-3}$	für $x = 2n-3$
2	$y_2 = y_{2n-4}$	$2n-4$
3	$y_3 = y_{2n-5}$	$2n-5$
$\vdots$	$\vdots \quad \vdots$	$\vdots$
$n-3$	$y_{n-3} = y_{n+1}$	$n+1$
$n-2$	$y_{n-2} = y_n$	n
$n-1$	y_{n-1}	

Es können nun daher die Gleichungen 2), 3) und 4) ebenfalls bei einer aufsteigenden (oder absteigenden) Reihe der n gegebenen Werthe von y angewandt werden, wenn man nur in den dort für z, p_0, p_1, p_2, p_3, u. s. w. gegebenen Ausdrücken $2n-2$ statt n setzt. Man wird dann finden, daß die Gleichungen 3) bei ihrer Entwicklung sehr einfach ausfallen werden, indem die gleichen Werthe

$$\begin{array}{ccc} y_1 & \text{und} & y_{2n-3} \\ y_2 & ,, & y_{2n-4} \\ y_3 & ,, & y_{2n-5} \\ \vdots & & \vdots \\ y_{n-3} & = & y_{n+1} \\ y_{n-2} & = & y_n \end{array}$$

für jedes n zusammen oder weg fallen, die Größen q_1, q_2, q_3 u. s. w. gleich Null, und die constanten Winkel U_1, U_2, U_3, u. s. w. für jedes n nicht besondere Werthe erhalten werden, sondern sämmtlich stets gleich 90^0 sind, wodurch also die Gleichung 2), sobald man u_0 für p_0 schreibt, in die einfachere

$$y_x = u_0 + u_1 \cos z.x + u_2 \cos 2z.x + u_3 \cos 3z.x + \ldots \quad 12)$$

übergeht, in der $z = \frac{360^0}{2n-2}$ ist.

Ein Beispiel wird dieses Verfahren noch mehr erläutern.

Für $n = 13$ kann man setzen

$$\begin{array}{l} y \\ y_1 = y_{23} \\ y_2 = y_{22} \\ y_3 = y_{21} \\ y_4 = y_{20} \\ y_5 = y_{19} \\ y_6 = y_{18} \\ y_7 = y_{17} \\ y_8 = y_{16} \\ y_9 = y_{15} \\ y_{10} = y_{14} \\ y_{11} = y_{13} \\ y_{12}. \end{array}$$

Es ist also $2n - 2 = 24$, folglich $z = 15^0$, und man findet mithin nach den Gleichungen 3) und 2):

$$\left.\begin{array}{l} u_0 = \frac{1}{24}[(y + y_{12}) + 2(y_1 + y_2 + \cdots + y_{10} + y_{11})] \\ u_1 = \frac{1}{12}[(y - y_{12}) + 2(y_1 - y_{11})\cos 15^0 + 2(y_2 - y_{10})\cos 30^0 \\ \qquad + 2(y_3 - y_9)\cos 45^0 + 2(y_4 - y_8)\cos 60^0 \\ \qquad + 2(y_5 - y_7)\cos 75^0] \\ u_2 = \frac{1}{12}[(y - 2y_6 + y_{12}) + 2(y_1 - y_5 - y_7 + y_{11})\cos 30^0 \\ \qquad + 2(y_1 - y_4 - y_8 + y_{10})\cos 60^0] \\ u_3 = \frac{1}{12}[(y - 2y_4 + 2y_8 - y_{12}) + 2(y_1 - y_3 - y_5 + y_7 + y_9 \\ \qquad - y_{11})\cos 45^0] \end{array}\right\} 13)$$

und

$$y_2 = u_0 + u_1 \cos 15^0.x + u_2 \cos 30^0.x + u_3 \cos 45^0.x \quad 14).$$

Gesetzt nun, es seien folgende 13 Werthe von y gegeben:

$$\begin{array}{l} y = +\ 0.04 \\ y_1 = +\ 0.32 \\ y_2 = +\ 0.82 \end{array}$$

$$y_3 = + 1.46$$
$$y_4 = + 2.24$$
$$y_5 = + 3.18$$
$$y_6 = + 4.10$$
$$y_7 = + 5.22$$
$$y_8 = + 6.40$$
$$y_9 = + 7.70$$
$$y_{10} = + 9.16$$
$$y_{11} = + 10.70$$
$$y_{12} = + 12.40.$$

Mit diesen Angaben findet sich nach 13)

$$u_0 = + 4.7933$$
$$u_1 = - 5.0749$$
$$u_2 = + 0.8432$$
$$u_3 = - 0.5842,$$

also die Gleichung 14)

$$y_x = + 4.7933 - 5.0749 \cos 15^0 . x + 0.8432 \cos 30^0 . x - 0.5842 \cos 45^0 . x,$$

oder

$$y_x = + 4.7933 + \overline{0.70543n} \cos 15^0 . x + \overline{9.92593} \cos 30^0 . x + \overline{9.76656n} \cos 45^0 . x,$$

wo die überstrichenen Coefficienten schon Logarithmen sind. Aus der letzten Gleichung nun ergeben sich folgende Werthe von y, und durch Vergleichung derselben mit den gegebenen, deren Fehler.

x.	Berechnetes y.	Fehler.
0	− 0.02	− 0.06
1	+ 0.11	− 0.21
2	+ 0.82	0.00
3	+ 1.62	+ 0.16
4	+ 2.42	+ 0.18
5	+ 2.34	− 0.84
6	+ 4.79	+ 0.69
7	+ 4,97	− 0.25
8	+ 6.33	− 0.07
9	+ 7.97	+ 0.27
10	+ 9.61	+ 0.45
11	+ 10.84	+ 0.14
12	+ 11.34	− 1.10

Anmerkung. Man sieht, daß dieses Verfahren weit einfacher und zweckmäßiger ist als dasjenige, bei welchem man die Werthe von y durch eine Gleichung von der Form

$$y_x = a + bx + cx^2 + dx^3 + \ldots$$

berechnet, in der die Coefficienten a, b, c, d, ... zwar auch nach der Methode der kleinsten Quadrate, jedoch durch Ausdrücke bestimmt werden müssen, in denen die höhern Potenzen von x vorkommen, die also die numerischen Entwicklungen desto weitläufiger und beschwerlicher machen, je größer die Werthe von x selbst werden.

§. 219. Zum Beschluß mögen die vollständig entwickelten Ausdrücke für mehrere Fälle hier mitgetheilt werden.

a) Für n = 5 hat man

$$u_0 = \tfrac{1}{8}[(y + y_4) + 2(y_1 + y_2 + y_3)]$$
$$u_1 = \tfrac{1}{4}[(y - y_4) + 2(y_1 - y_3)\cos 45^0]$$
$$u_2 = \tfrac{1}{2}[(y - 2y_2 + y_4)]$$
$$u_3 = \tfrac{1}{4}[(y - y_4) - 2(y_1 - y_3)\cos 45^0]$$
$$y_x = u_0 + u_1 \cos 45^0 . x + u_2 \cos 90^0 . x + u_3 \cos 135^0 . x \quad 15)$$

b) Für n = 6 hat man

$$u_0 = \tfrac{1}{10}[(y + y_5) + 2(y_1 + \cdot\cdot + y_4)]$$
$$u_1 = \tfrac{1}{5}[(y - y_5) + 2(y_1 - y_4)\cos 36^0 + 2(y_2 - y_3)\cos 72^0]$$
$$u_2 = \tfrac{1}{5}[(y + y_5) - 2(y_2 + y_3)\cos 36^0 + 2(y_1 + y_4)\cos 72^0]$$
$$y_x = u_0 + u_1 \cos 36^0 . x + u_2 \cos 72^0 . x \quad 16).$$

c) Für n = 7 hat man

$$u_0 = \tfrac{1}{12}[(y + y_6) + 2(y_1 + y_2 + \cdot\cdot + y_5)]$$
$$u_1 = \tfrac{1}{6}[(y - y_6) + 2(y_1 - y_5)\cos 30^0 + 2(y_2 - y_4)\cos 60^0]$$
$$u_2 = \tfrac{1}{6}[(y - 2y_3 + y_6) + 2(y_1 - y_2 - y_4 + y_5)\cos 60^0]$$
$$y_x = u_0 + u_1 \cos 30^0 . x + u_2 \cos 60^0 . x \quad 17)$$

d) Für n = 8 hat man

$$u_0 = \tfrac{1}{14}[(y + y_7) + 2(y_1 + y_2 + \cdot\cdot + y_6)]$$
$$u_1 = \tfrac{1}{7}[(y - y_7) + 2(y_1 - y_6)\cos 25\tfrac{5}{7}^0 + 2(y_2 - y_5)\cos 51\tfrac{3}{7}^0 + 2(y_3 - y_4)\cos 77\tfrac{1}{7}^0]$$
$$u_2 = \tfrac{1}{7}[(y + y_7) - 2(y_3 + y_4)\cos 25\tfrac{5}{7}^0 + 2(y_1 + y_6)\cos 51\tfrac{3}{7}^0 - 2(y_2 + y_5)\cos 77\tfrac{1}{7}^0]$$
$$u_3 = \tfrac{1}{7}[(y - y_7) - 2(y_2 - y_5)\cos 25\tfrac{5}{7}^0 - 2(y_3 - y_4)\cos 51\tfrac{3}{7}^0 + 2(y_1 - y_6)\cos 77\tfrac{1}{7}^0]$$
$$y_x = u_0 + u_1 \cos 25\tfrac{5}{7}^0 . x + u_2 \cos 51\tfrac{3}{7}^0 . x + u_3 \cos 77\tfrac{1}{7}^0 . x \quad 18)$$

e) Für $n = 10$ hat man

$$u_0 = \tfrac{1}{18}[(y + y_9) + 2(y_1 + \ldots + y_8)]$$

$$u_1 = \tfrac{1}{9}[(y - y_9) + 2(y_1 - y_8)\cos 20^0 + 2(y_2 - y_7)\cos 40^0 + 3(y_3 - y_6)\cos 60^0 + 2(y_4 - y_5)\cos 80^0]$$

$$u_2 = \tfrac{1}{9}[(y + y_9) - 2(y_4 + y_5)\cos 20^0 + 2(y_1 + y_8)\cos 40^0 + 2(y_3 + y_6)\cos 60^0 + 2(y_2 + y_7)\cos 80^9]$$

$$u_3 = \tfrac{1}{9}[(y - 2y_3 + 2y_6 - y_9) + 2(y_1 - y_2 - y_4 + y_5 + y_7 - y_8\cos 60^0]$$

$$y_x = u_0 + u_1\cos 20^0 . x + u_2\cos 40^0 . x + u_3\cos 60^0 . x \quad 19)$$

f) Sei $n = 11$, also $z = 18^0$; so hat man

$$u_0 = \tfrac{1}{20}[(y + y_{10}) + 2(y_1 + y_2 + \ldots + y_9)]$$

$$u_1 = \tfrac{1}{10}[(y - y_{10}) + 2(y_1 - y_9)\cos 18^0 + 2(y_2 - y_8)\cos 36^0 + 2(y_3 - y_7)\cos 54^0 + 2(y_4 - y_6)\cos 72^0]$$

$$u_2 = \tfrac{1}{10}[(y - 2y_5 + y_{10}) + 2(y_1 - y_4 - y_6 + y_9)\cos 36^0 + 2(y_2 - y_3 - y_7 + y_8)\cos 72^0]$$

$$u_3 = \tfrac{1}{10}[(y - y_{10}) - 2(y_3 - y_7)\cos 18^0 - 2(y_4 - y_6)\cos 36^0 + 2(y_1 - y_9)\cos 54^0 - 2(y_2 - y_8)\cos 72^0]$$

$$y_x = u_0 + u_1\cos 18^0 . x + u_2\cos 36^0 . x + u_3\cos 54^0 . x \quad 20)$$

g) Für $n = 13$ hat man

$$u_0 = \tfrac{1}{24}[(y + y_{12}) + 2(y_1 + y_2 + \ldots + y_{11})]$$

$$u_1 = \tfrac{1}{12}[(y - y_{12}) + 2(y_1 - y_{11})\cos 15^0 + 2(y_2 - y_{10})\cos 30^0 + 2(y_3 - y_9)\cos 45^0 + 2(y_4 - y_8)\cos 60^0 + 2(y_5 - y_7)\cos 75^0]$$

$$u_2 = \tfrac{1}{12}[(y - 2y_6 + y_{12}) + 2(y_1 - y_5 - y_7 + y_{11})\cos 30^0 + 2(y_2 - y_4 - y_8 + y_{10})\cos 60^0]$$

$$u_3 = \tfrac{1}{12}[(y - 2y_4 + 2y_8 - y_{12}) + 2(y_1 - y_3 - y_5 + y_7 + y_9 - y_{11})\cos 45^0]$$

$$y_x = u_0 + u_1\cos 15^0 . x + u_2\cos 30 . x + u_3\cos 45^0 . x \quad 21)$$

h) Sei $n = 16$, also $z = 12^0$; so hat man

$$u_0 = \tfrac{1}{30}[(y + y_{15}) + 2(y_1 + y_2 + \ldots + y_{14})]$$

$$u_1 = \tfrac{1}{15}[(y - y_{15}) + 2(y_1 - y_{14})\cos 12^0 + 2(y_2 - y_{13})\cos 24^0 + 2(y_3 - y_{12})\cos 36^0 + 2(y_1 - y_{11})\cos 48^0 + 2(y_5 - y_{10})\cos 60^0 + 2(y_6 - y_9)\cos 72^0 + 2(y_7 - y_8)\cos 84^0]$$

$$u_2 = \tfrac{1}{15}[(y + y_{15}) - 2(y_7 + y_8)\cos 12^0 + 2(y_1 + y_{14})\cos 24^0$$
$$- 2(y_6 + y_9)\cos 36^0 + 2(y_2 + y_{13})\cos 48^0$$
$$- 2(y_5 + y_{10})\cos 60^0 + 2(y_3 + y_{12})\cos 72^0$$
$$- 2(y_4 + y_{11})\cos 84^0]$$

$$u_3 = \tfrac{1}{15}[(y - 2y_5 + 2y_{10} - y_{15})$$
$$+ 2(y_1 - y_4 - y_6 + y_9 + y_{11} - y_{14})\cos 36^0$$
$$+ 2(y_2 - y_3 - y_7 + y_8 + y_{12} - y_{13})\cos 72^0]$$

$$y_x = u_0 + u_1 \cos 12^0 . x + u_2 \cos 24^0 . x + u_3 \cos 36^0 . x \qquad 22).$$

i) Für $n = 19$ hat man

$$u_0 = \tfrac{1}{36}[(y + y_{18}) + 2(y_1 + y_2 + \ldots + y_{17})]$$
$$u_1 = \tfrac{1}{18}[(y - y_{18}) + 2(y_1 - y_{17})\cos 10^0 + 2(y_2 - y_{16})\cos 20^0$$
$$+ 2(y_3 - y_{15})\cos 30^0 + 2(y_4 - y_{14})\cos 40^0$$
$$+ 2(y_5 - y_{13})\cos 50^0 + 2(y_6 - y_{12})\cos 60^0$$
$$+ 2(y_7 - y_{11})\cos 70^0 + 2(y_8 - y_{10})\cos 80^0]$$

$$u_2 = \tfrac{1}{18}[(y - 2y_9 + y_{18}) + 2(y_1 - y_8 - y_{10} + y_{17})\cos 20^0$$
$$+ 2(y_2 - y_7 - y_{11} + y_{16})\cos 40^0$$
$$+ 2(y_3 - y_6 - y_{12} + y_{15})\cos 60^0$$
$$+ 2(y_4 - y_5 - y_{13} + y_{14})\cos 80^0]$$

$$u_3 = \tfrac{1}{18}[(y - 2y_6 + 2y_{12} - y_{18})$$
$$+ 2(y_1 - y_5 - y_7 + y_{11} + y_{13} - y_{17})\cos 30^0$$
$$+ 2(y_2 - y_4 - y_8 + y_{10} + y_{14} - y_{16})\cos 60^0]$$

$$y_x = u_0 + u_1 \cos 10^0 . x + u_2 \cos 20^0 . x + u_3 \cos 30^0 . x \qquad 23).$$

k) Sei $n = 21$, also $z = 9^0$; so hat man

$$u_0 = \tfrac{1}{40}[(y + y_{20}) + 2(y_1 + y_2 + \ldots + y_{19})]$$
$$u_1 = \tfrac{1}{20}[(y - y_{20}) + 2(y_1 - y_{19})\cos 9^0 + 2(y_2 - y_{18})\cos 18^0$$
$$+ 2(y_3 - y_{17})\cos 27^0 + 2(y_4 - y_{16})\cos 36^0$$
$$+ 2(y_5 - y_{15})\cos 45^0 + 2(y_6 - y_{14})\cos 54^0$$
$$+ 2(y_7 - y_{13})\cos 63^0 + 2(y_8 - y_{12})\cos 72^0$$
$$+ 2(y_9 - y_{11})\cos 81^0]$$

$$u_2 = \tfrac{1}{20}[(y - 2y_{10} + y_{20}) + 2(y_1 - y_9 - y_{11} + y_{19})\cos 18^0$$
$$+ 2(y_2 - y_8 - y_{12} + y_{18})\cos 36^0$$
$$+ 2(y_3 - y_7 - y_{13} + y_{17})\cos 54^0$$
$$+ 2(y_4 - y_6 - y_{14} + y_{16})\cos 72^0]$$

$$u_3 = \tfrac{1}{20}[(y - y_{20}) - 2(y_7 - y_{13})\cos 9^0 - 2(y_6 - y_{14})\cos 18^0$$
$$+ 2(y_1 - y_{19})\cos 27^0 - 2(y_8 - y_{12})\cos 36^0$$
$$- 2(y_5 - y_{15})\cos 45^0 + 2(y_2 - y_{18})\cos 54^0$$
$$- 2(y_9 - y_{11})\cos 63^0 - 2(y_4 - y_{16})\cos 72^0$$
$$+ 2(y_3 - y_{17})\cos 81^0]$$

$$y_x = u_0 + u_1 \cos 9^0 . x + u_2 \cos 18^0 . x + u_3 \cos 27^0 . x \qquad 24).$$

Schlußbemerkung. Das in den zwei letzten Paragraphen aufgestellte Verfahren ist vom Verfasser dieses Werks aufgefunden, sonst aber seines Wissens bis jetzt noch von keinem Mathematiker oder Astronomen angegeben worden. Dieses Verfahren kann übrigens auch, wie man leicht sieht, dienen, zwischen n gegebenen Elementen, sobald nur diese entweder bloß ab- oder bloß zunehmen, jedes andere Element zu bestimmen; mithin kann der Ausdruck 12) als die allgemeinste Interpolationsformel betrachtet und angewandt werden, da sie für jeden beliebigen Werth von n gilt, sobald nur n stets eine positive ganze Zahl ist, und $z = \frac{360}{2n - 2} = \frac{180}{n - 1}$ gesetzt wird.

Hinweisung auf die Quellen.

Im ersten Theil.

S. 18. Text und Formeln; v. Gehler's phys. Wört. (neue Ausg.), B. IV. Abthl. 1. S. 159.
„ 19. Formeln; v. vor. Werk, B. IV. Abthl. 1. S. 161 u. 162.
„ 20. Formeln; v. vor. Werk, B. IV. Abthl. 1. S. 162 u. 163.
„ 21. Formeln; v. vor. Werk, B. IV. Abthl. 1. S. 165.
„ 28 — 25. Ueber das Kreis- und Winkelmikrometer; v. Zach's mon. Corresp. B. XXIV. S. 425 ff.; Schumachers astron. Nachr. B. III. S. 377 ff.; Schumachers astron. Nachr. B. V. S. 447 ff.
„ 106. Formeln; v. Zach's mon. Corresp. B. III. S. 324 ff.
„ 123. Formeln; v. Zach's mon. Corresp. B. III. S. 344 ff.
„ 125 Formel; v. Schumachers astron. Nachr. B. III. S. 11.
„ 127 — 136. Formeln; v. Schumachers astron. Nachrichten B. VI. S. 421 ff.
„ 150. Formel 5) ist abgeleitet aus den Formeln des §. 131.
„ 181. §. 157 und Formel 15); v. Zeitschr. für Astronomie und verwandte Wissenschaften. Von B. v. Lindenau u. Bohnenberger. B. II. S. 139 ff.

Im zweiten Theil.

S. 4 — 7. Formeln 2) bis 9); v. Klügels math. Wörterb. Th. V. Abthlg. 2. S. 998 ff.
„ 8 — 9. Formeln 10) bis 12) sind die bekannten Gauß'schen Ausdrücke.
„ 10 — 17. Formeln 13) bis 21); v. Zeitschr. für Astronomie und verwandte Wissensch. B. VI. S. 251 ff.
„ 17. Anmerkung; v. Astron. Nachr. von Schumacher B. VIII. S. 463.
„ 23. Paragraph 17; v. Astron. Nachr. von Schumacher B. II. S. 137.
„ 30. Formel; v. Littrow's popul. Astronomie Th. II. Abthlg. 2. S. 176.
„ 33. Formel; v. Littrow's popul. Astronomie Th. II. Abthlg. 2 S. 273.
„ 33. Paragraph 27; v. Astron. Nachr. von Schumacher B. IX. S. 181.
„ 36. Formel; v. Littrow's popul. Astronomie Th. II. Abthlg. 2. S. 169
„ 42 — 49. Paragraph 35 bis 41; v. Astron. Nachr. v. Schumacher B. IX. S. 117.
„ 49 — 51. Formeln; v. Astron. Nachr. von Schumacher B. IX. S. 126.
„ 72 — 75. Formeln; v. Astron. Nachr. v. Schumacher B. V. S. 225 — 230.
„ 102 — 104. Formeln 38) bis 41); v. Astron. Nachrichten v. Schumacher B. II. S. 17 ff.
„ 108 — 110.; v. Astron. Nachr. v. Schumacher B. III. S. 55 und 56.
„ 124 — 136.; v. Astron. Nachr. v. Schumacher B. X. S. 17 ff.
„ 137 u. 138.; v. Littrow's popul. Astronomie Th. II. Abthlg. 2. S. 208 ff.
„ 148 — 152. Formeln v. Astron. Nachr. von Schumacher B. IV. S. 241 ff.
„ 167. Formeln; v. Littrow's popul. Astronomie Th. II. Abthlg. 2. S. 184.
„ 175. Formeln v. Littrow's popul. Astronomie Th. II. Abthlg 2. S. 190.
„ 189. Formeln 1) bis 3); v. Zach's monatl. Corresp. B. XVIII. S. 282 ff.

S. 195. Formeln 10) bis 13); v. Zach's mon. Corresp. B. XIX. S. 138 ff.
„ 196. Formeln 13) bis 19); v. Zach's mon. Corresp. B. XIX. S. 544 ff.
„ 202. Formeln 20) bis 24); v. Littrow's popul. Astron. Th. II. Abthlg. 2. S. 192.
„ 222. Formeln 1) bis 7); v. Astron. Nachr. v. Schumacher B. VI. S. 265, u. Littrow's popul. Astron. Th. II. Abthlg. 2. S. 224.
„ 227. Formeln 2) und 3); v. Littrow's theoret. u. pract. Astronomie Th. II. S. 92. III.
„ 245 u. 246. Formeln 2) bis 5); v. Littrow's theor. u. pract. Astron. Th. II. S. 78.
„ 250. Formeln; v. Littrow's theoret. u. pract. Astronomie Th. II. S. 81.
„ 253. Formeln 12) u. 13); v. Littrow's theoret. u. pract. Astron. Th. II. S. 85.
„ 253. Formeln 18) bis 20); v. vor. Werk Th. II. S. 90. §. 5.
„ 261. Formeln v. vor. Werk Th. II. S. 91. §. 6.
„ 264 — 266. Formeln 27) bis 32); v. Zach's mon. Corr. B. V. S. 540 ff.
„ 270. Formeln; v. Littrow's theoret. u. pract. Astron. Th. II. S. 96.
„ 272 — 277. Hier sind benutzt: Encke's astron. Jahrbuch für 1834; Zach's monatl. Corresp. B. XXIII. S. 504 ff.; Olber's, leichte Berechnung der Kometenbahnen, Weimar 1797; Astron. Nachr. von Schumacher B. X. 233.
„ 286. Anmerkung; v. Encke's astron. Jahrbuch für 1834.
„ 590. Formeln; v. Olbers, leichte Berechnung der Kometenbahnen, Weimar 1797.
„ 300. Formeln; v. voriges Werk.
„ 302. Formeln; v. S. 245 ff.
„ 305. Differentialformeln, sind aus der Differentiation der auf S. 302 u. 303 stehenden Ausdrücke entstanden.
„ 307 u. 308. Formeln 37), 38), 39*) und 40*) sind respective dieselben, wie in §. 149 die Formeln 27), 30), 28) und 40).
„ 319. Formeln; v. Zach's mon. Corresp. B. XXVII. S. 211 ff.
„ 321. Formeln 62) sind dieselben, wie in §. 161. Formeln 24) und 25).
„ 326 u. 327. Formeln 65) bis 68) entstehen durch Differentiation vorhergegangener bekannter Ausdrücke und Gleichungen.
„ 328. Anmerkung; v. Schumachers Astron. Nachr. B. III. S. 326 bis 327.
„ 334. §. 172. v. Littrow's theor. u. pract. Astron. Th. II. S. 192. §. 12.
„ 337. §. 173. v. Littrow's theor. u. pract. Astron. Th. II. S. 197. §. 13.
„ 338. §. 176. Schumachers Astron. Nachr. B. VII. S. 10 ff. 11.
„ 344. §. 179. Schumachers Astron. Nachr. B. VII. S. 12.
„ 350. Formeln; v. Littrow's theor. u. pract. Astron. Th. II. S. 255 §. 2.
„ 356. Formeln; v. Littrow's theor. und pract. Astron. Th. II. S. 259. §. 3.
„ 362. Formeln v. vor. Werk. Th. II. S. 288 §. 12.
„ 366 ff. §. §. 189 bis 192. v. Littrow's theor. u. pract. Astron. Th. II. S. 282. §. 10.
„ 371 — 375. §. 193. v. Littrow's theor. u. pract. Astron. Th. II. S. 291. §. 13.; S. 295 ff.
„ 376 u. 377. Formeln, analog denen numerischen, von Encke im astron. Jahrbuche für 1835 gegebenen, Ausdrücken.
„ 383 u. 384. §. 197. Littrow's theor. u. pract. Astron. Th. II. S. 278 §. 9.

Register

des zweiten Theils.

A.

B.

C.

D.

E.

F.

N.

O.

P.

R.

S.

T.

U.

Z.

FSC
www.fsc.org
MIX
Papier | Fördert
gute Waldnutzung
FSC® C083411

Kolibri 360 GmbH
Ferdinand-Jühlke-Straße 7
99095 Erfurt, Deutschland
produktsicherheit@kolibri360.de